応用微生物学 第4版

大西康夫・小川 順 編

本書のスキャニング，デジタル化等の無断複製は著作権法上で例外を除き禁じられています．本書を代行業者等の第三者に依頼してスキャニングやデジタル化することは，たとえ個人や家庭内での利用であっても著作権法上認められていません．

　著作権法第 35 条（学校その他の教育機関における複製等）における条文では，教育利用において「必要と認められる限度において公表された著作物を複製，もしくは公衆送信」を行うことが認められております．しかしながら，授業目的公衆送信補償金制度における補償金を支払っていたとしても「著作権者の利益を不当に害することとなる場合」は例外としています．

　教科書の全ページまたは大部分をスキャンする等，それらが掲載されている教科書，専門資料の購入等の代替となる様態で複製や公衆送信（ネットワーク上へのアップロードを含む）を行う行為は，著作権者の利益を不当に害する利用として，著作権法違反になる可能性が高くなります．

　「著作権者の利益を不当に害することとなる」かどうかわからない場合，または学校内外から指摘を受けた場合には，発行元の出版者もしくは権利者にご確認下さい．

表紙デザイン：中山康子（株式会社ワイクリエイティブ）

表紙の写真

中央：脂質漏出性糸状菌（小川　順氏）

右上：麹菌のジャイアントコロニー（丸山潤一氏）

裏表紙の写真

ストレプトマイシン生産放線菌の気中菌糸（上田賢志氏）

はじめに

　1996 年，文永堂出版より『応用微生物学』が出版されました．その後，10 年ごとに内容が刷新され，2006 年に『応用微生物学 第 2 版』，2016 年に『応用微生物学 第 3 版』が出版されました．そして，第 3 版の出版から 9 年が経過した本年，『応用微生物学 第 4 版』が出版される運びとなりました．

　第 4 版では，第 3 版において志向した教科書像，すなわち，「人類に役立つ微生物を読者にしっかりアピールする教科書」を引き続き目指しました．このため，学問的基礎に関する記述をできる限り簡略化し，「微生物機能の利用」に関する各項目，すなわち，第 7 章「物質生産」，第 8 章「物質循環」，第 9 章「生態学的応用」，第 10 章「循環型未来社会への取組み」の内容を充実させることにしました．第 10 章はその大部分が第 3 版にはなかった新しい項目から構成されていますが，その他の章でも各所に最新の知見が取り入れられています．学問的基礎について述べた第 3 章から第 6 章（「微生物の分類および形態」，「微生物の生態および生理」，「微生物の代謝」，「微生物の遺伝および育種」）においても，できる限り微生物機能の利用を意識した記述としました．なお，本書のイントロダクションとして位置付けられるのが，第 1 章「応用微生物学とは」および第 2 章「微生物機能を利用する産業」です．ここでは，応用微生物学の歴史，現状，将来展望にふれ，実学としてきわめて大きな広がりと可能性をもつ応用微生物学を俯瞰していただくことを志向しました．

　執筆者一覧を見ていただければわかるように，本書の作成には 66 名もの専門家が関わっています．そのため，一人あるいは数人の著者によって書き上げられた教科書に比べて，重複した記述がやや多く見られるかもしれませんが，以下の 2 つの理由から，あえてそれをそのままにしたところもあります．①重要な項目が違った角度から繰り返し記述されることによる理解の深化が図れるため．②本書のうち，いくつかの章（あるいは節）だけが抜き出されて講義に使われることも想定されるが，その場合，各章（あるいは各節）ごとにある程度，独立した記述となっている方が望ましいため．なお，次ページ下部に記したように，関連する内容の記述がある場合は，参照箇所を示してあります．分担執筆であるため，文章のスタイルに執筆者ごとの違い（個性）がある点もどうかご容赦いただきたいと思います．応用微生物学の根幹を支えるのは「微生物の多様性に基づいた微生物機能の多様性」ですが，応用微生物学の研究者も多様であってしかるべきなのです．分担執筆者が記述したそれぞれの文章から，非常に多様な研究者がこの分野をさまざまな方向から牽引しているということを感じていただけますと幸いです．

　もともと本書は，大学の学部学生をはじめとした，これから応用微生物学を本格的に学ぼ

うとする人にとっての教科書（入門書というよりは専門書）という位置付けで企画されたものでした．しかしながら，完成した本書を改めて見てみますと，学部生の教科書レベルからはさらに一歩踏み込んだ内容の記述も少なからずあり，学部レベルでは「教科書プラス参考書」と考えていただくのがよいと思います．「大学院レベルの教科書」あるいは「応用微生物学を学ぶための詳細なガイドブック」という位置付けでもよいかもしれません．初めて応用微生物学を学ぶ人には，あまり細かい知識に囚われすぎることなく，まずは応用微生物学の広がりと可能性を本書より学んでいただけると嬉しく思います．また，応用微生物学分野の研究に携わっている人には，自身の研究の関連領域に関しては，本書の記述内容を徹底的に理解するとともに，他の研究領域に関してもしっかり学習して，知識の幅を広げていただければ幸いです．

　本書をきっかけに，応用微生物学分野に興味を抱き，将来，この分野を大きく発展させる若者が現れることを期待しています．また，現在，この分野で研鑽を積んでいる大学院生や若手研究者が，本書から応用微生物学の大きな広がりと将来性を改めて学んでくれることを願ってやみません．

2025 年 1 月　　　　　　　　　　　　　　　　　　東京大学　大 西 康 夫
　　　　　　　　　　　　　　　　　　　　　　　京都大学　小 川　　順

　本書において，参照してほしい他の個所を（☞ 4-1-2）のように示しています．
　例えば，
　（☞ 4-1）は「第 4 章の 1. 微生物の生態」
　（☞ 4-1-2）は「第 4 章 1.の 2)物質循環と微生物」
　（☞ 4-1-3-1)）は「第 4 章 1.3)の（1)微生物間相互作用」
　（☞ 4-1-3-1-a）は「第 4 章 1.3)（1)の a .協調的相互作用」
　の項目を表しています．

執 筆 者

編 集 者

大 西 康 夫　東京大学大学院農学生命科学研究科
　　　　　　　東京大学微生物科学イノベーション連携研究機構
小 川　　順　京都大学大学院農学研究科

執筆者（執筆順）

大 西 康 夫　前　掲
小 川　　順　前　掲
原　　吉 彦　味の素株式会社バイオ・ファイン研究所
上 田　　誠　小山工業高等専門学校物質工学科
中 川　　智　一般財団法人バイオインダストリー協会
大 熊 盛 也　国立研究開発法人 理化学研究所
尾 仲 宏 康　学習院大学理学部
和 田　　大　摂南大学農学部
尾 花　　望　筑波大学医学医療系
浅 川　　晋　名古屋大学大学院生命農学研究科
井 上　　亮　摂南大学農学部
本 田 孝 祐　大阪大学生物工学国際交流センター
長 森 英 二　大阪工業大学工学部
小 西 正 朗　北見工業大学工学部
河 井 重 幸　石川県立大学生物資源工学研究所
田 中　　勉　神戸大学大学院工学研究科
栗 原 達 夫　京都大学化学研究所
原 清　　敬　静岡県立大学食品栄養科学部
新 井 博 之　東京大学大学院農学生命科学研究科
小山内　　崇　明治大学農学部
高 谷 直 樹　筑波大学生命環境系
新 谷 尚 弘　東北大学大学院農学研究科
戸 部 隆 太　東北大学大学院農学研究科
佐 藤 喬 章　京都大学大学院工学研究科
岩 崎 雄 吾　中部大学応用生物学部
荒 川 賢 治　広島大学大学院統合生命科学研究科
吉 田 彩 子　東京大学大学院農学生命科学研究科
丸 山 潤 一　東京大学大学院農学生命科学研究科
堀 内 裕 之　東京大学名誉教授

執 筆 者

橋	本	義	輝	筑波大学生命環境系
中	川	智	行	岐阜大学応用生物科学部
黒	田	浩	一	京都工芸繊維大学大学院工芸科学研究科
牧	野	伸	一	北九州工業高等専門学校
田	代	幸	寛	九州大学大学院農学研究院
小	林	元	太	佐賀大学農学部
川	崎		寿	東京大学大学院農学生命科学研究科附属 アグロバイオテクノロジー研究センター
横	田		篤	北海道大学名誉教授
清	水		昌	京都大学名誉教授
櫻	谷	英	治	徳島大学生物資源産業学部
上	田	賢	志	日本大学生物資源科学部
米	田	英	伸	富山県立大学工学部
満	倉	浩	一	岐阜大学工学部
石	原		聡	天野エンザイム株式会社
辻	村	清	也	筑波大学数理物質系
片	山	高	嶺	京都大学大学院生命科学研究科
小	柳		喬	石川県立大学生物資源環境学部
野	村	暢	彦	筑波大学生命環境系 微生物サステイナビリティ研究センター
安	藤	晃	規	京都大学大学院農学研究科
中島田			豊	広島大学大学院統合生命科学研究科
黒	田	章	夫	広島大学大学院統合生命科学研究科
廣	田	隆	一	広島大学大学院統合生命科学研究科
野	尻	秀	昭	東京大学大学院農学生命科学研究科附属 アグロバイオテクノロジー研究センター
吹	谷		智	北海道大学大学院農学研究院
梶	川	揚	申	東京農業大学応用生物科学部
篠	原		信	農研機構 野菜花き研究部門
亀	谷	将	史	東京大学大学院農学生命科学研究科
高	妻	篤	史	東京薬科大学生命科学部
蓮	沼	誠	久	神戸大学先端バイオ工学研究センター
森	田	友	岳	産業技術総合研究所機能化学研究部門
松	本	謙一郎		北海道大学大学院工学研究院
坂	元	雄	二	一般財団法人バイオインダストリー協会
河	合	総一郎		元・医薬基盤・健康・栄養研究所 ヘルス・メディカル微生物研究センター
國	澤		純	医薬基盤・健康・栄養研究所 ヘルス・メディカル微生物研究センター
三	浦	夏	子	大阪公立大学大学院農学研究科
玉	木	秀	幸	産業技術総合研究所生物プロセス研究部門
春	田		伸	東京都立大学大学院理学研究科

目　　次

第1章　応用微生物学とは……………………………………………………… 1
1．微生物学の歴史と応用微生物学………………………………（大西康夫）… 1
　1）微生物の発見………………………………………………………………… 1
　2）微生物機能の発見と応用微生物学………………………………………… 1
　3）微生物の多様性に基づいた微生物機能の多様性………………………… 3
　4）微生物生態学と応用微生物学の新展開…………………………………… 4
2．応用微生物学の実学としての広がり…………………………（小川　順）… 4

第2章　微生物機能を利用する産業……………………………………………… 7
1．発 酵 産 業………………………………………………………（原　吉彦）… 7
　1）発酵の定義と発酵食品および発酵産業…………………………………… 7
　2）発酵産業発展の経緯………………………………………………………… 8
2．微生物変換………………………………………………………（上田　誠）…13
　1）微生物変換とは……………………………………………………………… 13
　2）微生物変換の特徴…………………………………………………………… 14
　3）酵素の発見とバイオコンバージョンの産業利用………………………… 14
　4）バイオコンバージョンの発展……………………………………………… 15
　5）カスケード反応と近年の工業化例………………………………………… 17
3．新たな発酵産業に向けた課題と今後の展開…………………（中川　智）…18
　1）これまでの合成生物学の取組み…………………………………………… 19
　2）バイオものづくりの社会実装に向けた課題……………………………… 20
　3）バイオものづくりの社会実装を推進する取組み………………………… 22
　4）バイオものづくりの社会実装の加速に向けて…………………………… 24
　5）結　　　言…………………………………………………………………… 24

第3章　微生物の分類および形態……………………………（大熊盛也）…27
1．微生物の分類…………………………………………………………………… 27
　1）微生物の分類学上の位置…………………………………………………… 27
　2）微生物の分類と同定………………………………………………………… 28
　3）系統分類学…………………………………………………………………… 31

4）化学分類学…………………………………………………………… 33
5）細　　菌……………………………………………………………… 35
6）放　線　菌…………………………………………………………… 37
7）アーキア……………………………………………………………… 39
8）真　　菌……………………………………………………………… 40
9）酵　　母……………………………………………………………… 43
10）藻　　類……………………………………………………………… 45
11）真菌および藻類以外の真核微生物……………………………… 46
12）バクテリオファージ……………………………………………… 46
13）微生物の保存……………………………………………………… 47
2．微生物細胞の構造および機能…………………………………………… 48
1）原核細胞と真核細胞の違い……………………………………… 48
2）原核細胞の構造と機能…………………………………………… 49
3）真核微生物の細胞構造と機能…………………………………… 50
4）バクテリオファージ……………………………………………… 54

第4章　微生物の生態および生理……………………………………… 57
1．微生物の生態……………………………………………………………… 57
1）自然界の微生物………………………………………（尾仲宏康）…57
2）物質循環と微生物……………………………………（和田　大）…61
3）生物圏の微生物生態……………………………………………… 65
（1）微生物間相互作用………………………………（尾花　望）…65
（2）植物と微生物……………………………………（浅川　晋）…68
（3）動物およびヒトと微生物………………………（井上　亮）…70
2．微生物の生理………………………………（本田孝祐・長森英二・小西正朗）…72
1）微生物の栄養……………………………………………………… 72
2）微生物の培養……………………………………………………… 76

第5章　微生物の代謝……………………………………………………… 85
1．代謝と化学エネルギー………………………………（河井重幸）…86
1）代謝におけるATPの役割………………………………………… 86
2）生体内の酸化還元反応を仲介する低分子化合物……………… 86
2．発　　酵………………………………………………………………… 88
1）解糖系によるエタノール発酵と乳酸発酵……………（田中　勉）…88
2）解糖系による種々の発酵………………………………（田中　勉）…91
3）エントナー・ドウドロフ経路によるエタノール発酵…………（田中　勉）…93

4）ペントースリン酸経路……………………………………（栗原達夫）… 94

5）ホスホケトラーゼ経路によるヘテロ乳酸発酵………………（栗原達夫）… 95

6）Stickland 反応 ……………………………………………（栗原達夫）… 96

3．好気呼吸と有機炭素の酸化的代謝………………………………（原　清敬）… 98

1）TCA 回路 ……………………………………………………………… 99

2）電子伝達系（呼吸鎖）…………………………………………………101

3）酸化的リン酸化…………………………………………………………103

4）種々の有機化合物の異化………………………………………………104

4．嫌 気 呼 吸……………………………………………………（新井博之）…106

1）硝 酸 呼 吸………………………………………………………………107

2）硫 酸 呼 吸………………………………………………………………108

3）メタン生成………………………………………………………………108

4）その他の呼吸……………………………………………………………109

5．無機物を電気供与体とする呼吸…………………………………（新井博之）…110

1）硝 化 細 菌………………………………………………………………110

2）硫黄酸化細菌……………………………………………………………111

3）鉄　細　菌………………………………………………………………112

4）水 素 細 菌………………………………………………………………112

6．光合成と独立栄養的二酸化炭素固定……………………………（小山内崇）…113

1）微生物における光合成の型……………………………………………113

2）独立栄養的二酸化炭素固定経路………………………………………115

7．無機窒素の同化……………………………………………………（高谷直樹）…119

1）アンモニアの同化………………………………………………………119

2）硝酸の同化………………………………………………………………120

3）窒 素 固 定………………………………………………………………121

4）無機硫黄の同化…………………………………………………………121

8．生体主要成分の生合成……………………………………………………………122

1）アミノ酸…………………………………………（新谷尚弘・戸部隆太）…122

2）核　　　酸………………………………………………（佐藤喬章）…127

3）脂質，テルペノイド……………………………………（岩崎雄吾）…131

9．二 次 代 謝 …………………………………………………………（荒川賢治）…133

1）ポリケチド合成…………………………………………………………133

2）非リボソーマルペプチド合成…………………………………………137

10．代 謝 制 御 …………………………………………………………（吉田彩子）…138

1）酵素生産量の調節………………………………………………………138

2）酵素活性の調節…………………………………………………………140

x　　　目　　　次

第6章　微生物の遺伝および育種……………………………………………………………143
1．微生物の遺伝学………………………………………（丸山潤一・堀内裕之）…143
　1）遺伝子の構造と発現……………………………………………………………143
　2）微生物における遺伝子発現の制御機構………………………………………145
　3）微生物のゲノムと逆遺伝学……………………………………………………147
　4）トランスポゾン…………………………………………………………………148
　5）CRISPR とゲノム編集への利用 ………………………………………………149
　6）原核微生物の遺伝学……………………………………………………………150
　7）真核微生物の遺伝学……………………………………………………………153
2．遺伝子工学…………………………………………………………（橋本義輝）…155
　1）遺伝子工学のための酵素と利用法……………………………………………155
　2）遺伝子のクローン化と PCR ……………………………………………………157
　3）遺伝子工学のための宿主とベクター系………………………………………160
3．微生物のスクリーニングと育種…………………………………（中川智行）…160
　1）有用微生物のスクリーニング…………………………………………………161
　2）有用微生物の育種………………………………………………………………163
4．微生物の設計………………………………………………………（黒田浩一）…167
　1）合成生物学………………………………………………………………………168
　2）細胞内局在と集積化……………………………………………………………168
　3）宿主細胞の強化…………………………………………………………………169
　4）細胞設計・育種を加速させる新たな技術……………………………………169
5．組換えタンパク質の生産…………………………………………（牧野伸一）…170
　1）タンパク質生産のための遺伝子発現系………………………………………170
　2）タンパク質精製…………………………………………………………………171
　3）タンパク質改変技術……………………………………………………………172

第7章　物 質 生 産……………………………………………………………………175
1．発 酵 生 産………………………………………………………………………175
　1）アルコール，溶媒………………………………………（田代幸寛・小林元太）…175
　2）有　機　酸………………………………………………（田代幸寛・小林元太）…182
　3）ア ミ ノ 酸………………………………………………（川崎　寿・横田　篤）…188
　4）核　　　酸………………………………………………（清水　昌・川崎　寿）…202
　5）脂肪酸，テルペノイド，ステロイド…………………………………（櫻谷英治）…213
　6）生理活性物質……………………………………………………………（上田賢志）…216
2．バイオコンバージョン……………………………………………………………227
　1）酵 素 合 成………………………………………………………………（米田英伸）…227

目　次　*xi*

2）微生物変換··231
　（1）微生物変換の概念と全細胞触媒の利用　·················（満倉浩一）···231
　（2）ニトリル変換酵素の応用　····························（満倉浩一）···232
　（3）補基質供給系との共役　····························（満倉浩一）···233
　（4）生体触媒カスケード　······························（満倉浩一）···234
　（5）ステロイド類の微生物変換　························（櫻谷英治）···236
3．酵素利用技術···238
　1）産業用酵素·······································（石原　聡）···238
　2）センサー···（辻村清也）···241
4．醸造・発酵食品···246
　1）食品加工···（片山高嶺）···246
　2）醸造食品···（小栁　喬）···250
　3）発酵食品···（小栁　喬）···258

第8章　物質循環··263
1．排水および廃棄物の微生物処理···263
　1）活性汚泥···（野村暢彦）···263
　2）生物学的窒素除去法1（硝化脱窒法）·················（安藤晃規）···265
　3）生物学的窒素除去法2（アナモックス法）·············（安藤晃規）···266
　4）メタン発酵···（中島田豊）···267
　5）脱リン·······························（黒田章夫・廣田隆一）···269
2．バイオレメディエーション·······················（野尻秀昭）···271
　1）化学物質による環境汚染·····································272
　2）環境汚染物質の微生物代謝···································274
　3）環境修復への微生物機能の利用·······························276
3．金属と微生物·································（黒田浩一）···277
　1）生体内での金属の役割·······································277
　2）レアメタル···278
　3）微生物による金属吸着・回収·································279
4．生態系の維持·································（黒田浩一）···280

第9章　生態学的応用··283
1．プロバイオティクス，プレバイオティクス·············（吹谷　智）···283
　1）腸内細菌叢と宿主の健康·····································283
　2）プロバイオティクス···285
　3）プレバイオティクス···285

xii 目　　次

　　4）腸内細菌およびプロバイオティクスの機能解明……………………………287
2．組換え乳酸菌，ビフィズス菌によるワクチンおよびドラッグデリバリー
　　………………………………………………………………（梶川揚申）…288
　　1）経口ワクチン………………………………………………………………289
　　2）炎症性腸疾患治療…………………………………………………………290
　　3）が ん 治 療…………………………………………………………………290
3．微生物農薬………………………………………………………（篠原　信）…291
　　1）病原菌に対する微生物農薬………………………………………………291
　　2）害虫に対する微生物農薬…………………………………………………292
　　3）雑草に対する微生物農薬…………………………………………………292
　　4）土壌病害対策………………………………………………………………292
　　5）ワクチン様微生物農薬……………………………………………………293
　　6）耕種的防除…………………………………………………………………293
4．作 物 生 産………………………………………………………（篠原　信）…294
　　1）微生物の共生を利用した作物生産………………………………………294
　　2）堆　　　肥…………………………………………………………………295
　　3）土壌化（solization）……………………………………………………295

第10章　循環型未来社会への取組み ……………………………………………297
1．CO_2 資源化……………………………………………………（亀谷将史）…297
　　1）バイオマス変換によるバイオ燃料生産…………………………………298
　　2）光合成生物による CO_2 の直接利用 ……………………………………298
　　3）CO_2 固定を行うために必要な代謝機能…………………………………299
　　4）化学合成無機栄養生物による CO_2 固定 ………………………………300
　　5）今後の展望…………………………………………………………………300
2．ガ ス 発 酵………………………………………………………（中島田豊）…300
　　1）水素酸化細菌によるガス発酵……………………………………………300
　　2）嫌気性酢酸生成菌によるガス発酵………………………………………302
　　3）メタン生成菌によるガス発酵……………………………………………304
　　4）ガスを原料として生育させた微生物菌体の利用………………………305
3．C_1 化合物の利用と C_1 微生物……………………………………（中川智行）…305
　　1）自然界における C_1 微生物の位置づけ …………………………………306
　　2）C_1 微生物の C_1 代謝経路 …………………………………………………307
　　3）C_1 微生物による C_1 化合物からの物質生産 ……………………………310
4．微生物電気化学技術……………………………………………（高妻篤史）…311
　　1）電気活性微生物と微生物電気化学技術…………………………………311

目　　次　**xiii**

　　2）発電菌の利用技術（微生物燃料電池と微生物電解セル）……………312
　　3）電気合成菌の利用技術（微生物電気合成）………………………313
　　4）電極を利用した発酵促進技術（電気制御発酵）………………………314
　　5）今後の展望……………………………………………………315
5．光エネルギー利用………………………………………（小山内崇）…315
　　1）光エネルギー利用と光子束密度問題……………………………315
　　2）変換効率……………………………………………………316
　　3）光合成による光エネルギーの変換効率……………………………317
6．バイオ燃料………………………………………………（蓮沼誠久）…318
　　1）バイオエタノール………………………………………………318
　　2）遺伝子組換え酵母を用いたバイオエタノール生産プロセスの効率化……321
　　3）バイオディーゼル………………………………………………322
7．バイオサーファクタント…………………………………（森田友岳）…323
　　1）バイオサーファクタントの種類と構造……………………………324
　　2）バイオサーファクタントの機能と応用……………………………326
8．バイオプラスチック……………………………………（松本謙一郎）…327
　　1）バイオプラスチックとは………………………………………327
　　2）微生物産生ポリエステル PHA ……………………………………328
　　3）PHA の合成機構 ………………………………………………329
　　4）PHA の物性 ……………………………………………………330
　　5）非天然型 PHA の生合成 ………………………………………330
　　6）さまざまな宿主を利用した PHA 生産 ……………………………331
9．微生物による代替食料生産………………………………（坂元雄二）…331
　　1）伝統的な微生物由来の食料とシングルセルプロテイン（SCP）の試み……332
　　2）新たな持続可能な食料生産としての「発酵」の試み……………………333
　　3）微生物による代替食料の普及に向けた課題………………………335
10．ヒト常在菌関連技術 …………………………（河合総一郎・國澤　純）…335
　　1）ゲノム情報をもとにしたヒト常在菌解析技術………………………336
　　2）質量分析計を利用したプロテオーム解析…………………………337
　　3）特異的抗体を利用したヒト常在菌検出技術の開発…………………337
　　4）今後の展望……………………………………………………338
11．マリンバイオテクノロジー ……………………………（三浦夏子）…338
　　1）海洋環境と海洋生態系…………………………………………339
　　2）海洋微生物の機能とその利用……………………………………340
　　3）海洋資源の調査，利用，保全……………………………………342
　　4）国際的な動向とわが国における政策………………………………343

5）今後の展望‥‥‥‥‥‥‥‥‥‥‥‥‥‥‥‥‥‥‥‥‥‥‥‥‥‥‥‥‥‥‥‥ 344
12.　難培養微生物　‥‥‥‥‥‥‥‥‥‥‥‥‥‥‥‥‥‥‥‥‥（玉木秀幸）‥344
　1）難培養微生物とは何か‥‥‥‥‥‥‥‥‥‥‥‥‥‥‥‥‥‥‥‥‥‥‥‥ 344
　2）難培養微生物の系統学的な多様性‥‥‥‥‥‥‥‥‥‥‥‥‥‥‥‥‥‥ 345
　3）難培養微生物の分離・培養技術‥‥‥‥‥‥‥‥‥‥‥‥‥‥‥‥‥‥‥ 345
　4）培養により明らかになった難培養微生物の多彩な新生物機能‥‥‥‥‥ 346
　5）バイオものづくりへの難培養微生物の利活用に向けて‥‥‥‥‥‥‥‥ 347
13.　ゲノム情報利用　‥‥‥‥‥‥‥‥‥‥‥‥‥‥‥‥‥‥‥‥‥（春田　伸）‥348
　1）環境からの新規機能遺伝子の発掘‥‥‥‥‥‥‥‥‥‥‥‥‥‥‥‥‥‥ 349
　2）既知微生物からの未同定生理機能の発見‥‥‥‥‥‥‥‥‥‥‥‥‥‥ 350
　3）未培養微生物のゲノム情報解読‥‥‥‥‥‥‥‥‥‥‥‥‥‥‥‥‥‥‥ 350
　4）微生物群集の特徴づけ‥‥‥‥‥‥‥‥‥‥‥‥‥‥‥‥‥‥‥‥‥‥‥ 350
　5）細胞外 DNA の検出　‥‥‥‥‥‥‥‥‥‥‥‥‥‥‥‥‥‥‥‥‥‥‥ 352
　6）人工ゲノム微生物の作製‥‥‥‥‥‥‥‥‥‥‥‥‥‥‥‥‥‥‥‥‥‥ 352
　7）今後の展望‥‥‥‥‥‥‥‥‥‥‥‥‥‥‥‥‥‥‥‥‥‥‥‥‥‥‥‥‥ 352

参 考 図 書‥‥‥‥‥‥‥‥‥‥‥‥‥‥‥‥‥‥‥‥‥‥‥‥‥‥‥‥‥‥‥‥‥ 353
索　　　引‥‥‥‥‥‥‥‥‥‥‥‥‥‥‥‥‥‥‥‥‥‥‥‥‥‥‥‥‥‥‥‥‥ 355

第1章

応用微生物学とは

　本書のイントロダクションとして，微生物学の歴史を簡単に紹介しながら，「応用微生物学」とはどのような学問であるかについて概説したい.

1. 微生物学の歴史と応用微生物学

1）微生物の発見

　微生物とは，文字通り，肉眼では見えないサイズの生き物のことである. 大腸菌は幅 $0.5\,\mu m$，長さ $2\,\mu m$ 程度の桿状の細胞，パン酵母は $5 \sim 10\,\mu m$ くらいの球形または卵型の細胞であり，これら細胞の1つ1つが単独の個体として生きている. 一方，一般にカビと呼ばれる糸状菌は，多細胞の菌糸として生育するため，個体としてのサイズは単細胞の微生物よりは大きくなるが，1本の菌糸の太さはせいぜい $5 \sim 10\,\mu m$ 程度である. 菌糸が集まってできた子実体（いわゆるキノコ）や食品に生えたカビのように，細胞の塊なら肉眼で認識できるが，1本1本の菌糸を肉眼で捉えることは困難である.

　肉眼では見えない微生物を観察するためには顕微鏡が必要である. このため，人類が微生物の姿を正確に認識するには，顕微鏡の発明を待たなければならなかった. 人類史上，初めて顕微鏡を用いて微生物を観察したのは，オランダの商人レーウェンフック（van Leeuwenhoek, A., 1632 〜 1723）である. レーウェンフックは自分でレンズを磨いて簡単な顕微鏡を作製し，多くの微生物を観察した. この顕微鏡は凸レンズ1枚からなる単純なものであったが，約300倍もの拡大率があった. レーウェンフックは，その優れた観察能力をもって，肉眼では見えない，多くの種類の小さな生き物 "animalcule" がさまざまな試料中に存在することを明らかにした. また，その数が膨大なものであることにも気が付いていた. レーウェンフックが幸運だったのは，彼が残した記録が世界最古の学会といわれるイギリス王立協会の会誌に長年掲載されるに至ったことである. これによって，彼の業績が広く世に知られることになるとともに，「微生物学の父」として，後世にその名を残すことになった.

2）微生物機能の発見と応用微生物学

　レーウェンフックの時代には，微生物の姿こそは捉えられたものの，その小さな生き物の「はたらき」については，何も調べられていなかった. 微生物は目に見えない程度の，取るに足らない存在なのであろうか. 答えはもちろんノーである. ここで多くの人が真っ先に

思いつくのは病原菌であろう．目には見えない細菌が動物やヒトに病気を引き起こすことを明確に示したのは，ドイツの医師・細菌学者コッホ（Koch, R., 1843～1910）であるが，これは19世紀終盤の出来事であり，人類の歴史から見ればそれほど昔のことではない．コッホはいわゆる「コッホの四原則」を確立し，多くの弟子とともに，さまざまな病原菌を発見した．コッホの四原則とは以下のものであるが，コッホが考案した寒天培地を用いた純粋培養法はその後の微生物学の発展に欠かせないものであり，コッホの業績として特筆されるべきものであろう．

　①その病気にかかった組織には，ある特定の微生物が存在する．
　②その病気にかかった宿主から，特定の微生物を分離し，純粋培養できる．
　③純粋培養した微生物を感受性のある宿主に接種すると，同じ病気を発症する．
　④このようにして感染させた宿主から，再びその微生物が分離される．

　目には見えない微生物の感染によって人命に関わる大病が引き起こされるという恐怖は，現代でも多くの人が普通に抱いており，「微生物＝病原菌＝悪者，怖い」という図式はきわめて一般的である．しかしながら，多くの人が真っ先に思いつくであろうこの微生物のはたらきは，実は非常に限られた種類の微生物だけに当てはまる，むしろ特殊なものである．多くの微生物が持つはたらきは，人類にとって有益なものであり，その有益な微生物機能を積極的に利用することを追求していく学問こそが「応用微生物学」なのである．なお，病原性微生物に関する研究は主として医学部やその流れを汲む研究所などで行われ，「細菌学」あるいは「ウイルス学」という学問領域を形成している．

　ここで，「基礎」と「応用」について，少し触れておきたい．「応用微生物学」という学問が花開く前に，「基礎微生物学」なる学問領域が完成していたのであろうか．多少の異論はあるかもしれないが，答えはノーであろう．応用微生物学は「人類の役に立つ微生物」という視点からの微生物学であり，一般の人がイメージする「基礎」も，そこに含まれている．さらにいえば，応用微生物学領域の研究においては，基礎研究，応用研究といった仕分けが強く意識されないこともよくある．そこでは，生命現象や微生物機能の解明といった基礎研究から実用化につながる応用研究が次々と生まれるだけでなく，応用を目指した研究から生物学上の重要な基礎的知見が得られることも頻繁に起こり，基礎と応用があたかも車の両輪のような関係をなして研究が展開されてきた．その結果，われわれの生活と深い関わりのある研究成果が数多く生み出されてきたわけで，応用微生物学はとても身近な学問領域であるといえよう．

　さて，もう一度，微生物学の歴史に戻ろう．レーウェンフックの時代には全くわかっていなかった微生物のはたらきに関して，コッホが病原菌としての微生物のはたらきを見つける少し前に，非常に重要な発見がフランスの微生物学者・化学者パスツール（Pasteur, L., 1822～1895）によってなされている．パスツールは白鳥の首型フラスコを用いて，微生物の自然発生説を完全に否定し，古くから続いた生物の自然発生説論争に終止符を打ったことでも有名であるが，微生物の機能について数々の重要な研究業績を残している．中でも，

発酵と腐敗が微生物の増殖に伴う細胞の活動によって引き起こされていることを明確に示したことは特筆に値する．発酵と腐敗は微生物学的見地からすれば同じ現象であり，有機物が微生物のはたらきによって代謝された結果，有用な化学物質（あるいは食品）を生じる場合を発酵，有害な物質（例えば毒素や悪臭）が生じる場合を腐敗と呼んでいる．パスツールはアルコール発酵には酵母，乳酸発酵には乳酸菌といった特定の微生物が関与していることを示し，太古の昔から経験的に行われてきた食品醸造が特定の微生物のはたらきを利用したものであることを明らかにした．また，ワインの酸敗には酢酸菌が関与していることを明らかにし，これを防ぐためには50〜60℃程度の比較的低温で加熱すればよいことを見出した．このような低温殺菌法はパスツーリゼーションと呼ばれ，現在でも食品工業において用いられている．また，酵母は酸素がない（少ない）環境ではアルコール発酵を行うが，酸素が十分に存在するとアルコール発酵を行わず，細胞の増殖速度が増大するという現象を見出した．この現象はパスツール効果と呼ばれるが，酸素の有無で酵母の生育様式（エネルギー獲得様式）が変わることを示した点で非常に重要である．一方，パスツールは，酸素が存在しない条件でのみ増殖する微生物（偏性嫌気性菌）を発見し，微生物の生育について，好気性（酸素があるときに生育する），嫌気性（酸素がないときに生育する）という概念を与えた．発酵に関わる微生物の特定や発酵の制御に関わる現象の発見という，パスツールの偉大な業績は，応用微生物学黎明期の金字塔といえよう．

3）微生物の多様性に基づいた微生物機能の多様性

すでに述べたように，応用微生物学とは微生物が持つ有益な機能を利用するための学問であるが，応用微生物学を支えるのは「微生物の多様性」であることをここで強調しておきたい．1993年に発効した生物多様性条約の締結国会議（COP）が繰り返される中，種の多様性や遺伝子の多様性の保全が注目されるようになってきた．高等動物では交配して子孫を残し続けることができるか否かが「種」の定義となるが，細菌に関しては，この定義は当てはまらない．このため，DNA-DNA交雑形成試験において相同性が70％以上を示す細菌は同種と扱われてきたわけであるが，生物の多様性，中でもDNAレベルでの多様性は微生物に大きく依存している．微生物と一言でいっても，非常に多様性に富む種が存在しており，特に細菌や古細菌の場合，その単純な姿形には大差がなくても，その性質は千差万別である．また，微生物は地球上のありとあらゆるところ，例えば他の生物が生きていけないような極限環境（高温，低温，高圧，高塩濃度，強酸性，強アルカリ性など）においても生息しているが，これはそれぞれが非常に特殊な能力を持っていることを示している．微生物が多様な機能を持っているのは，それだけ多様な微生物種が存在しているからに他ならない．わが国の応用微生物学の偉大な先達である坂口謹一郎が「微生物に頼んで裏切られたことはない．」という言葉を残しているが，これは応用微生物学が微生物機能の多様性に立脚していることを端的に表している．

4）微生物生態学と応用微生物学の新展開

　微生物が行う多様な代謝は微生物機能の一側面としてきわめて重要である．パスツール以来，有機物の化学変化における微生物の役割は次々に解明されたが，19世紀から20世紀初頭にかけては，さまざまな化合物の地球レベルでの化学変化（物質循環）にも微生物が関わっていることが示されてきた．この分野においては，ロシアの微生物学者ヴィノグラドスキー（Winogradski, S. N., 1856 ～ 1953）の貢献が大きい．ヴィノグラドスキーは，還元型無機物を酸化してエネルギーを獲得するとともに二酸化炭素を炭素源として利用する化学合成独立栄養菌を発見した．小中学校の理科では微生物は食物連鎖の「分解者」として紹介されるが，化学合成独立栄養菌は，光合成独立栄養菌とともに「生産者」である．一方，ヴィノグラドスキーはオランダの微生物学者ベイエリンク（Beijerinck, N. W., 1851 ～ 1931）とともに，大気中の窒素ガスをアンモニアに変換できる窒素固定菌を発見している．化学合成独立栄養菌や窒素固定菌は地球上の無機物質の化学変化や循環に関与しており，その機能は地球レベルで人類に大きく関わっている．ヴィノグラドスキーやベイエリンクの研究が端緒となり，微生物生態学という学問領域が形成されたわけであるが，微生物生態学は環境関連分野における応用微生物学と密接に関係している．コッホ以来，微生物学は純粋培養を基本にして発展してきたが，環境中では，ある微生物が単独で成育しているようなことはきわめてまれであり，他の微生物（あるいは動物，植物）との相互作用の中で生きている．近年，このような「複合系」における微生物機能への注目が高まっている．一方，現在では，従来の方法で純粋分離できる微生物は地球上に生息する微生物の1％にも満たないとの認識も広がっており，このような「培養できない微生物」の利用も，応用微生物学において注目されるようになってきている．

2．応用微生物学の実学としての広がり

　微生物機能が応用されている産業領域を図1-1にまとめた．さまざまな分野において微生物が活用されているが，その活用には無限の可能性があるといえる．すなわち，微生物機能が直接的には関与しない領域であっても，微生物機能は活用されうる．例えば，「良い音楽を聞きたい」といった一見関連性のない目的に対しても，微生物機能の応用がデザインされうる．良い音楽を聴くためには良い楽器による演奏が必要で，そのためには，例えば良いオーボエが必要（筆者はオーボエ奏者でもある），良いオーボエには良いリードとなる葦が必要．したがって，良質の葦を育てる必要があり，良い土壌と良質の水が必要となる．良い土壌は，有機物，特に有機態窒素の無機化（硝化）を促進する微生物があって初めて成立する．また，良質の水は余剰窒素を除去（脱窒）することでもたらされる．すなわち，高い硝化活性・脱窒活性を示す微生物を開発する観点から，当初の目的である「良い音楽」に貢献できるのである．また，開発された「高い硝化活性・脱窒活性を示す微生物」は，この目的に限らず，

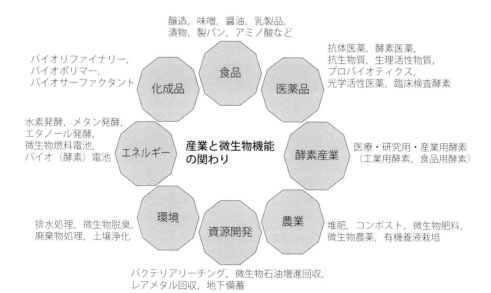

図1-1 産業と微生物機能の関わり

作物生産にも応用でき食糧増産へも貢献できる．さらには，排水処理などの環境浄化にも応用できる．このように微生物はその機能応用のデザイン次第で，さまざまな分野に貢献しうる．また，1つの微生物機能を取り上げても，その利用は多方面に渡りうるのである．そしてこのことは，ひとえに微生物が多様性に満ちあふれているがゆえに，そして，すべてを関連づける物質循環の主役を担っているがゆえに，可能となっているのである．

では，具体的に微生物機能とは何であろうか．実際に活用されているものを図1-2にまとめた．それらは，大きく物質と物質変換能力に分けられる．物質には，天然物としての一次代謝産物と二次代謝産物があげられる．さらには，物質変換能力を活用して合成される非天

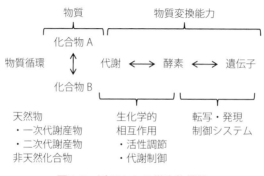

図1-2 活用される微生物機能

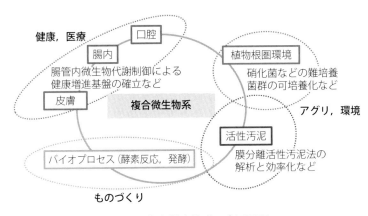

図 1-3　複合微生物系の応用展開

然化合物もある．一方，物質変換能力は代謝といいかえることもできる．微視的に捉えると，代謝は触媒としての酵素によって支えられている．そして，物質生産を支える代謝ならびに酵素の活性を制御しているのが，遺伝子ならびにその転写・発現制御システム，そして，活性調節，代謝制御などのさまざまな生化学的相互作用であるといえる．ひるがえって，俯瞰的視野から捉えると，代謝は地球上の物質循環を支えている．単一の微生物の代謝のみならず，分離培養が不可能なものも含めて，複数の微生物の代謝が複雑に絡み合って物質循環を駆動している．こういった複合微生物系の機能，ならびに，生物間の相互作用も，応用微生物学によって広く産業に活用されている（図 1-3）．

　どのような形で世の中の役に立ちたいのか，良き未来社会を創造したいのか，それらを実現するためにどのような微生物機能利用がデザインされうるのか，そして，求められるツールとしての微生物機能は何なのか．これらの思考を経て対象となった微生物機能を広く自然界に探索し，見出された微生物機能をさまざまな角度から解析，検証し，得られた科学的知見に基づき多方面に多様な微生物機能を活用していく．これが研究開発としての応用微生物学であろう．

　個々の応用事例を見ると，応用微生物学は各論的な領域と見られがちだが，それは共通した科学的基盤に支えられている．分子生物学，生化学，有機化学，生態学など，さまざまな学問が融合し，微生物機能というツールを通して，社会に還元できる実質的な技術を創出しうるのが，応用微生物学なのである．

第 2 章

微生物機能を利用する産業

　長い歴史の中で，人類と微生物はさまざまな形で関係してきた．ビールやワインなどの醸造酒の製造は古代文明にまで遡ることができるが，人類は微生物の存在を正確に認識する遥か以前から，微生物を利用してきた．一方，有史以前から病原菌は人類の脅威であったと思われるが，微生物によって病気が引き起こされることが証明されたのは 19 世紀になってからである．現代では，微生物の機能を利用した多くの産業が発展し，微生物は人類にとって有用な存在であるが，一般の人にとって微生物は「バイ菌」という言葉から連想されるように，ネガティブな印象を与える存在かもしれない．微生物の機能を利用した「ものづくり」は発酵法と微生物変換法（バイオコンバージョン）に大別されるが，本章ではこれらを解説するとともに，微生物機能を利用する産業の将来展望についても述べる．

1．発 酵 産 業

1）発酵の定義と発酵食品および発酵産業

　広義の発酵は，「微生物の働きによって，人間にとって有用なものが作られる現象」と定義されている（☞5-2）．一方で，微生物の働きによって，有機物が人間にとって有用でないものに変換される現象は腐敗とされる（☞5-2）．狭義の発酵とは，「微生物が無酸素条件下で有機物を分解しエネルギーを獲得する代謝様式」を指す（☞5-2）が，本節では広義の発酵およびそれに関わる産業について解説する．なお，広義の発酵を利用した産業，特に有用物質の製造に関わる産業を発酵産業という．

　発酵というとチーズやヨーグルト，漬物などの発酵食品を思い浮かべる方がほとんどであろう．発酵食品では原料となる食品に含まれる各種成分が微生物の働きによって分解され，栄養素の吸収率向上，風味改善，食品の保存性向上などさまざまな効果がもたらされる．ワイン，ビール，日本酒などの酒類の醸造も発酵である．一方，微生物の働きにより，有用な物質を大量に製造することも発酵と呼ばれる．アミノ酸，核酸，ビタミンなど数多くの物質の製造において微生物発酵法による生産技術が確立しているが，その多くはわが国が世界に先駆けて開発した技術である．微生物が二次代謝産物として生産する抗生物質も，微生物発酵法によって工業レベルで生産される．

　発酵には，味噌や醤油の製造など複数の微生物が関与する場合と，納豆やパンの製造など単一の微生物が関与する場合がある．また，発酵には，ヨーグルトや酒類の製造など無酸素

状態で進行するものと，食酢やアミノ酸の製造など酸素が存在するところで進行するものがある．発酵に使用される微生物は，カビ，酵母，バクテリアなど多岐にわたる．また，発酵を行う条件もさまざまであり，これらを厳密に制御することにより発酵が正常に進行する．発酵産業においては，使用する微生物の選択や改良，発酵条件の改善などを通して，効率的な製造が実現されている．

2）発酵産業発展の経緯

　発酵の歴史の中で最も古いものは，紀元前7000年頃に中国で作られた醸造酒であるとされている．これ以降，パンやチーズをはじめとする数多くの発酵食品が世界各地で作られるようになっていく．食品の発酵現象は古代文明の時代に偶然発見されたものがほとんどであると考えられ，発酵の過程に何が起こっているのか，その仕組みがわからないまま試行錯誤が繰り返され，発酵を技術化する工夫が重ねられていた．1800年台半ば，パスツールによって発酵が微生物の作用で起こることが示されてから，微生物学が飛躍的に発展し，発酵という現象が科学的に説明されるようになった．微生物学の発展は，発酵を制御する技術開発にも貢献し，安価で高品質な発酵製品が世の中に普及していくことにつながった．

(1) 発酵食品製造産業の発展

　発酵食品は日本のみならず世界各地で伝統的に製造されている．発酵食品は，生産される地域の地理や気候に適応した形で発展してきた場合が多い．日本では高温多湿な気候のため食材が腐敗しやすかったことから，食材を長期保存するために発酵食品が誕生したと考えられている．また，日本は南北に長く，地域によって気候が大きく異なることから，地域の気候に適した発酵食品が多く存在し，世界でも有数の発酵大国となっている．日本の発酵食品において特徴的なのは，麹菌というカビの一種を使用していることである．味噌や醤油をはじめとしたわが国の伝統的発酵食品の製造に欠かせないため，麹菌は和食文化を支える菌であるといえる．このことから，2006年，麹菌は日本醸造学会にて日本の国菌として認定された．麹菌の歴史は長く，すでに平安時代には種麹を販売することを生業とするものも出てきていたとされる．つまりは微生物による発酵作用がパスツールによって証明されるずっと以前から，日本人は米に生えるカビが食品の発酵に寄与することを理解し，その機能を利用していたということになる．

a．日本の代表的な発酵食品

　味噌は米あるいは大麦で麹菌を培養し，大豆，塩，水と混ぜて発酵および熟成させることにより製造される．醤油は大豆と小麦で麹菌を培養し，これを食塩水と混合して発酵させ，最後に濾過を行う．これら日本を代表する調味料はいずれも麹菌の分泌する酵素によって原料中のタンパク質がアミノ酸に分解され，呈味を示すことを特徴とする．

　日本酒は米に含まれるデンプンをまず麹菌によって分解し，生成される糖を酵母によってアルコールに変換する2段階の反応を組み合わせたものである．米の表面には雑味の原因

となる脂質やタンパク質が多く含まれるため，表面を削った米を使用したものが吟醸，大吟醸となる．

納豆は蒸した大豆に納豆菌を生育させたものであり，日本の代表的な発酵食品として広く認知される．大豆には少ないビタミン B_2 やビタミン K が発酵によって増加し，栄養価が高まっていることが特徴である．また，納豆の特徴的な臭いは，大豆タンパク質中の分岐鎖アミノ酸が分解されてできる低級分岐脂肪酸によるものであり，納豆菌の育種によりこの物質を低減した臭いの少ない納豆も商品化されている．

漬物では，塩分を含む漬け床の中で，野菜に付着していた乳酸菌などによって野菜の糖分が分解されて乳酸を生成し，独特の酸味を生じる．乳酸には他の微生物の生育を抑制する働きがあるため，長期にわたる保存が可能となる．

b．西洋の代表的発酵食品

ビールは麦芽およびホップなどを原料として酵母による発酵で作られる．ビールは紀元前 3000 年頃に古代メソポタミアですでにそのルーツとなるものが作られており，日本に伝わったのは江戸時代とされる．昔のビール製造では，嗜好性のよいビールができた際にビールの一部を保管し，次の仕込みに利用するということを行っていた．パスツールによって発酵作用が発見されたあと，デンマークの Hansen, E. C. は無限希釈法によりビールから単一の酵母を単離することに成功した．単離した酵母を無菌的に培養し，これを仕込みに用いることによって，ビールの品質を大幅に向上させることができるようになった．まさに微生物を制御することで食品の品質を向上させたよい例であるといえよう．

その他，西洋における発酵食品としてよく知られるものに，パンやヨーグルト，チーズなどがあげられる．パンは小麦を原料としてパン酵母が，ヨーグルトは牛乳を原料として乳酸菌がそれぞれ発酵することにより作られる．チーズは，子ウシなどの反芻動物の第四胃に含まれるレンネット[注]と呼ばれる凝乳酵素を用いてカゼインを凝集させ，ホエイと呼ばれる上清成分を取り除いたものにカビや乳酸菌を接種して熟成させることにより作られる．1960 年代以降，チーズの需要増に対して，レンネットと同様の活性を持つカビ由来の酵素が使用されるようになり，さらには遺伝子組換え技術を用いて微生物に動物由来のキモシンを生成させる方法が実用化され，多くの国で使用されるようになっている．

（2）純粋培養法による発酵

（1）では発酵食品産業について述べてきたが，ここでは糖などを原料に単一の微生物を用い，主に単一の成分を生産する微生物発酵産業についてまとめた．

a．アセトン・ブタノール・エタノール（ABE）発酵

ABE 発酵は，偏性嫌気性の *Clostridium* 属細菌によって糖類が分解され，主にアセトン，ブタノール，エタノールに変換される発酵である．アセトンは火薬の製造に必要な成分であ

注）母乳の消化のために哺乳動物の胃で作られる酵素の混合物のことをレンネットという．キモシンが主要な酵素である．

り，大量かつ安価にアセトンを製造する方法として20世紀初頭に工業化された．

　第二次世界大戦後にはクメン法が実用化されて石油化学原料からアセトンの大量生産が可能となり，ABE発酵によるアセトンの生産は衰退した．しかしながら，近年，再生可能な資源からのバイオ燃料やバイオプラスチック製造が期待されており，再びABE発酵によるブタノールやアセトンの生産が注目されている．

b．エタノール発酵

　エタノールの製造法としては，ショ糖やデンプンを原料に酵母などの微生物を用いる発酵法と，エチレンを原料として触媒により水を付加する合成法があるが，近年は発酵法が主流となっている．用途としては燃料として用いられる割合が多く，特にブラジルなどで盛んに生産されている．しかしながら，原料となる作物は農地を使用して食資源と競合するため，近年はセルロース系バイオマスを糸状菌などが作る糖化酵素により分解し，これを原料として利用する第二世代バイオエタノールの開発も進められている．

c．酢 酸 発 酵

　工業用の酢酸は合成法で製造されることがほとんどであるが，食用の酢酸は発酵法で製造される醸造酢であることが多い．醸造酢は穀物や果実，野菜を原料として，麹および酵母を利用してエタノール発酵を行い，その後に酢酸菌を用いて好気的に発酵を行うことで，エタノールを酸化し酢酸を得る．

d．クエン酸発酵

　クエン酸発酵の歴史は古く，100年以上前より工業的に利用されている．地域によって使用される原料や発酵の方法は異なるが，デンプンや糖蜜を原料に黒カビ *Aspergillus niger* を用いて行われる場合が多い．クエン酸発酵の特徴は低いpH条件で発酵を行う点にあり，これにより雑菌の汚染を抑えることができる．また，黒カビはクエン酸だけでなく，アミラーゼやペクチナーゼなどの酵素生産にも利用されており，産業上重要な菌株である．

e．乳 酸 発 酵

　乳酸は酸味料やpH調整剤として食品添加物として利用されるが，最近では乳酸のポリマーであるポリ乳酸が，バイオマスから生産され，かつ生分解性を持つプラスチックとして注目されている．乳酸の製造法としては，デンプンや糖類を原料として乳酸菌を用いて嫌気的に作られる．最近では，乳酸菌以外に酵母やバクテリアなどを用いて乳酸を製造する研究も進められている．

f．グルタミン酸発酵

　グルタミン酸は1908年に池田菊苗により昆布のうま味の原因物質として特定され，そのナトリウム塩であるMSG（mono sodium glutamate）は，当初小麦グルテンを加水分解する製法で製造されていた．1950年代に協和発酵工業の鵜高重三・木下祝郎により *Corynebacterium glutamicum* がビオチンを制限した条件で糖からグルタミン酸を著量生産することを発見し，グルタミン酸の製法は抽出法から発酵法に置き換えられていった．現在，年間300万t以上のMSGが世界中で消費されているが，ほぼすべてのグルタミン酸は発酵法に

より生産されている.

g. 核酸（ヌクレオチド）発酵

鰹節に含まれるうま味成分であるイノシン酸（inosine 5'-mononucleotide, IMP）は1913年に小玉新太郎により，そしてシイタケに含まれるうま味成分であるグアニル酸（guanosine 5'-mononucleotide, GMP）は1957年にヤマサ醤油の國中明によって発見された. これらの物質はグルタミン酸と共存することにより，相乗的にうま味を増強することから，グルタミン酸との複合調味料として販売されるようになった. 前述のグルタミン酸とともに，主要なうま味物質はその製法も含め日本が起点となって世界中に広がったといっても過言ではない.

当初は飼料用酵母に含まれる核酸を酵素により分解することでIMPおよびGMPを含む混合物を得ていた. 近年，これら物質の製法は各社で異なっており，IMPについては糖から直接発酵法により生産する方法と，前駆体であるイノシンを発酵法により生産し，その後に化学法あるいは酵素法により5'位の水産基をリン酸化する方法が使われている. また，GMPに関しては，前駆体であるXMP（キサンチル酸）を発酵にて生産しこれを酵素的に変換する方法と，グアノシンを発酵法により生産し，化学法あるいは酵素法により5'位の水産基をリン酸化する方法が知られている.

h. 飼料用アミノ酸発酵

家畜の飼料として用いられる小麦やトウモロコシは，リシンなどの必須アミノ酸が不足しており，これらを補うことによって飼料効率が飛躍的に向上する. 一般に微生物のアミノ酸の生合成系は生成物によってフィードバック抑制がかかり，過剰に生成しないように制御されている. この制御を解除して過剰にアミノ酸を生成させるために，目的のアミノ酸と構造が類似し，微生物にとって毒性を示す物質（アナログ）に対して耐性を示す株を取得する手法が考案された. この手法を用いてグルタミン酸の生産菌としてすでに利用されていた*Corynebacterium glutamicum*を宿主として，各種アミノ酸の生産菌が育種され，工業生産に用いられるようになった. 穀物飼料で不足量の多いリシン，トレオニン，トリプトファンの順で発酵法による生産が始まり，現在では*C. glutamicum*だけではなく，大腸菌*Escherichia coli*なども宿主として使用されるようになった. また，飼料用アミノ酸以外にも，食品用および医薬用のアミノ酸として多くの品目が発酵法により生産されるようになった.

i. 医薬品関連物質

i）プラバスタチン（メバロチン）

プラバスタチンはHMG-CoA還元酵素を阻害することでコレステロールを下げる高脂血症治療薬であり，コレステロールが生合成される肝臓および小腸で選択的に本酵素活性を阻害するきわめて優れた医薬品であり，世界中で広く使用されている. 三共株式会社ではHMG-CoA還元酵素の阻害剤を微生物の生産物からスクリーニングし，アオカビ*Penicillium citrinum*が生産するコンパクチンという物質を取得していた. プラバスタチンはコンパクチンの代謝産物として発見された物質であり，高活性に加え臓器選択性もこの代謝変化により

もたらされているとされる．プラバスタチン発見のあと，コンパクチンをプラバスタチンに変換する活性を持つ放線菌 *Streptomyces carbophilus* が発見され，これら2種類の微生物による二段階発酵によって安定的にプラバスタチンを生産できるようになった．

ⅱ）抗生物質

抗生物質とは，微生物が産生する他の微生物の生育を抑制する化合物のことを指す．主として，糸状菌や放線菌が二次代謝産物として生産している．多くの抗生物質はその複雑な構造が原因で化学合成が難しく，微生物発酵によって作られることが多い．世界で初めて見つかった抗生物質であるペニシリン G は *Penicillium chrysogenum* を用いて発酵法により生産される．また，発酵で製造した抗生物質を化学修飾して，安定性を向上させたり抗菌スペクトルの広域化を実現したりした薬剤も多数存在する．

抗生物質ではないが，抗寄生虫薬のイベルメクチンも発酵とそれに続く化学修飾法により製造されている．この薬剤は放線菌 *Streptomyces avermitilis* から単離された，抗寄生虫活性を持つアベルメクチンを化学修飾して作られ，寄生虫症に苦しむ多くの人や動物を救っている[注]．

ⅲ）医薬関連タンパク質

微生物発酵は低分子物質だけではなく，タンパク質など高分子の製造にも近年用いられている．糖尿病薬として使用されるインスリンは当初，家畜の膵臓から抽出されたものが使われていたが，1980年代に遺伝子組換え大腸菌を用いたヒトインスリン製剤が登場し，多くの糖尿病患者への安定的供給が可能となった．その後，生理活性物質を遺伝子組換え微生物を用いて製造する技術開発が加速し，インターフェロンやヒト成長因子などが生産されるようになっている．

(3) 今後の発酵産業について

これまで述べてきた微生物を用いた物質生産の特徴として，①食品産業では，長年の食経験などから安全性が担保されている微生物が使われている，②低分子化合物の生産では，化学合成法と比較して低コストで生産することが可能である，③複雑な構造や多くの不斉炭素を有する化合物に関しては，そもそも化学合成が困難であり，発酵法による製造のみが可能である，などがあげられる．特に，産業として成り立たせるためには，製品の価値と製造コストがうまく釣り合うことが重要であるため，微生物発酵によって化学合成品が置き換えられるような事例は少なくなってきている．

一方，ゲノム科学の進展により合成生物学，つまり本来の生物にはない新たな代謝経路を導入することでその生物が作れなかった物質を作り出すことを目的とする学問が近年，急速に発展してきている．例えば，アルテミシニンはヨモギ属の植物から分離される抗マラリア

注）大村智はアベルメクチン生産菌 *Streptomyces avermitilis* を発見し，本菌を用いて米国メルク社がイベルメクチンを開発した．この業績により，大村智と William C. Campbell は2015年にノーベル生理学医学賞を受賞している．

活性を有する化合物であるが，この代謝経路を大腸菌に丸ごと「移植」することで，大腸菌でのアルテミシニンの製造が可能となっている．このように，植物に微量に含まれるような付加価値の高い生理活性物質などを微生物発酵により製造するような例は今後ますます増えてくることが期待される．昨今のサステナビリティを重要視する風潮の中で，微生物を用いた物質生産プロセスは環境負荷の低い製法として再び脚光を浴びるようになってきている．特に，温暖化の原因物質である二酸化炭素を原料として有機物を生産する研究が盛んになってきていることも併せて述べておきたい．

2．微生物変換

1）微生物変換とは

　序文で述べたように，微生物の機能を利用したものづくりは発酵法と微生物変換法（バイオコンバージョン）に大別され，温和な条件で廃棄物が少ないサステナブルな社会を実現する技術として注目されている．両手法の違いを図2-1に示した．発酵は有機物が微生物によって分解される現象（狭義には無酸素条件で有機物が分解される現象）をいうが，ものづくりの観点からは，微生物を用いてグルコースなどの有機物から代謝産物を生産させる方法であり，そのため発酵の生成物は生命活動に関係する産物となり，エタノールやアミノ酸，核酸が代表的な生産物である．一方，微生物変換は微生物の培養菌体を生体触媒として利用し，微生物菌体内の1～数個の酵素の反応により基質化合物を変換して生成物を得る方法である．したがって，微生物変換は微生物の生命活動とは関係なく，反応に関与する酵素の活性が発揮できればよいため，非天然化合物の扱いが可能である．バイオコンバージョンには微生物を全細胞触媒（whole cell catalyst）として用いる微生物変換法と，微生物が産生する

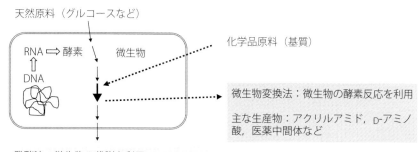

図 2-1　発酵法と微生物変換法

酵素を用いる酵素合成法がある．どちらも酵素の触媒作用による物質生産法であり，酵素の特異性が高い反応により，鏡像異性体（エナンチオマー）などの，構造が複雑な医薬品などの化合物を合成する手段として優れている．微生物変換は微生物を「酵素の入った袋」と見なして反応に用いるため操作性に優れ，細胞内在の補因子やエネルギーを要求する反応も可能である．一方，酵素合成では，微生物菌体中の副反応や夾雑物の影響がなく，より精密な合成反応が可能となる．

2）微生物変換の特徴

発酵と比べた微生物変換の利点として，①非天然化合物を扱える，②微生物菌体濃度の調整や遺伝子組換えによる触媒活性の増強により，発酵法に比べて高濃度の生成物を短時間で得ることが可能，③反応液中に微生物の生育による夾雑物がないため，生成物の抽出精製が容易，④高温での反応，反応系への有機溶媒の添加なども可能，などがあげられる．一方，発酵法でのグルコースなどと比べ，基質が高価な合成化合物であることが多く，また反応ごとに触媒である酵素（微生物）を準備する必要がある．酵素の繰返し使用を可能とする酵素（微生物）の固定化については後述する．

化学合成と微生物変換を比較すると，酵素反応の特徴は基質特異性，立体選択性，位置選択性であり，目的の化合物を高収率で得ることができる．生物反応は温和な条件で進行するため高温高圧の反応器を必要とせず，有害な金属や有機溶媒も使用しないため環境負荷が低いことも利点となる．一方，酵素反応は化学反応と比べると一般に基質濃度が低く，反応速度も遅く生産効率は劣る．以上のことから，バイオコンバージョンは食品や医療分野の製品の製造に使われることが多い．

3）酵素の発見とバイオコンバージョンの産業利用

酵素の発見以前から，人類はビールや日本酒製造における原料の糖化，またはチーズ製造における凝乳プロセスなどにおいて酵素を利用してきた．酵素の発見や化学的な性質の解明は，1897年にBuchner, E. によって，発酵が物質である酵素の作用によって起こることが証明されたことを契機に，大きく進展してきた．微生物酵素の工業的製造については，渡米した高峰譲吉が1893年にコウジカビから消化作用を持つタカジアスターゼを製造したのが最初の例である．タカジアスターゼはアミラーゼなどの混合物であり，パーク・デービス社（現 ファイザー）から販売された．

微生物菌体を生体触媒として利用する物質変換としては，グルコース存在下で酵母をベンズアルデヒドと反応させてL-フェニルアセチルカルビノールを生産した例が1934年に報告されている．酵母菌体内でグルコースから変換されたピルビン酸が，ピルビン酸カルボキシラーゼの作用によって，ベンズアルデヒドと立体選択的に縮合してL-フェニルアセチルカルビノールが生じる．L-フェニルアセチルカルビノールは還元的アミノ化によりL-エフェドリン類に合成展開できる．1950年代からはステロイド化合物の微生物変換が活発に研究

された．有機化学では手間のかかるステロイド化合物の位置および立体選択的な水酸化反応や側鎖の切断反応を触媒する活性を有する微生物が発見され，コレステロールやジオスゲニンを反応基質とする微生物変換プロセスが実用化された．酵素はタンパク質の複雑な高次構造により基質と特異的に結合して触媒作用を示すため，特定の基質にのみ作用し，選択性の高い反応を触媒することが可能である．一方，1950年に坂口謹一郎らは *Penicillium* 属のカビなどから，ペニシリンを加水分解し，6-アミノペニシラン酸を生成するペニシリンアシラーゼを発見した．この発見からペニシリンアシラーゼによる半合成ペニシリンの開発が進み，固定化酵素による半合成ペニシリンの製造法が開発された．これらの実績により，バイオコンバージョンは物質生産手段として広く認識されるようになった．

4）バイオコンバージョンの発展

代表的な微生物変換の事例を技術の進歩と意義を含めて解説する．図2-2に示すように1970年頃から実用化されたバイオコンバージョンは，生体中のアミノ酸の変換酵素やリパーゼなどの加水分解酵素による単一酵素の一段階反応が主であった．2000年頃からは多様な微生物からの有用酵素の発見や遺伝子組換え技術の発展により，酵素が触媒する有機合成反応の範囲は拡大し，複数の酵素による多段階の反応をワンポットで行う事例も増えている．

酵素は水溶性であるため，産業用触媒として利用するには，①高価な酵素が反応ごとに使い捨てとなるため，触媒コストが高くなる，②反応が回分法となり連続操作が難しい，などの問題点がある．また，生産物からのタンパク質（酵素）の分離が困難な場合もある．これ

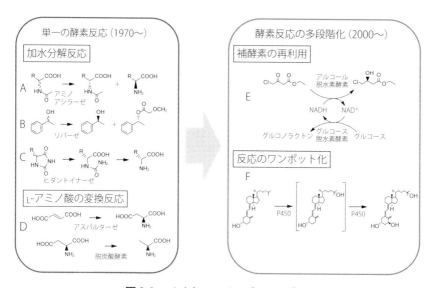

図2-2　バイオコンバージョンの進展

16 　第2章　微生物機能を利用する産業

らの問題を解決するためには，酵素の触媒活性を維持したまま水に不溶化（固定化）すればよい．具体的な固定化方法は後述するが（☞6-5），固定化法の開発により酵素や微生物の回収再利用が可能となった．固定化はバイオコンバージョンの工業化における要素技術の1つである．

　化学合成したラセミ体から片方のエナンチオマーを得る手法を光学分割という．世界に先駆けて，田辺製薬（現 田辺三菱製薬）は DL- アミノ酸の光学分割に固定化酵素を利用して，L- アミノ酸の連続製造法を工業化した．具体的には，化学反応で合成した N- アシル -DL- アミノ酸を原料として，L- アミノ酸のアシル基のみを選択的に加水分解し L- アミノ酸を取得する（図 2-2A）．反応で残った N- アシル -D- アミノ酸はラセミ化して原料として用いることができ，理論的なモル収率は 100％となる．また，L- アスパラギン酸の変換酵素として知られるアスパルターゼや L- アスパラギン酸脱炭酸酵素による L- アスパラギン酸や L- アラニンの製法も工業化された（図 2-2D）．ともに高活性な微生物菌体を κ- カラギーナンに包括固定化したバイオリアクターで生産する．酵素の立体選択性の利用によるラセミ体の光学分割はアミノ酸だけでなく，BASF 社によるリパーゼを用いたラセミ体アルコールからのキラルアルコールの製造なども実用化されている（図 2-2B）．

　カネカと京都大学は非天然型のアミノ酸を酵素合成する方法としてヒダントイン法を開発した（図 2-2C）．5- 置換ヒダントインを基質とし微生物由来のヒダントイナーゼで立体選択的に加水分解することで N- カルバモイル -D- アミノ酸を得る．さらに，カルバモイル体を酵素（カルバミラーゼ）で加水分解すれば D- アミノ酸を得ることができる．5- 置換ヒダントインは化学的あるいは酵素的にラセミ化できるので，モル収率 100％で原料のヒダントインから光学活性アミノ酸を合成できる．化学合成した各種ヒダントイン誘導体と微生物由来のヒダントイナーゼの組合せにより，非天然型の光学活性アミノ酸の合成が可能となる．生物由来の触媒である酵素を非天然化合物と反応させることにより，医薬や農薬などの製造に有用なエナンチオマーが製造可能となることが実証された．これは微生物変換の利用範囲を拡大するうえで画期的な製法開発であった．

　アクリルアミドは排水処理用凝集剤や原油回収剤などで使われるポリアクリルアミドの原料として需要が拡大する汎用化学品である．銅触媒を利用する化学法に対し，1985 年に日東化学工業（現 三菱ケミカル）は微生物変換法によりアクリルニトリルを水和してアクリルアミドを生産するバイオ法を工業化した（図 2-3）．三菱ケミカルの工業プロセスは京都大学が発見した *Rhodococcus rhodochrous* J1 由来のニトリルヒドラターゼを用いている．本酵素は反応生成物のアクリルアミドへの耐性や触媒活性に優れており，反応副生物の生成が

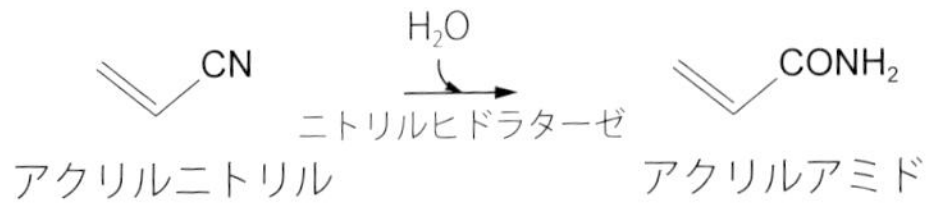

図 2-3 　ニトリルヒドラターゼによるアクリルアミドの生産

ないという特徴を持つ．また，常温常圧の反応であるため投入エネルギーが少ないグリーンなプロセスである．バイオ法は継続的に改良が進められ，遺伝子組換えによる菌体内の酵素量の増大，酵素の改良技術による活性や安定性の向上といった触媒能の改良だけでなく，触媒生産のための微生物培養方法，生産プロセスを効率化するためのバイオリアクター化など，応用微生物学の多くの技術が活かされている．世界のアクリルアミド生産は 2010 年には約 60 万 t であったが 2020 年には約 160 万 t と需要が拡大しており，バイオ法が主な製法となっている．

カルボニル化合物のアルコール脱水素酵素による不斉還元によって光学活性なアルコールが製造できる．光学活性アルコールは医薬の中間体などとして使われる．カルボニル化合物を還元する高い立体選択性の酵素を微生物からスクリーニングし，大腸菌などの宿主で大量生産させる．還元反応には NADH などの補酵素が必要となるが，補酵素をリサイクルするグルコース脱水素酵素を共発現することで，高価な補酵素を外部から多量に補充することなく，効率的に光学活性アルコールを生産することができるようになった（図 2-2E）．

5）カスケード反応と近年の工業化例

微生物菌体内や酵素反応容器内で複数の酵素を共存させることによって，連続的に引き起こされる反応をカスケード反応という．副反応がなく，特定の官能基にのみ選択的に反応するという酵素の能力を活かせば，反応の連続化が可能となる．これによって，中間化合物の精製過程が不要となり，時間の節約と収率の向上が期待できる．カスケード反応の実現には，選択性や安定性などの性能をさらに高める酵素改良技術が求められる．酵素改良技術としては，目的酵素遺伝子にランダムな変異を起こし，酵素を迅速かつ広範囲に改変する指向性進化法（directed evolution）が，タンパク質を人工的に進化させる進化工学として 1990 年代中頃から急速に普及した．前述のヒダントイン法や光学活性アルコール生産法，アクリルアミド生産法でも改良した酵素が使用されているが，近年では野生型酵素の一次配列アミノ酸が 10% 以上置換された改良型酵素の使用例がある．

ビタミン D_3 は生体内でシトクロム P450 酵素（P450）による 2 段階の水酸化反応により活性型のカルシトリオールに変換される．カルシトリオールは骨粗しょう症の治療などに用いられる．メルシャン（現 日本マイクロファーマ）は放線菌の P450 遺伝子ライブラリーの中からヒト P450 と同様の活性を持つ酵素を見出し，ビタミン D_3 から 2 段階の水酸化反応を 1 工程の微生物変換で製造している（図 2-2F）．P450 の活性発現に必要な NADH からの電子の受容機構に関与する 2 種のタンパク質も P450 と同じ宿主内で共発現させ，さらに P450 を指向性進化法により改良している．

イスラトラビルは Merck 社が開発中の抗ウイルス剤で，ヌクレオシドのアナログの構造を持ち，ウイルスの逆転写酵素を阻害する．イスラトラビルの化学合成では，デオキシリボース誘導体の合成の困難さや保護基の使用から 10 以上の反応工程が必要である．酵素反応は副反応がなく，選択性が高いため保護基の必要性はなく，効率的な合成が期待できる．実

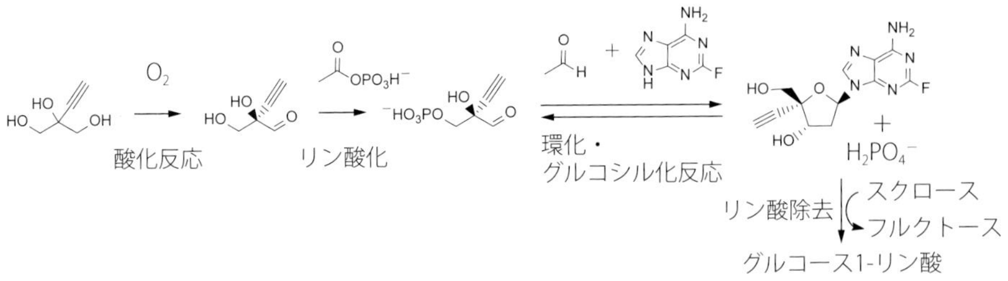

図 2-4　カスケード反応によるイスラトラビルの生産

際，Merck 社と Codexis 社は生物のヌクレオチドの合成経路を活用し，非天然基質への反応と高い立体選択性を利用するとともに，複数の酵素反応を組み合わせることによって合理的なイスラトラビル合成を実現した．反応は 3 段階からなるが，反応中間体を単離することなくアキラルで単純な出発物質からイスラトラビルの沈殿精製までの多段階酵素カスケードを構築し，収率 51 ％ で光学純度 99 ％ e.e. を達成している（図 2-4）．酵素は計 9 種類使用し，そのうち 5 種類は活性，立体選択性，反応基質への耐性を改良した酵素である．最終段階は遊離リン酸をグルコース 1 - リン酸に変換し，3 段階目の反応平衡を有利にすることで収率を向上させた．また，夾雑タンパク質の削減によるイスラトラビルの精製収率の向上のため，1 段階目と 2 段階目は固定化酵素を用いている．

　微生物変換の工業プロセスの開発は，「目的の基質と反応する酵素はどれか？」といった有用酵素の探索から始まる．新規酵素の発見は微生物のスクリーニングによるところが大きいが，遺伝子情報からの配列ベースの酵素探索によっても目的の酵素を取得できるようになった．一方，指向性進化法などの進化工学のツールは，安定性が低く，非天然化合物には活性が低いという酵素のこれまでの弱点を解決しつつある．酵素の構造解析や計算化学での反応機構解析に基づいた酵素改変は従来から行われているが，近年，配列情報からの 3 次元構造モデリングなどで人工知能（AI）技術が活用され，酵素の改良技術が高度化している．このような技術革新によって，目的の酵素を自由自在にデザインする時代の到来もそう遠くないかもしれない．バイオコンバージョンは化学工業などの「ものづくり産業」において有用物質を生産するプロセスに酵素反応を組み込むために開発された手法である．微生物酵素の利用は，「不要なものを出さない」かつ「不要なものは作らない」グリーンケミストリーにおいて，有用物質を得る手段としてさらに普及していくであろう．

3．新たな発酵産業に向けた課題と今後の展開

　2019 年内閣府からバイオ戦略 2019 が発出された．バイオ戦略は，「2030 年に世界最先端のバイオエコノミー社会を実現すること」を目標としている．4 つの社会像（すべての産業が連動した循環型社会，多様化するニーズを満たす持続的な一次生産が行われている社会，

持続的な製造法で素材や資材のバイオ化している社会，医療とヘルスケアが連携した末永く社会参加できる社会）の実現に向けて，9つの市場領域が設定され，そのうち複数の領域において，微生物の活躍が期待されるものとなっている（高機能バイオ素材〈軽量性，耐久性，安全性〉，バイオプラスチック〈汎用プラスチック代替〉，有機廃棄物・有機排水処理，バイオ生産システム〈バイオファウンドリ〉）．これらの市場領域において，市場の拡大に大きく貢献する技術が，合成生物学（synthetic biology）/ 工学生物学（engineering biology）であろう．日本の伝統的な応用微生物学が，近年の新しい技術を取り入れることで，新たな応用微生物学に発展することが期待されている．

1）これまでの合成生物学の取組み

　合成生物学とは，生命の仕組みを理解し，人工的に生命を設計・構築する学問分野である．生物の遺伝情報や代謝経路を改変し，新たな機能を持つ生物や生物由来の物質を創り出すことを目指している．合成生物学の考え方は，決して新しいものではない．これまでもさまざまな手法を用いて，ターゲット化合物を効率的に生産する微生物が構築されてきた．1953年にDNAの二重らせん構造が発見されたことをきっかけに，遺伝子工学や分子生物学が発展し，遺伝子組換え技術の進展をもたらした．1990年代半ば以降は，生命の設計図ともいえるゲノムの解読技術が向上し，合成生物学の発達に寄与した．さらに2000年代に入ると，次世代シーケンサーの登場に伴いゲノム解読技術が著しく発展した．以降，トランスクリプトーム / プロテオーム / メタボローム / フェノームなど，オミクス解析技術の進歩とともに，情報解析技術の進展もあり，目的の機能を有する微生物を造成するための設計技術の精密性が急速に向上し始めた．

　日本発の微生物を用いた発酵生産技術の原点は，1956（昭和31）年の協和発酵工業株式会社による「糖から直接グルタミン酸を生産する菌」の発見に続き，翌年1957年に工業的生産方法の確立に至ったという，研究開発成果の事業化例であろう．その後，変異剤処理で染色体上にランダムな突然変異を誘起し，栄養要求性やアナログ耐性などの表現型を指標にアミノ酸生産収量の向上した菌株を選抜する試みが繰り返し行われた．フィードバック制御が解除された代謝調節変異株や，アミノ酸を菌体内に過剰に蓄積しない膜輸送変異株が育種され，さまざまなアミノ酸の発酵法による量産化に成功してきた．のちに池田正人らは，これらの染色体上に生じた数多くの変異点を，ゲノム解析を通じて，アミノ酸生産に寄与する有効変異と，不要もしくは有害な変異とに分類した．さらに，有効変異のみを野生株ゲノム上で組み合わせることで，野生株の有するロバストネスを維持したアミノ酸生産菌を構築した．池田らは，これらの方法論をゲノム育種として提唱した．

　また，国立研究開発法人新エネルギー・産業技術総合開発機構（NEDO）の研究開発プロジェクト「生物機能を活用した生産プロセスの基盤技術開発」（2001 ～ 2005年度）において，ミニマムゲノムファクトリー（MGF）の概念が提案された．「その発酵生産において必要な遺伝子セットだけを有し，その親株を用いた発酵生産より格段に生産性が向上した変異株」

の造成が開始され，その研究成果は，「微生物機能を活用した高度製造基盤技術開発」（2006
〜2010年度）に引き継がれた．

このように，20世紀においては，ランダム変異の蓄積からそのメカニズム解析を通じて，
代謝経路や代謝制御の理解が進んだ．2000年代に入ると，ゲノム情報を活用しつつ，知識
および経験に基づいた多様な産業微生物の開発がなされるようになってきた．

一方，米国を中心に，経験や知識ではなく，実験データに基づいて研究を推進するス
タートアップ企業が登場した（社名；創業年，Amylis Inc.；2003年，Ginkgo Bioworks
Holdings, Inc.；2008年，Zymergen Inc.；2013年）．実験や計測の自動化を進め，大量のデー
タセットをハイスループットに取得し，計算科学・情報解析を駆使して，産業微生物の開発
を試みる新しい流れの登場である．ITやオートメーションのバイオ産業への適用の始まり
であるといえよう．

このような世界の合成生物学の新たな流れを受け，日本においても，2016年度から5年
間にわたり，NEDOの研究開発プロジェクトとしてスマートセルプロジェクト（「植物等の
生物を用いた高機能品生産技術の開発」事業)が実施された．スマートセルプロジェクトでは，
バイオ×デジタルの取組みが進められ，スマートセル（生物細胞が持つ物質生産能力を人
工的に最大限まで引き出し，最適化した細胞)の設計図をデザインするためのバイオインフォ
マティクスと，設計図を具現化するためのDBTL（Design-Build-Test-Learn）サイクルを採
用した『スマートセル創出プラットフォーム』の構築が目指された．そのために，DBTLサ
イクルを推進するために必要な要素技術として，計算機上で代謝経路設計や遺伝子発現制御
ネットワーク解析を行う情報解析技術，長鎖DNA合成技術，ハイスループットな物質生産
性評価技術，精度が高く定量性を有するオミクス解析技術の開発など，多くの技術が開発さ
れた．

一方，スマートセル創出のための技術開発はできたものの，スマートセルを用いた合成生
物学の研究成果の社会実装は十分に成功しているとはいえず,さまざまな課題が掲げられる.

2）バイオものづくりの社会実装に向けた課題

近年の環境問題を背景に，持続可能な経済社会の実現を目指すバイオエコノミーという概
念が，2009年に経済協力開発機構（OECD）より提唱された．そこでは，石油などの化石
資源を主な対象とし高温高圧下の反応を必要とする化学合成と比べ，微生物の有する機能を
活用したものづくり（バイオものづくり）が，再生可能なバイオマス原料などを利用でき常
温常圧の自然条件下で行われることが多いものとして取り上げている．バイオものづくりに
より，資源循環が可能となり，かつ，カーボンニュートラルが実現できることを謳っている．
バイオものづくりに関する期待は高く,前述のスマートセルプロジェクトや，後継プロジェ
クトであるバイオものづくりプロジェクト（「カーボンリサイクル実現を加速するバイオ由
来製品生産技術の開発」事業（2020〜2026年度）においては，発酵生産法を用いた事業
を従来してこなかった企業が新たにバイオものづくり分野に参画するようになってきた．こ

れに伴い，化学合成法で製造していた化合物のバイオ由来製品への代替を目指す研究開発が散見されるようになってきた．

　前述のように，バイオものづくり関連の国家プロジェクトは活発に行われているにもかかわらず，これらの研究開発の成果として期待される社会実装がなかなか進まない状況にもなっている．この原因としては，①企業内の構造および体制，②生産ターゲット化合物の広がり，の2つが考えられる．従来の発酵生産事業を営んできた企業の多くは，自社で生産設備も有し，工業用菌株の開発から生産プロセスの開発，そして商業生産までを，自社内で，一気通貫で行う垂直統合型のビジネスモデルであった．また，従来の主たる発酵生産のターゲット化合物は，本来生物が生産する化合物であった．しかしながら，近年では，自社内では一気通貫での事業化はできない企業のバイオものづくりへの進出が増え，かつ，化学合成により作られるような人工的な化合物を生産ターゲットとする研究開発が増えている．これらの状況が早期の社会実装を阻んでいると考えられ，ビジネスモデルの転換や新たな技術開発が求められている．

(1) 垂直統合型のビジネスモデルから水平分業型のビジネスモデルへ

　微生物を用いたバイオものづくりの事業化には，生産ターゲット化合物に適した宿主の選定，生産性の高い工業微生物の育種，培養条件の検討，培養の実生産規模へのスケールアップの検討，ターゲット化合物の精製法の検討，実生産設備での商用生産，など多岐にわたり解決すべきステップがある．近年，発酵生産を事業としてこなかった企業がバイオものづくり分野へ進出するようになり，自社内に経験やノウハウを有しないことから，多くのステップで時間を要することとなり，結果として産業化が十分に進展しないという状況がある．

　自社内でバイオものづくりの事業化を完結できない場合には，それぞれのステップを外部との共同研究もしくは外部委託することにより，事業化を目指すことになるため，オープンイノベーションを推進し，外部委託を活用した水平分業型のビジネスモデルの構築が必要となる．

　オープンイノベーションを担う一翼として期待されるのがスタートアップ企業であるが，バイオものづくり分野の国内のスタートアップ数は十分とはいえない．国によるスタートアップ支援は，徐々に厚くなってきている．近年では，スタートアップなどによる研究開発を促進し，その成果を国主導の下で円滑に社会実装し，わが国のイノベーション創出を促進するための制度として，中小企業イノベーション創出推進事業（SBIRフェーズ3基金事業）なども開始されている．しかし，スタートアップの絶対数を増やす効果は十分に発揮されていないように感じられる．

　また，前述したように，NEDOスマートセルプロジェクトにおいて，工業微生物の構築に必要な技術開発が実施され，続くNEDOバイオものづくりプロジェクトでは，大阪工業大学に設置されたバイオものづくりラボにおいて，実験室レベル（フラスコレベル）で有望とされる選抜株や育種株を社会実装に導くための生産実証や試作品製造の支援体制が整備され

てきた．また，スケールアップ拠点として 3 kL の発酵槽を有する関東圏のバイオファウンドリ拠点も整備された．いずれの拠点においても，多くの生産実証検討が実施されている状況であるが，NEDO プロジェクト実施期間中は，民間企業が整備した拠点は，商業ベースで自由に活用できないという制限があり，国内の，特にスケールアップに対応できる拠点整備は不十分な状況である．また，事業化に至るまでに必要な多くのステップのうち，国家プロジェクトで検討に着手できていない工程があったりするなど，切れ目ない水平分業体制を構築できるほどには，国内の環境整備が追いついていないのが実情である．

（2）ターゲット化合物の変遷に伴う新たな技術開発の必要性

　従来の発酵生産事業の主たるターゲット化合物は，動植物が微量で作るものも含め，本来は微生物を含めた生物が生産する天然化合物であり，また，生産用の宿主微生物に対して強い毒性を示さないものであったといえる．一方，化学合成法で作られてきたものの中には，天然界に存在しない人工的な構造を有する化合物や，微生物などの生育に負の影響を及ぼす化合物も含まれ，そのような化合物を微生物生産するための技術開発の必要性が高まってきている．

　天然化合物であれば，そもそもその化合物を生産するための生合成経路を構成する酵素は自然界に存在するわけであり，酵素の改良による生産性の向上は必要ではあるが，生合成経路をつなぐことは可能である．一方，天然界に存在しない人工化合物の場合，ターゲット化合物までの生合成経路をつなぐことがまず必要となる．このため，欠けた経路を埋める酵素を自然界からのスクリーニングより新たに見出すか，既知の類似酵素の基質特異性を改変して目的の活性を有する酵素を造成することなどが必要となる．従来の技術をブラッシュアップするとともに，情報科学技術を駆使した新たな手法の開発が求められる．

　また，生産微生物に負の影響を及ぼす化合物を生産ターゲットとする場合には，生体にとって毒性の少ない誘導体に変換して生産する技術，菌体内に蓄積せず分泌させる技術，菌体内の特定のオルガネラに蓄積させる技術などの生物学的な観点からの技術開発が期待される．一方，生産ターゲット化合物を発酵系（生産系）から連続的に除去し，系内に蓄積させないなど，培養工学・プロセス工学的な観点での検討も期待される．

3）バイオものづくりの社会実装を推進する取組み

　2019 年策定のバイオ戦略は，2024 年 6 月の改定時に，バイオエコノミー戦略と改定されたものの，その趣旨は大きくはかわらず，バイオテクノロジーやバイオマスを活用するバイオエコノミーは，環境・食料・健康などの諸課題を解決し，サーキュラーエコノミーと持続可能な経済成長の実現を可能にするものとして期待されている．また，グローバルな政策および市場競争が加速している中，日本の強みを活用してバイオエコノミー市場を拡大し，諸課題の解決と持続可能な経済成長の両立に向けた，関係府省連携の取組みが謳われている．当初のバイオ戦略で設定されていた 9 つの市場領域は，バイオエコノミー戦略では 5 つの

市場領域に統合集約された．このうちのバイオものづくり分野においては，経済産業省が取りまとめ省庁となり，「バイオものづくり・バイオ由来製品」として市場領域ロードマップが策定されており，この中で，2030年時点で，各産業でのバイオものづくりへの転換が進んでいる，と記されている．

　前述したようにバイオものづくりの研究開発成果を社会実装に結び付けるには，さまざまな課題が存在する状況であり，その解決に向けて，産学官での協力が強化されつつある．例えば，（一財）バイオインダストリー協会（JBA）においては，2024年のバイオエコノミー戦略の発表に合わて，JBA内にバイオものづくりフォーラム[注]が新設され，バイオものづくりの社会実装を推進するための活動が，社会実装ワーキンググループ（WG）において開始されている．

　社会実装WGの取組みの1つは，水平分業を推進することであり，国内外のスタートアップを含むバイオものづくりの社会実装を支援する企業および機関を，JBAの機能を使って広く周知することが計画されている．また，前述の市場領域の1つである「バイオものづくり・バイオ由来製品」では，課題を「技術開発の加速化」，「市場環境の整備に向けた取組み」，「事業環境の整備等による国内産業基盤の確立」に分類し，それぞれのカテゴリーでの取組み案が記されている．いずれも重要な取組みではあるが，社会実装が進まない大きな理由の1つは，市場環境が整備されていないことであると考えられる．バイオ由来製品の価格は，化学合成法で製造された製品と比較すると高価格になりがちであり，一般消費者からは容易には受け入れられない側面も有する．そこで，市場領域「バイオものづくり・バイオ由来製品」に関して，目指すべき姿や課題を踏まえた産学官の取組みを描いたロードマップにおいて，①市場が受け入れやすい高付加価値領域に注力すること，②バイオものづくりが持つ価値を評価する仕組みや環境負荷を低減するバイオ由来製品の表示方法のあり方等について検討を進めること，③市場の早期創出・拡大を目指し，需要喚起策の検討を進めること，④バイオの有する価値を訴求するための取組みや，消費者がバイオ由来製品を選択し適切に判断できるような表示等の仕組みについて検討を進めること，などが記述されている．JBAの社会実装WGは，とりまとめ省庁である経済産業省に寄り添いながら，バイオ由来製品の市場創出・拡大に向けて，市場環境の整備に貢献することが期待されている．

　同様の取組みとして，水素細菌（水素酸化細菌）などのCO_2を固定する微生物を用いたバイオものづくりに期待が集まる中，グリーンイノベーション基金（GI基金）の一環として，NEDO「バイオものづくり技術によるCO_2を直接原料としたカーボンリサイクルの推進」事業が開始された．本プロジェクトに採択された独立行政法人製品評価技術基盤機構（NITE）は，NITEらが参画する採択チームが取得したCO_2を原料とした有用物質生産に寄与する微生物や関連情報を，プロジェクト終了後の一般公開を待たずに先行利用できるよう取り組ん

　注）バイオものづくりフォーラムは社会実装WGと研究開発WGからなる．発足時点において，本書の編集者である小川順は研究開発WGの代表であり，大西康夫は3名の副代表のうちの1人である．

でいる．また，CO_2 からのバイオものづくり技術に関連した情報交換や技術指導などの機会を得ることを可能にした GI フォーラムという取組みを開始し，CO_2 からのバイオものづくりの促進への貢献を目指している．加えて，NITE は，千葉・かずさエリアにおいてホワイトバイオに関した情報交換や協調領域の取組みを目指す，千葉・かずさホワイトバイオネットワークの事務局も務めている．NITE はこれまでも，生物資源とその関連情報（生物の特性情報，オミックス情報など）が検索できる生物資源データプラットフォーム（DBRP）を構築してきた．さらなるデータ連携を進めるなど，バイオものづくりの社会実装に貢献すべく，さまざまな取組みを推進している．

4）バイオものづくりの社会実装の加速に向けて

昨今の化学合成由来製品をバイオ由来製品に置き換えるという流れにおいては，前述したようにターゲット化合物の有する性質および物性がかわりつつあり，これまで発酵生産プロセスの主流であった「微生物の生育を伴う発酵生産法」で今後も対応できるのか，という疑問が生じている．公益財団法人地球環境産業技術研究機構（RITE）が開発したコリネ型細菌を用いた増殖非依存型バイオプロセスのように，微生物を化学触媒のごとく取り扱う考え方も，今後ますます重要になると思われる．細菌の菌体を酵素の袋として利用する生体触媒法（菌体反応）は，かつてさまざまなターゲット化合物について事業化に成功した事例があり，アクリルアミドの製造法は，その代表的な例である．また，微生物を用いた物質生産方法に関しては，糖類などの原料化合物から，微生物に対して毒性を示すようなターゲット化合物を直接生産するのではなく，前駆体から中間代謝物までなど，微生物あるいは酵素が得意とする反応を選定して，生産微生物に対して毒性のない化合物を生産し，化学合成法によって最終ターゲット化合物を製造する方法（ハイブリッドプロセス）を確立させるための検討も重要になると考えられる．

また，化学工学的な観点からの発酵生産プロセスの改良や，生産ターゲット化合物の精製方法の検討など，バイオものづくりで期待される多様な化合物の事業化および製品化には，検討すべき項目がたくさんある．特に，カーボンニュートラルの実現という目標に向けては，ライフサイクルアセスメント（LCA）の観点からの評価の重要性もますます高くなり，従来型の発酵生産プロセスを LCA の観点からの評価，見直しすることも必要となる．近い将来，バイオものづくりの産業化においては，どのような物質を，どこで，どのように作るのかを LCA を含めたさまざまな観点で事前に評価することが必須になる時代が来るものと考える．

5）結　　言

2024 年版バイオエコノミー戦略の「バイオものづくり・バイオ由来製品」の市場領域においては，①国際社会でバイオエコノミーは中長期的に大幅に拡大する見込みであり，その際に，日本が国際競争力を保持している状態を目指す，② 2030 年までに，バイオエコノミー関連の年間投資を官民合わせて 3 兆円規模に拡大する，③バイオマスプラスチックの最大

限（約 200 万 t）の導入を目指す，などと記されている．改めて，微生物を用いた発酵生産技術に国際的競争力を有していた日本のさまざまな発酵生産技術の棚卸しをしつつ，異分野を積極的に取り込み，次世代バイオものづくり技術の開発を通じて，世界に勝る新たな応用微生物学が確立されることへの期待は大きい．

第3章

微生物の分類および形態

　生物学において，研究対象が何であるかを記述することの重要性はいうまでもないが，そのためには生物の分類は欠かせない．これは微生物学においても全く同様であるが，目に見えないサイズの生物である微生物の分類には，動植物の分類とは異なる点もある．本章においては，最新の知見を織り交ぜながら，微生物の分類について，その要点をまとめる．加えて，微生物細胞の構造および機能についても簡単に述べる．

1．微生物の分類

　本節においては，微生物の分類について概説したあと，代表的な微生物について，その特徴などを簡単に紹介する．最後に，微生物の保存についてまとめる．

1）微生物の分類学上の位置

　生物の分類（classification）は，時代に応じて新しい知見を取り入れて見直されてきたが，生物を構成する細胞の構造の違いに基づいて，真核生物（eukaryote）と原核生物（prokaryote）の2つに大別することが一貫して広く受け入れられている．核膜に包まれた核を持つ細胞

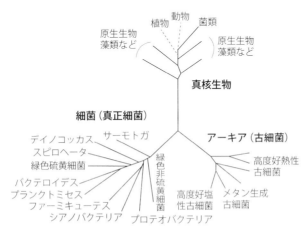

図 3-1　細菌（真正細菌），アーキア（古細菌），真核生物の模式的な系統関係
動物，植物を除く系統に微生物が見られる．

からなる生物が真核生物で，動物や植物の他，糸状菌，酵母，藻類などの微生物からなる．原核生物は，細菌のように核膜に包まれた核を持たない細胞からなる．原核生物と真核生物では細胞の構造にさまざまな違いが見られる（☞3-2-1）．現在では，原核生物は2つのグループに分けられ，生物は3つのドメインである真核生物，細菌，アーキアに分けられている（図3-1）．なお，当初は原核生物の2グループはEubacteria，Archaebacteriaと呼ばれて，それぞれ真正細菌，古細菌と翻訳されていたが，現在ではドメインとしてBacteria，Archaeaという名称が付与されている．本章では，ドメインの名称に対応する細菌，アーキアをそれぞれ用いることとする．微生物は，肉眼では見えない小さな生き物の総称であり，3つのドメインのいずれにも存在して，生物の分類上の広い範囲にきわめて多様な種（species）が見られる．細菌，アーキアは微生物のみからなる．

　生物の進化をいろいろな証拠から探っていくと，地球上に初めて生まれた原始的な生物から，細菌とアーキアという2つの系統が生じ，この2つの系統の微生物が共生しあい，のちに融合して1つの生物に統合されて真核生物が出現したと考えられている．

2）微生物の分類と同定

(1) 分類体系と学名

　生物の分類において最も基本的な単位は種（species）である．類縁関係が近い種をまとめたものが属（genus）であり，分類学において生物は，属名と種形容語からなる種名で表記される．大腸菌の種名は，*Escherichia coli* であり，*Escherichia* が属名，*coli* が種形容語である．種名は伝統的にラテン語が使用され，斜体字で表記することが慣例となっている．この種および属の分類を階層的に体系づけて上位分類群にまとめていくことで分類体系（taxonomy）ができあがる．分類体系は，微生物を含むすべての生物において，進化系統関係を反映したものとすべきとされている．分類上の階級と，例として大腸菌での階級名を以下に示す．

ドメイン（domain）　　Bacteria

門（phylum）　　Pseudomonadota（Proteobacteria）

綱（class）　　Gammaproteobacteria

目（order）　　Enterobacteriales

科（family）　　Enterobacteriaceae

属（genus）　　*Escherichia*

種（species）　　*Escherichia coli*

　科以上の各階級名は語尾が一定のルールを持っており，どの階級を示しているものかを容易に識別できるようになっている．各階級に小分類を置く場合もあり，例えば，種の下に亜種（subspecies），科の下に亜科（subfamily）などがある．このような微生物の種名や階級名は，細菌とアーキアは国際原核生物命名規約に，真核微生物である菌類は国際藻類・菌類・植物命名規約に，それぞれ則って命名され，学名（scientific name）として学術研究において共

通に使用するものとなっている．なお，2021年になって国際原核生物命名規約に基づいた門の階級名が正式に公表されたが，前記（　）内に示したProteobacteriaの呼称は広く慣用的に使われてきたものである．

（2）微生物の分離と同定

　微生物はさまざまな環境から分離されて，通常，単一の細胞から派生した細胞集団のみからなる株（strain）として扱われる．この過程はたいへん重要で，分離株は遺伝的に単一な性質や機能を持つものと見なされ，分類上の同定がなされたうえで，研究に利用されたり保存されたりする．

　同定（identification）とは，ある微生物の分類上の帰属先を決定することである．分離した微生物株を同定する方法は，微生物の種類によって大きく異なるが，おおむね，①細胞の形態や染色性，②温度，pH，酸素要求性，塩濃度などといった培養のための条件，③炭素源や窒素源の利用性，④発酵能，⑤代謝産物，⑥各種の化学分類学上の分析結果などの性状が用いられてきた．現在では，DNAの塩基配列の決定が容易になり，リボソームRNA（rRNA）遺伝子[注]など特定の遺伝子配列を決定して既知のものと比較することで，おおよその分類上の帰属先を推定したあとに，前述の性状のうち必要なものを近縁の微生物種と比較解析して同定することが効率的である．種のレベルで微生物を同定するに当たって最も確実な方法は，ゲノムレベルでDNA配列の相同性を判定することで，これは特に細菌およびアーキアでは種の定義に直接関わる方法である（（4）で後述）．

（3）分類と同定の意義

　さまざまな種類の生き物を体系的に分類することは，どのような生物がどのような働きや機能を持っているか，それらがどの系統にあるのか，どのような進化を経てきたのかなどを整理して理解するうえでたいへん重要であり，分類学はすべての微生物学および生物学の基本である．特に生態学では，どのような生物がどのくらい存在するかを基本的な要素としており，分類学の重要性は高い．また，生物多様性を把握し，保全していくうえでも分類学は必須となっている．

　研究の成果は同定された微生物の学名で発表され，情報として蓄積し活用されていく．自らの分離した微生物を研究する場合，その微生物について過去にどのようなことが調べられていたかを知るためにも，微生物をはじめにきちんと同定することが大切である．応用においても微生物を同定しておくことはたいへん重要で，病原性を持つ微生物とは異なるといった安全上の観点，知的財産の確保などにおいても同定は欠かせないものとなっている．微生物の分類と同定は，微生物の学術と研究の最も基本的な要素といっても過言ではない．

注）rDNAと呼ばれることもある．

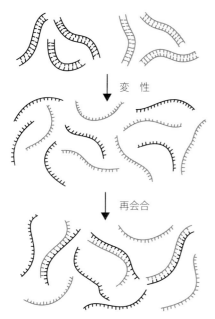

図 3-2　DNA の変性と再会合
相同性を試験する 2 種類の微生物のゲノム DNA を変性後，再会合の度合いにより相同性を見積もる．

(4) 原核生物における種と基準株

　原核生物（細菌とアーキア）は，真核生物のような有性生殖を行わないので，性的な隔たりによる種の分類が不可能である．そこで，国際原核生物分類命名委員会は，DNA-DNA ハイブリダイゼーション法でのゲノム DNA の相同性が 70％以上のものを同一の種とすることを提案し，広く受入れられてきた．この方法は，相補的な 2 本鎖の DNA を 1 本鎖に変性し，異なるゲノムを持つ生物の DNA 同士で行う再会合の程度から DNA 配列の相同性を求める試験で（図 3-2），いずれの既知種とも DNA の相同性が 70％以下の場合には，既知種とは異なる新しい種と考えてよい．しかし，この方法は煩雑な実験を要し，比較対象の微生物を取り寄せて揃えて試験を実施する必要があり，実験条件で値が大きく異なることも多かった．最近では，原核生物のゲノム配列の解読が進み，実験ではなく情報学的にゲノム全体の平均的な DNA 配列の相同性が算出されるようになっている．例えば，Average Nucleotide Identity という指標では，ゲノム DNA 配列の平均的な相同性が 95％以上であれば同一種と判定される．

　細菌とアーキアにおいては，分類学上の種を代表する株である基準株（type strain）がすべての種に対して規定されている．新しい種を記載する際には基準株を設定し，その性状や諸性質が調べられて報告される他に，近縁の種の基準株との比較解析が欠かせない．このように，分類学上重要な基準株は生きた株として利用できることが必要で，新種の記載に当たっては，基準株が公的なバイオリソースセンターに預けられ，利用可能であることが条件となっている．

　真核微生物の真菌，藻類の場合，国際藻類・菌類・植物命名規約上は，種の記載として必要な基準（type）は不活化された標本や，場合によっては特徴を的確に示す図解とされている．一方で，標本や図解では，性状を実際に実験して比較することはできないので，標本を作製した株を利用可能にしたり，凍結保存したものを不活化標本と指定し，そこから生きた株を復元して用いることができるようにすることが推奨されている．

3）系統分類学

　系統分類学は，生物の進化関係を反映させる系統（phylogeny）に基づいて分類をする学問分野である．歴史的には，動植物において形態に基づく分類と進化を推定することで始まったが，高等真核生物と違って微生物では，形態上の特徴は多くの種で限られており，化石上の証拠がほとんどなく，進化を推定することも困難なことから合理的な系統分類は困難であった．1970年代頃より，生物の細胞を構成するタンパク質や核酸などの高分子の配列情報を比較する分子系統（molecular phylogeny）が有効であることが示され，特にDNAの塩基配列の決定が容易になるにつれてDNA配列情報に基づいた分子系統解析が盛んになり，生物の進化過程や系統関係を推定することを可能とした．

(1) 原核生物の分子系統

　分子系統の進展による最も大きな成果は，それまで原核生物としてひとまとめにされていた細菌が，16S rRNA遺伝子配列の分子系統によって，細菌とアーキアの2つに大別されるようになったことである．16S rRNA遺伝子は，配列がよく保存されており，細菌とアーキアのそれぞれの上位の分類体系間での進化関係を比較的正確に推定することができる遺伝子配列である．配列の保存性が高いことから，種を超えて共通の配列を利用してPCR法を適用することで，容易に配列を決定することができる．これにより，単一の祖先から派生した一群の系統（単系統）を1つの分類階級にまとめることを基本として，現在の系統分類体系が確立された（図3-3）．さらに現在では，ほとんどの微生物種で16S rRNA遺伝子の配列情報が整備され，公的なDNA配列情報データベースから利用可能であり，16S rRNA遺伝子の配列情報を解析することで種を簡便に推定することができる．

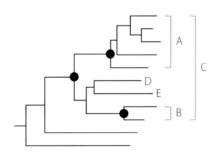

図3-3　模式的な系統樹における単系統と分類
系統樹の分岐にある●は，その分岐以降の系統がグループとなることが統計上有意なことを示す．Aで示した系統群は，単一の祖先から派生した単系統であり，1つの分類群とすることができる．Bで示したものも同様である．Cも単系統となるグループであり，AとBの分類群をDとEの系統も含めてさらに上位の分類群にまとめることができる．なお，AとBの2つのグループのみでは単系統とはいえないので，DとEを除外してAとBの2つのグループだけを1つの分類群とすることはできない．

一方で，16S rRNA 遺伝子配列は非常に有用な系統情報をもたらしてくれるが，種内の株間の差が明確にならないなど，必ずしもすべての分類群で確実な系統関係を導くことができるとは限らない．この問題を解決するために，16S rRNA 遺伝子以外の複数の遺伝子配列を複合的に解析することも頻繁に行われてきた．これを多遺伝子座配列解析（Multi Locus Sequence Analysis，MLSA）と呼び，通常，基本的な細胞活動に関わるタンパク質の遺伝子が数個から 10 個程度利用される．非常によい解像度や結果をもたらすことが多いが，分類群ごとに使われる遺伝子が異なっていること，実験や解析がより複雑となることなどの短所もある．最近では，多くの細菌とアーキアでゲノム情報が解読され，数十から 100 を超えるまでの遺伝子配列を合わせて解析することで（phylogenomics と呼ぶ），より高次の分類群の系統関係や他の生物と系統が離れた生物の系統分類上の正しい位置が調べられている．

(2) 真核微生物と DNA バーコード

真核微生物においても，rRNA 遺伝子による分子系統によって，高次の分類体系が整理されているが，真核微生物の場合，rRNA 遺伝子の配列情報だけで種間の差を区別することが難しい場合が多く，大小の 2 つのサブユニットの rRNA 遺伝子の間にある配列（internal transcribed spacer，ITS）や機能タンパク質の遺伝子配列が種を区別するのに用いられる．

真核生物では，DNA バーコードと呼ぶ特定の比較的短い遺伝子配列を決定して，分類学上のいろいろな試験を適用しなくても種の同定を可能にする方法が盛んになりつつある．菌類では ITS 領域の DNA 配列を利用することが提案されている．DNA バーコードは簡易な同定方法であるが，保存性が高い遺伝子配列が用いられるわけではなく，配列の長さも短いので，分子系統学的に解析するための配列としては考慮されていない．ゲノム配列情報を利用して多数の遺伝子配列に基づいた分子系統解析が有効であるが，サイズが大きくより複雑なゲノム構造を有する真核微生物では，原核生物に比べてゲノム配列情報の整備が遅れている．

(3) 難培養微生物

自然環境中には未だ分離培養されていない多様な微生物が生息していることが知られており，これらの未培養の微生物の多くは，環境中で生きているにもかかわらず分離培養が困難あるいは不可能と考えられている．1990 年代頃より，環境中の微生物群集から丸ごと DNA を抽出して，PCR 法で増幅した rRNA 遺伝子などを解析することが行われるようになった．その結果，既知の培養された種とはかけ離れた微生物が，自然環境には無数に生息していることが示された．例えば，培養できる細菌およびアーキアは現在約 44 の門に分類されるが，門レベルで倍以上の異なる系統の微生物が自然環境から検出されている．

これらの難培養微生物は，分離培養されていないので一連の分類および同定に必要な性状のデータを得ることはできない．しかし，16S rRNA 遺伝子配列やゲノム配列で，新しい分類体系に位置づけられることが明らかなものに暫定的に地位を与えることができる．暫定的に命名した学名の前に *Candidatus* という語を付けて表記する．さらに，分離培養されてい

ない微生物でもゲノム配列情報に基づいて正式な学名を付与するための提案もあり，今後の動向が注目される．このような難培養微生物は，環境や生態の分野で重要であるばかりでなく，応用分野でも，新しい機能や働きを持った微生物資源として期待されており，進展の著しい研究分野となっている（☞ 10-12）．

4）化学分類学

化学分類とは，細胞を構成する成分の化学組成や分子種を調べ，それらの情報を分類に利用するものである．細胞成分の分析法が発達するにつれて，いくつかの成分が分類に有効であることが示されて盛んになった．一方で，1つの細胞成分のみでの分類は通常難しく，複数の成分の分析結果を多面的，総合的に扱って分類する必要がある．1980年代頃までは，化学分類が微生物の系統分類を行ううえで最も有効な方法として使われていた．現在では，DNA配列の解析が容易になり，比較対象となる配列情報も整備されているので，化学分類のみで分類同定を実施することは少なくなったが，新種の記載には分類群に応じた必要な分析結果を示すことが求められる．

（1）DNAの塩基組成（G＋C含量）

ゲノムを構成するDNAは，生物によって固有の塩基組成を持っており，その塩基組成は生物を特徴づける要素となる．DNAを構成する4つの塩基のうち，アデニン（A）とチミン（T）は等モルずつ存在し，またグアニン（G）とシトシン（C）も等モルずつ存在するので，A＋TもしくはG＋Cのどちらか一方のペアの含量を用いて塩基組成を一義的に表すことができる．微生物の分類においては，G＋C含量として広く使われており，測定も高速液体クロマトグラフィーを使用することで容易である．細菌では25～75％と分布範囲も広いが，多くの属および種の分類群では比較的狭い範囲となっており，分類の指標となっている．

（2）細胞壁組成

微生物の細胞壁は特有の成分を有しており，その組成は分類の指標となりうる．細菌では，クリスタルバイオレッドとルゴール液で染色処理した細胞をアルコール洗浄後に観察するグラム染色という方法が広く用いられてきた．すなわち，紫色に染色さ

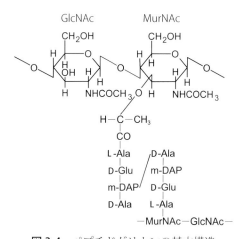

図3-4 ペプチドグリカンの基本構造
GlcNAc：N-アセチルグルコサミン，MurNAc：N-アセチルムラミン酸．グラム陰性細菌では，m-DAPのアミノ基が，別のアミノ糖鎖のオリゴペプチドのD-アラニンのカルボキシ基に結合している．

34　第3章　微生物の分類および形態

れるグラム陽性とアルコール脱色されるグラム陰性の2つに細菌を大別することが伝統的に行われてきた．染色性の違いは，主に細胞壁のペプチドグリカン構造の違いに起因する．ペプチドグリカンは，N-アセチルグルコサミンとN-アセチルムラミン酸からなるアミノ糖がβ-1,4結合により長く鎖状につながり，このアミノ糖鎖間をオリゴペプチドが架橋している（図3-4）．そのオリゴペプチドには，メソ-ジアミノピメリン酸（m-DAP）などのジアミノ酸が含まれている．グラム陰性細菌では，ペプチドグリカン層は薄く，ペプチド部分にはほぼ共通してm-DAPが含まれる．グラム陽性細菌では，ペプチドグリカン層は厚く，m-DAPが他の異性体やジアミノ酸に置き換わっており，その組成は同属の細菌ではほぼ共通で分類の指標となっている．精製細胞壁を塩酸で加水分解してアミノ酸組成を調べる．

　真菌の細胞壁は，N-アセチルグルコサミンの重合体であるキチンを骨格とし，グルカンやマンナンなどの多糖類やタンパク質が結合している．細胞壁の多糖の組成が高次分類群の指標として有効とされている．

（3）菌体脂肪酸組成

　細菌では，脂肪酸はほとんどがリン脂質として細胞膜に存在する．脂質の主要な構成成分である長鎖脂肪酸は，生物の持つ脂肪酸生合成系に対応して特徴があり，細菌ではこの違いが著しい．属などの分類群で組成がほぼ決まっているものも見られ，分類の指標となっている．菌体脂肪酸は，抽出後，メチルエステル化してガスクロマトグラフィーで分析する．アーキアの場合は，脂肪酸のかわりにイソプレノイドや炭化水素がグリセロールと結合したエーテル型グリセロ脂質を持つなど，細菌，真核生物とは異なる成分からなる．

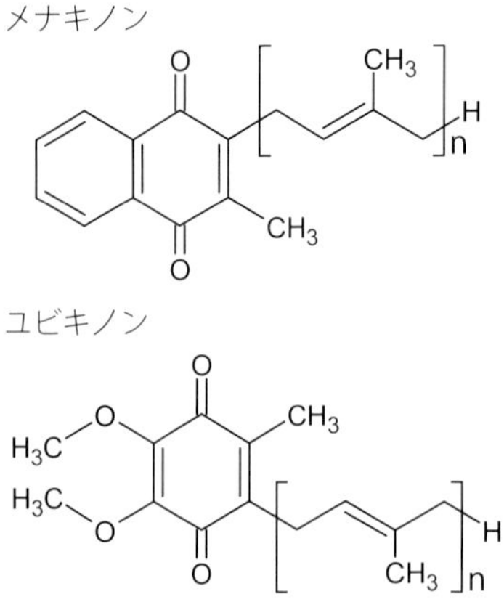

メナキノン

ユビキノン

図3-5　キノンの基本構造
イソプレノイド側鎖の長さは細菌の種や属に特異的である．

（4）キ　ノ　ン

　呼吸鎖のイソプレノイドキノンは，ほとんどの好気性細菌の細胞膜に存在するが，属レベル以上の高次の分類の指標として有効である．グラム陽性細菌では，メナキノンのみが存在するが，グラム陰性細菌ではユビキノンの場合とメナキノンの場合がある（図3-5）．いずれのキノンも複数の分子種ならびに誘導体があり，細菌の属によって特異的であるとされている．キノンを抽出後，高速液体クロマトグラフィーで分析する．

（5）質　量　分　析

　最近では，質量分析技術が進歩して，微生物菌体の成分を丸ごと質量分析にかける分析方法も用いられている．マトリックス支援レーザー脱離イオン化

第3章　微生物の分類および形態　　**35**

- 時間飛行型質量分析計（MALDI-TOFMS）装置を用いれば，迅速，簡便でありながら，リボソームタンパク質などの多種類の菌体成分を直ちに質量分析することが可能であり，同一種内の株間の差も判別することができる分析法として期待されている.

5）細　　　菌

　細菌は，大きさが数 μm 程度の単細胞の原核生物であり，古くは原核生物そのものを指していた. 現在では，アーキア（古細菌）が全く別の系統群となることで，それ以外の原核生物の総称となっている. 3,700 以上の属，約 20,000 の種が国際原核生物命名規約委員会で認められている.

　細菌の形態は，放線菌やラン藻に多様なものが見られるが，一般には単純で，球状のもの（coccus），桿状のもの（rod），らせん状のもの（spirillum），糸状のもの（filamentous）に分けられる程度である. 球状のもの（球菌）は，単一の細胞で存在する単球菌，2 つの細胞からなる双球菌，連鎖状に連なる連鎖球菌，ブドウの房状になるブドウ状球菌などがある. 桿菌は細胞の長さに応じて，短桿菌，長桿菌と呼ばれる. また，らせん菌のうち細胞が短いコンマ状のものはビブリオ状と呼ばれる. 細菌は通常はこのような一定の決まった形態を示すが，条件によって形態をかえる多形性のものもある.

　細菌の中には運動性を示すものがあり，運動のために鞭毛を持っている. 精子や真核微生物の運動器官である鞭毛は，毛の部分が自ら鞭のように動くが，細菌の鞭毛ではこれとは異なり，付け根の部分が回転してスクリューのように働く[注]. なお，細胞の極から生える極鞭毛と細胞の周り全体から生える周鞭毛がある. 鞭毛を持たずに，細胞を収縮させて滑走運動をする細菌もいる. また，細菌の中には，胞子を形成するものがあり，有胞子細菌と呼ばれる. これらの細胞形態，運動性や鞭毛，胞子などの有無は，グラム染色性や G ＋ C 含量と合わせ細菌を分類するうえで重要な特徴とされている.

　細菌を分類するうえで，その代謝上の特徴も重要な指標となっている. ラン藻に代表されるように光合成をするもの（光合成独立栄養），無機物のみで生育ができるもの（化学合成独立栄養），有機物を炭素源，エネルギー源とするもの（従属栄養）などに分けられる. 一方，発酵代謝産物で細菌をひとまとめにする呼び方も用いられている. 乳酸を生成する乳酸菌，酢酸を生成する酢酸菌などである. また，酸素存在下でのみ生育できる好気性，酸素非存在下でのみ生育できる嫌気性，いずれの条件でも生育できる通性嫌気性などといった性状に基づく分類も行われてきた. 現在では，ゲノムや遺伝子の配列情報に基づく進化系統を反映した分類体系での呼称がほぼ定着しているが，グラム陰性嫌気性桿菌，高 G ＋ C 含量グラム陽性細菌，グラム陽性連鎖球菌などといった呼び方も伝統的に分類群を示すために使用されてきたことは覚えておくべきである.

　前述のように，細菌はきわめて数多くの種からなる分類群であり，その多様性に応じて，代謝や代謝産物をはじめとして，さまざまな機能を有している. 表 3-1 には応用微生物学に

注）このため細菌の鞭毛は「べん毛」と「鞭」という字を使わずに表記されることも多い.

36　第3章　微生物の分類および形態

表 3-1　細菌の主な属と分類群（放線菌は次項）

門　　目	主な属	特徴
Aquificota（Aquificae）		
Aquificales	Hydrogenobacter, Aquifex	好熱性，水素利用性
Bacteroidota（Bacteroidetes）		
Bacteroidales	Bacteroides, Porphylomonas, Prevotella	嫌気性，人および家畜の腸内・口腔内細菌，常在細菌
Cytophagales	Cytophaga	滑走細菌
Chlorobiota（Chlorobi）		
Chlorobiales	Chlorobium	緑色硫黄細菌，酸素非発生型光合成
Chloroflexota（Chloroflexi）		
Chloroflexales	Chloroflexus	緑色非硫黄細菌，酸素非発生型光合成
Dehalococcoidales	Dehalococcoides	嫌気的脱ハロゲン
Cyanobacteriota（Cyanobacteria）		
Chroococcales	Synechocystis	酸素発生型光合成，単細胞性
Nostocales	Anabaena	酸素発生型光合成，糸状体
Deinococcota（Deinococcus-Thermus）		
Deinococcales	Deinococcus	放射線耐性
	Thermus	好熱性
Fibrobacterota（Fibrobacteres）		
Fibrobacterales	Fibrobacter	セルロース分解
Bacillota（Firmicutes）		
Bacillales	Staphylococcus	皮膚常在菌
	Bacillus	枯草菌，アミラーゼ・プロテアーゼ分泌
Lactobacillales	Lactobacillus, Lactococcus, Streptococcus	乳酸菌，ヨーグルトおよびチーズの製造，常在細菌
Clostridiales	Clostridium	嫌気性，アセトン・ブタノール発酵
Nitrospirota（Nitrospira）		
Nitrospirales	Nitrospira	亜硝酸酸化
Pseudomonadota（Proteobacteria）		
（Alphaproteobacteria 綱）		
Rhizobiales	Bradyrhizobium, Rhizobium	根粒，窒素固定
	Agrobacterium	植物にクラウンゴール形成
	Methylobacterium	C1 化合物代謝
Rhodobacterales	Rhodobacter	紅色非硫黄光合成細菌
Rhodospirillales	Acetobacter, Gluconobacter	酢酸菌
	Azospirillum	窒素固定
Sphingomonadales	Sphingomonas	バイオレメディエーション
	Zymomonas	酒造，エタノール生産
（Betaproteobacteria 綱）		
Burkholderiales	Burkholderia	バイオレメディエーション
Nitrosomonadales	Nitrosomonas, Nitrosospira	アンモニア酸化
（Gammaproteobacteria 綱）		
Acidithiobacillales	Acidithiobacillus	鉄酸化，硫黄酸化

（次ページへ続く）

Enterobacteriales	*Citrobacter*, *Enterobacter*, *Escherichia*, *Klebsiella*, *Salmonella*	腸内細菌など
Methylococcales	*Methylobacter*	メタン酸化
Pseudomonadales	*Pseudomonas*	緑膿菌，バイオレメディエーション，グルコン酸生産
Vibrionales	*Vibrio*	食中毒菌
(Deltaproteobacteria 綱)		
Desulfovibrionales	*Desulfovibrio*	硫酸還元
Myxococcales	*Myxococcus*	粘液細菌
(Epsilonproteobacteria 綱)		
Campylobacterales	*Campylobacter*, *Helicobacter*	寄生性，食中毒菌
Spirochaetota（Spirochaetes）		
Spirochaetales	*Spirochaeta*, *Treponema*	らせん菌，寄生性

最近，国際原核生物命名規約に基づいて命名された門名に加えて，広く慣用的に使われてきた呼称を（　）内に示した．

おいて重要な細菌の例をあげたが，これらは研究がなされている細菌のほんの一部に過ぎない．属の中にも多数の種があって，さらに1つの種でも株ごとに性質の異なるものが含まれており，表に記した特徴は典型的なものに限られているので，属の中のすべての種に当てはまるというものではない（次項以降に示した表でも同様）．

6）放　線　菌

　放線菌（狭義の放線菌）は，分岐を持つ菌糸状形態をとり，よく発達した菌糸（基生菌糸や気菌糸）注)を形成する．分節を持った胞子や胞子囊という袋状の構造に包まれた胞子を形成するものなどもある（図3-6）．このような成長に伴う複雑な形態分化の特徴（図3-7）から，放線菌は他の細菌と区別して取り扱われてきた経緯がある．G＋C含量が55％以上であることが共通で，伝統的に高G＋C含量グラム陽性細菌とも呼ばれてきた．現在では，Actinomycetota 門に含まれる細菌を広義に放線菌とすることが多い．Actinomycetota 門は，4,300以上の種が知られる大きな分類群であり，球菌や桿菌といった単純な形態をとるものも多く含まれている．放線菌は，さまざまな種類の抗生物質や生物活性物質を産生し，応用微生物学において重要な細菌群の1つである（表3-2，☞7-1-6）．

図3-6　*Microbispora* 属放線菌の気菌糸に形成された胞子
（写真提供：工藤卓二氏）

　注）基生菌糸は基底菌糸，気菌糸は気中菌糸とも呼ばれる．

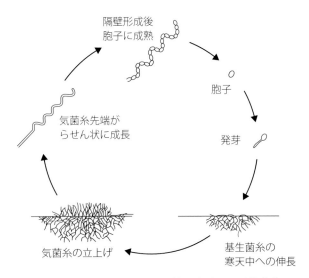

図 3-7 *Streptomyces* 属放線菌の生活環と形態分化

表 3-2　主な放線菌の属と分類群

主な科	主な属	特徴
Actinomycetaceae	*Actinomyces*	通性嫌気性，日和見感染菌を含む
Bifidobacteriaceae	*Bifidobacterium**	ビフィズス菌，腸内細菌
Corynebacteriaceae	*Corynebacterium**	グルタミン酸生産菌，ヌクレオチド生産菌を含む
Mycobacteriaceae	*Mycobacterium*	好酸性，病原性のものを含む
Nocardiaceae	*Nocardia*, *Rhodococcus**	難分解性化合物の分解，ステロイド変換など
Frankiaceae	*Frankia*	非マメ科植物で共生窒素固定
Brevibacteriaceae	*Brevibacterium**	チーズ熟成
Cellulomonadaceae	*Cellulomonas**	セルロース分解性
Micrococcaceae	*Arthrobacter**, *Micrococcus**	自然界から高頻度に分離，食品腐敗
Micromonosporaceae	*Micromonospora*, *Actinoplanes*	ゲンタミシン，フォーチミシン生産など
Nocardioidaceae	*Nocardioides*	活性汚泥から高頻度に分離
Propionibacteriaceae	*Propionibacterium**	プロピオン酸生成，チーズ熟成，ニキビ原因菌
	Microlunatus*	ポリリン酸の蓄積
Pseudonocardiaceae	*Amycolatopsis*	バンコマイシン，リファマイシン生産
Streptomycetaceae	*Streptomyces*	自然界からきわめて高頻度に分離，ストレプトマイシンなど数多くの抗生物質生産
Thermomonosporaceae	*Actinomadura*	マズロペプチンなど多くの抗生物質生産

*で示した属は，発達した菌糸を形成せずに単純な形態である種が多く含まれる．

　単純な形態である他の細菌群に比べ，高度な形態分化を示すものが多い放線菌では，特に形態が分類上の重要な指標と見なされてきた．気菌糸の有無，基生菌糸と気菌糸のどちらに胞子を着生するか，胞子嚢形成の有無と形状，胞子柄または胞子嚢当たりの胞子の個数といっ

たものが属レベルでの分類に，胞子の表面構造や胞子連鎖の形態などが種レベルでの分類に，それぞれよく用いられている．胞子表面構造の観察には，走査型電子顕微鏡が必要である．細胞内外に色素を産生する放線菌も多く，特に気菌糸を形成するものはさまざまな色を呈する．

7）アーキア

アーキアは，16S rRNA 遺伝子配列に基づく分子系統から，細菌とも真核生物とも異なる系統とされたものである．最初に分子系統が解析された微生物が，水素と二酸化炭素で生育してメタンを生成する嫌気性のもので，太古の大気環境に生息していた原始的な微生物と考えられたために，古細菌（archaebacteria）と名づけられた．しかしながら，必ずしも原始的な微生物というわけではないことや，細菌とは異なる微生物であることから，アーキア（Archaea）と呼ばれるようになった．高温を好む好熱性アーキア，高塩濃度で生育できる好塩性アーキア，酸性条件下で生育できる好酸性アーキアなど，アーキアには，いわゆる極限的な環境に生息する極限環境微生物（extremophile）が多く含まれる．このような極限環境に適応したアーキアの代謝能力や酵素は，産業プロセスへの適用に有効で，耐熱性酵素など広く利用されているものもある．一方で，極限環境でない一般の海洋，湖沼，土壌などに

表 3-3　アーキアの主な属と分類群

門 目	主な属	特　徴
Thermoproteota*		
Desulfurococcales	*Aeropyrum*	超好熱性
Sulfolobales	*Sulfolobus*	好熱好酸性
Methanobacteriota*		
Archaeoglobales	*Archaeoglobus*	超好熱性
Halobacteriales	*Halobacterium*, *Haloferax*, *Natronococcus*	好塩性
Methanobacteriales	*Methanobacterium*	メタン生成
Methanococcales	*Methanococcus*	メタン生成，海洋性
Methanomicrobiales	*Methanomicrobium*	メタン生成
Methanopyrales	*Methanopyrus*	メタン生成，好熱性
Methanosarcinales	*Methanosarcina*	メタン生成
Thermococcales	*Pyrococcus*, *Thermococcus*	海洋性，好熱性
Thermoplasmatales	*Thermoplasma*	好熱好酸性
Nitrososphaerota		
Nitrosopumilales	*Nitrososphaera*	アンモニア酸化
Nanobdellota		
Nanobdellales	*Nanobdella*	絶対寄生性
Microcaldota		
Microcaldales	*Microcaldus*	絶対寄生性

* Thermoproteota, Methanobacteriota は，国際原核生物命名規約に基づき最近命名された門名で，従来はそれぞれ Crenarchaeota, Euryarchaeota と呼ばれていた．

も，アーキアは広く生息することが現在では知られるようになった．メタン生成アーキアは，水田，湿地，家畜消化管，排水処理施設などの嫌気生態系の物質循環に重要な役割を果たしている他，天然ガス成分でもあるメタンをバイオエネルギーとして利用するために，その機能の利用が期待されている（☞ 5-4-3, 10-2-3）.

　アーキアは，細菌および真核生物と系統が異なるばかりでなく，生化学的，遺伝学的にもさまざまな特徴がある．例えば，アーキアの脂質は，グルセロールにイソプレノイド炭化水素鎖が sn-2,3 位でエーテル結合をした脂質骨格を有しており，脂肪酸がグリセロールの sn-1,2 位でエステル結合している細菌ならびに真核生物の脂質とは基本構造が異なる．転写や翻訳の機構においても独自の特徴があるが，同じ原核生物である細菌よりはむしろ真核生物に似た特徴も多く見られる．真核生物は，細菌とアーキアの細胞が共生および融合して生じたといわれており，全ゲノムレベルでの遺伝子配列の比較解析結果から，真核生物の転写・翻訳系は，アーキアを起源とするのではないかと考えられている．

　分離培養株があるアーキアは，670 種以上が知られており，5 つの門に分類されている（表 3-3）. Thermoproteota 門のアーキアは，いずれも好熱性で，中には至適生育温度が 80℃を超える超好熱性のものもある．Methanobacteriota 門には，メタン生成アーキア，好塩性アーキア，超好熱性アーキアが含まれる．メタン生成アーキアは，5 つ以上の目にわたる多岐な系統群であるが，好塩性アーキアはおおむね Halobacteria 綱の 1 綱にまとまって存在している．Nanobdellota 門，Microcaldota 門のアーキアは，培養例がきわめて少なく，他のアーキア種の宿主に増殖を依存する絶対寄生性とされている．

8）真　　菌

　糸状菌（カビ），キノコ，酵母と総称される真核微生物群を真菌類または菌類と呼ぶ．糸状菌は，直径 2 〜 10 μm の細長い糸状の細胞である菌糸を基本的な構造単位としている．菌糸は先端で成長し，枝分かれを繰り返しながら伸長するので，コロニーの中心部から放射状に菌糸体が発達する．菌糸は集まって集合体となって胞子を作る構造体である子実体を形成する．菌糸の細長い細胞は隔壁で仕切られた多細胞体である．一方で，隔壁が消失して菌糸体が多数の核を持つ 1 つの細胞となっている場合もある．酵母は，球形から卵形の細胞で出芽または分裂で増殖し，通常は単一の細胞として存在している．しかし，酵母でも条件によって菌糸状の生育を示すこともあり，糸状菌との区別は必ずしも明確ではない．

　原核生物にはない有性生殖をする点が真菌の特徴であり，有性生殖を行う生活環を有性世代または完全世代（テレオモルフ），無性生殖を行う生活環を無性世代または不完全世代（アナモルフ）という．また，真菌は胞子によって増殖する生活環を有する．胞子は，有性胞子と無性胞子に大別される．真菌は伝統的に，有性および無性の生殖様式や生活環によって特徴づけられる，ツボカビ門，接合菌門，子嚢菌門，担子菌門の 4 つの門に大別されてきた．有性世代が判明し，有性胞子のタイプがわかれば，表 3-4 のように，4 つの門のいずれかに分類同定することができる．有性世代を持たないか，有性世代が不明な真菌は，不完全菌類

として扱われるが，系統的には子嚢菌もしくは担子菌のいずれかの無性世代のものである．
　有性生殖過程で，雌雄の細胞と核が融合後に減数分裂を経て形成される胞子が有性胞子で，4つの門に対応してそれぞれ，休眠胞子，接合胞子，子嚢胞子，担子胞子と呼ばれる．休眠胞子では，細胞と核の融合後にいったん休眠状態となる．接合胞子は，雌雄両者の菌糸が接近し，菌糸の先端が膨らんで接合して中間に作られる球形の接合胞子嚢で作られる．袋状の細胞である子嚢の中（細胞の中）で核の融合とそれに続く減数分裂を経て形成されるのが子嚢胞子（図3-8）で，担子器と呼ばれる細胞で接合した核が減数分裂したあとに，その細胞の外に形成されるのが担子胞子（図3-9）である．一方，核の融合や減数分裂といった変化

表 3-4　真菌の代表的な門と胞子の特徴

分類群	有性胞子	無性胞子
ツボカビ門（Chytridiomycota）	休眠胞子	遊走子
接合菌門（Zygomycota）	接合胞子	胞子嚢胞子
子嚢菌門（Ascomycota）	子嚢胞子	分生子
担子菌門（Basidiomycota）	担子胞子	分生子
（不完全菌類）	—	分生子

接合菌門は分類体系の見直しが進み，現在では門としては認めず，ケカビ門，トリモチカビ門などへの細分化が提案されている．

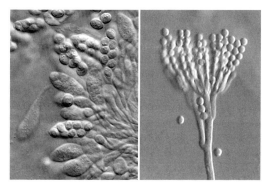

図 3-8　子嚢菌の子嚢と子嚢胞子（左），および Penicillium 属糸状菌の分生子（右）
（写真提供：岡田　元氏）

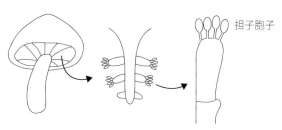

図 3-9　担子器と担子胞子
キノコの子実体（左）とそのひだの部分（中）の菌糸の先端が担子器となり，その細胞の外に担子胞子が形成される（右）．

を伴わず（核の単相（n），複相（2n）の変化を伴わない），無性世代で形成される胞子が無性胞子で，鞭毛を持って泳ぎまわる遊走子，菌糸の先端が膨らんだ胞子嚢と呼ばれる袋状構造の中に形成される胞子嚢胞子，菌糸体の一部を変形させて切り離す分生子などがある．

リボソーム RNA 遺伝子をはじめとした真菌の分子系統が進み，真菌は植物ではなく，動物により近縁な真核生物であることが判明した．子嚢菌門と担子菌門は，分子系統によってそれぞれ単系統となり，有性生殖の様式による分類が正当であると確認された．真菌のうち最も進化上初期に出現したのはツボカビ門，次いで陸上生活に適応していく過程で分岐したのが接合菌門といわれているが，これら両門はいずれも単系統ではなく，系統分類上の整理が現在進められている．例えば，多くの植物の根の組織内に樹枝状体を形成して共生する菌根菌は，接合菌門に属するとされていたが，独立した系統であることが判明してグロムス門（Glomeromycota）として扱われる場合がある．グロムス門では菌糸上に厚壁の無性胞子を形成する特徴がある．また，反芻動物の胃（ルーメン）の中に生息する嫌気性の *Neocalimastix* 属の真菌は，鞭毛を有して運動性のある胞子で存在することからツボカビ門に属するものとされてきたが，分子系統から独立した門（Neocallimastigomycota）として扱われる場合もある．さらに，応用微生物学上に重要な *Mucor* 属，*Rhizopus* 属を含む一群の系統は接合菌として分類されてきたが，最近ではケカビ門（Mucoromycota）として扱われる．

これまでに約 10 万種の真菌が記載されているが（表 3-5），これは地球上に現存する種数の一部に過ぎない．記載されている種でも，未だ分子系統学的な研究がなされていないもの

表 3-5　主な真菌の属と分類群

目	主な属	特　徴
Chytridiomycota （ツボカビ門）		
Chytridiales	*Olpidium*, *Synchytrium*	植物病原菌
Mucoromycota （ケカビ門）		
Mucorales	*Mucor*	チーズ製造（凝乳酵素キモシン），紹興酒の麹
	Rhizopus	テンペ（大豆発酵食品），ステロイド化合物の修飾
Glomeromycota （グロムス門）		
Glomerales	*Glomus*	アーバスキュラー菌根菌
Ascomycota （子嚢菌門）		
Eurotiales	*Penicillium*	青カビ，チーズ製造，ペニシリン生産，コンパクチン生産
	Aspergillus	麹菌
Sordariales	*Neurospora*	アカパンカビ，遺伝学のモデル
Hypocreales	*Fusarium*	植物病原菌
	Trichoderma	セルロース分解，セルラーゼ
	Cephalosporium	セファロスポリン生産
Dothideales	*Aureobasidium*	プルランの製造
Basidiomycota （担子菌門）		
Polyporales	*Phanerochaete*	白色腐朽菌
Boletales	*Coniophora*	褐色腐朽菌

が多く残されている．また，不完全世代として記載された種で，のちに完全世代が見つかると，同一種について完全・不完全世代に異なる2つの学名が付いて併用されてきたものも多い．最近になって，1つの種に単一の学名のみを適用することが国際藻類・菌類・植物命名規約上に定められた．多くの種の真菌について，分類と学名の大きな見直しが進められている．

　真菌は，水生および陸生を問わず，広く自然環境に生息している．動植物の遺体などの有機物を分解する腐生性のものが多く，環境中での物質循環に重要な役割を果たしている．動植物に寄生して病気を引き起こすものも多いが，一方で，植物の根に共生する菌根菌や藻類と共生して地衣となるものも多い．朽ち木や落枝を分解する真菌において，セルロースを分解するがリグニンは分解できないものは，残ったリグニンによる呈色から褐色腐朽菌と呼ばれる．リグニンも分解できるものは白色腐朽菌と呼ばれ，ダイオキシンなど人為起源の難分解性物質も分解できる真菌として注目されている．担子菌の子実体はキノコとして広く食用にされている．また，糸状菌は一般に酵素の分泌能が高く，麹菌など古くから醸造に利用されてきたものや，酵素の生産に利用されるものがあり，応用微生物学においても重要なものが多く含まれる．抗生物質など，さまざまな二次代謝産物を産生するものも多い．

9）酵　　母

　前述した通り，酵母（yeast）は，分類学上の正式な名称ではない．子囊菌，担子菌のうち栄養増殖期の通常の存在形態が単細胞のものを，一般に酵母と呼ぶ．古くからビールやワイン，清酒などの醸造やパンの製造に利用されており，ビール酵母，ワイン酵母，清酒酵母，パン酵母などと呼ばれて，その利用目的のために優れた性質を持つものが選抜されてきた経緯がある．最近では，その発酵能力の高さから，石油代替エネルギーとしてのバイオエタノールの生産において注目を集めている（☞ 10-6-1）．一方で，酵母は自然界に広く生息しており，野生酵母と呼ばれている．また，酵母は最も扱いやすい真核生物であり，出芽酵母 *Saccharomyces cerevisiae* と分裂酵母 *Schizosaccharomyces pombe* は，真核生物のモデル研究材料として盛んに研究に利用されてきた．

　酵母は主に栄養増殖と胞子形成によって増殖する．栄養増殖は，出芽と分裂に大別され（図3-11），母細胞から出芽によって娘細胞が形成される出芽酵母が多い．細胞の中央に隔壁が生じて2つの細胞に分裂するものを分裂酵母と呼ぶ．栄養増殖している酵母の細胞は，球形や楕円形のものが多く，数 µm〜10 µm の大きさである．出芽した細胞が長く伸びて菌糸状につながる偽菌糸をつくるものもあり（図3-11），隔壁を形成して真正の菌糸となるものもあ

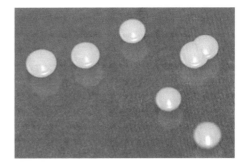

図 3-10　*Pseudozyma* 属酵母の寒天培地上のコロニー
（写真提供：遠藤力也氏）

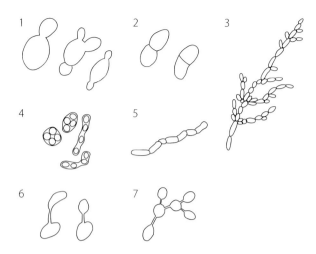

図 3-11 酵母の形態
1：出芽，2：分裂，3：偽菌糸，4：子嚢胞子，5：分節胞子，6：射出胞子，7：有柄分生子.

表 3-6　主な酵母の属と分類群

亜門，科	主な属	特徴
子嚢菌酵母		
Taphrinomycotina		
Schizosaccharomycetaceae	Schizosaccharomyces	分裂酵母，ポンベ酒
Taphrinaceae	Taphrina	植物病原菌を多く含む
Saccharomycotina		
Saccharomycetaceae	Saccharomyces	醸造，発酵産業に多用
	Zygosaccharomyces	醤油やみその発酵
	Kluyveromyces	乳糖利用能，馬乳酒
Pichiaceae	Pichia, Ogataea	メタノール資化
Debaryomycetaceae	Debaryomyces	漬物やチーズの熟成
Lipomycetaceae	Lipomyces	油脂生産
Dipodascaceae	Yarrowia	アルカン資化，クエン酸生産，リパーゼ・プロテアーゼ生産
（Saccharomycetales 目）	Candida（アナモルフ酵母で複数の科に属する）	アルカン資化，醤油熟成，飼料，日和見感染菌など
担子菌酵母		
Pucciniomycotina		
（Sporidiobolales 目）	Rhodosporidium	赤色酵母，カロチノイド産生
Ustilaginomycotina		
Ustilaginaceae	Pseudozyma	機能性糖脂質の生産，生分解性プラスチック分解
Agaricomycotina		
Mrakiaceae	Xanthophyllomyces	アスタキサンチン生産
（Tremellomycetes 綱）	Cryptococcus（アナモルフ酵母で複数の科に属する）	油脂生産，病原性菌を含む

る．子嚢菌酵母では，有性生殖ののち，子嚢が形成され，通常2個または4個の胞子がその中に包まれている（図3-11）．担子菌酵母では，担子器や担子胞子の形態によって分類される点は糸状菌と同様である．無性世代で形成される分節胞子，射出胞子，有柄分生子などの形態も分類の指標となっている（図3-11）．これらの形態上の指標に加えて，糖の発酵能などの性状や化学分類のデータ，rRNA遺伝子などの分子系統が分類のために用いられている．種レベルでの分類の指標としては，交配実験もしくはDNA相同性試験が最も重要とされている（表3-6）．

10）藻　類

　藻類（algae）とは，コケやシダ植物，種子植物などの陸上植物を除く，クロロフィルaを持つ酸素発生型の光合成をする生物群の総称である．単細胞のものから大型の海藻までが含まれる．系統進化上の異なる分類群が含まれ，分類学上の正式な名称ではない．微生物として扱われる微細な体制の藻類は光合成をする真核生物のほとんどすべての門に存在し，光合成色素や同化産物，遊走細胞の鞭毛により伝統的に分類されてきた．

　藻類および植物の細胞内小器官である色素体（plastid，葉緑体ともいう）は，シアノバクテリア（ラン藻）が細胞内共生して生じたものであるが，シアノバクテリアを獲得した1回目の一次共生と，その結果生じた光合成真核生物がさらに別の真核生物に共生した二次共生，さらに三次以上の共生が知られている．一次共生の色素体は2つの膜を持ち，二次生の色素体は4つまたは3つの膜に囲まれている．二次，三次の細胞内共生はさまざまな真核生物の分類群で独立して複数回にわたって起こっており，その結果，藻類が真核生物の系統上異なる分類群に位置しているのである（図3-12）．

　藻類は9つの群に分類される．灰色植物門（Glaucophyta），紅色植物門（Rhodophyta），緑藻植物門（Chlorophyta, かつては緑色植物門）は，植物界に含まれ，植物界全体において色素体は一次共生によるものである．紅色植物門の藻類が，異なる3つの真核生物の系統群に二次共生したものは，クリプト植物門（Cryptophyta），ハプト植物門（Haptophyla），不等毛植物門（Heterokontophyta）であり，緑色植物亜界の藻類が二次共生したものに，ユー

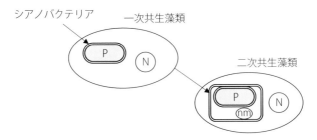

図3-12　細胞内共生による藻類の進化
N：核，P：色素体，nm：ヌクレオモルフ．

グレナ植物門（Euglenophyta），クロララクニオン植物門（Chlorarachniophyla）の2群がある．クリプト藻やクロララクニオン藻などで，4重の膜の2つ目と3つ目の間にDNAを持つ核様構造（ヌクレオモルフ）が見られる場合があり，二次共生した藻類の核に由来するものとの証拠がある．渦鞭毛植物門（Dinophyta）には，クリプト藻，ハプト藻，または，不等毛植物の藻類が三次共生した藻類が含まれる．

　藻類には，緑藻植物門に属するクロレラなどに代表されるように健康食品として利用されているものがある．光合成により炭化水素の油を産生する能力の高い藻類は，石油代替のバイオ燃料として期待されている（☞ 10-6-2）．一方で，漁業や養殖に大きな被害をもたらす赤潮の原因も藻類である．

11）真菌および藻類以外の真核微生物

　1969年にWhittaker, R. H. が提唱した五界説では，モネラ界，原生生物界，植物界，菌類界，動物界の5界に生物を大別している．モネラ界を構成するのは原核生物であり，他の4つの界はいずれも真核生物からなる．すでに述べた真菌（糸状菌，酵母）は，五界説でいう菌類界の主要メンバーである．一方，藻類のうち大型海藻などは植物界，単細胞性のものは原生生物界に属するとされていたこともあった．1987年，Cavalier-Smith, T. は五界説の原生生物界を原生動物界とクロミスタ界に二分することを提唱した．すなわち，動物的とされる原生生物の一群（ゾウリムシ，アメーバなど）を原生動物界とし，藻類に加えて，それまで菌類界の構成メンバーとされていた卵菌類，サカゲツボカビ類，ラビリンチュラ類（これらは偽菌類と呼ばれる）を含めてクロミスタ界とした．なお，その生活環においてアメーバ形態を有するネコブカビ門（内部寄生性粘菌類），タマホコリカビ門（タマホコリカビ型細胞性粘菌），アクラシス菌門（アクラシス型細胞性粘菌），変形菌門（真正粘菌類）の4つの生物群も菌類から除外され，原生動物界に移されている．現在では，rRNA遺伝子に加えて，さまざまなタンパク質をコードする多くの遺伝子に基づいて，真核生物の初期進化に関する研究が行われており，五界説でいう原生生物界に属するさまざまな真核微生物についても，その系統関係が明らかにされてきている．真正粘菌モジホコリ（*Physarum polycephalum*）や細胞性粘菌キイロタマホコリカビ *Dictyostelium discoideum* は，モデル微生物として，真核細胞の基礎研究に広く用いられている．

12）バクテリオファージ

　バクテリオファージとは，細菌を宿主とするウイルスのことである．ファージ粒子はゲノム情報を担う核酸とそれを取り囲むタンパク質の殻（カプシド）からなる．エンベロープと呼ばれる宿主由来の膜とウイルス遺伝子がコードするタンパク質からなる膜が外側を覆ったものも見られる（☞ 3-2-4）．

　バクテリオファージの分類は国際ウイルス分類命名委員会の基準に従い，ウイルス粒子の大きさや形状，宿主域，ウイルスゲノムの核酸がDNAかRNAか，一本鎖か二本鎖か，直鎖

第3章 微生物の分類および形態　**47**

表3-7　主なバクテリオファージ

科　名	形　態	エンベロープ	核　酸	例	宿　主
Myoviridae	頭部, 尾部(収縮性)	な　し	直鎖二本鎖 DNA	T4	大腸菌
				SP01	枯草菌
Siphoviridae	頭部, 尾部	な　し	直鎖二本鎖 DNA	λ	大腸菌
Corticoviridae	20 面体	な　し	環状二本鎖 DNA	PM2	*Alteromonas* 属細菌
Plasmaviridae	不定形	あ　り	環状二本鎖 DNA	MV-L51	*Mycoplasma* 属細菌
Microviridae	20 面体	な　し	環状一本鎖 DNA	φX147	大腸菌
Inoviridae	繊維 / 桿状	な　し	直鎖一本鎖 DNA	M13	大腸菌
Cystoviridae	球状多面体	あ　り	直鎖二本鎖 RNA	φ6	*Pseudomonas* 属細菌
Leviviridae	20 面体	な　し	直鎖一本鎖 RNA	MS2	大腸菌

か環状かなどの性状によって分類される（表3-7）．ウイルスの分類階級は，目（-virales），科（-viridae），亜科（-virinae），属（-virus），種の5つのみで，それぞれの学名はかっこ内に示した統一語尾を与えられる．例えばT4ファージでは，Caudovirales目，Myoviridae科，Tevenvirinae亜科，T4-like virus属，*Enterobacteria phage T4*種となる．

13）微生物の保存

　自然環境中から分離された新規の微生物や有用な性質を持った微生物は，研究の中途でも研究を終えた場合も適切に保存されて，生きた同じ微生物を将来利用できるようにすることは非常に大切なことである．研究の成果を発表した場合，その研究が妥当であったか，再現性が得られるかなどを調べられるように，使用した微生物材料は求められれば他の研究者に提供することが責務となっている．また，研究をさらに進めるためにも，研究材料である生きた微生物が利用できる状況にあることが必要である．

　このために，前述した基準株のように比較研究への利用が確約されるべきものも含め，成果を生んだ研究材料である微生物株を適当な微生物保存機関またはバイオリソースセンターに寄託することが，多くの場合求められている．バイオリソースセンターでは，微生物株を確実に保存して，一般の研究者に利用可能としている．一般の研究者は，自ら研究対象とする微生物を分離する以外に，バイオリソースセンターから公開されている微生物株を利用することができる．このようなバイオリソースセンターの活動は，研究に欠かせない役割を果たしている．

　微生物株を保存するに当たっては，保存後の生存率が高いこと，長期間の保存が可能であること，保存の間に性質がかわらないこと，保存方法の容易さやコスト，保有する設備などの条件を考慮して方法を選ぶことが必要である．また，微生物株によっては，保存条件が限定されることもあるので，実際に試して最適の方法を選ぶことも必要である．胞子などの耐久性の高い状態が知られている微生物では，その状態のものを保存するといった工夫をすることで保存がより確実になる．植え継ぎを繰り返す継代培養は，定期的な労力がかかるばか

りでなく，変異が生じたり，性質がかわる恐れがある．設備などの条件を満たすならば，凍結保存が最も安定した保存法である．

凍結保存法は，微生物を凍結して生体活動を休止させた状態で保存する方法である．培養した微生物を，10〜15％グリセロールまたは5〜7％ジメチルスルホキシドなどの凍結保護剤の入った溶液に懸濁して，凍結して保存する．凍結保護剤は，凍結で生じる氷晶による物理的な力と脱水に起因する細胞障害から細胞を保護するものである．凍結保存は，−80℃以下が望ましく，超低温フリーザーが必要となる．液体窒素を利用して−150℃以下に保存することが最も良好な結果をもたらす．凍結保存した微生物の復元には，室温などで緩慢に融解するよりは，37〜40℃の湯浴中で急速融解した方が，生存菌数の低下を防ぐのによいとされている．

細胞を脱水することで，生体活動を休止させて保存する乾燥保存法も利点がある．4℃程度の冷暗所で保存するが，短期間ならば夏期の気温に曝しても死滅しないとされており，保存状態の維持は凍結保存法に比べて容易である．一方で，乾燥のための装置が必要で，操作も煩雑であり，凍結保存に比べ乾燥保存できない微生物がやや多いという短所がある．

2．微生物細胞の構造および機能

本節においては，原核細胞と真核細胞の違いに注目しつつ，微生物細胞の構造と機能について要点をまとめる．

1）原核細胞と真核細胞の違い

生命活動の最小の構造単位は細胞（cell）であり，脂質二重層からなる細胞膜（cell membrane）により仕切られている．原核生物と真核生物では，核（nucleus）の有無のみならず，細胞の構造が大きく異なる．原核細胞は一般的に小さく，細胞内の構造は比較的単純であるが，真核細胞は原核細胞に比べて大きく，細胞内には核以外にも細胞質（cytoplasm）から膜で仕切られた複数の細胞内小器官（オルガネラ，organelle）を持つ．原核細胞と真核細胞の構造上の特徴を表3-8にまとめた．

真核細胞では，それぞれの細胞内小器官は独自の代謝を営んでいて，それらが高度に統合された複雑な生体反応の制御がなされている．逆に原核細胞では，真核細胞の細胞内小器官のような膜による細胞内の分画がないことが特徴で，一般的な原核細胞では，細胞膜が唯一の膜となっている．

原核細胞と真核細胞では，このような細胞構造の違いだけでなく，遺伝情報やその転写および翻訳にも大きな違いがある（☞6-1-1）．原核細胞のゲノムは，真核細胞に比べて小さい．多くの原核細胞では，ゲノムは核様体（nucleoid）として存在し，1つの環状DNAとなっている．一方，真核細胞のゲノムは通常，核膜に包まれた核内に含まれる複数の直鎖状の染色体として存在する．真核細胞では，イントロン配列が遺伝子の中に介在しており，転写

第3章　微生物の分類および形態　　**49**

	原核細胞	真核細胞
表 3-8　原核細胞と真核細胞との主な相違点		
大きさ	$1 \sim 10\ \mu m$	$10 \sim 100\ \mu m$
細胞体制	単細胞のみ	単細胞または多細胞
核	なし（核様体として存在する）	あ　り
有糸分裂	な　し	あ　り
減数分裂	な　し	あ　り
ミトコンドリア	な　し	あり（縮退したものを含む）
葉緑体	な　し	光合成をするものにあり
小胞体	な　し	あ　り
ゴルジ体	な　し	あ　り
液　胞	な　し	あ　り
ペルオキシソーム	な　し	あ　り
リボソーム（沈降係数）	70S	80S

後に核内でスプライシングにより切り出されて，成熟 mRNA となって細胞質で翻訳される．一方，原核細胞の遺伝子には通常イントロン配列はなく，多くの代謝上関連した遺伝子は並んで配置されて 1 つの mRNA として転写されるオペロンになっている．オペロンは真核細胞にはない．タンパク質合成を司るリボソームも，原核細胞と真核細胞では異なり，前者では 70S の，後者では 80S の沈降係数を示すリボソームとなっている．原核細胞のタンパク質合成を阻害する抗生物質は，真核細胞では多くの場合阻害は認められない．リボソームや翻訳に関わる因子やその翻訳機構が異なるからである．

2）原核細胞の構造と機能

（1）細胞質と細胞質膜

　原核細胞においては，細胞を包む細胞質膜とそれに囲まれた細胞質，細胞膜の外側にある細胞壁（cell wall）が基本的な構造の単位である．

　原核細胞の細胞質膜は，物質の透過と輸送，外部環境情報の受容と伝達に関わる重要な生体膜である点においては，真核細胞と共通である．しかし，エネルギー産生，すなわち呼吸鎖 - 電子伝達系を介した酸化的リン酸化による ATP 生成の場である点は，真核細胞と異なる．真核細胞では，これらのエネルギー産生は細胞内小器官のミトコンドリアでなされる．

　細胞質には，遺伝情報を担う DNA および RNA や，複製，転写，翻訳やさまざまな代謝を司るタンパク質の他，細胞外から取り入れた物質や細胞質で合成された物質も含まれていて，さまざまな生体活動のためのタンパク質や酵素の働く場となっている．巨大な繊維状分子である DNA は，RNA やタンパク質と会合した核様体構造として認められることもある．その複製は細胞質膜に付着した状態で進行する．また，細胞質には，グリコーゲンやポリヒドロキシ酪酸といった重合高分子の顆粒が観察され，いずれもエネルギーの貯蔵形態と考えられている．

(2) 細 胞 壁

　細胞壁は細胞全体を覆う構造体で，細胞の乾燥重量の数％から数十％に及ぶ．細菌の細胞では，細胞壁はペプチドグリカンを基本的な構造としている（☞ 3-1-4-2）．グラム陽性細菌とグラム陰性細菌では細胞壁を構成するペプチドグリカン構造は大きく異なる（図3-13）．グラム陽性細菌では，ペプチドグリカンのペプチド架橋がアミノ糖鎖を 3 次元的なスポンジ様の構造に結び付けており，ペプチドグリカン層の厚い細胞壁となっている．これにテイコ酸などの酸性糖や莢膜多糖，タンパク質，糖脂質などが結合している．

　グラム陰性細菌では，ペプチドグリカンは 1 層のみからなり，オリゴペプチドは種によらず，L-Ala－D-Glu－m-DAP－D-Ala が基本骨格であり，m-DAP（メソ - ジアミノピメリン酸）のアミノ基と隣のオリゴペプチドの D-Ala のカルボキシル基で架橋した簡単な構造で，架橋度も 20 ～ 50％程度と低い．グラム陰性細菌では，このペプチドグリカン層の外側に脂質二重層の外膜が存在する．細胞質膜（内膜とも呼ぶ）と外膜の間には，ペプチドグリカン層を挟んで，ペリプラズムと呼ばれる空間が存在する．外膜の内側の脂質層とペプチドグリカン層はリポタンパク質によってつながれており，外膜の外側の脂質層はリポ多糖の脂質部分からなっている．外膜には，糖やアミノ酸などの親水性物質の透過孔を形成しているポーリンと呼ばれるタンパク質が存在する．

　アーキアの細胞壁は，細菌とは異なり，ペプチドグリカン層はない．メタン生成アーキアの中には，アミノ糖が結合してペプチドで架橋されているシュードムレインという成分を細胞壁に持つものもあるが，ペプチドグリカンとは異なるものである．多糖類や糖タンパク質などの複雑な構造からなる細胞壁を持つものが多く，さまざまである．アーキアの生体膜を構成する成分は，細菌細胞と真核細胞におけるグリセロールの脂肪酸ジエステルとは異なり，グリセロールとイソプレノイドがエーテル結合したものである．

3）真核微生物の細胞構造と機能

　真核生物の細胞は，膜で仕切られた細胞内小器官の存在が特徴であり（図 3-14），それぞれの細胞内小器官が独自の役割を果たしている．そのために，特定のタンパク質が特定の細胞内小器官へと選別されて輸送されている．複雑な生体反応を，細胞内小器官で分担しながら，効率よい細胞生命活動を営んでいるのである．

(1) 核

　遺伝情報を担う DNA は，ヒストンと呼ばれるタンパク質と複合体をなして折り畳まれて，染色体として核の中に収められている．核は，脂質二重層の膜 2 枚からなる核膜に包まれている．核膜には核膜孔があって，細胞質で合成されたタンパク質の核への移行や核内で転写された mRNA の細胞質への移行などの高分子を含めた物質の移動の場となっている．核膜と小胞体膜は，しばしば連続した膜として観察される．

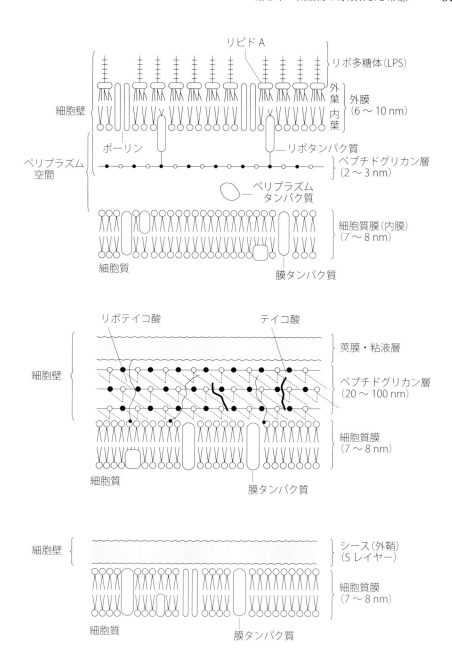

図 3-13 グラム陰性細菌（上），グラム陽性細菌（中），アーキア（古細菌，下）の細胞表層の構造の模式図
（村田幸作氏 原図）

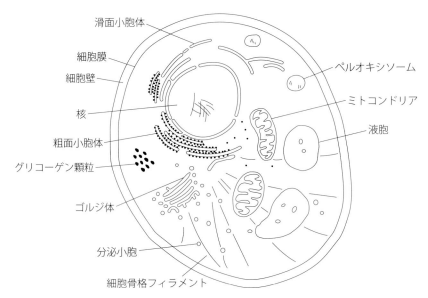

図 3-14　真核微生物の細胞内構造の模式図

(2) 小胞体

小胞体（endoplasmic reticulum）は，1つの膜に囲まれた板状または網状の細胞内小器官であり，リボソームを細胞質側の膜に多数付着させたものを特に粗面小胞体と呼ぶ．粗面小胞体上のリボソームでは，分泌タンパク質が合成され，合成と同時に共役して小胞体膜上の透過装置を介して小胞体の内腔に輸送される．小胞体内腔では，タンパク質のフォールディングを介助するシャペロンタンパク質が局在しており，タンパク質への最初の糖鎖の付加も小胞体でなされる．リボソームを付着させていない小胞体は滑面小胞体と呼ばれ，脂質合成の場として知られている．

(3) ゴルジ体

ゴルジ体（Golgi body）は，分泌能を発達させた細胞に多く見られる．1つの膜に囲まれた扁平の袋状の膜で囲まれた構造が層状に重なったものであり，分泌タンパク質への糖鎖修飾や細胞壁多糖の合成を行う場である．多くは小胞状の構造をしているが，小胞体とはリボソームが付着していないことで見分けられる．分泌タンパク質は小胞体から出芽した小胞が，ゴルジ体に融合し，ゴルジ体の層間を出芽および融合で輸送されて，最後にゴルジ体から出芽した小胞は分泌小胞となって，細胞膜に融合後に小胞内部の分泌タンパク質を細胞外に放出する（図 3-15）．小胞体に局在するタンパク質も一度小胞によってゴルジ体に輸送されるが，タンパク質にある小胞体保留シグナルを認識してゴルジ体から小胞体へ逆輸送される．

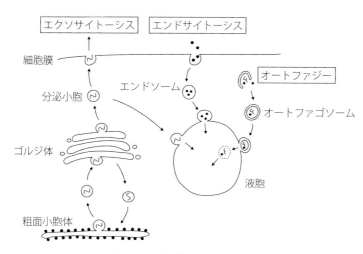

図 3-15　細胞内の小胞輸送
タンパク質を細胞外へ分泌するエクソサイトーシス，細胞外物質を液胞へ取り込んで分解するエンドサイトーシス，細胞内物質を液胞に取り込むオートファジーなど，細胞内の小胞はダイナミックに輸送されている．

(4) 液　　胞

　液胞（vacuole）内には，ペプチダーゼやプロテアーゼをはじめとした数多くの加水分解酵素が局在しており，細胞内の分解を司る役割を果たしている．この他にアミノ酸やポリリン酸の貯蔵も担っている．通常，液胞内は酸性状態に保たれている．液胞タンパク質は，粗面小胞体からゴルジ体を経て出芽した小胞の一部が細胞膜でなく，液胞へ運ばれることで輸送される．多くの加水分解酵素は，液胞に輸送されたのち，プロ配列というタンパク質の一部が切断され，活性を持ったタンパク質となる．プロ配列は液胞への輸送のためのシグナルが含まれているとも考えられているが，細胞内の他の場所で分解活性を示すことを防いでいる．液胞では，細胞外の物質をエンドサイトーシスで小胞を介して取り込んで分解したり，細胞自身の成分を取り込んで分解するオートファジーも行われる．

(5) ペルオキシソーム

　ペルオキシソーム（peroxisome）は，過酸化水素を発生するオキシダーゼとそれを除去するカタラーゼを含む1つの膜に囲まれた細胞内小器官である．真菌では，脂肪酸の β 酸化や D-アミノ酸とメタノールの酸化代謝を担っている．メタノール，アルカン，脂肪酸を資化する酵母ではペルオキシソームが発達して，細胞内容積の80%近くまでになることがある．

(6) ミトコンドリア

ミトコンドリア(mitochondria)は, 外膜と内膜の2つの膜に囲まれた細胞内小器官であり, 内膜には呼吸鎖-電子伝達系が局在して, 酸化的リン酸化によりATPを生産する. エネルギー産生を担う細胞内小器官といえる. 内膜内部には, TCA回路の酵素や糖新生酵素群が局在する. 酵母では, ミトコンドリア機能に障害のある変異株を小さいサイズのコロニーを形成する変異株として分離することができる.

ミトコンドリアには, 固有のDNAがあって, 独自の原核生物型のタンパク質合成系を持っている. ミトコンドリアのDNA配列の解析から, この細胞内小器官は, 細胞内に取り込まれて共生した細菌 (Alphaproteobacteria綱の一種) を起源とすることが確実となっている. 内膜は細菌の細胞質膜に, 外膜は細菌を取り込んだ宿主の膜に由来すると考えられる.

(7) 細胞壁と細胞骨格

真核微生物である菌類は, 複雑な多糖構造からなる比較的厚い細胞壁を有している. グルカン, マンナン, キチンなどが主な成分である. 菌類のうち酵母は単独の細胞である場合が多いが, 糸状菌では, 菌糸を発達させて形態分化を行う. 菌糸は細胞間が隔壁によって仕切られている場合と, 隔壁が消失して多核となっている場合がある. 糸状菌では菌糸の先端が成長の部位であり, 細胞壁の多糖が重合した構造を部分的に分解させながら, 成長して細胞壁を再び合成するので, 多くの細胞表層へのタンパク質の分泌および輸送が認められる. このような分泌を担う分泌小胞は, 微小管やアクチンなどから構成される細胞骨格(cytoskeleton) に沿って輸送される. 細胞骨格は細胞の形態の維持や細胞内小器官の配置にも重要な役割を果たしている.

4) バクテリオファージ

ウイルスは, 細胞とは異なり細胞膜を持たない20 〜 300 nmほどの微粒子であり, 生物を非生命体から区別する代謝活性やタンパク質合成系などを持たない. 生命活動といえるものは宿主細胞にほぼ完全に依存しており, 自身と自身の遺伝情報の複製を宿主の機能を利用して行う. 細菌を宿主とするウイルスであるバクテリオファージは, ゲノムとそれを包み込むタンパク質の殻(カプシド)からなる. カプシドは20面体の頭部と尾部を持つものが多く, 他のウイルスにはない形態上の特徴となっている. 図3-16には, 大腸菌に寄生するT4バクテリオファージの構造を示す. T4ファージは, 2本鎖DNAを含む20面体の頭部と, 宿主細胞に付着してファージDNAを宿主細胞に注入するための長い複雑な尾部を持つ.

T4ファージなどのバクテリオファージの生活環は, 感染, 複製, 成熟, 放出の4段階からなる (図3-17). ファージ粒子が宿主細胞の表層に付着して尾部からファージDNAが注入されると, 宿主のDNA複製, 転写, 翻訳の各過程は停止して, ファージDNAの複製および転写が開始する. ファージDNAに由来するmRNAは, カプシドタンパク質, ファージゲ

ノムの複製とファージ構成成分の会合に必要なタンパク質などをコードしている．ファージDNAが注入されて約20分後，数百の新しいファージ粒子が充満した宿主細胞は溶菌する．放出されたファージ粒子は，近接する細菌細胞に付着して，新たな感染のサイクルを開始する．このような生活環を送るバクテリオファージは，宿主細胞を溶菌させるので溶菌性ファージと呼ばれる．溶菌性ファージは，寒天平板培地上に密に増殖した細菌の上で溶菌プラークを形成するので，ファージ粒子の計数やファージクローンの分離に用いられる．培養中の微生物に溶菌性のファージが発生すると，ほとんどの細胞が短時間で直ちに溶菌することもあり，微生物の利用上，問題となることが多い．

一方で，宿主細胞のゲノムにファージ自らのゲノムを挿入し，宿主細胞を溶菌させない生活環を持つファージを，溶原性ファージという．宿主ゲノムに挿入されたファージDNAの

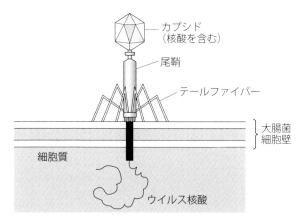

図 3-16 T4ファージの構造
ファージDNAを大腸菌内へ注入している様子．（阪井康能氏 原図）

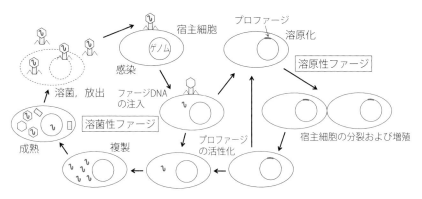

図 3-17 バクテリオファージの生活環と溶菌・溶原化

状態をプロファージと呼ぶ．プロファージは，宿主ゲノムとともに細胞分裂ごとに複製される（図 3-17）．プロファージは，紫外線などの環境の要因によって活性化し，新しいファージ粒子の合成を指令して，溶原性の生活環から溶菌性の生活環へと移行して，宿主細胞を溶菌して多数のファージ粒子を放出する．溶菌した宿主細胞のゲノム DNA 断片が，ファージ DNA と一緒にファージ粒子に含まれて放出される場合があり，このようなファージが新しい宿主細胞に感染すると，前の宿主細胞の DNA が新しい宿主細胞のゲノム DNA に挿入されることがある．このようにして異なる細胞の DNA がファージを介してゲノム DNA に組み込まれることを形質導入（transduction）と呼ぶ（☞ 6-1-6-2）．バクテリオファージの形質導入の性質は，組換え DNA 実験に応用されてきた．

　M13 ファージなどでは，宿主細菌を溶菌することなくファージ粒子が宿主細胞外に放出され，分泌性ファージと呼ばれる．宿主細胞の増殖速度は低下するが，溶菌しないので，宿主の細胞成分を含むことのないファージ粒子を大量に調製することが可能で，組換え遺伝子の解析に広く利用されてきた．

第4章
微生物の生態および生理

　目に見えない微生物は，地球上のありとあらゆる環境中に生育しており，地球上の物質循環や生態系においてきわめて重要な働きをしている．本章においては，自然界における微生物の生態について解説するとともに，微生物の培養を念頭においた微生物生理について，微生物の栄養と生育という観点から解説する．

1．微生物の生態

1）自然界の微生物

(1) 分　　布

　微生物は目に見えないため，普段の私たちの生活の中では特に意識されることはない．しかし，実は目に見えないだけで実際にはありとあらゆる環境中に生息している．われわれヒトの生息する陸圏環境はもちろんのこと，湖沼や海洋のような水圏にも多様な種の微生物が生息している．高等生物の表面やその体内，さらには酸素が存在しないような厳しい環境中でも微生物は生息している．それぞれの微生物の自然環境における分布は，その環境の温度，pH，湿度，浸透圧，光，放射線などの物理的要因と，酸素，炭素，窒素，硫黄，リン酸，無機塩，微量元素などの化学的要因により決定される．微生物は自力で遠くに移動することができないため微小環境にとどまって生活している．そのため，微生物は前述の物理・化学的要因により限定されたさまざまな環境の中で，最も自身に適した環境を選択して生息している．このような個々の環境をニッチ（生態的地位）と呼ぶ．微生物は生育環境が外的要因などにより不適になったからといって，その場所を容易に離れることができない．したがって，増殖活動を停止し胞子などを形成して環境が回復するまで休眠する場合もある．また，微生物は微小なためエアロゾルとして空中へ舞うこともある．ときには地球規模で吹いている偏西風などに乗って遠く何千kmも離れた地へ移動することもでき，黄砂によってゴビ砂漠から舞い上げられた微生物が日本上空で観察された例もある．

　微生物の最も一般的な生息場所としてあげられるのは土壌であろう．微生物は物質の表面で活発に活動するが，土壌は団粒構造をとるため容積当たりの表面積が非常に広い環境であり，それゆえ微生物にとっては格好の生息場所となる．特に，地表から数十cm程度の表層土壌には1g当たり，最大10^{10}個程度の微生物が存在しており，深くなるにつれ，指数関数的に微生物数は減少する傾向がある．微生物は土壌の形成にも非常に深く関わってい

る．土壌の元となる岩石は，微生物が生産する有機酸や炭酸によって長い年月をかけて溶解し，そこに植物が根を生やし，その根圏に微生物が繁殖するというサイクルを経て土壌は形成される．土壌中にはさまざまな微生物が生息しており，土壌1gには約100万種，数十億から数百億個の微生物が存在している．また，土壌特有の，いわゆる土くさい匂いは*Streptomyces*属放線菌（☞ 3-1-6）などが生産するジオスミンという香気成分に由来しており，このことからも土壌中には多くの微生物が存在していることが想像できる．土壌の地質や場所ごとに温度や水はけ，植生，無機質や有機質成分などに差違が生じるため，土壌にもさまざまなニッチが存在する．たとえ同じ敷地内の土壌であってもミクロレベルでは大きく微生物の種類が異なる．特に水はけは重要な因子であり，水はけの悪い土壌では酸素が十分に行き渡らないため嫌気性微生物が優勢となる．土壌中では単一の種だけでコロニー（個体群）を作って生息している場合はまれであり，多くの場合は微生物同士で競合関係にあったり，あるいは共生関係を築いたりして相互に影響を与えながら生息している．微生物競合は，抗生物質や有機酸のような代謝物を産生することにより，競合する微生物の生育を阻害することで起こる．一方，複数の微生物が協力して特別な代謝を行うことにより共生関係を築くこともあり，例えば陸地の1/3を占める乾燥地帯においては，バイオクラスト（BSC）と呼ばれるシアノバクテリア，緑藻，真菌，従属栄養細菌，地衣類[注]，コケ類などからなる共生体が形成されており，陸地の10%程度がBSCに覆われている．BSCは貧栄養で寒暖差の激しい過酷な環境で生息できるだけでなく，乾燥地帯の砂漠化阻止や土壌形成に大きな役割を果たしている．他にもアンモニア酸化細菌（亜硝酸細菌）と亜硝酸酸化細菌（硝酸細菌）は協力してアンモニアを硝酸に酸化することによってエネルギーを得ている（☞ 5-5-1）．一方，水圏では，単一の微生物種が爆発的に繁殖する現象が見られる．例えば，寒冷な海洋においては，しばしば円石藻類によるブルームが発生し，その様子は人工衛星からも観察できるほどである．円石藻類は炭酸カルシウムでできた円石と呼ばれる殻を持つ単細胞性真核藻類であり，海洋表層を浮遊して光合成を行う．ブルーム発生時のバイオマスは膨大であり，ドーバー海峡などに見られる白亜の断崖は，長年にわたって海底に堆積した大量の円石が，地殻変動によって隆起して形成されたものである．

　比較的穏やかな自然環境以外，すなわち動植物の生息にはおよそ適さない極限環境と呼ばれる場所にも微生物は生息している．一般的に知られている極限環境としては，温泉源や火山の噴火口付近などの高温環境，南極や北極などの高緯度地域や高山の山頂などの低温環境，活火山付近の水辺や温泉，硫黄ガスを噴出する深海の熱水噴出孔付近などの強酸性環境，アルカリ性の塩湖や高炭酸塩土壌などの強塩基性環境，塩湖などの高塩濃度環境，深海や高深度地下などの高圧環境などが存在する．例えば，深海の熱水噴出孔から分離された*Methanopyrus kandleri*は122℃での生育が確認されている超好熱菌（hyperthermophile）である．シベリアの永久凍土から分離された*Exiguobacterium*属細菌の一種は至適生育温度が−2.5℃という氷点下であり，好冷菌（psychrophile）に分類される．マリアナ海溝チャ

注）藻類を共生させて自活する菌類のことを地衣類と呼ぶ．

レンジャー海淵（深度 10,898 m）より分離された *Moritella yayanosii* は生育至適圧力が 80 MPa で最大 120 MPa の超高圧中でも生育する好圧菌（barophile）である．*Picrophilus oshimae* は pH 0.7 でも生育する好酸性菌（acidophile）であり，pH 4.0 以上の穏やかな環境では逆に溶菌してしまい生育できない．*Helicobacter pylori* は自ら分泌する酵素によってアンモニアを発生させて胃液を中和することにより pH 1.5 の強酸環境であるヒトの胃壁をニッチとしている．一方，*Bacillus* 属の一部などは pH 10 程度の強アルカリ条件で旺盛に生育し，好塩基性菌（alkaliphile）と呼ばれている．アルカリ環境はプロトン濃度が極端に低いため通常はプロトン駆動力により産み出される呼吸性 ATP がどのような機構によって産生されているのかは興味深い研究対象である．20〜30%の高濃度 NaCl 溶液中という高浸透圧状況が生育に必要な微生物も塩湖などに存在し，これらは好塩菌（halophiles）と呼ばれ *Halobacterium* 属などが知られている．ガンマ線滅菌した缶詰内から分離された *Deinococcus radiodurans* はきわめて高い放射線耐性を示すことが知られている．人間は 5 Gy 程度の放射線により死に至るが，この菌は 10,000 Gy の放射線を照射しても生存する．放射線は染色体 DNA を切断するが *D. radiodurans* は複数のゲノムと強力な DNA 修復機構を有し，ゲノム DNA が切断されてもすぐに修復されるため高放射線環境下でも生存できる．興味深いことに，これら極限環境で生息する菌の多くは常温常圧の穏やかな環境では生育できない．このことから，われわれにとっては極限環境と感じる過酷な環境も極限環境微生物にとってはそれぞれのニッチであるという事実が見えてくる．

（2）収　集

土壌などの環境試料からの微生物の分離収集は，寒天培地を用いた平板塗抹法と画線分離法によるのが一般的である．平板塗抹法は試料を滅菌水に懸濁して微生物を試料から遊離させたのち，得られた上澄み溶液を適当な倍率（数十倍から数百万倍程度まで）に滅菌水で段階希釈し，平板プレートにコンラージ棒（スプレッダー）を用いて塗布する．適切な濃度に希釈されたプレートではコロニーが数十個ほど出現する（図 4-1）．これらのコロニーはそれぞれ 1 個の微生物細胞から分裂増殖した結果なので同一菌の集団であるが，他の菌が混入している可能性がゼロではない．そこで，画線分離法による単菌化を行う．画線分離法ではエーゼ（白金耳）を使ってコロニーから釣菌し，新しいプレート上に線を引くように塗り広げることを繰り返して単菌コロニーを得る（図 4-2）．

研究目的に適した，つまりある特有の性質を有

図 4-1　平板塗抹法
腐植酸培地を用いた土壌サンプルからの放線菌の選択分離例．

第4章 微生物の生態および生理

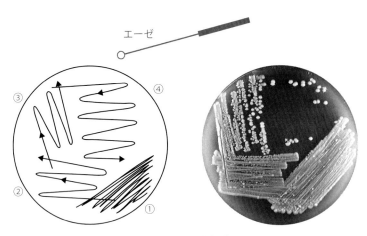

図4-2 画線分離法
左：エーゼを使って，分離したいコロニーを釣菌し，プレートに①のように画線する．エーゼをかえて②，③，④のように画線して単コロニーを出現させる．
右：ビール酵母を画線分離した例．

する微生物を選択分離したい場合は，その微生物が好む培地（選択培地），生育条件で培養を行うが，このような培養を集積培養という（☞6-3-1-1）．選択培地の組成はさまざまであるが，分離したい微生物のニッチの化学的特性に似せた組成にするか，特殊な代謝を有している場合はその代謝を利用しないと生育できないような制限のかかった培地組成を用いる．温度，pHなどの培養条件もそれぞれのニッチの物理的特性に近づける工夫をする．また，生育の遅い微生物は生育の早い微生物に淘汰されてコロニーを形成できないことがあるため，生育の早い微生物に選択的に効く抗生物質を用いたり，乾燥に強い微生物であれば試料を高温乾燥させてからプレートに塗布したりするなどの工夫が必要である．溶液性の試料の場合は少量であれば直接寒天プレートに塗布することができるが，菌体密度が非常に低い試料であることが予想される場合は孔径 0.2 μm 以下のニトロセルロース膜で濾過することにより微生物だけを膜に捕捉し，その膜をプレート上にのせて培養する．

　収集した微生物は 20% グリセロール溶液に懸濁して −80℃ の超低温フリーザー中で保管するか，凍結乾燥菌体にしてガラスアンプル中で保管するのが一般的である（☞3-1-12）．このような菌体サンプルは半永久的に保存することが可能である．微生物の分離収集においては採取環境が重要であることはいうまでもないが，分離方法によって同じ試料からでも全く異なる微生物が分離されるため分離方法の選択も重要である．

　培養できる微生物は試料中の微生物群のごく一部であることが微生物生態学の進歩により明らかになっている．アクリジンオレンジや DAPI などの核酸染色剤は土壌などの環境試料内の微生物を直接染色することができる．これらの染色剤で染色された微生物の数と平板プレートで実際に分離された微生物の数を比べると大きな差があることが示された．培養で

きる微生物は全微生物種の1%にも満たず,環境中に存在する微生物のほとんどは培養できない微生物であるといわれている(☞ 10-12).培養できない微生物のこと(あるいはコロニー形成能を失った状態のこと)をVBNC(viable but nonculturable)という.環境中に生息する微生物群の染色体DNAを,試料から直接抽出して解析するメタゲノム解析によって,VBNCがどのような微生物であるかを遺伝学的に明らかにできる(☞ 10-13).また,光ピンセットやマイクロマニュピレーターを用いることにより,微生物細胞1個を直接取り出して解析するシングルセルゲノム解析も可能になっており,純粋培養に頼らなくても微生物ゲノム情報を得ることができる.

2)物質循環と微生物

微生物が関与する物質循環を考えるとき,酸素の有無は重要なポイントである.酸素を最終的な電子受容体とする好気呼吸は,エネルギー獲得効率が高い.しかし,自然界で酸素を利用できる環境は限られており,微生物は酸素ではなく,硝酸(実質としては硝酸イオン,NO_3^-)や硫酸(実質としては硫酸イオン,SO_4^{2-})などを電子受容体とする嫌気呼吸を行うことができる(☞ 5-4).これにより,微生物は無酸素環境でも生息でき,生態系上の分解者としての立場を確保している.

(1)炭素の循環

地球上における炭素の貯蔵場所は地殻,海底沈殿物,海洋,化石燃料,土壌,大気,そして生物(バイオマス)である.その中でも,地殻,海底堆積物が全炭素の99%以上を占めているが,循環速度はきわめて遅い(〜数億年).生物圏においては,陸上植物,土壌中の腐植有機物中に多くの炭素が貯蔵されている.土壌腐植有機物の中には非常に安定で,分解に数十年を要するものもある.化石燃料,土壌有機物は存在量が多く,陸上における炭素の巨大なプールを形成している(図4-3).

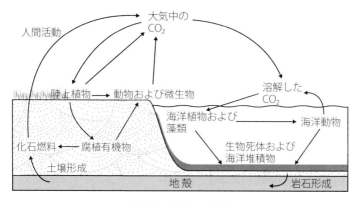

図4-3 炭素の循環

大気圏の炭素，すなわち二酸化炭素は，それらよりも存在量は少ないが，循環速度が早く，生物との関わりも深いため非常に重要である．大気中の二酸化炭素の主な供給源は，動植物の死体や排泄物，土壌中の有機物の微生物による好気的分解であるとされてきたが，近年は人類活動，すなわち化石燃料の消費による二酸化炭素の排出が加速度的に増えている．

一方，有機炭素の新生は，ほとんど全量が生物依存的である．二酸化炭素の固定には光合成と化学合成（メタン生成菌など化学合成独立栄養生物によるもの）があるが，量的には圧倒的に光合成によるものが多い（☞ 5-6）．陸上での光合成は，ほとんどが高等植物により行われるが，海洋での光合成は微細藻類など光合成微生物によって行われる．

有機炭素の分解には，大きく分けて，メタンを与えるルートと二酸化炭素を与えるルートの2つがあり，その両方とも微生物による反応である．還元的な環境ではメタンが生成し，酸化的な環境では二酸化炭素が生成する．メタンは水にほとんど溶けず，酸化的な環境に移行して *Methylococcus* 属などのメタン資化性菌により酸化されて，最終的には二酸化炭素となり，炭素の循環が成立する．

微生物によるメタンの生成は共生微生物系による嫌気的なプロセスである（☞ 5-4-3）．直接メタンを生成するのは，メタン生成菌（*Methanosarcina* 属や *Methanococcus* 属など）と呼ばれるアーキア（古細菌）であり，絶対嫌気性である．また，メタン生成の基質も水素，二酸化炭素，酢酸，メタノールなどの限られた低分子化合物であり，グルコースなどの一般的な糖類は利用できない．したがって，メタン生成には有機物を酸化して水素や酢酸を生産する微生物（*Clostridium* 属細菌や *Acetobacterium* 属細菌など）との共生が必須である．近年，こうした共生微生物系の研究は急速に進展しており，排水処理技術としてのメタン発酵プロセスが実用化されている（☞ 8-1-4）．

(2) 窒素の循環

窒素は生物に必要不可欠な元素であり，大気の78％を占めているが，化学的に非常に不活性なのでほとんどの生物はこれを利用することはできない．地球上の窒素循環においては，この窒素の固定が律速段階である．しかし，一部の原核生物は分子状の窒素をアンモニアに固定することができる（☞ 5-7-3）．窒素固定はニトロゲナーゼによって触媒される8電子還元であり，さらに16分子のATPを必要とする．窒素固定菌の種類は多く，植物や他の微生物と共生しているもの（*Rhizobium* 属細菌など）も，単独で生活しているもの（*Anabaena* 属細菌や *Azotobacter* 属細菌など）もある．その中でもマメ科植物と共生する根粒菌（*Rhizobium* 属細菌）による窒素固定量は，全生物的窒素固定量の半分程度に達すると考えられている．ニトロゲナーゼは酸素に弱く，反応自体は嫌気条件下で行われる．しかし，窒素固定菌の生育環境は多様であり，前述の微生物は好気的な環境に生息しているが，一部の *Clostridium* 属細菌のように嫌気条件で生育して窒素固定を行う微生物も存在する（図4-4）．

一方，20世紀初頭のハーバー・ボッシュ法の開発以来，工業プロセスによる窒素の固定

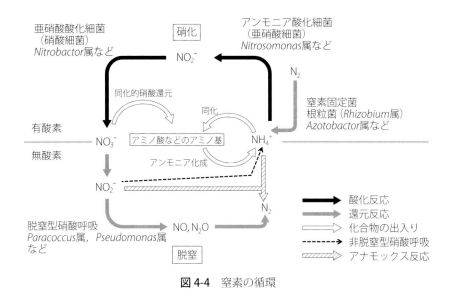

図 4-4　窒素の循環

量は増え続け，現在では生物的窒素固定量と同等程度に達していると推測されている．過剰な窒素供給が地球生態系に与える悪影響が指摘されている．

　生物的，あるいは工業的にアンモニアに固定された窒素は，植物，微生物の作用でアミノ酸や核酸に取り込まれ，さらにタンパク質や DNA，RNA などに高分子化される（☞ 5-7-1）．これらは，やがて加水分解，脱アミノ化されて再びアンモニアとなり，植物や微生物に再利用される．この有機態窒素からアンモニアを与える過程をアンモニア化成（ammonification）と呼び，多くの微生物により行われる．

　しかしながら，アンモニアのまま循環している窒素はそれほど多くないと考えられている．比較的乾燥した土壌では，アンモニアはアンモニア酸化細菌（Nitrosomonas 属，Nitrosococcus 属など）により，亜硝酸に酸化され，さらに亜硝酸酸化細菌（Nitrobacter 属，Nitrospira 属など）により硝酸にまで酸化される．このアンモニア酸化の過程を総称して硝化と呼ぶ．硝酸もアンモニア同様，還元されて植物や微生物に利用される（同化的硝酸還元，☞ 5-7-2）．

　一方，硝酸や亜硝酸は多くの微生物により，呼吸の電子受容体として利用され，気体の一酸化窒素（NO），亜酸化窒素（N_2O），窒素（N_2）として大気中に放出される．硝酸からこれらの気体への変換過程を脱窒（denitrification）と呼ぶ（☞ 5-4-1）．脱窒は Paracoccus 属や Pseudomonas 属など多くの細菌がこれを行う．また，大腸菌などの腸内細菌には亜硝酸を還元する際，窒素ではなくアンモニアを与える非脱窒型硝酸呼吸（DNRA，☞ 5-4-1）を行うものがある．

　1990 年代になって $NO_2^- + NH_4^+ \rightarrow N_2 + 2H_2O$ の反応で，亜硝酸を窒素ガスにかえる特

殊な微生物が見出された（*Candidatus* Brocadia anammoxidans，☞ 3-1-3-3）．この反応を嫌気的アンモニア酸化，アナモックス（anaerobic ammonium oxidation，anammox）反応という．亜硝酸を窒素にかえる点では脱窒と同様であるが，同時にアンモニアが嫌気的に酸化され窒素が生じる．アナモックス反応は自然界にも見出されるが，通気（曝気）のコストを削減できることなどから，排水処理への応用が検討され，実用化されている（☞ 8-1-3）．アナモックス菌は倍化時間が 3 ～ 11 日と増殖速度が遅く，微生物学的な研究は未だに乏しい．現在では 20 種以上のアナモックス菌が報告されているが，完全な純粋培養の報告はない．

（3）リンおよび硫黄の循環

リンは地殻や生物圏に有機態，無機態として広く存在する．無機態のリンはほとんどがリン酸塩，またはリン酸エステルとして存在する．リンは核酸やリン脂質の構成成分であり，生物に必須である．また，植物の 3 大栄養素の 1 つでもあり，工業的に生産されたリン酸塩が肥料として大量に使用されている．しかし，近年ではリン鉱石の枯渇に伴う価格上昇が問題となっている．

植物は土壌中のリンをすべて吸収できるわけではない．土壌中のリンはその多くがカルシウムや鉄と結合し，不溶化している．また，有機態のリンとしてイノシトールリン酸（フィチン酸）も多く蓄積している．これらの不溶性リン化合物の可溶化には土壌微生物が関与している．特に，有機酸やキレート剤を放出し，難溶性のリン化合物を溶解する能力を持つ菌をリン溶解菌（*Pseudomonas* 属細菌や *Bacillus* 属細菌など）と呼ぶ．また，フィチン酸を分解する酵素，フィターゼを生産する細菌（*Pseudomonas* 属など）や糸状菌（*Aspergillus* 属など）も植物のリン吸収を改善する効果を持つ．一方，菌根菌と呼ばれる植物と共生する糸状菌は，植物の根圏に生息してリン吸収を促進する効果を持つ微生物である．キノコ類をはじめとして，数千種類存在するといわれている．アーバスキュラー菌根菌（グロムス門，☞ 3-1-8）と呼ばれる糸状菌（*Rhizophagus* 属など）は陸上植物の 70% 以上と共生しているとされ，植物へのリン供給に重要な働きをしているので，微生物農業資材としての利用の検討が進められている（☞ 9-4-1）．

硫黄はシステインやメチオニンなどの含硫アミノ酸に含まれるだけでなく，鉄 - 硫黄クラスターを構成するなど，生体内の酸化還元反応にも不可欠で重要な元素である．硫黄はさまざまな酸化状態で存在するうえに，硫黄の酸化還元は生物の関与なしにも起こるので，硫黄の変化は複雑である（図 4-5）．硫黄の酸化状態のうち，酸化数が -2 のもの（R-SH あるいは HS^-），0 のもの（S^0，元素状硫黄），$+6$ のもの（SO_4^{2-}，硫酸イオン）が生物学的に重要である．

最も還元された硫黄化合物である硫化水素（H_2S）は常温で気体であるが，アルカリ性環境においては HS^- または S^{2-} として存在する．硫化水素は *Thiobacillus* 属，*Beggiatoa* 属などの硫黄酸化細菌の働き，あるいは酸化的な環境においては自発的に元素状硫黄に酸化される．元素状硫黄は化学的に安定であるが，やはり硫黄酸化細菌の働きで硫酸イオンにまで酸化さ

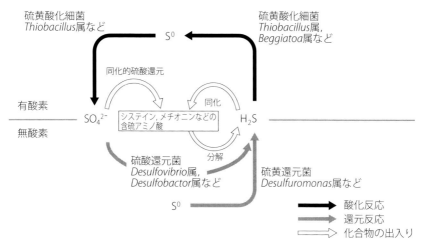

図 4-5 硫黄の循環

れる．また，元素状硫黄は Desulfuromonas 属細菌などの働きで硫化水素に還元される場合もある．硫酸は硫黄の最も酸化された状態であるが，多くの微生物は硫酸イオンを 8 電子還元して硫化水素に戻す能力を有する（同化的硫酸還元，☞ 5-7-4）．この反応は微生物に広く存在しているものの，エネルギーを要求するので，有機物の少ない土壌や海洋中では起こりにくくなる．しかし，嫌気的な条件で SO_4^{2-} や S^0 を電子受容体として H_2S を生成し，エネルギーを獲得できる硫酸還元菌（Desulfovibrio 属，Desulfobacter 属）のような微生物も存在する．また，紅色硫黄細菌，緑色硫黄細菌のような光合成細菌は硫化水素を電子供与体として光合成を行い，単体の硫黄を生じる．多くの微生物や植物では硫化水素を基質としてシステインやメチオニンなどの含硫アミノ酸が合成される．また，これらが分解されることで硫化水素が生成する（図 4-5）．

3）生物圏の微生物生態

(1) 微生物間相互作用

単細胞である微生物の細胞は単独で生活していると考えられてきた．しかし，多くの場合，実環境において微生物はコミュニティを形成して存在している．微生物のコミュニティは多様な微生物種が混ざりあい，同種間あるいは異種微生物間で相互作用しながら共存している（図 4-6）．微生物間相互作用には，代謝反応の協調や競合，化学物質を介したコミュニケーションなどがあげられ，有機物の生成や分解，有用物質の生産，汚染物質の分解および窒素や硫黄などの物質循環などに重要な役割を果たしている．

a．協調的相互作用

同一環境中に複数の微生物が存在する場合，ある微生物が生産する物質やその微生物が有

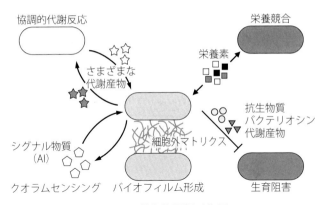

図 4-6　微生物間相互作用

する代謝反応が他の微生物の増殖を促進することがある．このような協調的な相互作用の1つが，異種微生物間における代謝産物や栄養物の交換（クロスフィーディング）である．クロスフィーディングでは，2種の微生物それぞれが他方の微生物が産生する代謝物を利用する場合と，あるいは，ある微生物が別の微生物の代謝物を消費することによって，その生産者に利益をもたらす場合がある．メタン発酵（☞ 5-4-3）におけるメタン生成菌と嫌気性発酵細菌が共生する例では，嫌気性発酵細菌が有機物を分解し，有機酸や水素および二酸化炭素を生成する．メタン生成菌はこれらの産生された代謝産物を利用してメタンを生成し，エネルギーを獲得している．メタン生成菌は，嫌気性発酵細菌の代謝によってメタンガス生成に必要な有機酸と水素を得ることができる．このような協調的な代謝反応はアミノ酸の分解やアンモニア性窒素の除去においても見られる．

b．競合的相互作用

　環境中では，前述のような協調的な相互作用のみではなく，競合的な相互作用も存在する．同一環境中に炭素源，窒素源，ビタミン，成長因子など，成長に必要な栄養素が限られている場合，微生物は栄養素を奪い合って競合しながら生育している．さらに，ある種の微生物は他の微生物の生育を阻害する物質を生産することで，栄養素の利用や生育空間を自分達に有利にしている．微生物が生産する抗菌性の物質の例として，抗生物質，バクテリオシン，有機酸などがあげられる．

　抗生物質は糸状菌や放線菌などによって生産される二次代謝産物であり，Fleming, A. によって発見された，アオカビ *Penicillium notatum* が生産するペニシリンはその代表例である．アオカビはペニシリンを放出することによって，周囲の細菌の細胞壁合成を阻害する．放線菌はさまざまな種類の抗生物質を産生しており，感染症治療に用いられる抗菌薬には放線菌由来の抗生物質が多数利用されている．

　バクテリオシンは細菌のリボソームによって合成される，つまり遺伝子によってコードされる抗菌性タンパク質およびペプチドの総称である．さまざまな細菌が多様なバクテリオ

シンを産生しており，主に生産細菌の近縁種に抗菌作用を示す．乳酸菌 *Lactobacillus lactis* subsp. *lactis* が生産するナイシンはバクテリオシンの代表例の 1 つであり，ナイシン A は食品添加物として認可され利用されている．ナイシンは細胞表層に結合して細胞膜に小孔を形成させることで殺菌作用を示し，幅広いグラム陽性細菌に対して抗菌性を有している．

微生物の代謝の最終産物である有機酸が，他の微生物の生育に影響を及ぼすことがある．例えば，皮膚常在菌のアクネ菌 *Cutibacterium acnes* は発酵産物として乳酸やプロピオン酸を産生する．これらの代謝産物は皮膚上の環境を弱酸性に保ち，黄色ブドウ球菌 *Staphylococcus aureus* の侵入を防いでいる．

また，ある生物（捕食者）が他の生物（被食者）を攻撃し，食べることは自然界で広く見られる現象である．微生物においてもこのような被食 - 捕食の関係が存在する．例えば，さまざまな自然環境中において原生生物が多様な細菌群を捕食し，環境中の細菌数を維持することに役立っている．また，細菌を捕食する細菌も発見されており，*Bdellovibrio*, *Vamparococcus*, *Daptobacter* などがあげられる．*Bdellovibrio* は獲物の細菌を発見すると，獲物の細胞内に侵入して内部で分裂するため，細菌寄生細菌としても知られている．

c．クオラムセンシング

近年，細菌は自身で生産するホルモン様物質であるオートインデューサー（AI）と呼ばれるシグナル物質を用いて周囲の細胞とコミュニケーションしていることが明らかになってきた．これは細菌が自らの細胞濃度を感知するシステムであることから，定数感知（クオラムセンシング）と呼ばれている．細菌の細胞密度が低い場合には AI 濃度は低い状態にあるが，生育が進み細胞密度が上昇すると，周囲の AI 濃度が上昇し，これによって発光タンパク質や毒素タンパク質などの生産が誘導される．コレラ菌 *Vibrio cholerae* や緑膿菌 *Pseudomonas aeruginosa*，黄色ブドウ球菌など病原性細菌においては毒素遺伝子など病原性に関わる遺伝子の発現がクオラムセンシングによって制御されていることが多い．

クオラムセンシングは AI とそれを受容する特異的な受容体によって成り立っている．グラム陰性菌では低分子化合物を AI として用いており，アシルホモセリンラクトン（AHL）がその代表例である．AHL のアシル基側鎖の脂肪酸の長さは微生物種によってさまざまであるため，シグナル伝達の多様性と種特異性が生じる．グラム陽性菌ではペプチドが AI として広く用いられている．多くの場合，AI を受け取った受容体は，AI 合成酵素をコードする遺伝子の発現を活性化することから，細胞外に放出される AI 濃度を上昇させる．このような自己活性化ループによって，細菌集団の行動を同期させると考えられている．

d．バイオフィルム

自然環境中で多くの微生物は浮遊している状態で存在しているわけではなく，凝集体を形成して集団で生息している．微生物が形成する集団はバイオフィルムと呼ばれ，バイオフィルムは微生物の細胞と微生物が自身で生産する細胞外マトリクスによって構成されている．細胞外マトリクスは細胞外多糖や細胞外タンパク質および細胞外核酸などからなる．う蝕の原因である歯垢や，排水管のぬめり，川の底の岩のぬめりなど自然界で見られるバイオフィ

ルムは複数種の微生物の集合体である．バイオフィルム形成は①表面への付着，②マイクロコロニーの形成，③バイオフィルムの成熟化，④脱離の4段階のライフサイクルからなる．バイオフィルム中は高い菌体密度であるため，さまざまな微生物間相互作用が発生しており，バイオフィルム形成やその内部の細菌種の空間的分布に影響を及ぼすことが明らかになっている．

(2) 植物と微生物

植物は環境中に多数遍在する微生物と何らかの関係を持ち生育している．地上部の葉や茎は葉圏または茎葉圏（phylosphere）と呼ばれ，細菌や真菌類が生息している．葉からは無機養分，糖，糖アルコール，アミノ酸，有機酸などが溶出し，葉圏の微生物はそれらを利用している．植物体内には，特に病徴を起こすことなく真菌や細菌類が生息しており，エンドファイト（endophyte）と呼ばれる．牧草の真菌エンドファイトは毒素を生産して家畜に中毒を起こすことがあるが，真菌・細菌エンドファイトは植物に乾燥耐性，病害虫抵抗性，窒素固定や生理活性物質生産による生育促進をもたらすことが知られている．土壌には多種多様で多数の微生物が生息しており，根はそれらの微生物とさまざまな関係を築いて，養水分の吸収など，植物の生育に欠かせない機能を果たしている．

a．根 圏

根は植物の体を支えるとともに，生育に必要な水分や養分，酸素を吸収する一方，呼吸で生じる二酸化炭素やさまざまな有機物を分泌し，組織や細胞が脱落する（図4-7）．このため，根の周囲は水分や無機養分，酸素が乏しく，逆に二酸化炭素や有機物に富んでおり，根

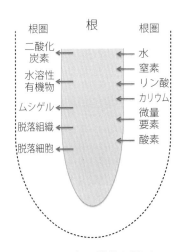

図4-7 根の機能と根圏
（木村眞人：根圏微生物を生かす，農山漁村文化協会，1988を参考に作図）

から離れた部位の土壌とは異なる環境となる．このような根の影響が及ぶ部位を根圏（rhizosphere）と呼び，この部位の土壌を根圏土壌，この部位に生息する微生物を根圏微生物という．逆に，根から離れ，根の影響が及ばない土壌部位を非根圏と呼ぶ．また，根の内部を内部根圏，根の表面を根面，根外側の近傍の土壌を外部根圏と呼び，区別することもある．根の影響が及ぶ範囲は，根から供給される有機物の種類や量，微生物の種類，土壌の種類と環境条件により変動するため，根圏の範囲は一概には定義できないが，おおよそ根から数mm～1cm程度である．

根圏に供給される有機物は，生きた細胞，ムシゲルと呼ばれる糖類の重合物，水溶性の有機物，微生物によるそれらの代謝産物，成長や老化で脱落する細胞や組織など多様である．分泌物の量は植物の純光合成量の数％～数十％に及ぶ．根圏にはこれらの有機物を利

用する微生物が生息し，非根圏の微生物とは種類，性質，生息数が異なる．一般的に根圏微生物の活性は高く，生息数は非根圏よりも多い．根圏と非根圏の微生物数の比は根圏効果と呼ばれ，一般的な畑作物ではこの比は 3 〜 10 以上であり，根圏に多数の微生物が生息していることがわかる．このように，根から基質の供給を受け生息している根圏微生物は，養分供給の促進，植物ホルモンの生産，病原菌に対する抑制作用など，植物の生育に重要な働きをしている．

内部根圏は根の影響を直接受けており，栄養分に富み，微生物相互の拮抗作用も少なく微生物の生育には優れた環境であるが，植物は組織内に侵入した微生物の生育を抑制する物理的，化学的，生物的抵抗機構を備えており，それらに打ち勝つ能力を有している微生物のみが生息できる．根粒菌や菌根菌，エンドファイトを含む共生菌，病原菌などの寄生菌，枯死細胞や組織に侵入した微生物などが生息している．

b．根粒菌と共生窒素固定

マメ科植物の根粒菌（rhizobia）による共生窒素固定は最もよく知られた植物と微生物の共生関係である．根粒菌は共生器官の根粒あるいは茎粒内では，バクテロイドと呼ばれる状態になり，マメ科植物より与えられる光合成産物を利用し，窒素ガスを還元してアンモニアへと変換し，植物へ供給する．根粒による固定窒素の植物子実中の窒素への寄与は大きく，根粒菌による共生窒素固定は農業生産に非常に重要である（☞ 8-4, 9-4-1）．*Rhizobium* 属，*Bradyrhizobium* 属，*Azorhizobium* 属，*Mesorhizobium* 属，*Ensifer*（*Sinorhizobium*）属などの細菌が代表的な根粒菌である．根粒菌によるマメ科植物への感染と根粒形成は，植物から分泌されるフラボノイド化合物と根粒形成遺伝子（*nod* 遺伝子）群およびその産物の Nod 因子の作用により生じる．この他の共生窒素固定として，*Frankia* 属の放線菌がハンノキなどの非マメ科植物に形成する根粒，ラン藻（シアノバクテリア）のコケ，シダ，ソテツ，ガンネラなどへの共生がある．

c．菌　根　菌

根に真菌類が共生したものを菌根（mycorrhiza），菌根を形成する真菌を菌根菌と呼ぶ（☞ 9-4-1）．菌根は共生する植物との組合せで，アーバスキュラー，外生，ラン，エリコイド（ツツジ型），アーブトイド，モノトロポイドの 6 つに分けられ，菌根菌の種類は接合菌，子嚢菌，担子菌である．アーバスキュラー菌根（AM）菌は内生菌根菌であり，陸上植物の 80％以上の種に形成が認められる．外生菌根菌にはマツタケやトリュフが含まれる．菌根菌は植物から光合成産物の供給を受け，菌糸を根から土壌中に伸長することにより，根の吸収域を拡大し，リン酸，窒素などの養分や水分の吸収を促進する．特に，リン酸の吸収促進の効果は大きい．この他，菌糸が根を覆い物理的に保護することによる乾燥および過湿への耐性付与や，病害抵抗性の増強などの利点を植物にもたらす．また，アーバスキュラー菌根は宿主植物の範囲が広いため，異種植物間を菌糸で結び，植物間の養分移動を助けることがある．

d．土壌伝染性病原菌

植物に真菌，細菌，ウイルスなどの病原微生物が感染し，植物の病気が引き起こされる．

土壌中に生息する病原菌により生じる病気を土壌伝染性病害と呼び，真菌類（および一部には卵菌類）によるものが多い．土壌病原菌は植物への寄生能力と土壌中での腐生能力により分類され，一般に，宿主範囲が狭く寄生能力が高いと腐生能力は低く，土壌中の他の微生物との競合能に優れ腐生能力が高いと寄生能力は低い．土壌伝染性病害はいったん発生すると防除が困難であり，農業生産上大きな問題である（☞9-3-4）．

e．植物根圏の生物活動とその活用

根面や外部根圏は微生物相互の拮抗が厳しい環境であるが，根に由来する有機物を利用して多数の微生物が生息するのに加え，細菌などを捕食する原生動物や線虫が活動し，全体として微生物活動と物質代謝が活発である．これらの活動の中で，植物は生育に有利な影響を受けている．植物は光合成産物の一部を「エサ」として放出し，シグナル物質なども使い，自らに好ましい微生物群をマイクロバイオームとして根圏に生育させているとも考えられる．このような植物根圏における根－微生物－土壌システムで生じている複雑で巧妙な生物活動を明らかにし，作物生産性の向上へ積極的に活用しようとする試みが続けられている．

(3) 動物およびヒトと微生物

ヒトを含む動物の体には多種多様な微生物が存在し，微生物の集合体，すなわち微生物叢を形成している．微生物叢を形成するのは，細菌，真菌，原生生物，ファージなどだが，いずれの動物種においても圧倒的なバイオマスを誇るのは細菌である．微生物叢が形成される体の主な部位は皮膚，口腔，膣，そして消化管で，中でも消化管微生物叢のバイオマスが最

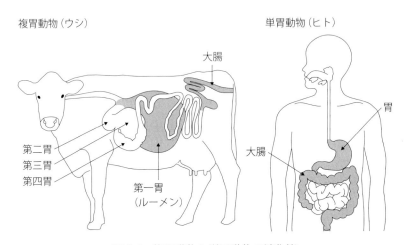

図4-8　複胃動物と単胃動物の消化管
複胃動物は複数の胃を持ち，そのうち1つに大量の微生物を保有する．動物が食べた物は，食道を通過するとすぐに胃内微生物叢のもとに届く．
単胃動物は胃が1つで，大腸に大量の微生物を保有する．動物が食べた物のうち，胃，小腸での消化および吸収を受けた残渣が大腸内微生物叢のもとに届く．

も大きい．消化管では，部位によって棲息する微生物の種類や数が顕著に異なるが，胃に最も多くの微生物が棲息する動物と，大腸に最も多くの微生物が棲息する動物の2種類がいる．前者は複胃動物といい，ウシやヒツジなど複数の胃を持つ動物がこれに当たる（図4-8）．例えば，ウシの第一胃（ルーメン）には大量の微生物が棲息しており，細菌だけでも5,000種類以上，数にして 10^{10} cfu/mL 以上が約100 L分も棲息している．後者は単胃動物といい，ブタやヒトなど胃を1つしか持たない動物がこれに当たる（図4-8）．ヒトの大腸には1,000種類以上の細菌が 10^{12} cfu/g も存在するといわれている．

a．複胃動物と微生物

複胃動物は胃が複数のコンパートメントに分かれ，そのうちの1つに細菌を主体とする膨大なバイオマスの微生物叢を保有する．前述の通り，ウシやヒツジといった反芻動物が代表的な複胃動物だが，カバやナマケモノなど非反芻動物も複胃動物なので，複胃動物が必ずしも反芻をするわけではない．陸生の複胃動物に共通する特徴は，すべてが草食であり，胃内の微生物の発酵が宿主動物の活動エネルギーの産生に多大な貢献をしているという点である．

草食動物の主要な食べ物は植物の茎葉だが，草食動物自身は茎葉に多く含まれる植物細胞壁中の不溶性の高分子糖質（セルロースやヘミセルロース）を分解する消化酵素を持っていない．植物細胞壁中の高分子糖質の分解という草食動物に不可欠な消化プロセスを担うのは胃内の微生物である．セルラーゼ，ヘミセルラーゼなどの繊維分解酵素を持つ微生物が繊維質を単糖またオリゴ糖に分解すると，その微生物自身，または近傍の微生物がこれらを基質として発酵し，酢酸，プロピオン酸，酪酸といった短鎖脂肪酸を産生する．この短鎖脂肪酸が草食動物の主要な活動エネルギー源として利用される．ウシでは，この胃内で産生される短鎖脂肪酸が実に1日の60～70％の活動エネルギーに寄与する．複胃動物の胃内微生物叢の主要な細菌門は Bacillota（Firmicutes）門，Bacteroidota 門で，細菌属では多くの複胃動物の胃で Prevotella 属が優勢細菌として見られる．

b．単胃動物と微生物

単胃動物は，大腸に最も多くの微生物を保有する．単胃動物に食性の統一性はなく，雑食，肉食はもちろん，ウマやゾウなど草食の単胃動物もいる．

複胃動物では，摂取した食べ物がほとんど未消化の状態で胃内微生物の基質になるのに対し，単胃動物では，胃や小腸で消化および吸収を受けた食べ物の残渣が大腸内微生物の基質になる．そのため，単胃動物の大腸内微生物の食べ物由来の基質は小腸で消化および吸収されない「難消化性の糖質」であり，これを食物繊維と呼ぶ．なお，単胃動物では大腸内で分泌される粘液も微生物の基質になりうることがわかっている．前述のセルロース，ヘミセルロースといった不溶性の高分子糖質も食物繊維に当たるため，これらは単胃動物の大腸内微生物にとっても基質とされ利用されうる．ただし，これら不溶性の高分子糖質の分解能力は単胃動物全般で，複胃動物よりも低い．単胃動物の大腸内微生物叢の基質になりやすいのは，不溶性よりも水溶性の食物繊維で，こんにゃくなどに含まれるグルコマンナン

やゴボウなどに含まれるイヌリンなどがこれに当たる．単胃動物でも細菌の発酵によって作られる短鎖脂肪酸は活動エネルギーに寄与しているが，草食の単胃動物であるウマでも1日の活動エネルギーの30%程度といわれている．雑食では動物種によって幅があり，ブタでは20%程度だが，ヒトでは数%程度である．ただし，後述の「ヒトと微生物」で触れるが，単胃動物の大腸内微生物叢には活動エネルギーへの寄与以外にもさまざまな役割があることがわかっている．単胃動物の大腸内微生物叢でも主要な細菌門は *Bacillota*（*Firmicutes*）門，*Bacteroidota* 門だが，細菌属で見ると，動物種によって大きな違いが見られる．例えば，*Faecalibacterium* 属は，ヒトでは酪酸を産生する有用菌としてほとんどの個体に検出されるが，同じ雑食でもブタやラットではこの細菌属はほとんど検出されない．

c．ヒトと微生物

ヒトは単胃動物であり，大腸，特に結腸に多くの微生物を保有している．ヒトの大腸内微生物叢の役割は多岐にわたり，棲息場所である消化管の蠕動運動（腸の内容物を固めたり押し出したりする運動）はもちろん，全身の免疫系，神経系，内分泌系の調節に関わることがわかっている．これらは，短鎖脂肪酸，トリメチルアミン，インドールやスカトールといった微生物（主に細菌）の代謝物や，リポ多糖，ペプチドグリカン，さらにはDNAやRNAなどの微生物の構成成分により，ヒト細胞が発現する種々の受容体を介して調節される．

細菌や真菌，ファージの種類や数が変わると，代謝物の種類や量も変わるため，微生物叢の構成によって，その影響は良くも悪くも現れる．ヒトにとって悪い影響が生じうる状態の微生物叢の構成，すなわち有害な代謝物や菌体成分が多い状態をディスバイオシス（dysbiosis）状態といい，さまざまな疾患の発症や悪化を引き起こすといわれている．大腸内微生物叢が関与することが示唆されている不調や疾患は相当数に上り，便秘や下痢，炎症性腸疾患，大腸がんといった消化器の不調や疾患はもちろん，肝臓や心臓の疾患，2型糖尿病などの代謝疾患，そして自閉症や不安障害などの脳の機能障害にまで及ぶ．ディスバイオーシス状態を改善するためには，プロバイオティクスやプレバイオティクスなど機能性食品による食事的な介入が有効だとされるが，昨今では健康な微生物叢を移植する糞便移植，またはファージによって微生物叢をコントロールするファージセラピーなど，より医療的なアプローチも研究されている．

2．微生物の生理

本節では，微生物の生育に必要となる主要な栄養源について，エネルギー源および栄養源から見た微生物生理を含めて解説したあと，微生物の培養について，実験手法の解説も交えて要点をまとめる．

1）微生物の栄養

微生物を培養するためには，その微生物の生育に必要とされる栄養源がすべて含まれた培

地を使用する必要がある．培地に含まれる栄養源が既知の化合物のみから構成されているものを合成培地と呼び，このうち微生物の生育に必要かつ最小限の栄養素のみからなる培地を最少培地（minimal medium）と呼ぶ．一方，化学組成の不明確な種々の天然成分を用いて作製されるものを天然培地と呼ぶ．天然培地の成分としては，酵母エキス，ペプトン，肉エキスなどが広く利用されている．生産コストが重要視される工業的発酵においては，廃糖蜜（サトウキビの搾汁濃縮液から砂糖を結晶化させた残液）や，コーンスティープリカー（トウモロコシからデンプンを抽出する過程で得られる可溶性画分を乾燥させたもの）など，安価な農業廃棄物に由来する素材も栄養源として汎用される．

(1) エネルギー源

　生育に必要なエネルギー源として光を用いる微生物は，光合成生物（phototroph）に含まれ，化学物質を用いる微生物は，化学合成生物（chemotroph）に分類される．

　光合成生物に属する微生物には，植物と同様の酸素発生型光合成を行うものと，酸素非発生型の光合成を行うものとが存在する．酸素発生型光合成を行う微生物には，緑藻などの真核微生物や原核生物であるラン藻（cyanobacteria）が含まれる（☞ 5-6-1）．これらは光のエネルギーを利用して，水分子をプロトンと酸素分子および電子に分解する．生じた電子により $NADP^+$ から NADPH が作られるとともに，生体膜の内外に生じるプロトン勾配を駆動力として，ATP 合成酵素により ATP が生産される．光合成におけるプロトン勾配の解消と共益した ATP 生産は，光リン酸化（photophosphorylation）と呼ばれる．一方，ラン藻を除く原核微生物は，酸素非発生型の光合成を行う．これらは電子供給源として硫黄化合物などを必要とする．

　化学合成生物のうち，呼吸（respiration）を行う微生物は一般にエネルギー源として糖や脂質などの有機化合物を利用する．例えば，グルコースをエネルギー源とした酸素呼吸の場合，取り込まれたグルコースは，解糖系（glycolysis）と TCA 回路（TCA cycle, tricarboxylic acid cycle の略，クエン酸回路やクレブス回路とも呼ばれる）を通じて炭酸ガスにまで酸化される（☞ 5-3-1）．グルコースに由来する電子は，NADH や $FADH_2$ の形で電子伝達系に運ばれる．電子伝達系（☞ 5-3-2）では，酸素を最終電子受容体とした一連の電子の受け渡し過程を通じて，水分子が生成するとともに，生体膜を介したプロトン勾配が形成される．このプロトン駆動力を利用した ATP 生産過程は，酸化的リン酸化（oxidative phosphorylation）と呼ばれる（☞ 5-3-3）．

　酸素などの外部電子受容体がない場合や，嫌気性の微生物は発酵（fermentation）と呼ばれる酸素を必要としない代謝によってエネルギーを獲得する（☞ 5-2）．発酵では，代謝中間体が最終電子受容体として利用される．例えば，アルコール醸造に用いられる酵母は，酸素濃度が不十分なとき，解糖系によるグルコースの酸化反応によって ATP を作り出す．このとき，解糖系の最終産物であるピルビン酸が脱炭酸されて生じるアセトアルデヒドにグルコース由来の電子を受け取らせてエタノールへと還元することで経路全体の酸化還元バラン

スを保っている（☞ 5-2-1）．一方,酵母は酸素存在下では呼吸によりエネルギーを獲得する．この現象は,通気によるアルコール発酵の阻害効果としてPasteur, L. により見出されたことから,パスツール効果（Pasteur effect）と呼ばれる．発酵ではエネルギー源として取り込まれた有機化合物は部分的に酸化された状態にとどまるため,最終代謝産物として有機酸やアルコールなどが生成し,呼吸に比べて放出される自由エネルギーが小さい．このため,発酵は呼吸よりもエネルギー獲得効率が低い．

　有機化合物をエネルギー源とする微生物がいる一方で,無機化合物のみからエネルギーを獲得する微生物も存在する（☞ 5-5）．これらは,水素,一酸化炭素,アンモニア,亜硝酸イオン,硫黄（硫化物,硫黄元素,チオ硫酸など）,二価の鉄イオンなどを電子の供給源として,それぞれの微生物に特徴的な電子伝達経路によってプロトン駆動力を獲得し,ATPを生成する．

（2）炭　素　源

　炭素は微生物の乾燥重量の約50％を占める主要な細胞構成元素である．微生物が利用できる炭素源は,生育環境に存在する有機化合物もしくは炭酸ガスである．炭酸ガスを唯一の炭素源として生育できる生物を独立栄養生物（autotroph）,有機化合物を必要とするものを従属栄養生物（heterotroph）と呼ぶ．前項で述べたエネルギー源の違いを指標とした分類と組み合わせると,微生物は表4-1に示すように4種に分類することができる．

　工業的発酵において重要となる微生物の多くは化学合成従属栄養生物に属する．これらの微生物は同一の有機化合物を炭素源,エネルギー源として利用できるため,異化作用と同化作用を明確に区分することは困難である．

（3）窒　素　源

　自然界において窒素は尿素,タンパク質,アミノ酸,核酸のような有機化合物として,またアンモニア,硝酸塩,窒素分子のような無機化合物の形で存在する．炭素と同様,窒素も微生物の異化,同化作用の両方の基質となりえる（☞ 4-1-2-2）．異化作用については,ア

表4-1　生育に利用するエネルギー源と炭素源に基づく微生物の分類

	エネルギー源	炭素源	例
光合成独立栄養生物（photoautotroph）	光	二酸化炭素	真核藻類,ラン藻
光合成従属栄養生物（photoheterotroph）	光	有機化合物	紅色非硫黄細菌,緑色非硫黄細菌
化学合成独立栄養生物（chemoautotroph）	無機化合物	二酸化炭素	硫黄細菌,水素細菌,鉄酸化細菌
化学合成従属栄養生物（chemoheterotroph）	有機化合物	有機化合物	多くの微生物がこれに属する

ンモニアや亜硝酸はこれらを酸化する硝化細菌にとってのエネルギー源となる．また，硝酸，亜硝酸は硝酸還元菌や脱窒細菌のように硝酸呼吸を行う微生物にとっては，好気性微生物の酸素に相当する最終電子受容体となる．硝化細菌，脱窒細菌によるアンモニアから窒素分子までの一連の還元反応は，排水処理における窒素化合物の除去に重要な役割を果たしている（硝化脱窒法，☞8-1-2）．さらに近年では，亜硝酸イオンを電子受容体としてアンモニアを直接窒素分子へと変換できる嫌気性アンモニア酸化（anaerobic ammonia oxidation，anammoxと略される）反応を行う微生物が見出され，排水処理に利用されている（アナモックス法，☞8-1-3）．

　一方，窒素は微生物細胞の乾燥重量の約12％を占め，同化作用の基質としても重要な元素である．多くの微生物は，環境中にアミノ酸や核酸塩基などの有機態窒素が存在する場合は，これらを優先的に利用する．これに対し，空気中の窒素ガスを窒素源として利用できる微生物も存在する（窒素固定，☞5-7-3）．マメ科植物に共生している根粒菌は窒素分子をアンモニアに還元してこれを植物に供給している．一方で，植物からは光合成によって生産された有機化合物が根粒菌へ供給されることにより共生関係が成立している．

（4）無 機 因 子

　微生物細胞を構成する成分として比較的多量に必要な無機元素としては，リン（P），硫黄（S）の他，カリウム（K），マグネシウム（Mg），カルシウム（Ca），ナトリウム（Na），鉄（Fe）などの金属元素があげられ，一般的な最少培地にはこれらが添加される．さらに，マンガン（Mn），コバルト（Co），亜鉛（Zn），銅（Cu），モリブデン（Mo）などが微量に必要とされる．微量元素は培地に添加される場合とそうでない場合があるが，微生物の種類によっては微量元素の添加が生育の安定化に必要な場合がある．酵母エキスや肉エキスなどを含む天然培地の場合，微量元素類は十分量供給されていると考えてよい．

　リンはリン酸の形で存在し，核酸やリン脂質の構成成分としての他，ATPのリン酸エステルの部分などにも使用される．また，タンパク質の活性のオン・オフ制御にもリン酸化反応が関与している．

　硫黄は含硫アミノ酸であるシステインとメチオニンの構成成分である他，コエンザイムAやチアミン，ビオチン，リポ酸のようなビタミン類の構成成分でもある．さらに硫黄は，窒素と同様，微生物による酸化還元反応を受けることにより異化作用にも関与している．硫黄酸化細菌は，硫黄化合物の酸化によってエネルギーを獲得している．硫酸還元菌は有機化合物や水素を酸化してエネルギーを獲得する過程で，硫酸や硫黄元素，チオ硫酸を還元し，硫化水素を生成する．

　カリウムはイオン輸送やタンパク質合成に関与する酵素の活性発現に必要とされている．マグネシウムはリボソーム，細胞膜，核酸を安定化させるのに必要な他，ある種の酵素の活性発現にも必要である．カルシウムは，細菌の細胞壁の安定化や，芽胞（spore）形成能のある微生物中のジピコリン酸の成分となっており，芽胞の耐熱性に重要な役割を果たしてい

る.ナトリウムは海洋性細菌をはじめとするある種の微生物で必要とされており，エネルギー代謝や生体膜を介したイオン輸送に使用されている．鉄は，酸化還元酵素の活性中心に見られる鉄-硫黄クラスターやヘムの構成成分として重要な役割を果たしている．また，化学合成生物の1つである鉄酸化細菌は二価の鉄を三価に酸化する際に得られる電子によりエネルギーを獲得している（☞ 5-5-3）．

2）微生物の培養

(1) 微生物の増殖様式

産業利用などを目的とした微生物の培養を行う場合，その増殖様式を正確に把握することが重要となる．そのため，微生物の増殖を数学的に取り扱い，モデル化する必要が生じる．微生物を液体培地中で回分培養（batch culture，培養途中に栄養分などを何も追加しない培養）すると，培養液中の菌体濃度は通常，図4-9に示すような生育曲線（growth curve）を描く．

微生物の種菌を新鮮な培養液に接種すると通常すぐには顕著な増殖を示さない誘導期（lag phase）が見られる．誘導期は微生物が新しい培地中で増殖するために必要な代謝様式を整えるために，各種酵素や生体物質を合成している時間と解釈される．

誘導期に続く対数増殖期（logarithmic phase）では，微生物の活発な増殖が見られる．このとき細胞数が2倍になるのに要する時間を世代時間（doubling time）と呼ぶ．

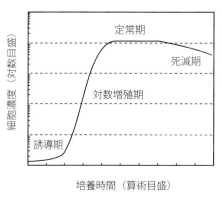

図 4-9 回分培養における微生物の細胞濃度の経時変化

増殖が速い微生物では世代時間が10分以内のものもある（*Vibrio*属のある種の細菌や一部の好熱菌）．一方，大腸菌の世代時間は，最適培養条件下で20分以内であるとされる．

対数増殖期における微生物の細胞は，世代時間ごとに 1→2→4→8→16 と自己触媒的に増加する．したがって，増殖速度 r_X は，その時間での細胞濃度 X に比例すると考えることができ，次式のように表すことができる．

$$r_X = \frac{dX}{dt} = \mu X \tag{4-1}$$

ここで，比例定数 μ は，単位細胞濃度当たり，単位時間当たりの菌体量の増加として定義づけられ，比増殖速度（specific growth rate）と呼ばれる．（4-1）式を変形し，対数増殖期の t_1 から t_2 の間に細胞濃度が X_1 から X_2 にまで変化するとして定積分すると，次式が得られる．

$$\int_{X_1}^{X_2} \frac{1}{X} dX = \int_{t_1}^{t_2} \mu \, dt \tag{4-2}$$

$$\ln X_2 - \ln X_1 = \mu \, (t_2 - t_1) \tag{4-3}$$

$$X_2 = X_1 e^{\mu \, (t_2 - t_1)} \tag{4-4}$$

(4-4)式より，培養時間が t_1 から t_2 に至る間，比増殖速度 μ を定数とする指数関数で細胞濃度の増加量を表せることがわかる．また，世代時間を t_D とおけば，$t_D = t_2 - t_1$ の間に X_1 が $2X_1$ にまで増加することになるため（4-3)式より，次式が得られる．

$$t_D = \frac{\ln 2}{\mu} \tag{4-5}$$

　対数増殖期が一定時間続くと，培養液中の栄養分が消費されつくし，微生物の増殖が停止する定常期（stationary phase，静止期とも呼ばれる）を迎える．さらに培養を続けると，生育環境の悪化がより顕著になり，生菌数が減少する死滅期（death phase）に至る．

　(4-3)式を用いれば，t_1 から t_2 の間の細胞濃度を継時的に測定し，その自然対数を時間に対してプロットすることで，その傾きから比増殖速度を求められることがわかる（図 4-9 の対数増殖期の増殖曲線の傾きが比増殖速度である）．理論的には 2 点のデータがあれば，比増殖速度を推定することができるが，実際にはデータに含まれる実験誤差を考慮する必要がある．表 4-2 に初期菌体濃度 0.02，比増殖速度 0.2 h^{-1} の場合の理論的な濁度変化（誤差 0%）と，これに最大 20% の実験誤差（誤差 20%）を含めた仮想データを示す．最大誤差 20% のデータを用いて，初期条件（$t = 0$ h）と各測定時間の 2 点のデータのみから比増殖速度を算出した場合，実験誤差の影響を強く受け，一部のデータで推定精度が悪くなることがわかる．

　そこで通常は，対数増殖中の培養液を経時的にサンプリングし，より多くのデータを用いて比増殖速度を推定する．具体的には，前述のように培養時間を横軸，菌体量の対数値を縦軸として，散布図にプロットし，その傾きを最小二乗法により計算すればよい．ここで，細

表 4-2　計算法の違いによる比増殖速度の算出結果の違い

時間（h）	濁　度		比増殖速度（2 点で計算）	
	誤差 0%	誤差 20%	誤差 0%	誤差 20%
0	0.020	0.0202	—	—
3	0.036	0.031	0.200	0.142
6	0.066	0.069	0.200	0.204
9	0.121	0.107	0.200	0.185
12	0.221	0.236	0.200	0.205
15	0.402	0.391	0.200	0.197
18	0.732	0.821	0.200	0.206
20	1.092	1.092	0.200	0.200
最小二乗法			0.200	0.205

胞濃度の単位については最終的に除されるため，どのような測定値を使用してもよく，細胞濃度の測定に多用される濁度の測定値（測定方法は後述）をそのまま使用してもよい．表4-2の例を計算すると，μ は 0.205 h^{-1} となり，推定誤差は 2.5 ％程度に抑えることができる．この計算は用いるデータが対数増殖期に含まれていることが前提なので，実験値を片対数グラフにプロットし，指数的に増殖していることを確認することを怠ってはならない．

(2) 増殖の測定

微生物の増殖を測定する方法には，細胞数そのものを計測することを基本とする直接的な方法と，細胞数と相関関係を持つ何らかの指標を定量する間接的方法がある．これらの方法は，測定したいサンプルに対する適合性や実験の目的によって使い分けられる．

a. 直接法による増殖の測定

培養液やこれを希釈した細胞懸濁液を光学顕微鏡で観察して細胞数を計測する方法は，直接的顕微鏡計測法（直顕法）と呼ばれる．直顕法では，スライドグラス上に一定間隔の格子が刻まれ，カバーグラスとの間に一定の隙間が空くように作られたカウンティングチャンバーが用いられる．カウンティングチャンバーには，Thoma 盤，Burker-Turk 盤などの複数の規格が存在し，格子の間隔やカバーグラスとの隙間が異なる．細菌のようなサイズの小さい細胞を計測する場合，細胞同士の重なり合いを低減させるため，カバーグラスとの隙間が小さく設計された Petroff-Hause 盤が適している（図 4-10）．

直顕法では生細胞と死細胞を区別することができない．生細胞のみを計測する方法として汎用されるのが希釈平板培養法である．寒天培地上に形成する1つのコロニーは1つの生

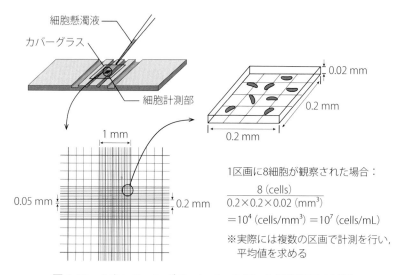

図 4-10　カウンティングチャンバーを用いた細胞濃度の計測

細胞に由来すると見なし，段階希釈した細胞懸濁液を平板培地上に塗布し，形成したコロニーを計測する．コロニー数に希釈倍率を乗じることによって，もとの細胞懸濁液中の生細胞濃度を求めることができる．希釈平板培養法で求められた計測結果は，細胞数ではなくコロニー形成ユニット（colony forming unit，CFU）と表記される．

b．間接法による増殖の測定

微生物の細胞濃度を求めるための最も簡便で迅速な方法は，濁度測定法である．培養液や細胞懸濁液中に光を透過させ，透過しなかった光の量を分光光度計などで測定することで微生物細胞に由来する濁度を求める．あらかじめ，供試菌について濁度と細胞濃度の相関を示す検量線を作成しておけば，測定した濁度から細胞濃度を求めることができる．濁度測定法では，細胞濃度が一定の値を超えると細胞同士の重なりあいや分光光度計の感度の制約から，測定値の頭打ちが起こる．また，溶質による光の吸収を測定する吸光度測定の場合とは異なり，濁度測定では微生物細胞の粒子による散乱光が生じるため，分光光度計のセルと検出器の距離により測定値に違いが出る点にも注意が必要である（図 4-11）．

糸状菌のように培地中に微生物細胞が均一に分散しない場合は，細胞量を見積もるために乾燥菌体重量（dry cell weight）が用いられる．一定量の培養液より，濾過や遠心分離などで回収した菌体を，洗浄ののち，いずれも恒量になるまで乾燥させ，その重量を測定する．操作が多段階にわたるため，実験誤差の影響を受けやすい欠点がある．

（3）培養環境因子

微生物の生育は，温度，pH，酸素などの環境因子の影響を強く受けるため，培養に際しては，対象とする微生物の至適生育条件に応じてこれらの値を調整する必要がある．ただし，ある微生物が最も良好に生育できる培養条件と，特定の代謝産物を最もよく生産する条件は必ずしも同一ではないため，培養を行う目的に応じた調整を行うことも重要である．

生育温度によって微生物を分類する場合，以下の 5 グループに分けることができる．①

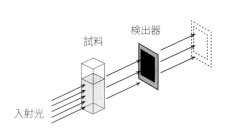
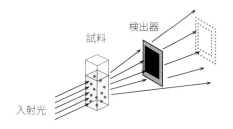

吸光度測定では，入射光の一部が試料に吸収され，減衰した光が検出器に届く．測定に用いる機器の違いなどにより，試料と検出器の距離が変化しても測定値に違いは生じない．

濁度測定では，入射光が試料中の微粒子（細胞など）に乱反射されることで，検出器に届く光の減衰が生じる．したがって，試料と検出器の距離が変化すると測定値にも違いが生じる．

図 4-11　分光光度計を用いた吸光度測定（左）と濁度測定（右）の原理の違い

至適生育温度が 15℃以下で，生育可能な温度の上限が 20℃までの好冷菌（psychrophile），②5℃以下でも生育可能で，至適生育温度が 21 〜 30℃の耐冷（低温）菌（psychrotolerant），③生育下限温度が約 6 〜 15℃で至適生育温度が 30 〜 40℃の中温菌（mesophile），④生育下限温度が約 40℃で至適生育温度が 45 〜 70℃の好熱菌（thermophile），⑤さらに高い至適生育温度を有する超好熱菌（hyperthermophile）である．超好熱菌として知られている微生物は，*Thermotoga* 属などの一部の細菌を除き，そのほとんどがアーキアに属する．これまでに知られている中で最も高い生育温度を示す微生物は，*Methanopyrus* 属に属するアーキアで，その生育上限温度は 122℃である．

　温度と同様に pH についても，それぞれの微生物に固有の生育可能域が存在し，酸性領域（pH 2 以下程度），中性領域，アルカリ性領域（pH 9 以上程度）で生育できる微生物をそれぞれ好酸性菌（acidphile），中性菌（neutrophile），好アルカリ性菌（alkaliphile）と呼ぶ．

　酸素は呼吸における電子伝達系の最終電子受容体として作用する一方，生体内において，スーパーオキシド（O_2^-），過酸化水素（H_2O_2），ヒドロキシラジカル（$HO^{\cdot}$）といった活性酸素種と呼ばれる物質へと変換されうる．活性酸素種はきわめて反応性の高い物質であるため，タンパク質や核酸などの生体分子と反応し，これらを損傷させる．そのため，酸素呼吸を行わない嫌気性菌（anaerobe）の中には，酸素を利用できないだけでなく，酸素存在下では生存できないものも多い．一方，酸素呼吸を行う好気性菌（aerobe）は，活性酸素種を除去するため，スーパーオキシドジスムターゼ，カタラーゼ，ペルオキシダーゼなどの酵素を利用している．好気性菌および嫌気性菌は，生育における酸素の要否や酸素に対する耐性によって，以下のようにさらに分類される．

　①偏性好気性菌（obligate aerobe）…酸素呼吸によってのみエネルギーを獲得し，酸素が存在しないと生育できない．

　②微好気性菌（microaerobe）…空気中の酸素分圧よりも低いレベルの酸素存在下で，最も良好に呼吸を行う微生物．

　③通性嫌気性菌（facultative anaerobe）…酸素が存在する場合，酸素呼吸を行うが，酸素非存在下でも硝酸呼吸や発酵によってエネルギーを獲得して生育することができる．

　④耐性嫌気性菌（aerotolerant anaerobe）…酸素を利用できないが耐性は有するため，酸素存在下でも生育できる微生物．

　⑤偏性嫌気性菌（obligate anaerobe）…酸素に対する耐性を有さず，酸素存在下では生育できない微生物．

（4）微生物の培養法

　微生物の培養法は，寒天やゲランガムなどのゲル化剤で固化された培地上で培養を行う固体培養（solid culture）と，液体培地中で懸濁状態の微生物を培養する液体培養（liquid culture）に大別される．固体培養は，複数の微生物種が混在するサンプルからそれぞれの微生物のコロニーを形成させ，それぞれを単離する場合（☞ 4-1-1-2）や，微生物株の継代保存

を行う目的で利用される（☞ 3-1-13）．日本酒や味噌などの発酵食品生産に用いられる麹（蒸米や蒸麦などに *Aspergillus* 属のカビなどを繁殖させたもの．糀と記されることもある）の製造も固体培養の 1 つである（☞ 7-4-2-1-a）．

　一方，ほとんどの工業的発酵では，液体培養が用いられる．液体培養には，培養期間を通じて培地の追加供給や引き抜きが行われない回分培養（batch culture）の他，培養中の培養槽に新鮮な培地を連続的に供給し続ける半回分培養（fed-batch culture，流加培養とも呼ばれる）や，新鮮培地の供給と並行して同量の培養液を槽内から連続的に引き抜く連続培養（continuous culture）が用いられる．回分培養では培地中の栄養源の消費に伴って微生物の比増殖速度が変化していくのに対し，半回分培養や連続培養では栄養源の消費速度に等しい速度でこれらを供給し続けることにより，比増殖速度を長い期間一定に保ち続けることが可能である．活性汚泥法（☞ 8-1-1）による排水処理も連続培養の一形態と見なすことができる．

（5）微生物の増殖と代謝物生産の相関

　特定の代謝物の生産を目的に微生物を培養する場合，その微生物の増殖と目的の代謝物の生産様式の関係を把握することは，最適な培養条件を設計するうえできわめて重要となる．一般的な化学反応とは異なり，触媒となる微生物の細胞濃度が時間とともに変化するため，培養中の細胞がどれほど活発に目的の代謝物を生産しているのかを直感的に理解することは難しい．そのため，菌体量と生産物量の継時変化から，単位時間当たり単位菌体量当たりの目的代謝物の生産速度である比生産速度を算出し，これを指標に培養条件を設計する手法が汎用される．同様に，菌体量と栄養源の消費量の継時変化から，単位時間当たり単位菌体量当たりの栄養源の消費速度（比消費速度）を算出することも有益である．比生産速度や比消費速度の算出方法などの詳細は成書に譲るが，ここで重要なポイントは，これらの値と比増殖速度との間には一定の相関がある点である．前述の通り，半回分培養や連続培養を用いれば，比増殖速度を一定の値に制御することが可能である．したがって，菌体が活発に増殖しているときに，比生産速度が高くなるような代謝物（増殖連動型の代謝物）の生産を行いたい場合は，比増殖速度が最大となるような培養設計を行えばよいといえる．一方，ある種の微生物は，窒素やリンなどの枯渇に伴い増殖が停止したあとも，培地中の炭素源を取り込み続け，これらを油脂や生分解性ポリマーの形で菌体内に蓄積する．これらの代謝物の生産様式は，その生産と菌体の増殖とが連動しないことから，増殖非連動型に分類される．その他，増殖連動型，増殖非連動型の中間に当たるような生産様式を示す代謝物も多く知られている．これらは混合型の生産様式と呼ばれ，代表例として，乳酸菌による乳酸の生産などが知られる．増殖非連動型，混合型の代謝物の場合も，それらの比生産速度が最大となる比増殖速度をあらかじめ求めておくことで，長期間に渡り高い比生産速度を保つための培養設計が可能となる．

(6) スケールアップと酸素移動

微生物の培養で汎用されるジャーファーメンター（卓上培養槽）には，温度，pH の調節装置の他，半回分培養や連続培養で必要となる新鮮培地の供給ポートや，通気のためのスパージャーと撹拌翼などが装備されている（図 4-12）．ここでは卓上培養槽で行われた培養試験の結果を，工業的規模にまで拡大（スケールアップ）する場合について考えたい．ある培養槽を縦・横・高さの長さの比を保ったまま相似的にスケールアップしても，培養制御に必要な種々の操作パラメーターのすべてが比例的に増加するわけではない．例えば，細胞への物理的ストレスの1つであるせん断応力は，撹拌翼の長さに相関する．これに対し，スパージャーを通じて供給される気泡の上昇速度は培養槽の底面積（長さの2乗）に，培地体積は長さの3乗に相関する．このため，培養のスケールアップでは，細胞の増殖や生産したい物質の生産速度，あるいはエネルギーコストなど，培養の目的に応じて最も重視すべきパラメーターを明確にしたうえで，この値がスケールアップ前後で大きく変化しないように操作パラメーターを設定する必要がある．例えば，カビの培養で菌糸のせん断が培養結果に重大な影響を及ぼすことが懸念される場合には，スケールアップによりせん断応力が大きくなりすぎないような設計が必要である．

好気性菌の培養では，菌体の増殖に伴って呼吸により消費される酸素量も増えるため，培養液中への酸素の供給速度（oxygen transfer rate, OTR）により増殖が制限されることが多い．そこで以下では，OTR を基準としたスケールアップを取り上げる．詳細は成書に譲るが，培養液中への酸素供給は，培養液とそれに接する気相の界面で生じており，OTR は一般に

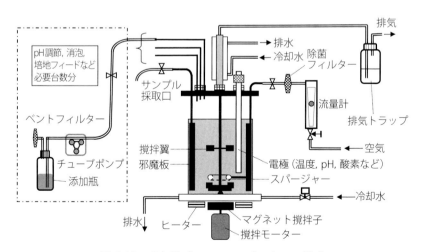

図 4-12　卓上型ジャーファーメンターの構成
（片倉啓雄ら（監修）：実践 有用微生物培養のイロハ 試験管から工業スケールまで，エヌ・ティー・エス，2014 を参考に作図）

次式で表される.

$$\mathrm{OTR} = k_{\mathrm{L}}a(C^* - C)$$

ここで，C^* は飽和溶存酸素濃度，C は培養液中の酸素濃度を表す．$k_{\mathrm{L}}a$ は酸素移動容量係数と呼ばれ，これは気液界面における気相から液相側への酸素の拡散係数の1つである k_{L} と，培養槽中の気液界面積の和である a を乗じたものである．k_{L} と a はいずれも実測が困難な値であるが，これらの積である $k_{\mathrm{L}}a$ は，亜硫酸ナトリウム酸化法や，溶存酸素計を用いたダイナミック法などの方法で計測可能なパラメーターである．$k_{\mathrm{L}}a$ は培養槽のスケールや形状，また培養時の通気，撹拌速度，培地の粘度や体積，培養温度などのさまざまな操作パラメーターによって変化する．これら一連の操作パラメーターの値から $k_{\mathrm{L}}a$ を厳密に算出することは困難であるが，これまでに複数のシミュレーションモデルが提案されており，OTR が制限となる培養のスケールアップではこれらのモデルが汎用される．

第5章

微生物の代謝

　細胞内で起こるすべての化学的変換を代謝（metabolism）という．変換される物質に主眼を置いた場合は物質代謝，エネルギーに主眼を置いた場合はエネルギー代謝というが，両者が密接に関連していることはいうまでもない．また，代謝反応は同化（anabolism）と異化（catabolism）の２つに分けられる．同化とは生体高分子を合成するための反応であり，生合成（biosynthesis）とも呼ばれる．一方，異化とは外部基質の分解に関与する反応であり，化学的エネルギーの獲得や生合成原料の生産のために行われる．同化と異化の過程は互いに関連しあっている場合が多い．

　化学的エネルギー獲得のための代謝様式は，①発酵（fermentation），②呼吸（respiration），③光合成（photosynthesis）の３つしかない．また，細胞内の「エネルギー通貨」ともいわれるATPを合成する生化学的機構は，①基質レベルのリン酸化による機構，②電子伝達系によって生じる膜内外のプロトン勾配を利用した機構の２つしかない．発酵では，有機物が電子供与体となって酸化され，別の有機物が電子受容体となって還元されるが，その際に得られるエネルギーが基質レベルのリン酸化によるATP生産に使われる．呼吸では，有機物あるいは無機物が電子供与体となり酸化され，酸素あるいは無機物（硝酸塩や硫酸塩など）および特定の有機物（フマル酸など）が最終電子受容体となり還元されるが，その際に得られるエネルギーが電子伝達系を介したATP生産に使われる（この過程は酸化的リン酸化と呼ばれる）．ここで，酸素を使う呼吸を好気呼吸，酸素を使わない呼吸を嫌気呼吸という．発酵と嫌気呼吸は代謝様式上では全くの別物である点に注意が必要である．光合成では光エネルギーを用いて，電子伝達系を介したATP生産が行われる（この過程は光リン酸化と呼ばれる）．

　以上，代謝の要点をまとめたが，本章においては微生物の代謝について概説する．第1節においてATPおよび生体内の酸化還元反応を仲介する低分子についてまとめたのち，第2節から第6節において発酵，呼吸（好気呼吸，嫌気呼吸），光合成について述べる．その後，同化反応（生合成）について解説していくが，第7節では無機窒素および無機硫黄の同化，第8節では生体主要成分の生合成，第9節では二次代謝に焦点を当てる．さらに，第10節では微生物の代謝制御について概説する．微生物の代謝機能の多様性は，応用微生物学においてきわめて重要である．

1．代謝と化学エネルギー

本節では，代謝において非常に重要な役割を担う低分子化合物について解説する．

1）代謝における ATP の役割

ATP はアデノシン 5'-三リン酸（adenosine 5'-triphosphate）あるいはアデノシン三リン酸（3 ではなく三と表記する）の略称である（図 5-1）．アデノシンのリボースの 5'OH 基に 3 分子のリン酸が直鎖状に結合したヌクレオチドが ATP であり（図 5-1），2 分子のリン酸が結合した化合物が ADP（アデノシン 5'-二リン酸，adenosine 5'-diphosphate）である．また，3 分子から数千分子のリン酸のみが直鎖状に結合した化合物がポリリン酸，2 分子結合した化合物はピロリン酸である．発酵，呼吸，光合成によって，有機炭素の化学結合，無機化合物，太陽光などからエネルギーが取り出され，そのエネルギーが ADP と無機リン酸（HPO_4^{2-}）から ATP が合成される際に形成されるリン酸無水物結合として ATP の分子中に蓄えられるのである．

ATP は加水分解されて ADP と無機リン酸が生じるが，中性条件では，本反応の標準自由エネルギー変化は約 −7.3 kcal/mol である．ATP の加水分解時に放出されるこのエネルギーが，生命維持に不可欠な仕事（生合成反応，機械的仕事など）に利用される．また，ATP はリン酸化酵素（キナーゼ）のリン酸供与体としても利用される．結核菌などある種の細菌は ATP のかわりにポリリン酸を利用できるリン酸化酵素も有する．約 −7.3 kcal/mol という標準自由エネルギー変化は大きな値であるが，生理的条件（中性条件）で ADP と無機リン酸が多数の負電荷を有すること（図 5-1）がこの主因であると考えられる．

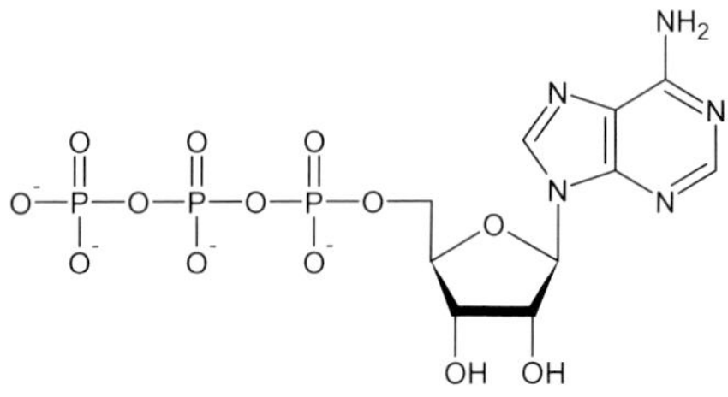

図 5-1 ATP の構造

2）生体内の酸化還元反応を仲介する低分子化合物

生体内の酸化還元反応は主にピリジン補酵素によって仲介される．ピリジン補酵素とはピリジン核を含む補酵素の総称である．代表的なピリジン補酵素が NAD^+（nicotinamide adenine dinucleotide）と $NADP^+$（nicotinamide adenine dinucleotide phosphate）であり，その還元型がそれぞれ NADH と NADPH である（図 5-2）．NAD^+ はニコチンアミドリボースに ADP が結合した化合物である．NAD と書いた場合，NAD(H)（NAD^+ と NADH の両方を意味する）と解釈される場合もあるので，＋の有無に注意が必要である．NAD^+ のリボースの 2'OH 基が NAD キナーゼによりリン酸化されて $NADP^+$ となる．FAD（flavin adenine

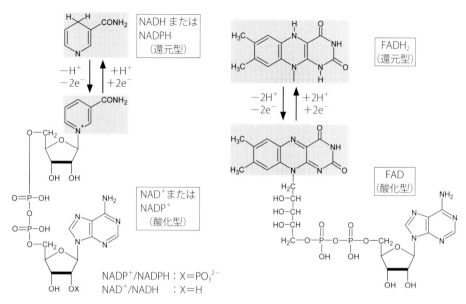

図 5-2 NADP⁺/NADPH, NAD⁺/NADH および FAD/FADH₂ の化学構造
(大西康夫氏 原図)

dinucleotide) も生体内の酸化還元反応を仲介する (図 5-2).

　NAD(H), NADP(H), FAD(H₂) の補酵素としての役割は酸化還元反応における電子の運搬である. このとき, NAD(P)⁺ は 2 個の電子 (e⁻) と 1 個の H⁺ を同時に受け取り, NAD(P)H に還元される (図 5-2) (AH₂ + NAD(P)⁺ ⇄ A + NAD(P)H + H⁺). 一方, FAD は 2 個の e⁻ と 2 個の H⁺ を同時に受け取り, FADH₂ に還元される. NAD(P)H が 340 nm に示す特徴的な吸収は, NAD(P)H の定量においてしばしば利用される. 一般に NAD(P)⁺ は酸性で安定 (アルカリ性で不安定) であり, NAD(P)H はアルカリ性で安定 (酸性で不安定) である. NAD(H) は主にエネルギー獲得反応 (異化) における電子伝達に, NADP(H) は主に生合成 (同化) ならびに酸化ストレスなどからの防御反応における電子伝達に関与する. このように NAD(H) と NADP(H) の役割は明確に異なる. 一般的に, 有機炭素の酸化的代謝 (異化反応) において電子の運搬を担うのは NADP⁺ ではなく NAD⁺ である. 一方, 光合成では明反応で NADP⁺ が NADPH に還元され, この NADPH が暗反応における炭酸固定反応 (同化反応) で還元力を提供する. なお, NAD⁺ は電子の運搬のみならず, 基質としてさまざまな酵素反応 (例:出芽酵母などにおけるヒストン脱アセチル化反応, 大腸菌における DNA リガーゼ反応, 病原性細菌による ADP リボシル基転移反応) にも利用される. 病原性細菌の ADP リボシル基転移酵素や NAD⁺ 分解酵素は病原因子として知られる.

2. 発　　酵

　広義の発酵とは，お酒，味噌，醤油，ヨーグルトなどさまざまな発酵食品に見られるように，微生物が人間にとって有益な有機物を生成する過程のことを指す．逆に．微生物によって人間に好ましくな有機物が生成する過程を腐敗という．発酵と腐敗の線引きは時代，文化，好みなどにも左右される．

　一方，生化学において発酵とは，化学的エネルギー獲得のための代謝様式の1つを指す．この場合，主にグルコース（あるいは他の有機物）を順次分解する酸化工程と最終的な発酵産物を与える還元工程より成り立っている．酸化工程では，グルコースが多段階の酵素反応を経て酸化され，この際に遊離されるエネルギーを用いて基質レベルのリン酸化により ATP が合成される．得られたピルビン酸は，次の酸化工程に必要な NAD^+ を再生するためにさまざまな有機物（最終発酵生産物）へと還元される．発酵は，最終電子受容体が有機物である点（酸素ではないこと），基質レベルのリン酸化による ATP 合成のみが起こる点，において嫌気呼吸（☞ 5-4）とは明確に区別される．

　微生物においてグルコースがピルビン酸まで酸化される経路には，解糖系（Emden-Meyerhof-Parnas pathway），ペントースリン酸経路（pentose phosphate pathway），エントナー・ドウドロフ経路（Entner-Doudoroff pathway）の3種がある．これらの酸化工程で有機物から引き抜かれる水素は，酸化型の補酵素（NAD^+ など）が受け取り，還元型の形態（NADH など）で蓄積する．しかし，NAD^+ の細胞内存在量が有限であるため，どうにかして還元型 NADH から酸化型 NAD^+ を再生する必要がある．つまり，微生物側の視点に立つと NAD^+ が求めるものであり，広義の発酵においてわれわれ人間が求めるもの，すなわち NAD^+ 再生の過程で生じた化合物（エタノールや乳酸など）は，微生物にとっては不要な副産物ということになる．

1）解糖系によるエタノール発酵と乳酸発酵

　解糖系とは，生物一般に普遍的な代謝経路であり，グルコースなどの糖をピルビン酸に分解してエネルギーを取り出す過程のことを指す．解糖系における一連の反応，酵素および補酵素を図5-3にまとめた．グルコースを原料とし，ATP を2分子消費してグリセルアルデヒド3-リン酸へと変換する前半のステップと，得られたグリセルアルデヒド3-リン酸から ATP を4分子合成して最終的にピルビン酸を生産する後半のステップに分けて考えると理解しやすい．

　はじめに，グルコースはヘキソキナーゼによりリン酸化され，グルコース6-リン酸となる．この反応で ATP 1分子が消費される．グルコース6-リン酸はイソメラーゼにより異性化され，フルクトース6-リン酸になる．続いて ATP をもう1分子消費してフルクトース1,6-ビスリン酸が合成される．アルドラーゼによりフルクトース1,6-ビスリン酸が開裂され，

第 5 章　微生物の代謝　　89

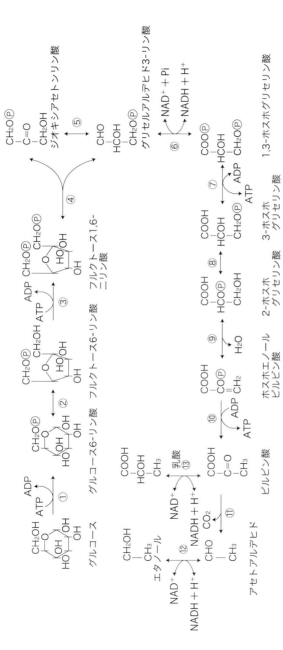

図 5-3　解糖系、アルコール発酵および乳酸発酵

反応に関する酵素：①ヘキソキナーゼ（真正細菌の場合はホスホエノールピルビン酸依存性リン酸基転移酵素系）、②グルコース 6-リン酸イソメラーゼ、③ホスホフルクトキナーゼ、④アルドラーゼ、⑤トリオースリン酸イソメラーゼ、⑥グリセルアルデヒド 3-リン酸デヒドロゲナーゼ、⑦ホスホグリセリン酸キナーゼ、⑧ホスホグリセリン酸ムターゼ、⑨エノラーゼ、⑩ピルビン酸キナーゼ、⑪ピルビン酸デカルボキシラーゼ、⑫アルコールデヒドロゲナーゼ、⑬乳酸デヒドロゲナーゼ。本図では可逆反応を便宜的に両矢印で示している。

(原図 堀之内末治氏が 2006 年に作成)

グリセルアルデヒド 3-リン酸とジヒドロキシアセトンリン酸が合成される．このジヒドロキシアセトンリン酸はイソメラーゼによりグリセルアルデヒド 3-リン酸へと異性化される．炭素原子 6 個からなるグルコース 1 分子から，炭素原子 3 個からなるグリセルアルデヒド 3-リン酸 2 分子へと分解したことになる．続いて，基質レベルのリン酸化によってエネルギー（ATP）を合成するのが後半のステップである．グリセルアルデヒド 3-リン酸からホスホエノールピルビン酸を経てピルビン酸ができるまでに，ATP が 2 分子合成される．また，この過程では，NAD^+が還元されて NADH が生成される．1 分子のグルコースから 2 分子のグリセルアルデヒド 3-リン酸ができるので，トータルすると，グルコース 1 分子から ATP が 2 分子，NADH が 2 分子，ピルビン酸が 2 分子合成される．

多くの真正細菌においては，図 5-3 の①のステップにおいて，ホスホエノールピルビン酸依存性リン酸基転移酵素系（PEP-dependent phosphotransferase system, PTS）を用いて，微生物菌体外からグルコースを取り込むと同時にグルコース 6-リン酸へと変換している．この反応は ATP を消費しないかわりに，1 分子のホスホエノールピルビン酸をピルビン酸に変換する反応と共役している．そのため，図 5-3 の⑩のステップでは，ATP が 1 分子しか合成されない（1 分子のグルコースから 1 分子のホスホエノールピルビン酸しか利用できない）．ATP の収支としては，ヘキソキナーゼでも PTS でもグルコース 1 分子から ATP が 2 分子，ピルビン酸が 2 分子合成される点は同じである．

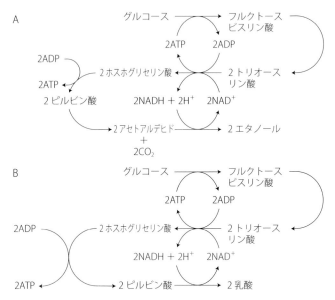

図 5-4 エタノール発酵（A）と乳酸発酵（B）における ATP の生成と補酵素の酸化還元バランス
（原図 堀之内末治氏が 2006 年に作成）

前述したように，グルコースをピルビン酸に分解する過程で NAD^+ が 2 分子消費され NADH になる．酸素が十分にある条件下（呼吸）では，ピルビン酸が TCA 回路に流入し，さらなる酸化分解が進む．その際に生じる NADH は，酸素を最終電子受容体とする電子伝達系によって NAD^+ へと再生され，それと同時に多数の ATP が生産される．一方で，酸素が不足している嫌気条件下では，電子伝達系による NAD^+ の再生を行うことができない．そのため，ピルビン酸を還元することにより NAD^+ を再生している．つまり，発酵では，ピルビン酸（もしくは他の有機物）を還元して図 5-3 の⑥で生じた NADH を NAD^+ に戻すことにより，解糖プロセスを継続させている．

ピルビン酸やその派生物を何へと還元して NAD^+ を再生するか，というのは微生物によって異なり，それが発酵の多様性を生み出している．エタノール発酵においては，脱炭酸酵素によりピルビン酸から 1 分子の二酸化炭素が取り去られてアセトアルデヒドが生じ，続いてアルコールデヒドロゲナーゼによりアセトアルデヒドからエタノールが生じる．すなわち，グルコース 1 分子から二酸化炭素とエタノールがそれぞれ 2 分子生じ，解糖系で生じた 2 分子の NADH は NAD^+ に再生される（図 5-4）．酵母はこのエタノール発酵能に優れた微生物であり，アルコール飲料（☞ 7-4-2-1）やバイオエタノール（☞ 10-6-1）などの生産に利用されている．パン生地が膨れるのも糖分がエタノール発酵によって分解される際に生じる二酸化炭素の圧力によるものであり（☞ 7-4-3-2-c），酵母によるエタノール発酵が人類の生活に与える恩恵はきわめて大きい．乳酸発酵においては，ピルビン酸は乳酸デヒドロゲナーゼの働きにより乳酸となり，同時に NAD^+ が再生される．乳酸菌はその名の通り乳酸発酵能に優れている（図 5-4）．乳酸発酵は，伝統的にヨーグルトやチーズなどの発酵食品の製造に用いられるが（☞ 7-4-3-1），昨今では乳酸を重合させた生分解性プラスチックも開発利用が進んでいる（☞ 10-8）．

2）解糖系による種々の発酵

私たち人類にとっては，エタノールや乳酸などの発酵生産物が目的であるのに対し，微生物にとっては，NAD^+ を再生して解糖過程を継続し，エネルギーを得ることが目的である．そのため，ピルビン酸は，エタノールや乳酸以外の化合物へも発酵変換される場合がある．例えば，Clostridium 属細菌には，酪酸，酢酸，ブタノール，アセトン，水素，二酸化炭素などの多数の発酵産物を生産するものもある．表 5-1 ならびに図 5-5 は，このような種々の発酵型と関連する反応経路をまとめたものである．ここにあげた発酵産物が同時に，また必ず生産されるわけではなく，微生物の種類，生育条件，基質などで異なる生産物が生じる．例えば，同じ Clostridium 属細菌でも C. butyricum は酪酸発酵を行うのに対し，C. acetobutylicum および C. butylicum はアセトン - ブタノール発酵を行う．水素を発生する場合はヒドロゲナーゼの作用によって有機物ではなくプロトンが還元される．このように，微生物はその種によってそれぞれ特徴的な発酵を行い，さまざまな有機物を生じる．

表 5-1 解糖系による種々の発酵型

発酵の名称および生成物	微生物
乳酸ガス混合発酵 　乳酸，酪酸，ギ酸，コハク酸，エタノール，H_2，CO_2	腸内細菌（*Escherichia*，*Salmonella* 属）
ブタンジオール発酵 　ブタンジオール，エタノール，乳酸，酢酸，H_2，CO_2	*Klebsiella* 属
酪酸発酵 　酪酸，酢酸，H_2，CO_2	*Clostridium* 属
アセトン・ブタノール発酵 　アセトン，ブタノール，酪酸，酢酸，イソプロパノール， 　エタノール，H_2，CO_2	*Clostridium* 属
プロピオン酸発酵 　プロピオン酸，コハク酸，酢酸，CO_2	*Propionibacterium* 属

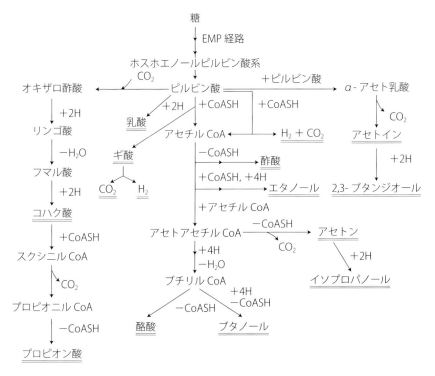

図 5-5　解糖系による種々の発酵
最終産物として蓄積するものは，図中 ═ 印を付けた．（原図 堀之内末治氏が 2006 年に作成）

3）エントナー・ドウドロフ経路によるエタノール発酵

エントナー・ドウドロフ経路は主として好気性細菌やアーキアなどに見られる経路で，一般にこれら微生物における解糖系のバイパスと考えられている．その一方で，ゲノム内にこの経路を持つものの，実際にはほとんど機能していない微生物も多数見られる．この経路（図5-6）では，グルコースのリン酸化により生じるグルコース6-リン酸が6-ホスホグルコノラクトンとなる．6-ホスホグルコノラクトンは加水分解，脱水，さらに異性化を経て2-ケト-3-デオキシ-6-ホスホグルコン酸となる．続いてこの中間体は，1分子のピルビン酸と1分子のグリセルアルデヒド3-リン酸に開裂する．これらはそれぞれ前述の解糖系で代謝され，最終的にはエタノールと二酸化炭素へと変換される．しかし，エントナー・ドウドロフ経路では，図5-3と異なりグルコース1分子からグリセルアルデヒド3-リン酸が1分子しか生成しない．そのため，生産できるATPは2分子である．したがって，グルコースのリン酸化におけるATPの消費（図5-6および図5-3①）を含めるとエネルギー収支は実質1分子のATPの獲得のみとなり，この経路が使われる場合のエネルギー効率は，解糖系を経る場合より低い．したがって，多くの好気性細菌が本経路を使う意義は，少ない反応ステップでピルビン酸を速やかにTCA回路へ送り込み，呼吸によってより大きなエネルギー（より多くのATP）を得ることではないかという考え方もある．

補酵素についても解糖系とは異なり，1分子のグルコースからできる6-ホスホグルコノラクトンの酸化反応では1分子のNADP$^+$が消費され，2-ケト-3-デオキシ-6-ホスホグル

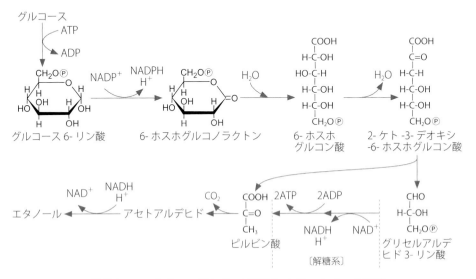

図 5-6 エントナー・ドウドロフ経路によるエタノール発酵
（大西康夫氏 原図）

コン酸の開裂後に解糖系へ合流するグリセルアルデヒド3-リン酸（解糖系と異なり1分子しか合成されないことに注意）はNAD$^+$を1分子消費する．ところが，これ以降の反応で2分子のピルビン酸からは2分子のNAD$^+$しか再生されない．このため，NADP$^+$とNADPH，NAD$^+$とNADHといった，それぞれの補酵素の酸化型と還元型の量に不均衡が生じる可能性がある．この辻褄を合わせるために，NADHとNADPHの相互変換を担うトランスヒドロゲナーゼの関与が考えられる．この経路を利用して製造されるアルコール飲料はメキシコのプルケ酒で，発酵を行う微生物は *Pseudomonas lindneri*（*Zymomonas lindneri*）である．原料はリュウゼツランの一種で，プルケ酒を蒸留してアルコール濃度を高めるなどの加工を加え，メスカルやテキーラ（☞ 7-4-2-1-I）などが製造される．

4）ペントースリン酸経路

解糖系とエントナー・ドウドロフ経路以外のグルコース代謝経路として，ペントースリン酸経路（ヘキソース一リン酸経路ともいう）がある（図 5-7）．この経路は，NADPH，リボー

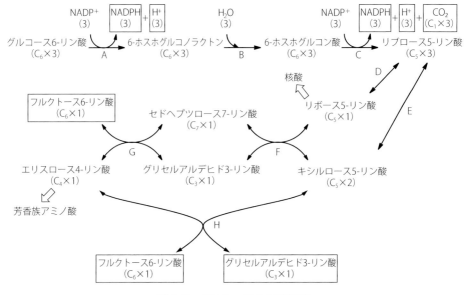

図 5-7　ペントースリン酸経路

化合物名の下のかっこ内に，それぞれの化合物の炭素数 n を Cn として示し，また3モルのグルコース6-リン酸から2モルのフルクトース6-リン酸と1モルのグリセルアルデヒド3-リン酸が生成する場合の各化合物のモル数を示した．また，この場合の生成物を四角で囲んだ．両矢印は可逆反応であることを示す．
A：グルコース6-リン酸デヒドロゲナーゼ，B：6-ホスホグルコノラクトナーゼ，C：6-ホスホグルコン酸デヒドロゲナーゼ，D：リボース5-リン酸イソメラーゼ，E：リブロース5-リン酸3-エピメラーゼ，F：トランスケトラーゼ，G：トランスアルドラーゼ，H：トランスケトラーゼ．

ス5-リン酸，エリスロース4-リン酸の供給系として知られている．リボース5-リン酸は核酸などの生合成前駆体として，エリスロース4-リン酸は芳香族アミノ酸などの生合成前駆体として重要である．NADPHは脂肪酸生合成など，さまざまな生体分子の生合成反応における電子供与体として必要不可欠な補酵素である．生体分子の生合成に関与する還元酵素の多くはNADPHを要求し，それらの酵素反応では一般にNADHはNADPHを代替できない．

ペントースリン酸経路は，酸化的段階と非酸化的段階に分けられる．酸化的段階ではグルコースからリブロース5-リン酸が生成する．このうち，グルコース6-リン酸を経て6-ホスホグルコン酸が生成する段階まではエントナー・ドウドロフ経路と共通しているが，その後，ペントースリン酸経路では6-ホスホグルコン酸が酸化的に脱炭酸されてリブロース5-リン酸が生成する．非酸化的段階では，リブロース5-リン酸が図5-7に示す異性化反応，トランスアルドラーゼ反応，トランスケトラーゼ反応により，グリセルアルデヒド3-リン酸とフルクトース6-リン酸に変換される．グリセルアルデヒド3-リン酸とフルクトース6-リン酸は解糖系の中間体であり，解糖系で代謝されうる．

ペントースリン酸経路の反応全体は以下のように表される．

3 グルコース6-リン酸＋6NADP$^+$＋3H$_2$O →
2 フルクトース6-リン酸＋グリセルアルデヒド3-リン酸＋3CO$_2$＋6NADPH＋6H$^+$

5）ホスホケトラーゼ経路によるヘテロ乳酸発酵

Leuconostoc 属や *Lactobacillus* 属の乳酸菌の一部では，グルコースからペントースリン酸経路と同様の経路で生成するキシロース5-リン酸が別経路で代謝され，乳酸とエタノー

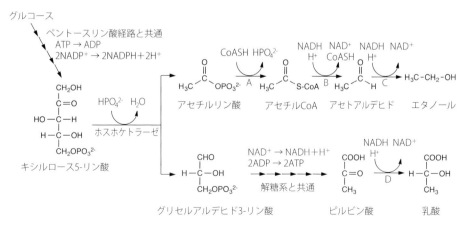

図5-8　ホスホケトラーゼ経路によるヘテロ乳酸発酵
A：ホスホトランスアセチラーゼ，B：アセトアルデヒドデヒドロゲナーゼ，C：アルコールデヒドロゲナーゼ，D：乳酸デヒドロゲナーゼ．

ルが生成する（図 5-8）．このように，乳酸以外の副生物（エタノールや酢酸など）を生成する乳酸発酵の様式をヘテロ乳酸発酵と呼ぶ（乳酸以外の副生物をほとんど生産しない乳酸発酵はホモ乳酸発酵と呼ばれる）．図 5-8 に示したヘテロ乳酸発酵では，キシルロース 5- リン酸にホスホケトラーゼが作用して，グリセルアルデヒド 3- リン酸とアセチルリン酸が生成する．グリセルアルデヒド 3- リン酸は解糖系と同様の経路でピルビン酸に代謝され，乳酸デヒドロゲナーゼの作用で乳酸が生成する．D- 乳酸デヒドロゲナーゼが存在すれば D- 乳酸が，L- 乳酸デヒドロゲナーゼが存在すれば L- 乳酸が生成する．一方，アセチルリン酸はCoA との反応で脱リン酸化され，生成したアセチル CoA がアセトアルデヒドを経由してエタノールに変換される．

　この経路でヘテロ乳酸発酵が行われる場合，1 分子のグルコースがグルコース 6- リン酸に変換される過程で 1 分子の ATP が消費され，1 分子のグリセルアルデヒド 3- リン酸がピルビン酸に変換される過程で 2 分子の ATP が生成する（図 5-3, 5-8）．したがって，1 分子のグルコースからの正味の ATP 生成量は 1 分子である．

　NADH と NADPH の収支に関しては，1 分子のグルコースがキシルロース 5- リン酸に変換される過程で 2 分子の NADPH が生成し（図 5-7, 5-8），一方，アセチル CoA がエタノールに還元される過程で 2 分子の NADH が消費される（図 5-8）．グリセルアルデヒド 3- リン酸からピルビン酸が生成する過程では 1 分子の NADH が生成し（図 5-3, 5-8），ピルビン酸が乳酸に還元される過程で 1 分子の NADH が消費される．したがって，全体として，2 分子の NADPH が生成し，2 分子の NADH が消費されることになり，還元型補酵素全体での収支は差引きゼロということになる．

6）Stickland 反応

　偏性嫌気性生物である Clostridium 属細菌は，嫌気条件下，アミノ酸を唯一の炭素源および窒素源として生育できる．これらの細菌は種々のプロテアーゼやペプチダーゼを生産し，これらの作用によって嫌気環境下でタンパク質を分解し，生成したアミノ酸を利用して生育する．この活動は一般に腐敗と捉えられるものであり，嫌気環境下での窒素化合物の分解に主要な役割を果たしている．

　Stickland 反応は，これらの細菌がアミノ酸を代謝する主要な経路である．この代謝系では，あるアミノ酸が酸化され（すなわち電子供与体となり），これと共役する形で別のアミノ酸が還元される（すなわち電子受容体となる，図 5-9）．同一のアミノ酸が電子供与体となり，かつ電子受容体となる場合もある．1934 年にこの反応を初めて報告した Stickland, L. H. にちなんで，この名が付けられている．Stickland 反応において基質として利用されるアミノ酸の組合せは生物種によって異なる．例えば，アラニンは Clostridium sporogenes では電子供与体として利用されるが，Clostridium sticklandii では Stickland 反応の基質にはならない．C. sticklandii ではトレオニン，アルギニン，リシン，セリンが電子供与体として利用される．一方，いずれの菌株においても，グリシンとプロリンは主要な電子受容体として利用される．

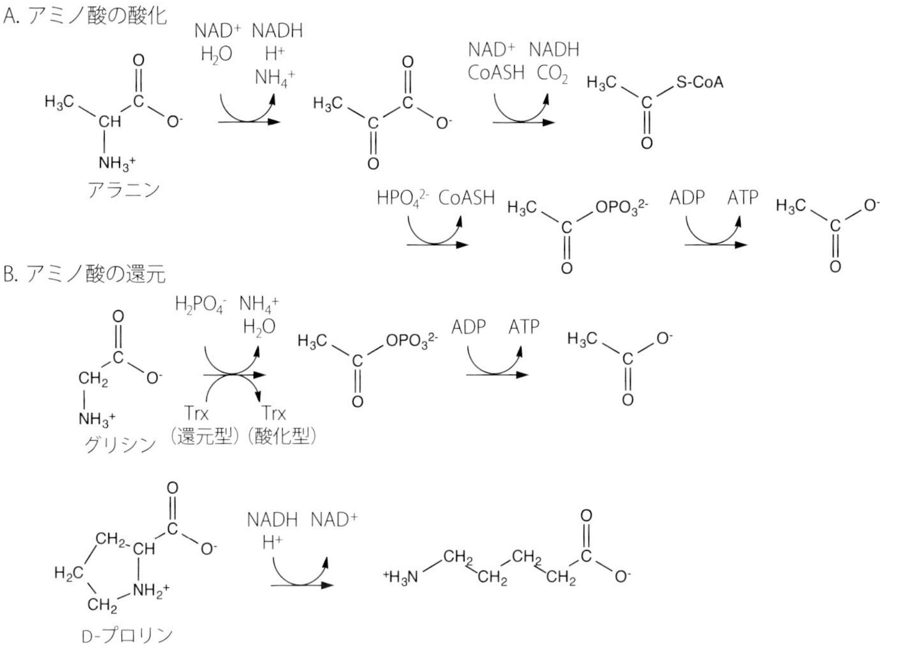

第 5 章　微生物の代謝　　**97**

A. アミノ酸の酸化

NAD⁺　NADH
H₂O　　H⁺
　　　　NH₄⁺

アラニン

NAD⁺　NADH
CoASH　CO₂

HPO₄²⁻　CoASH

ADP　ATP

B. アミノ酸の還元

H₂PO₄⁻　NH₄⁺
　　　　H₂O

グリシン

Trx　　　Trx
（還元型）（酸化型）

ADP　ATP

NADH　NAD⁺
H⁺

D-プロリン

図 5-9　Stickland 反応

A のようなアミノ酸の酸化と B のようなアミノ酸の還元が共役する反応を Stickland 反応という．
ここではアミノ酸酸化反応の例としてアラニンの酸化反応をあげている．また，Stickland 反応にお
ける主要なアミノ酸還元反応であるグリシンレダクターゼの反応と D- プロリンレダクターゼの反
応をあげている．A の反応で生成する NADH が，B の反応における還元力として用いられる．Trx：
チオレドキシン．

　アラニンが電子供与体となる場合，1 分子のアラニンが 2 段階で酸化されることによって
2 分子の NADH が生成する（図 5-9A）．さらに，この結果生成するアセチルリン酸を利用し
た基質レベルのリン酸化によって 1 分子の ATP が生成する．
　一方，グリシンレダクターゼによって，グリシンを電子受容体とした反応が進行する場
合，1 分子のグリシンの還元に伴って，1 分子のチオレドキシンが酸化される（図 5-9B）．
1 分子のチオレドキシンの再還元には 1 分子の NADH に相当する還元力が必要であるため，
1 分子のアラニンの酸化（2 分子の NADH が生成）と 2 分子のグリシンの還元（2 分子の
NADH が消費）が共役することになる．グリシンレダクターゼの反応ではアセチルリン酸が
生成し，これを利用した基質レベルのリン酸化によって ATP が生成する．アラニンの酸化
とグリシンの還元が共役した反応全体は以下のように表される．

　アラニン＋ 2 グリシン＋ 3H₂PO₄⁻ ＋ 3ADP　→　3 酢酸＋ 3NH₄⁺ ＋ CO₂ ＋ H₂O ＋ 3ATP

　D- プロリンレダクターゼの反応では，D- プロリンが還元的に開環して 5- アミノペンタン

酸（δ-アミノ吉草酸）が生成する（図 5-9B）．この反応では D-プロリン 1 分子の還元に伴って 1 分子の NADH が酸化されるため，1 分子のアラニンの酸化と 2 分子の D-プロリンの還元が共役することになる．アラニンの酸化と D-プロリンの還元が共役した反応全体は以下のように表される．

アラニン＋ 2 D-プロリン＋ $H_2PO_4^-$ ＋ H_2O ＋ ADP
$$\rightarrow \quad 酢酸＋ 2\delta\text{-アミノ吉草酸}＋ NH_4^+＋ CO_2＋ ATP$$

3．好気呼吸と有機炭素の酸化的代謝

　微生物の中には，人類に役立つ物質を生産するものがある（☞7）．工場でのものづくりと同様，微生物がどのような物質を生産するにしても材料とエネルギーが必要である．基質を添加し特定の酵素反応を駆動して目的生産物を得るバイオコンバージョン（☞7-2）は別として，炭素源や窒素源，ミネラルを培地として微生物に与え代謝経路上の多様な酵素反応を駆動して目的生産物を得る発酵生産（☞7-1）の場合，ATP を再生（合成）する必要がある．なぜなら，微生物本来の生命活動を維持するエネルギーを持続的に獲得したり，細胞の構成成分や目的生産物を生合成したりするのにエネルギーが必要になるからである．ATP が「エネルギー紙幣」ではなく，「エネルギー通貨」と呼ばれるのは，少量（約 30.5 kJ/mol）しかエネルギーを溜められないが，その分，さまざまな反応になるべく過不足なくエネルギーを供給することができ，使い勝手がよいからである（☞5-1）．
　ATP は，用いる代謝経路によって，その再生量が異なる点が重要である．第 5 章第 2 節では，解糖系によって 1 分子のグルコースから 2 分子の ATP を消費し，4 分子の ATP を再生することを説明した．解糖系では，糖を段階的に分解し，糖に蓄えられている結合エネルギーをATP のリン酸結合のエネルギーに変換する．これに対して酸素を用いる（好気）呼吸の反応式は，グルコースを有機炭素源とした場合，次のように書ける．

$$C_6H_{12}O_6 + 6O_2 + 6H_2O \quad \rightarrow \quad 6CO_2 + 12H_2O$$

呼吸というと，酸素を吸って二酸化炭素を出すというイメージから，酸素が体内（細胞内）で二酸化炭素にかわるという誤った認識を持たれがちである．しかし，実際には細胞内では，呼吸は次の 2 つの反応に分けられる．

① $C_6H_{12}O_6 + 6H_2O \quad \rightarrow \quad 6CO_2 + 24H^+ + 24e^-$（グルコース分子中の炭素原子の酸化）
② $6O_2 + 24H^+ + 24e^- \quad \rightarrow \quad 12H_2O$（酸素分子の還元）

つまり，呼吸においては，二酸化炭素は有機炭素源から生じ（①），酸素は水になる（②）のである．そして，①の反応の場が TCA 回路であり，②の反応の場が電子伝達系である．
　具体的には，解糖系の最終代謝産物であるピルビン酸からアセチル CoA をつくり，TCA

回路によってアセチル CoA のアセチル基を酸化することで, H^+を還元型の NADH と $FADH_2$ に還元力として蓄える (☞ 5-3-1). さらに, この還元力は, エネルギー準位の高い電子として電子伝達系に入り, 電子が持つ高いエネルギーを一気に放出せず, 段階的に低いエネルギー準位で電子を受け取る分子に受け渡していくことで, 生み出された差分のエネルギーを用いて H^+を膜外へ汲み出す (☞ 5-3-2). そして, この膜内外の H^+濃度勾配 (プロトン駆動力) を利用して, ADP と無機リン酸 (Pi) から ATP を再生する (酸化的リン酸化, ☞ 5-3-3).

1) TCA 回路

TCA 回路 (クエン酸回路) では, C_4 化合物であるオキサロ酢酸にアセチル CoA が炭素を 2 個供給して C_6 化合物であるクエン酸を生成し, CO_2 を放出しながら, $C_6 \rightarrow C_5 \rightarrow C_4$ と炭素数が減少していく間に, エネルギー化合物である GTP を 1 分子, NADH を 3 分子, $FADH_2$ を 1 分子得る.

具体的には, 図 5-10 に示すように, イソクエン酸から 2- オキソグルタル酸が生成される際に NADH が生じ, CO_2 が放出される. さらに, 2- オキソグルタル酸からスクシニル CoA が生成される際に NADH が生じ, CO_2 が放出される. ここまでで, クエン酸中の 2 個の炭素は, 2 分子の CO_2 として放出される[注1]. 次に, スクシニル CoA からコハク酸が生成される際に GTP (エネルギー的に ATP と等価) が再生され, コハク酸からフマル酸が生成される際に $FADH_2$ が生じる. さらに, フマル酸がリンゴ酸に変換されたのち, リンゴ酸からオキサロ酢酸が生成される際に NADH が生じる.

このように, アセチル CoA のアセチル基を二酸化炭素と水にまで完全酸化する過程 (異化) におけるエネルギー生産というのが TCA 回路の機能であるが, TCA 回路は細胞にとって重要な各種代謝産物の生産 (同化) にも関わっている. 例えば, アミノ酸では, グルタミン酸 (Glu), グルタミン (Gln), アルギニン (Arg), プロリン (Pro) は 2- オキソグルタル酸から (☞ 5-8-1-1), アスパラギン酸 (Asp), アスパラギン (Asn), リシン (Lys), メチオニン (Met), トレオニン (Thr), イソロイシン (Ile)[注2] はオキサロ酢酸から (☞ 5-8-1-2) 合成される. オキサロ酢酸はホスホエノールピルビン酸を介して, グルコース合成 (糖新生, gluconeogenesis) にも使われる. 一方, スクシニル CoA からは, シトクロムやクロロフィルなどに含まれるポルフィリン (テトラピロール化合物) が合成される. このような化合物が TCA 回路の中間代謝産物から生合成されると, 最終産物であるオキサロ酢酸の再生が滞るため, TCA 回路は回路として回らなくなる. これを防ぐために, TCA 回路は, いわゆる補充反応 (補充経路) を備えている. オキサロ酢酸を直接補充する経路としては, ホスホエノールピルビン酸カルボキシラーゼにより, ホスホエノールピルビン酸からオキサロ酢酸を

注1) クエン酸の炭素原子のうち, TCA 回路で二酸化炭素として放出される炭素原子は, 直前にアセチル CoA から取り込まれた炭素原子ではなく, オキサロ酢酸由来の炭素原子である.
注2) イソロイシンは, 微生物ではピルビン酸と α- ケト酪酸から合成される別経路もある.

第5章 微生物の代謝

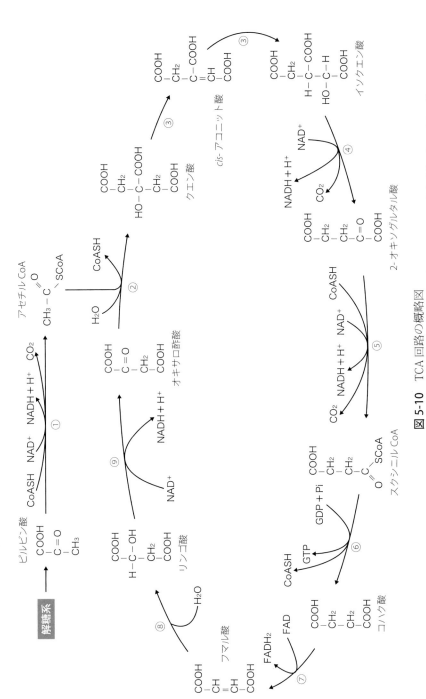

図 5-10 TCA 回路の概略図

①ピルビン酸脱水素酵素複合体, ②クエン酸合成酵素, ③アコニット酸水和酵素, ④イソクエン酸脱水素酵素, ⑤2-オキシグルタル酸脱水素酵素複合体, ⑥スクシニル CoA 合成酵素, ⑦コハク酸脱水素酵素, ⑧フマル酸ヒドラターゼ, ⑨リンゴ酸脱水素酵素. 還元的 TCA 回路については 5-6-2-3 を参照. (大西康夫氏原図)

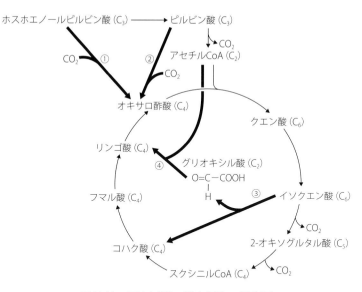

図 5-11　TCA 回路の補充経路の概略図
化合物の炭素数をかっこ内に示した．ただし，アセチル CoA の場合はアセチル基部分の炭素数である．なお，この図では簡便のため化合物の流れにのみ注目している点に注意されたい．補充経路は太線で示している．①ホスホエノールピルビン酸カルボキシラーゼ，②ピルビン酸カルボキシラーゼ，③イソクエン酸リアーゼ，④リンゴ酸シンターゼ．

合成する経路（図 5-11 の①）と，ピルビン酸カルボキシラーゼにより，ピルビン酸からオキサロ酢酸を合成する経路（図 5-11 の②）の 2 つが存在する．一方，グリオキシル酸経路は TCA 回路のバイパス経路として機能するが，TCA 回路の脱炭酸ステップをスキップすることにより，補充経路としての役割を果たす（図 5-11）．グリオキシル酸経路においては，イソクエン酸リアーゼにより，イソクエン酸（炭素数 6）がコハク酸（炭素数 4）とグリオキシル酸（炭素数 2）に開裂する（図 5-11 の③）．次に，リンゴ酸シンターゼにより，グリオキシル酸（炭素数 2）とアセチル CoA（アセチル基部分の炭素数は 2）からリンゴ酸が合成される（図 5-11 の④）．これらの反応により生じたコハク酸やリンゴ酸は TCA 回路に入り，オキサロ酢酸となる．これらの補充経路が存在しているおかげで，同化反応に一部の化合物が使われても，TCA 回路が回路として回り続けることができるのである．

2）電子伝達系（呼吸鎖）

NADH から放出された電子は Complex I（NADH-CoQ リダクターゼ複合体）内で FMN から FeS へと移動し，CoQ（補酵素 Q（ユビキノン））に伝達される．この間に 4 個の H^+ が Complex I を通って膜内から膜外へ運搬される．ここでいう膜とは，原核生物の場合は細胞膜，真核生物の場合はミトコンドリア内膜を指す．一方，$FADH_2$ から放出された電子

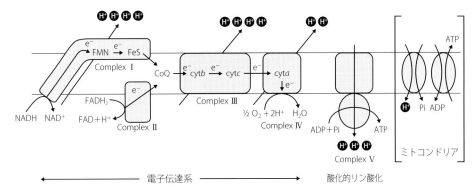

図 5-12 電子伝達系および酸化的リン酸化におけるプロトン（H^+）の移動

は，Complex II 内を移動し CoQ へ伝達される．次に，CoQ に伝達された電子は，Complex III 内でシトクロム b（Cyt$b$）からシトクロム c（Cyt$c$）へと移動する．この間に 4 個の H^+ が Complex III を通って膜内から膜外へ運搬される．さらに，Cyt$c$ の電子は，Complex IV 内でシトクロム a（Cyt$a$）へと移動し，最終的に電子は $1/2O_2 + 2H^+ + 2e^- \rightarrow H_2O$ の反応を経て水に受容される．つまり，呼吸で必要な酸素分子（O_2）は，電子と H^+ の受容体として機能する．また，この際生じる 2 個の H^+ が膜内で水を生成する際に消費されるため，H^+ 濃度勾配としては，2 個の H^+ が Complex IV を通して膜外に運搬されたものと等価である（図 5-12）．以上の電子伝達系（呼吸鎖）の仕組みから，NADH から放出された電子の伝達を通して，Complex I で 4 個，Complex III で 4 個，Complex IV で 2 個の合計 10 個分のプロトン駆動力が得られる．また，$FADH_2$ から放出された電子の伝達を通して，Complex III で 4 個，Complex IV で 2 個の合計 6 個分のプロトン駆動力が得られる．次項で説明する Complex V（ATP 合成酵素）による酸化的リン酸化では，図 5-12 に示すように H^+ 約 3 個分のプロトン駆動力から 1 分子の ATP を再生する（「約」がつく理由は次項参照）．一方，真核生物では細胞質の ADP とリン酸をミトコンドリアに輸送しなければならないが，この際，リン酸は H^+ と共輸送されるため，H^+ 1 個分のプロトン駆動力が使われる（ATP は ADP との対向輸送によりミトコンドリアから細胞質に運ばれる）．このため，真核生物においては，1 分子の ATP を再生するために H^+ 約 4 個分のプロトン駆動力が必要になる．以上により，原核生物では NADH からは約 3 分子（10÷3），$FADH_2$ からは約 2 分子（6÷3）の ATP が再生されるのに対して，真核生物では NADH からは約 2.5 分子（10÷4），$FADH_2$ からは約 1.5 分子（6÷4）の ATP が再生されることになる．なお，光合成電子伝達系（☞5-6）においては，光エネルギーを利用することで電子供与体である水に含まれる電子を，よりエネルギー準位が高い分子に受け渡すことが，電子伝達の出発点であり，その後，電子はエネルギー準位が低い分子に順次受け渡されていき，最終的に $NADP^+$ を還元し NADPH を生じる．また，これと同時に，水に含まれる H^+ により ATP 再生につながるプロトン駆動力を得る．このよう

に，光合成においては，水が電子供与体として働き（すなわち，酸化されて）酸素を生じる．これは，好気呼吸において，酸素が電子受容体として働き（すなわち，還元されて），水が生じるのと逆の反応である．

3）酸化的リン酸化

電子伝達系にて得られたプロトン駆動力を利用して，ATP合成酵素がATPを再生する過程が酸化的リン酸化である．ATP合成酵素は，膜中に埋まったF_0部分と膜内（原核生物の場合には細胞質，真核生物の場合にはミトコンドリアのマトリクス）に突き出したF_1部分からなる．F_1部分は，調節サブユニットαと触媒サブユニットβが交互に3つずつミカンの房のように配置し，その中心をαヘリックス2本からなる軸サブユニットγが貫いた構造をしている（図5-13）．ATP合成酵素は，分子モータータンパク質であり，プロトン駆動力を用いてF_0部分のH^+結合サブユニットcに結合したH^+がH^+通過サブユニットaを通過することで，c-リングとγからなる回転子複合体の回転力を生み出す．軸サブユニットγの回転は，触媒サブユニットβを周期的に構造変化させ，ADPとPiからATPを再生する．さらに，ATP合成酵素には，ATP濃度を感知し，ATPの再生および分解を切り替えるスイッチャーサブユニットεが軸サブユニットγに結合していることが一部の細菌で判明している．ATP濃度が低くεにATPが結合していないときは，εはγの回転を阻害する構造をとり，ATPの加水分解を抑制しATP合成の方向にのみγが回転できるようにする．ATP濃度が高いときにはγの回転を解放する構造をとり，βでのATPの加水分解により，γが逆方向に回転してH^+を膜内から膜外に輸送し，プロトン駆動力としてエネルギーを蓄積する．このように，ATP合成酵素は，細胞内のATP濃度を自身で感知し，回転の制御に

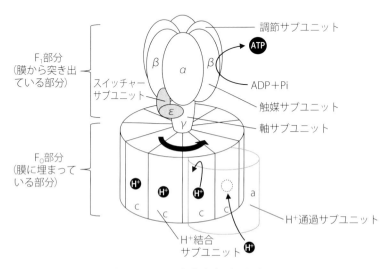

図5-13　ATP合成酵素（一部省略）

より ATP 再生および分解を巧みに制御している．この ATP 合成酵素の回転触媒メカニズムは動画を参照されたい（https://www.youtube.com/watch?v=LQmTKxI4Wn4）．さて，F_1 部分はどの生物でも共通して 3 個の触媒サブユニット β を持つので，1 回転で 3 分子の ATP が再生される．これに対して，F_0 部分は H^+ 結合サブユニット c の数が 10 個前後[注]と生物によって異なっており，約 10 個の H^+ で 1 回転というように幅がある．このため，酸化的リン酸化にて「約」3 個の H^+ 当たり 1 分子の ATP を再生する．

ここで細菌などの原核生物がグルコースを解糖系および TCA 回路で完全酸化したときに生成される ATP の量を考えてみる．まず，解糖系ではグルコースは，2 分子の ATP を消費して 4 分子の ATP を再生するので，グルコース 1 分子当たり差し引き 2 分子の ATP が再生されるとともに 2 分子の NADH が生じる．この NADH は，前述の通り約 6 分子（$2 \times$ 約 3 分子）の ATP に変換される．次に，ピルビン酸からアセチル CoA を生成する際に生じる 1 分子の NADH は，約 3 分子の ATP に変換される．さらに，TCA 回路で生じた 3 分子の NADH と 1 分子の $FADH_2$ は，それぞれ約 9 分子，約 2 分子の ATP に変換される．また，ATP とエネルギー的に等価な GTP を 1 分子生じる．よって，ATP の総生産量は概算で，グルコース 1 分子当たり，$2 + 6 + 2 \times (3 + 9 + 2 + 1) = 38$ 分子となる．一方，真核生物の場合は，前述したようにミトコンドリアへのリン酸の輸送にもプロトン駆動力が使われるため，グルコース 1 分子当たり，$2 + 5 + 2 \times (2.5 + 7.5 + 1.5 + 1) = 32$ 分子となる．さらに真核生物では，解糖系で生成した NADH（の還元力）を細胞質からミトコンドリアに運ぶ必要があるが，NADH の還元力を $FADH_2$ に受け渡す経路（グリセロール 3- リン酸シャトル）もあり，その場合はさらに生成される ATP が少なくなる（グルコース 1 分子当たり，ATP 約 30 分子）．いずれにせよ，発酵で得られるエネルギー（グルコース 1 分子当たり ATP 2 分子）と比較して，好気呼吸で得られるエネルギーは非常に大きい．

4）種々の有機化合物の異化

主な生体構成分子としては，糖質，タンパク質，脂質，核酸があげられる．それぞれの異化経路の概略を図 5-14 に記した．糖質としては，微生物を利用した有用物質生産の場合，自然界に最も多く存在する単糖であるグルコースがよく利用される．デンプンはアミラーゼ，セルロースはセルラーゼによりグルコースに分解される．その他の多糖も各種多糖分解酵素によりガラクトース，フルクトース，マンノースなどの単糖に変換されて炭素源となる．グルコースの代謝経路としては解糖系（☞ 5-2-1）やペントースリン酸経路（☞ 5-2-4）が知られているが，ガラクトース，フルクトース，マンノースなどの単糖もリン酸化や UDP 化などの修飾，異性化などを経て，これらの代謝経路に入る．

タンパク質は，プロテアーゼやペプチダーゼにより分解されてアミノ酸となる．アミノ酸は，その種類によって代謝経路は異なるが，最終代謝産物はすべて TCA 回路に流入して二

注）さまざまな生物の ATP 合成酵素の研究によれば，c の数は 8 ～ 15 個と幅があるが，ここでは 10 個前後とした．

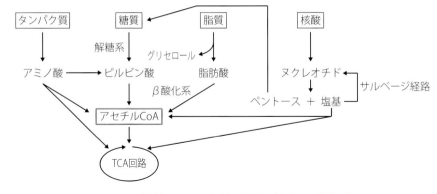

図 5-14　糖質，タンパク質，脂質，核酸の異化経路

酸化炭素と水に完全酸化される．多くのアミノ酸では，アミノ基転移反応により α-アミノ基が除去されて α-ケト酸になることで異化が始まる．

　脂質（トリアシルグリセロール）はリパーゼによって1分子のグリセロールと3分子の脂肪酸に分解される．生じた脂肪酸（C_n）は，β酸化系にて分解され，ATP1分子の加水分解エネルギーを用いてアシル CoA（C_n）を生成する．アシル CoA（C_n）からアセチル CoA（C_2）が切り出されると同時に NADH と $FADH_2$ を生じ，アシル CoA（C_{n-2}）となり，この反応を繰り返す．原核生物では，アセチル CoA 1分子は TCA 回路で完全酸化されることで ATP を約12分子再生するので（☞ 5-3-3），β酸化の1段階ごとに ATP を最大で約17分子再生することができる．グルコースとほぼ同一の分子量を持つ炭素数10の脂肪酸では，β酸化でアセチル CoA が5分子と NADH が4分子，$FADH_2$ が4分子生じるため，ATP の総生産量は約80分子となり，グルコースの酸化による38分子に比べて2倍以上の ATP を再生できる計算となる．

　DNA や RNA などの核酸（ポリヌクレオチド）は，ヌクレアーゼによりヌクレオチドに分解される．ヌクレオチドは，ペントース，リン酸，塩基（ピリミジンまたはプリン）に分解される．ペントースは糖質の分解経路で分解される．また，塩基の大部分はリサイクルされて再びヌクレオチドとなり核酸の原料として再利用される（サルベージ経路）．プリン塩基およびピリミジン塩基はさらに低分子へと分解され中央代謝に流入する．

　以上の生体構成成分以外にも，脂肪族炭化水素や芳香族炭化水素，C_1 化合物などの有機化合物をオキシゲナーゼによる触媒反応により分子状酸素によって酸化して代謝する微生物が存在し，バイオレメディエーション（☞ 8-2）などに利用されている．これらの微生物は，特殊な異化経路を有することで，これらの有機化合物からエネルギーを生産する．非芳香族性の炭素と水素からなるアルカンなどの脂肪族炭化水素は，オキシゲナーゼによりアルコールとなったのち，酸化されてアルデヒドとなり，さらに酸化されて脂肪酸が生成される．生成された脂肪酸は前述の β 酸化系によりアセチル CoA が順次切り出されて TCA 回路に供

給される．また，ベンゼン環を有する芳香族炭化水素は，オキシゲナーゼによりベンゼン環に酸素付加が行われるが，ベンゼン環の 2 個の隣接した炭素に水酸基が導入され，カテコールが生成されたあとにベンゼン環の開裂が起こる場合が多い．開裂によって生じた脂肪族炭化水素は，前述のようにアセチル CoA として TCA 回路に供給される．また，メタノールやメチルアミンなどの C-C 結合を持たない C_1 化合物を炭素源とする微生物が存在する（☞ 10-3）．メタノールは，アルコール酸化酵素が初発酸化酵素として利用されホルムアルデヒドが生成される．その後，ホルムアルデヒド脱水素酵素，ギ酸脱水素酵素を経て二酸化炭素にまで酸化され，その際に 2 分子の NADH が生じることで最終的に ATP を再生する．

4．嫌気呼吸

　本章の序文で述べたように，呼吸とは，エネルギー源となる電子供与体の酸化により生じる電子を最終電子受容体に伝達する過程で生じるプロトン濃度勾配を利用し，酸化的リン酸化により ATP 生産を行うエネルギー代謝のことである．細菌の中には酸素を最終電子受容体とする好気呼吸（☞ 5-3）ではなく，酸素以外の酸化型化合物を最終電子受容体とする嫌気呼吸によって，酸素のない嫌気的条件下で生育できるものも存在する．嫌気呼吸は好気呼吸と同様にプロトン濃度勾配を利用して ATP を生成する代謝であり，基質レベルのリン酸化のみにより ATP を生成する発酵とは明確に区別される．現在のように，利用可能な分子状酸素が大気中に豊富に存在するようになったのは，シアノバクテリアが出現し活発に酸素

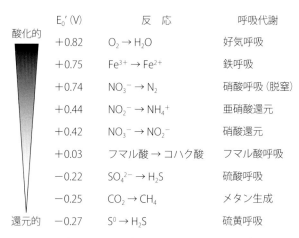

図 5-15　呼吸に関わる酸化還元反応の標準酸化還元電位

注）この時期は「大酸化イベント」と呼ばれ，現在の大気中の酸素量（約 21%）の 1/10 万だった酸素量が 1/100 程度まで急上昇したことがわかっている．その後，約 8 億〜6 億年前に二度目の酸素量の急増が起こり，現在の酸素濃度になった．

発生型光合成を行うようになった約24億〜21億年前[注] からのことであり，好気性細菌が出現したのもその時期である．嫌気呼吸はそれ以前からある原始的な呼吸形態と考えられる．電子受容体としては硝酸，硫酸，CO_2，無機金属などが用いられ，その還元によって得られるエネルギーの大きさ（図5-15）により，増殖速度も大きく異なる．また，呼吸鎖の末端酸化酵素や電子伝達系の構成には多様性があり，好気呼吸の進化過程を考察するうえでも興味深い．

1）硝 酸 呼 吸

Paracoccus denitrificans や *Pseudomonas aeruginosa* などの細菌は，下の式に示した4段階の反応により可溶性の硝酸イオン（NO_3^-）を亜硝酸イオン（NO_2^-），一酸化窒素（NO），亜酸化窒素（N_2O）を経由して分子状窒素（N_2）として大気中に放出する．この反応は脱窒（denitrification）または異化型硝酸呼吸と呼ばれる．脱窒菌によっては N_2O を最終産物として放出する場合があり，この代謝は不完全脱窒と呼ばれている．

$$NO_3^- \rightarrow NO_2^- \rightarrow NO \rightarrow N_2O \rightarrow N_2$$

各段階の反応は細胞膜またはペリプラズムに局在する酸化還元酵素によって触媒される（図5-16）．硝酸還元酵素はモリブデン含有の酵素で，多くの細菌では膜結合型であり細胞質側で硝酸還元を行う．亜硝酸還元酵素はペリプラズムに局在する可溶性酵素で，細菌によってヘム cd_1 または銅を活性中心に持つものが存在する．一酸化窒素還元酵素は膜結合型のヘムタンパク質であり，亜酸化窒素還元酵素は可溶性の銅タンパク質である．亜硝酸還元以下の反応はペリプラズムで進行するため，脱窒には硝酸の取込みと亜硝酸の排出を行うトランスポーターが必要とされる．

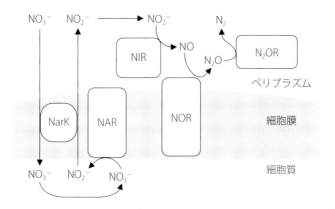

図 5-16　脱窒菌による硝酸還元経路

Nar：硝酸還元酵素，NIR：亜硝酸還元酵素，NOR：一酸化窒素還元酵素，N_2OR：亜酸化窒素還元酵素，NarK：硝酸/亜硝酸トランスポーター．

脱窒菌はすべて通性嫌気性であり，酸素の存在時には好気呼吸を行い，脱窒酵素は嫌気または低酸素の環境で窒素酸化物の存在時に誘導発現する．その発現制御は *P. aeruginosa* などで詳細に調べられており，酸素および硝酸やNOを感知する複数の転写調節因子によって遺伝子発現レベルで階層的に制御されていることが知られている．

脱窒は地球上の窒素循環の一翼を担っており（☞ 4-1-2-2），結合型窒素を分子状窒素として大気中に戻す反応として下水処理にも利用されている（☞ 8-1-2）．一方で，耕作地での脱窒は施肥窒素肥料の損失の原因となるため，農業的には有害な反応である．また，脱窒中間体の N_2O の温室効果は CO_2 の約300倍もあるため地球温暖化の原因の1つとなっている．

異化型硝酸呼吸には別の形態もあり，大腸菌を含めた腸内細菌群などの通性嫌気性細菌は，下の式に示した反応により硝酸を分子状窒素ではなくアンモニア（NH_3）に還元する．

$$NO_3^- \quad \rightarrow \quad NO_2^- \quad \rightarrow \quad NH_3$$

非脱窒型硝酸呼吸と呼ばれるこの反応は，生成したアンモニアをグルタミン酸などと結合して生体構成成分の窒素源とする同化型硝酸還元と共通しているが，最終産物としてアンモニアを放出するという点に違いがある．

2）硫 酸 呼 吸

硫酸イオン（SO_4^{2-}）は海水中の主要な陰イオンの1つであり，*Desulfovibrio* 属などの偏性嫌気性細菌により嫌気呼吸の電子受容体として利用される．硫酸呼吸の電子供与体としては，多様な有機酸，アルコール，アミノ酸および水素などが用いられる．硫酸還元の最終産物は硫化水素（H_2S）である．硝酸還元と同様に硫酸還元にも同化型と異化型があり，同化型硫酸還元で生成した H_2S は直ちにアミノ酸の形に変換されるが，異化型硫酸還元では H_2S が排出される．

SO_4^{2-} は安定であるため，はじめにATPを用いて活性型のアデノシン 5'- ホスホ硫酸（APS）を生成する．その後にAPSが亜硫酸（SO_3^{2-}）を経て S^{2-} にまで還元され，最終的に H_2S として放出される．

$$SO_4^{2-} + ATP \quad \rightarrow \quad APS \quad \rightarrow \quad SO_3^{2-} \quad \rightarrow\rightarrow \quad S^{2-}$$

硫酸還元における電子伝達系には b 型と c 型のシトクロムやキノンが含まれ，好気呼吸と類似している．

3）メタン生成

嫌気的環境下でメタンを生成する微生物はメタン生成菌と呼ばれている．これらはすべて偏性嫌気性のアーキアで，シトクロムを含む *Methanobacterium* や *Methanococcus* 属などと，シトクロムを含まない *Methanosarcina* 属などに分けられる．メタン生成菌は水田土壌，泥

炭層，深海熱水噴出孔，地底深部，動物の消化管など，地球上のさまざまな嫌気環境に分布している．CO_2 から CH_4 への還元に用いられる基質は一般的に水素であるが，その他に，ギ酸，一酸化炭素，酢酸，メタノール，メチルアミンなどが基質として用いられる．水素を基質としたときのメタン生成の反応式を下に示す．この反応による自由エネルギーの変化は標準状態で－131 kJ/mol であり，1 分子の ATP を合成するには十分である．

$$4H_2 + CO_2 \rightarrow CH_4 + 2H_2O$$

メタン生成菌のエネルギー獲得は，CO_2 固定経路の一種である還元的アセチル CoA 経路（Wood-Ljungdahl 経路とも呼ばれる）に依存している．この経路のステップで形成されるナトリウムやプロトンの濃度勾配を用いて ATP が生成されるため，メタン生成はエネルギー代謝様式としては嫌気呼吸である．

メタン生成にはメタノフラン，テトラヒドロメタノプテリン，補酵素 M(CoM)，補酵素 B(CoB)，補酵素 F_{420}，補酵素 F_{430} といった特有の補酵素が C1 ユニットの伝達や CO_2 の還元反応に必要な電子供給に関わっている（図5-17）．H_2 と CO_2 を基質としたメタン生成では，CO_2 はホルミル基（-CHO）としてメタノフランと結合したのちに，メテニル基（-CH=），メチレン基（-CH$_2$-），メチル基（-CH$_3$）に順次還元される．メチル基は C1 伝

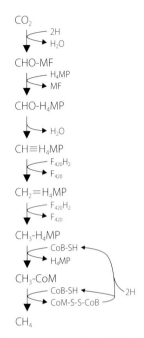

図 5-17 CO_2 からのメタン生成経路

MF：メタノフラン，H$_4$MP：テトラヒドロメタノプテリン，F$_{420}$H$_2$：還元型の補酵素 F$_{420}$，CoB-SH：還元型の補酵素 CoB，CoM-SH：還元型の補酵素 CoM．

達体の CoM に転移したのちに，F_{430} と CoB が関与する酵素反応によって CH_4 に還元される．この際，CoM と CoB のジスルフィド複合体（CoM-S-S-CoB）が形成される．この複合体の還元により遊離の CoM と CoB を再生する反応の自由エネルギー変化は－39 kJ/mol である．この反応はプロトン濃度勾配の形成と共役しており，ATP 生産に関与している．

4）その他の呼吸

嫌気呼吸の電子受容体としては，硝酸イオンや硫酸イオンの他に，三価鉄（Fe^{3+}），マンガンイオン（Mn^{4+}）などの酸化型の金属イオン，フマル酸，ジメチルスルホキシド（DMSO），トリメチルアミン N- オキシド（TMAO），腐植質などの多様な有機化合物が利用される．有機塩素化合物の還元的脱塩素反応や，アナモックスと呼ばれる嫌気的アンモニア酸化反応も，電子移動に伴いプロトン濃度勾配を形成して生育を支えるエネルギー生産に関わることから，嫌気呼吸と捉えることができる．

アナモックスとは，以下の式に示すように嫌気条件下でアンモニウムイオンと亜硝酸イオンから，分子状窒素を生成する反応であるが，実際には少量の硝酸イオンが副成することがアナモックスを利用した排水処理（☞ 8-1-3）においては課題の1つとなっている．

$$NH_4^+ + NO_2^- \rightarrow N_2 + 2H_2O$$

アナモックス細菌は *Planctomycetes* 門に属する嫌気性の独立栄養細菌であり，生育が非常に遅いために近年までその生態や代謝生理が不明であった．結合型窒素を分子状窒素として大気中に戻す生物的反応は，従来は脱窒のみであると考えられていたが，最近の研究によると，環境によっては，脱窒よりもアナモックスにより放出される窒素量の方が多い場合もあることが報告されている．

5．無機物を電気供与体とする呼吸

化学合成独立栄養細菌は，無機化合物を呼吸基質（電子供与体）とする呼吸によりATPを生成し，CO_2から細胞を構成する有機化合物を合成する．これは一部の原核生物のみに見られる代謝である．無機化合物がエネルギー源として利用されるためには，その酸化により得られるエネルギーが，ATPの高エネルギーリン酸結合を形成するのに必要な 31.8 kJ/mol 以上である必要がある．化学合成独立栄養細菌は，利用する呼吸基質の特異性により大きく4つのグループに分けることができる．すなわち，還元型窒素化合物を用いる硝化細菌，還元型硫黄化合物を用いる硫黄酸化細菌，還元型の鉄を用いる鉄細菌および分子状水素を用いる水素細菌である．

1）硝 化 細 菌

硝化（nitrification）とはアンモニア（NH_3）を好気的に酸化して硝酸に変換する反応である．この反応はアンモニアから亜硝酸への酸化と，亜硝酸から硝酸への酸化の2段階に分けられる．それぞれの反応はアンモニア酸化細菌（亜硝酸細菌とも呼ばれる）と亜硝酸酸化細菌（硝酸細菌とも呼ばれる）によって行われている．これらの細菌は系統的に異なるが，両者を合わせて硝化細菌と呼ぶ．アンモニア酸化細菌と亜硝酸酸化細菌はしばしば隣接して土壌や水圏に広く存在しており，アンモニアから硝酸への酸化は速やかに進行する．アンモニア酸化と亜硝酸酸化はともに自由エネルギーが減少する反応であり，硝化細菌はそのエネルギーを用いてCO_2固定を行う．硝化細菌は絶対独立栄養性で，CO_2固定は光合成生物と同様にカルビン回路により行われる．

Nitrosomonas 属に代表されるアンモニア酸化細菌では，アンモニアは細胞膜中に存在するアンモニアモノオキシゲナーゼによってヒドロキシルアミン（NH_2OH）に酸化されたのちに，ペリプラズムに局在するヒドロキシルアミン酸化還元酵素により亜硝酸イオン（NO_2^-）に酸化される．両反応は次の式で表される．

$$NH_3 + O_2 + 2H^+ + 2e^- \rightarrow NH_2OH + H_2O$$
$$NH_2OH + H_2O \rightarrow NO_2^- + 5H^+ + 4e^-$$

Nitrobacter 属に代表される亜硝酸酸化細菌では，次式に示すように亜硝酸酸化酵素により亜硝酸イオンが硝酸イオン（NO_3^-）に酸化される．

$$2NO_2^- + H_2O \rightarrow NO_3^- + 2H^+ + 2e^-$$

アンモニア酸化細菌と亜硝酸酸化細菌では，それぞれアンモニアと亜硝酸の酸化により生じた電子は好気呼吸鎖のシトクロム c と aa_3 型シトクロム c 酸化酵素を介して酸素に渡され，ATP 生成に必要なプロトン濃度勾配の形成に使われる．

　2017 年，硝化の 2 つの過程すなわちアンモニア酸化と亜硝酸酸化を両方行うことができる，すなわちアンモニアから硝酸を生成する細菌 *Nitrospira inopinata* が純粋培養されたという論文が発表された．この細菌は完全アンモニア酸化細菌とも呼ばれるが，一般的なアンモニア酸化細菌よりも低アンモニア条件によく適応しており，生態学的観点からも興味が持たれている．

2）硫黄酸化細菌

　硫黄は酸化数が+6 の硫酸イオン（SO_4^{2-}）から，酸化数が−2 の硫化水素（H_2S）まで，さまざまな酸化数の化合物を形成する．このうち，最も酸化された状態の硫酸を除く還元型無機化合物の酸化によりエネルギーを獲得して CO_2 固定を行う細菌を硫黄酸化細菌と呼ぶ．硫黄酸化細菌としては，嫌気条件下で H_2S などの還元型硫黄化合物を電子供与体として酸素非発生型光合成を行う緑色硫黄細菌や紅色硫黄細菌のような光合成細菌も存在する．化学合成独立栄養性の硫黄酸化細菌は好気性であり，*Acidithiobacillus* や *Thiomicrospira* 属などが知られている．後述する鉄細菌や水素細菌の中にも硫黄酸化能を有するものが多く存在する．硫黄酸化細菌が利用する電子供与体としては，硫化水素の他に単体硫黄（S^0）やチオ硫酸（$S_2O_3^{2-}$）が一般的であり，ほとんどの場合，硫酸イオンが硫黄酸化の最終産物となる．このため，硫黄酸化細菌には強い酸耐性を有するものが多い．還元型硫黄化合物の酸化により生じる電子は電子伝達系を介して酸素に渡されることでプロトン濃度勾配が形成され，好気呼吸により ATP が生成する．*Acidithiobacillus denitrificans* などは硝酸イオンを最終電子受容体とする異化型硝酸呼吸（脱窒）を行うことで，嫌気条件下でも硫黄酸化することができる．

　硫黄化合物の中で最も還元された形の硫化水素は段階的に硫酸にまで酸化されるが，その最初の段階で単体硫黄が形成される．単体硫黄は不溶性で粒子として安定的に存在するため，硫黄酸化細菌の中には硫黄粒子をエネルギー貯蔵物質として一時的に細胞内に蓄積し，硫化水素が枯渇した際に利用するものもいる．

　チオ硫酸は自然界に存在する主要な還元型硫黄化合物であり，単体硫黄とは異なり水溶

性であるため，環境中の硫黄循環や生物的な硫黄代謝の中間体として重要な化合物である．チオ硫酸を代謝する経路は 2 つのタイプが知られており，多くの硫黄酸化細菌では *Paracoccus pantotrophus* で詳細に研究されている Sox（sulfur oxidation）システムにより硫酸に酸化される．一方，アーキアを含めた好酸性菌では，チオ硫酸はテトラチオン酸（$S_4O_6^{2-}$）を代謝中間体とする S_4I（S_4-intermediate）経路で代謝されることが報告されている．

3）鉄　細　菌

鉄細菌（鉄酸化細菌）は，二価鉄イオン（Fe^{2+}）を下の式で示した反応により三価鉄イオン（Fe^{3+}）に酸化する．この際に生じる電子を，酸素を最終電子受容体として電子伝達系に供することで得られるエネルギーを用いて CO_2 固定を行い独立栄養的に生育する．

$$Fe^{2+} + H^+ + 1/4O_2 \rightarrow Fe^{3+} + 1/2H_2O$$

Fe^{2+} の酸化により得られるエネルギーは 32.9 kJ/mol である．この値は単体硫黄の酸化（587 kJ/mol）や分子状水素の酸化（237 kJ/mol）で得られるエネルギーと比べて非常に低いため，鉄細菌の生育はきわめて遅い．Fe^{3+} はそれ自体が強力な酸化剤であるため，Fe^{2+} の酸化には，より強力な酸化剤である酸素が必要となる．しかし，中性付近では Fe^{2+} は酸素が存在すると直ちに酸化されて不溶性の $Fe(OH)_3$ として沈殿する．このため，鉄細菌は Fe^{2+} が安定して存在する微好気か酸性の環境に生息している．

鉄細菌として最も古くから研究されている *Acidithiobacillus ferrooxidans*（以前は *Thiobacillus ferrooxidans* と呼ばれていた）は，Fe^{2+} に加えて還元型硫黄化合物も電子供与体として用いることができる．Fe^{2+} の酸化によって生じる電子はルスチシアニン（rusticyanin）と呼ばれる青色銅タンパク質とシトクロム c を介して aa_3 型シトクロム c 酸化酵素による酸素還元に利用されるとともに，ATP 生成に必要なプロトン濃度勾配が形成される．

4）水　素　細　菌

水素酸菌（水素酸化細菌）とは分子状水素（H_2）を電子供与体として生育する化学合成独立栄養細菌の総称であり，*Hydrogenomonas*，*Hydrogenophilus*，*Cupriavidus*，*Alcaligenes* 属など，系統分類的に多岐にわたって存在する．水素細菌は一般的に好気性であり，好気呼吸によりエネルギーを獲得しているが，硝酸イオンなどを電子受容体とする嫌気呼吸により生育するものも存在する．ほとんどの水素細菌は水素だけでなく有機化合物もエネルギー源として利用できるが，*Hydrogenobacter thermophilus* や *Hydrogenovibrio marinus* などは絶対独立栄養性を示す．多くの水素細菌はカルビン回路により CO_2 固定を行うが，*H. thermophilus* などでは TCA 回路の逆回転である還元的 TCA 回路により CO_2 固定を行うことが知られている．また，*Hydrogenophilus thermoluteolus* や *Cupriavidus necator*（*Ralstonia eutropha*）などの独立栄養条件での生育が速い水素細菌は，水素をエネルギー源として CO_2 から有機酸やバイオポリマー原料などの有用物質を生産する宿主として期待されている（☞ 10-2-1）．

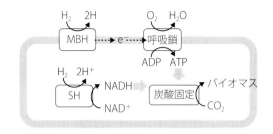

図 5-18 水素細菌におけるエネルギー代謝
MBH：膜結合型ヒドロゲナーゼ，SH：可溶性ヒドロゲナーゼ．

　水素の酸化反応を触媒するヒドロゲナーゼは Fe または Ni を含む酵素で，膜結合型と可溶性のものが知られている．水素細菌はこのどちらか一方または両方を持っている．膜結合型ヒドロゲナーゼにより水素から引き抜かれた電子は，細胞膜中の電子伝達系を介して酸素などの呼吸電子受容体の還元に使われる．この過程でプロトン濃度勾配が形成され，酸化的リン酸化により ATP が生成される．一方，可溶性ヒドロゲナーゼは細胞質中で H_2 を用いてピリジン補酵素（NAD^+ または $NADP^+$）を直接還元する．これらは CO_2 固定や菌体成分合成の還元力として利用される（図 5-18）．

6．光合成と独立栄養的二酸化炭素固定

1）微生物における光合成の型

　光合成は，物理的なエネルギーである光を利用し，生物が使える化学的なエネルギーに変換する一連のプロセスである．光合成は，光エネルギーを利用して電子を励起して ATP と NADPH を生成する明反応と，生成した ATP と NADPH を用いて CO_2 を固定する暗反応に分けられる．光合成微生物には，光合成細菌，シアノバクテリア（ラン藻），真核藻類などが含まれる．このうち，シアノバクテリアと真核藻類は，水（H_2O）を電子供与体として用いた光合成反応を有し，副生成物として酸素（O_2）を発生する．一方，光合成細菌は，16S rRNA の塩基配列による分類から，紅色細菌，緑色硫黄細菌，緑色糸状性細菌，ヘリオバクテリアに分かれ，水素，硫化水素，あるいはコハク酸などの有機物を電子供与体として用いた酸素非発生型光合成を行う．前者の水を電子供与体とする光合成は，酸素発生型光合成と呼ばれ，光化学系 II（photosystem II，PS II）にあるマンガン（Mn）クラスターが水から電子を引き抜くことで酸素が発生する（図 5-19）．この電子は，光によって電荷分離を起こし，電子を放出した反応中心クロロフィルの再還元に用いられる．一連の反応は，チラコイドと呼ばれる膜上で行われる．光合成の電子伝達では，最終的に還元力である NADPH が生成するとともに（図 5-19），チラコイド膜を挟んでプロトン濃度勾配が作られ，最終的に

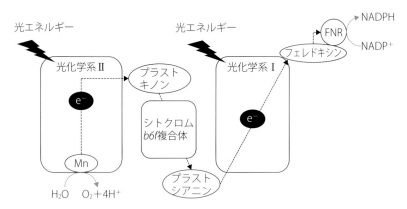

図 5-19 光化学系Ⅰと光化学系Ⅱによる酸素発生型光合成電子伝達
酸素発生型光合成では，チラコイド膜上の光化学系Ⅰと光化学系Ⅱの複合体によって，水を電子供与体として電子が多くの分子間で伝達される．この反応に伴い，光化学系Ⅱでは酸素が発生し，最終的に還元力である NADPH が生成する．

ATP の生成に利用される．

　NADPH は，光合成電子伝達における最終生成物の 1 つである．光合成電子伝達では，光化学系Ⅰから電子を受け取ってフェレドキシンが還元され，フェレドキシンから電子を受け取ったフェレドキシン NADP 還元酵素（ferredoxin NADP reductase, FNR）が，$NADP^+$ を基質として NADPH を生成する（図 5-19）．NADPH の生成には，還元型フェレドキシンからの 2 つの電子と 1 つの H^+ が基質として必要である．FNR は，シアノバクテリアでは集光装置であるフィコビリソーム，高等植物では電子伝達に働くシトクロム *b6f* 複合体を介して，チラコイド膜のストロマ側に結合しているとされている．また，非光合成生物も FNR を有するが，光合成電子伝達とは反対に，還元型フェレドキシンの生成に働く．NADPH は，後述の通り，カルビン回路による炭素固定に使われるとともに，窒素や硫黄の同化や脂肪酸の合成など，さまざまな化合物の生合成に必要である．

　光合成では固定した二酸化炭素を用いて，デンプンやグリコーゲンなどの炭水化物を生成する．炭水化物は $(CH_2O)_n$ の組成式で表され，分子中の炭素の酸化数は，CO_2 の炭素の酸化数よりも少ない．このため，二酸化炭素から炭水化物を生成するためには，CO_2 分子を還元する必要があり，この還元に光合成の電子伝達で生成した NADPH が利用される．この NADPH の還元力を利用して炭水化物を作る反応は，カルビン回路と呼ばれる回路中で起こる（後述）．NADPH の還元力は，水分子由来であることから，光合成の一連の反応は，「光エネルギーを用いて水分子が酸化され，NADPH を介して二酸化炭素分子が還元されることで，最終的に糖が生成する反応」であるということができる．

2）独立栄養的二酸化炭素固定経路

　二酸化炭素固定は，地球の炭素循環を支える最も重要な生化学的反応である．高等植物をはじめ，コケ，真核藻類，シアノバクテリア，紅色細菌などの一部の光合成細菌では，カルビン回路が機能しており，二酸化炭素を固定する代謝反応群として知られている．光合成細菌では二酸化炭素固定経路が多様であり，緑色硫黄細菌や一部の紅色細菌では還元的TCA回路，緑色糸状性細菌では3-ヒドロキシプロピオン酸回路を有する．また，嫌気性酢酸生産菌などはアセチルCoA経路，δプロテオバクテリアでは還元的グリシン経路を有するなど，多様な炭素固定経路が見つかっている．以前は6種類とされていたが，最近見つかった還元的グリシン経路を加え，これまでに7種類の独立栄養的二酸化炭素固定経路が知られている．

（1）カルビン回路

　カルビン回路は，還元的ペントースリン酸回路，カルビン・ベンソン・バッシャム回路，C_3回路とも呼ばれ，一部の光合成細菌を除いたほとんどの光合成生物における主要な二酸化炭素固定経路である．カルビン回路の反応は，真核藻類などの真核生物では葉緑体内で起こり，シアノバクテリアなどの原核生物では細胞質内で起こる．

　カルビン回路の炭素固定は，リブロース1,5-ビスリン酸とCO_2が反応し，2分子の3-ホスホグリセリン酸が生成することで始まる（図5-20）．この反応は，リブロース1,5-ビスリン酸カルボキシラーゼ/オキシゲナーゼ（RubisCO）によって触媒される．この反応にお

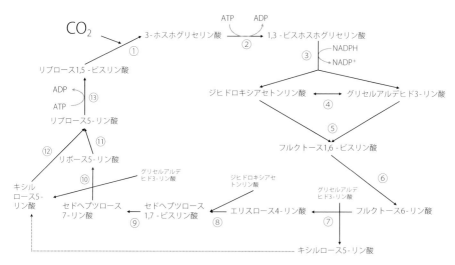

図 5-20　カルビン回路
反応の番号は表5-2と対応している．

表 5-2 カルビン回路の反応

番号	酵素名	反応式
①	リブロース 1,5- ビスリン酸カルボキシラーゼ / オキシゲナーゼ	リブロース 1,5- ビスリン酸＋ CO_2 → 2 × 3- ホスホグリセリン酸
②	3- ホスホグリセリン酸キナーゼ	3- ホスホグリセリン酸＋ ATP → 1,3- ビスホスホグリセリン酸＋ ADP
③	グリセルアルデヒド 3- リン酸デヒドロゲナーゼ	1,3- ビスホスホグリセリン酸＋ NAPDH →グリセルアルデヒド 3- リン酸＋ $NADP^+$ ＋ Pi
④	トリオースリン酸イソメラーゼ	グリセルアルデヒド -3- リン酸 →ジヒドロキシアセトンリン酸
⑤	フルクトース 1,6- ビスリン酸アルドラーゼ	グリセルアルデヒド 3- リン酸＋ジヒドロキシアセトンリン酸 →フルクトース 1,6- ビスリン酸
⑥	フルクトース 1,6- ビスホスファターゼ	フルクトース 1,6- ビスリン酸 →フルクトース 6- リン酸＋ Pi
⑦	トランスケトラーゼ	グリセルアルデヒド 3- リン酸＋フルクトース 6- リン酸 →エリスロース 4- リン酸＋キシルロース 5- リン酸
⑧	フルクトース 1,6- ビスリン酸アルドラーゼ	ジヒドロキシアセトンリン酸＋エリスロース 4- リン酸 →セドヘプツロース 1,7- ビスリン酸
⑨	セドヘプツロース 1,7- ビスホスファターゼ	セドヘプツロース 1,7- ビスリン酸 →セドヘプツロース 7- ビスリン酸＋ Pi
⑩	トランスケトラーゼ	グリセルアルデヒド 3- リン酸＋セドヘプツロース 7- ビスリン酸 →リボース 5- リン酸＋キシルロース 5- リン酸
⑪	リボース 5- リン酸イソメラーゼ	リボース 5- リン酸 →リブロース 5- リン酸
⑫	キシルロース 5- リン酸エピメラーゼ	キシルロース 5- リン酸 →リブロース 5- リン酸
⑬	ホスホリブロキナーゼ	リブロース 5- リン酸＋ ATP →リブロース 1,5- ビスリン酸＋ ADP

Pi は無機リン酸を指す.

いて，RubisCO は CO_2 を基質として炭素同化を行うが，酸素分子 O_2 を基質とすることもあり，この場合の反応は光呼吸と呼ばれている．生成した 3- ホスホグリセリン酸のうち 1 分子は，ATP や NADPH などのエネルギーを使い，グリセルアルデヒド 3- リン酸，フルクトース 1,6- ビスリン酸，フルクトース 6- リン酸へと変換され（図 5-20），最終的には糖などの炭素貯蔵源となる．一方，もう 1 分子の 3- ホスホグリセリン酸は，エリスロース 4- リン酸などを経てリブロース 5- リン酸となり，ATP を基質として反応することで，リブロース 1,5- ビスリン酸が再生する（図 5-20）．カルビン回路の一連の反応では，CO_2 1 分子当たり 2 分子の NADPH，3 分子の ATP が消費される．

　カルビン回路の全反応は図 5-20 および表 5-2 の通りである．カルビンサイクルは 13 個の酵素反応からなるが，フルクトース 1,6- ビスリン酸アルドラーゼやトランスケトラーゼが，

2つの異なる反応を触媒する点に留意が必要である．

　カルビンサイクルは二酸化炭素固定経路として，シアノバクテリアから高等植物まで広く保存されているが，サトウキビやトウモロコシなどの植物は，異なる二酸化炭素固定反応を有している．これらの植物では，二酸化炭素が固定されて最初にできる化合物が，3-ホスホグリセリン酸ではなく，リンゴ酸やオキサロ酢酸，アスパラギン酸といった，炭素が4つの化合物である．二酸化炭素が固定されて最初にできる化合物が炭素4つの化合物であるため，C_4回路（またはC_4ジカルボン酸回路，ハッチ-スラック回路）と呼ばれる．この回路を有する植物は，C_4型植物またはC_4植物と呼ばれる．この経路では，炭素数が3であるホスホエノールピルビン酸と炭酸水素イオンを基質として反応させ，オキサロ酢酸が生成する（図5-21）．この反応を触媒するのがホスホエノールピルビン酸カルボキシラーゼ（PEPC）である．基質である炭酸水素イオンは，溶液中には存在するが，植物などは気体の二酸化炭素を基質としてカルボニックアンヒドラーゼによって生成する（図5-21）．C_4回路には，NADPマリックエンザイム型，NADマリックエンザイム型，PEPカルボキシキナーゼ型があるが，トウモロコシが有するNADPマリックエンザイム型のC_4回路では，オキサロ酢酸がリンゴ酸に変換される（図5-21）．次に，マリックエンザイム（リンゴ酸酵素，ME）によって，リンゴ酸からピルビン酸が生成する際に，二酸化炭素が放出される．生成したピルビン酸は，ピルビン酸リン酸ジキナーゼによってホスホエノールピルビン酸に戻り，回路となる（図5-21）．この回路だけでは，同化した炭酸水素イオンがマリックエンザイムによって二酸化炭素として放出されてしまうが，この二酸化炭素は細胞内のカルビン回路によって固定される．このため，C_4回路は回路そのものが二酸化炭素固定には働かないが，カルビン回路の二酸化炭素固定を助ける二酸化炭素濃縮機構として働いている．

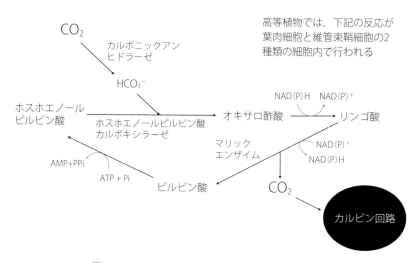

図5-21　NADPマリックエンザイム型のC_4回路

この C_4 回路は，一部の高等植物が有する代謝経路であるが，PEPC はほとんどの細菌や原生生物など，従属栄養生物も有している．PEPC は，従属栄養生物においてもカルボン酸やアミノ酸を生産する際に，律速酵素となりうることが知られている．PEPC の活性を増強することで，従属栄養細菌やシアノバクテリアのカルボン酸やアミノ酸の生産量が増大した例がある．特に，PEPC は炭素 1 分子を同化する反応であり，糖などの炭素源に対する目的物質の理論的な炭素源収率が向上するため，バイオものづくり産業においても重要な反応である．

(2) アセチル CoA 経路

アセチル CoA 経路は，ウッドリュンガル経路（Wood-Ljungdahl 経路）とも呼ばれ，最も原始的な炭素固定経路であるといわれている．嫌気性酢酸生産菌やメタン生成アーキアなどで機能している二酸化炭素固定経路であり，反応は一方通行である．2 分子の CO_2 から 1 分子のアセチル CoA を生成する経路である．

(3) 還元的 TCA 回路

還元的 TCA 回路は，緑色硫黄細菌や一部の紅色細菌，好熱性水素細菌などが有する炭素固定経路であり，逆 TCA 回路，還元的カルボン酸回路，逆転クレブス回路とも呼ばれる．還元的 TCA 回路では，4 分子の CO_2 が固定され，1 分子のオキサロ酢酸が生成する．本回路では，クエン酸開裂反応を担う ATP クエン酸リアーゼや，シトリル CoA 合成酵素，シトリル CoA リアーゼなど，典型的な TCA 回路にはない酵素が働く．ATP クエン酸リアーゼは，クエン酸 + ATP + CoA-SH → アセチル CoA + ADP + Pi の反応を触媒する．シトリル CoA

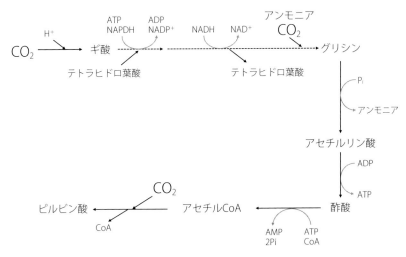

図 5-22　還元的グリシン経路

合成酵素とシトリル CoA リアーゼの反応では，クエン酸，ATP，CoA を基質として，シトリル CoA を経て，アセチル CoA とオキサロ酢酸が生成する．アセチル CoA 経路と並び，カルビンサイクルよりも古い原始的な二酸化炭素固定経路であるといわれている．

(4) その他の二酸化炭素固定経路

前述の3つに加え，二酸化炭素固定経路としては，3-ヒドロキシプロピオン酸回路，3-ヒドロキシプロピオン酸/4-ヒドロキシ酪酸回路，ジカルボキシル酸/4-ヒドロキシル酸回路，還元的グリシン経路が知られている．このうち，還元的グリシン経路は，2020年に発見された経路である（図 5-22）．硫酸還元細菌 *Desulfovibrio desulfuricans* では，まず CO_2 がギ酸に還元され，さらに別の CO_2 と縮合してグリシンが生成する．グリシンはグリシン還元酵素によってアセチルリン酸に還元され，次にアセチル CoA に変換し，さらに別の CO_2 と縮合してピルビン酸が生成する（図 5-22）．この経路は，還元的アセチル CoA 経路と並び，ATP 利用効率の最も高い二酸化炭素固定経路である．

7．無機窒素の同化

1）アンモニアの同化

窒素は，すべての生命においてアミノ酸や核酸をはじめとする生体の構成成分として必須な元素であり，窒素化合物をこれらの生体成分に変換する反応を窒素同化（nitrogen assimilation）という．人や動物が有機態窒素しか同化できないのに対して，微生物にはさまざまな無機窒素化合物を同化できるものが存在する．このうち，最も基本的な反応がアンモニアの同化である．

多くの微生物がアンモニア[注]を同化できるが，アンモニアの同化の仕組みは微生物と植物でよく似ている．細胞膜上のアンモニア輸送体タンパク質の働きによって取り込まれたアンモニアは，グルタミン合成酵素（glutamine synthetase）によってグルタミン酸と反応し

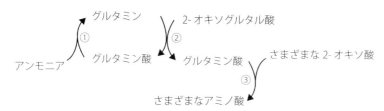

図 5-23 微生物によるアンモニアの同化
①：グルタミン合成酵素，②：グルタミン酸合成酵素，③：アミノ基転移酵素．

注）正確にはアンモニウムイオンというべきであるが，本節では，簡便のためアンモニアとしている．

グルタミンへと取り込まれる.さらに,グルタミン酸合成酵素（glutamate synthase）は,グルタミンのアミノ基を 2-オキソグルタル酸へと転移させ 2 分子のグルタミン酸を生成する.一連の反応によって,細胞内に取り込まれたアンモニア 1 分子と 2-オキソグルタル酸 1 分子から,1 分子のグルタミン酸が生成されることとなる（図 5-23）.同化されたアンモニアに由来するグルタミン酸のアミノ基は,アミノ基転移酵素によってさまざまな 2-オキソ酸（有機酸）へと転移され,別のアミノ酸が生産される.

　グルタミン合成酵素とグルタミン酸合成酵素の反応には,それぞれ 1 分子の ATP と NADH（または NADPH）が用いられる.すなわち,アンモニアの同化はエネルギーを要求する反応である.酵母や糸状菌のグルタミン酸の同化系はミトコンドリア（mitochondria）に局在すると考えられている.

2）硝酸の同化

　好気的な環境下では,アンモニアは硝化細菌（☞ 5-5-1）の働きによって速やかに硝酸[注]へと酸化されることから,硝酸は環境中の主要な無機窒素である.細菌や糸状菌の多くは,硝酸を同化する能力を有している.硝酸は,細胞膜上の硝酸または亜硝酸の輸送体タンパク質の働きによって細胞内に取り込まれたのち,順次,亜硝酸,アンモニアへと還元される（図 5-24）.生成されたアンモニアは,アンモニアの同化系によって生体成分へと取り込まれる.硝酸の同化における還元反応は,非脱窒型の硝酸呼吸（☞ 5-4-1）のそれと類似しているが,細胞質で行われる代謝であり呼吸鎖の反応を伴わない点で異なっている.

　細菌では,硝酸の同化を担う同化型硝酸還元酵素（assimilatory nitrate reductase）は,FAD,鉄硫黄クラスター（iron-sulfur cluster）,モリブデン補酵素を持つ酵素であり,NADH を利用して硝酸を亜硝酸へと還元する.同化型亜硝酸還元酵素（assimilatory nitrite reductase）は,FAD,鉄硫黄クラスター,シロヘム（siroheme）を有しており,NADH を利用して亜硝酸をアンモニアへと還元する.ラン藻や植物においては,いずれの酵素も FAD を持たず NADH のかわりにフェレドキシン（ferredoxin）を電子供与体として利用する点が異なっている.

　糸状菌は,硝酸の同化能力が高いことが古くから知られる.アカパンカビ Neurospora crassa の同化型硝酸還元酵素と同化型亜硝酸還元酵素は細胞質に局在し,NADPH を電子供

図 5-24　微生物による硝酸の同化
①：同化型硝酸還元酵素, ②：同化型亜硝酸還元酵素.

注）アンモニウムイオンと同様,正確には硝酸イオンといった方がいいところもあるが,本節では,簡便のため硝酸としている.

与体として利用し，FADとシトクロムbを有する．活性中心の補酵素は，それぞれモリブデン補酵素とシロヘムである．細菌や糸状菌では，これらの酵素遺伝子の発現がアンモニアによって抑制され硝酸や亜硝酸によって誘導されることが多い．

3）窒素固定

　微生物による窒素固定（nitrogen fixation）は，大気中の窒素ガスをアンモニアへと固定して同化する反応であり，地球の窒素循環を支える重要な反応である（☞4-1-2-2）．窒素固定を行う微生物には，植物の根と共生することにより窒素固定を行うものと単独で窒素固定するものが知られている．窒素固定反応は，ニトロゲナーゼ（nitrogenase）が行う．ニトロゲナーゼの反応は，フェレドキシン（あるいはフラボドキシン）を電子供与体として進行し，1分子の窒素ガス当たり16分子のATPを必要とする（(5-1)式）．ニトロゲナーゼは，窒素固定微生物間でよく似た鉄タンパク質とモリブド鉄タンパク質からなる．ニトロゲナーゼは酸素にきわめて弱い酵素である．

$$N_2 + 8H^+ + 8e^- + 16ATP + 16H_2O \rightarrow 2NH_3 + H_2 + 16ADP + 16Pi \qquad (5\text{-}1)$$

　根粒菌は，マメ科植物の根に侵入して根粒（rhizoid）を形成することにより窒素固定を行う．自身は，バクテロイドと呼ばれる細胞内共生体に分化する．根粒菌は，宿主の植物から受け取る光合成産物（炭水化物）のエネルギーを利用して窒素を固定し，これを植物に供給することから，両者の関係は栄養共生である．根粒で大量に合成されるレグヘモグロビンは，酸素を吸着することによりニトロゲナーゼの酸素による失活を防ぐ役割を持つ．根粒菌としては $Rhizobium$ 属などが有名であるが，$Frankia$ 属の放線菌にも根粒菌が知られている．
　$Azotobacter$ 属は，植物と共生せずに窒素固定を行う好気性の細菌である．この菌は，好気的環境下でニトロゲナーゼを働かせるために，高い呼吸能により酸素を消費すると考えられている．$Anabaena$ などの糸状ラン藻は，ヘテロシスト（heterocyst）という細胞を分化させ窒素固定を行う．ヘテロシストは光化学系 II を持たず酸素を発生しないが，これはニトロゲナーゼを酸素から守るための工夫といえる．現在知られている窒素固定菌は細菌と古細菌のみで，真核生物が窒素固定を行うかどうかは明らかになっていない．
　窒素は植物の成長にとって重要であり，農作物の栽培には大量の窒素肥料が使用されている．一方，マメ科植物は，根粒で窒素固定が行われるために窒素肥料を与えなくても良好に生育する．根粒菌や土壌に棲息する窒素固定菌の能力を活用することで窒素肥料の節約や過剰施肥の防除のための技術が開発できると期待される（☞9-4-1）．

4）無機硫黄の同化

　環境中では，硫黄は，硫酸イオン（SO_4^{2-}），亜硫酸イオン（SO_3^{2-}），硫化物イオン（S^{2-}）などのさまざまな無機硫黄化合物として存在する．細菌，酵母，糸状菌の多くが硫酸イオンや亜硫酸イオンを同化することが可能である．これらの微生物では，硫酸イオンは，細胞膜

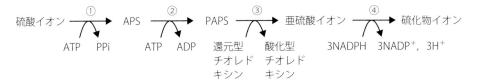

図 5-25 微生物による硫酸イオンの同化
①：ATP スルフリラーゼ，②：APS キナーゼ，③：PAPS 還元酵素，④：同化型亜硫酸還元酵素，PPi：ピロリン酸．

上の硫酸イオン輸送体タンパク質の働きによって細胞内に取り込まれたのち，亜硫酸イオン，硫化物イオンへと還元される（図 5-25）．生体内で硫酸イオンを直接還元して亜硫酸イオンにすることは困難である．このため，硫酸イオンは，まず，ATP スルフリラーゼ（ATP sulfurylase）の働きによって，アデノシン 5'-ホスホ硫酸（adenosine 5'-phosphosulfate，APS）に変換され活性化される．APS はさらにリン酸化されて 3'-ホスホアデニリル硫酸（3'-phosphoadenylylsulfate，PAPS）となったのち，PAPS 還元酵素（PAPS reductase）により亜硫酸イオンへと還元される．大腸菌の PAPS 還元酵素は，還元型チオレドキシンを反応の電子供与体として利用する鉄硫黄クラスター含有酵素である．亜硫酸イオンを硫化イオンへと変換する同化型亜硫酸還元酵素は，NADPH を反応の電子供与体として利用し，FAD，FMN，鉄硫黄クラスター，シロヘムを補酵素として有する．硫黄に着目すると，硫酸の同化系は硫酸呼吸（☞5-4-2）と同様の反応といえるが，呼吸鎖電子伝達系と連結しておらず，異化的な硫酸還元系とは電子供与体と目的が異なる．硫化物イオンは，大腸菌では O-アセチルセリンと，酵母では O-アセチルホモセリンと反応したあとにシステイン，メチオニンや各種の補酵素への硫黄の供給源となる．

8．生体主要成分の生合成

1）アミノ酸

　アミノ酸は，分子内にアミノ基（-NH₂）とカルボキシ基（-COOH）を有する化合物の総称である．ここではタンパク質の合成に利用される 20 種類のアミノ酸の合成について述べる．これらの一部はヌクレオチド，ヌクレオチド補酵素，ヘムなどの多くの生体分子の前駆体でもある．一般的に，微生物はタンパク質を構成する 20 種類のアミノ酸すべてを合成することができる．種によっては 21 番目のタンパク質構成アミノ酸としてセレノシステインを有するものも存在する．グリシン以外のアミノ酸には光学異性体（L 体と D 体）が存在し，一般的なタンパク質は L 体のみのアミノ酸で構成されている．一方で，D 体アミノ酸である D-アラニンや D-グルタミン酸は細菌の細胞壁（ペプチドグリカン）の構成因子として利用されている．近年，その他のアミノ酸でも，生体内に D 体が存在することが明らかにされ

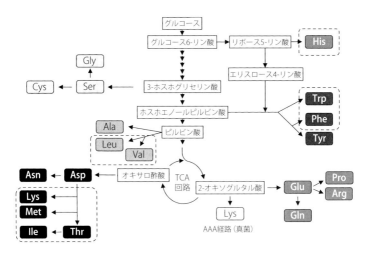

図 5-26 アミノ酸生合成経路の概略図
タンパク質を合成する 20 種類のアミノ酸は中央代謝経路およびペントースリン酸経路の中間体から合成される．共通する前駆物質に基づいて分類されるファミリーごとに色分けした．動物の必須アミノ酸を点線で囲んだ．AAA 経路：アミノアジピン酸経路．

ており，その機能の解析が進められている．

解糖系や TCA 回路，ペントースリン酸経路の比較的限られた代謝産物を前駆体として，分岐した経路によって一群のアミノ酸が合成されるため，アミノ酸の合成経路は共通した前駆物質に基づいて分類することができる（図 5-26）．ヒトをはじめとする動物は，これらの前駆物質から比較的簡単な反応で 11 種類のアミノ酸を合成できるが，より複雑な反応を要するアミノ酸（必須アミノ酸）の合成系を持っておらず，これら合成酵素は抗生物質の標的となりうる．以下，大腸菌のアミノ酸合成経路を例として，一般的なアミノ酸を含む 6 つのファミリーとセレノシステインに分類して概説する．

(1) グルタミン酸ファミリー

TCA 回路の中間体である 2- オキソグルタル酸（2-OG）のアミノ化によるグルタミン酸（Glu）の合成から始まる経路である．Glu は NH_4^+ 濃度が高いときには 2-OG と NH_4^+ から，低いときには 2-OG とグルタミン（Gln）から生成される．Glu は Gln やアルギニン（Arg），プロリン（Pro）の前駆物質となる．Gln は NH_4^+ が Glu に同化されて生じる．Glu と Gln の合成は無機窒素の同化点であり，多くの含窒素生体成分のアミノ基供与体として重要である．大半のアミノ酸の α- アミノ基は Glu の α- アミノ基が転移したものであり，Gln 側鎖のアミド基は幅広い生体分子の生合成に寄与している．Pro の合成は Glu の γ- カルボキシル基のリン酸化，Arg の合成は Glu のアミノ基のアセチル化から始まり，それぞれグルタミン酸 5- セミアルデヒド，N- アセチルグルタミン酸 5- セミアルデヒドを中間体として生じる．前

者の非酵素的な環化を経て最終的にProが生成される．後者からN-アセチルオルニチンが生じ，その脱アセチル化反応によって生じるオルニチンを経て最終的にArgが生成される．コリネ型細菌や緑膿菌，光合成細菌，酵母などは，N-アセチルオルニチンの脱アセチル化反応を触媒する酵素を持っておらず，N-アセチルオルニチンからオルニチンを生成する反応と，GluからN-アセチルグルタミン酸を生成する反応をアセチル転位反応で共役させることによってオルニチンを生成する．ちなみに，哺乳類ではProの中間代謝産物であるグルタミン酸5-セミアルデヒドからアミノ基転移によりオルニチンを生成する．

(2) アスパラギン酸ファミリー

アスパラギン酸（Asp）はTCA回路のオキサロ酢酸へのアミノ基転位反応で生成される．アスパラギン（Asn）はNH_4^+のAspへの同化で生じるが，リシン（Lys），メチオニン（Met），トレオニン（Thr），イソロイシン（Ile）はAspを起点として分岐した複雑な経路で合成される（図5-27）．興味深いことに，Lysは細菌ではジアミノピメリン酸（DAP）経路で合成されるが（図5-27），酵母・カビ類などの真菌ではDAP経路とは全く異なるアミノアジピン酸経路で2-OGから合成される（図5-26）．DAP経路も多様性に富んでおり，大腸菌をはじめ，多くの細菌のLys合成経路はスクシニラーゼ（succinylase）経路（図5-27①）を利用するが，*Bacillus*属のある種の細菌はサクシニル化ではなくアセチル化を利用す

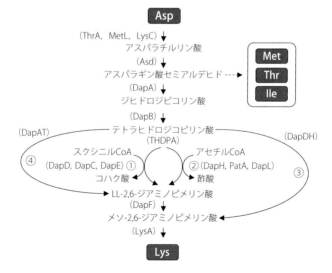

図5-27 細菌のL-リシン合成経路
細菌におけるリシン合成は，最初の2段階（DapAとDapB）と最後の反応（LysA）はすべての細菌で共通であるが，その間の反応は4種類の経路が知られている（①スクシニラーゼ経路，②アセチラーゼ経路，③デヒドロゲナーゼ経路，④アミノトランスフェラーゼ経路）．大腸菌の場合，*dapABCDEF*遺伝子はゲノム上に独立して存在しており，翻訳産物も個別の酵素反応を触媒する．

る acetylase 経路で L,L-DAP を合成する（図 5-27 ②）．また，*Corynebacterium glutamicum*, *Bacillus sphaericus* など少数の細菌は，テトラヒドロジピコリン酸（THDPA）からジアミノピメリン酸脱水素酵素による 1 段階の反応でメソ - ジアミノピメリン酸に変換するデヒドロゲナーゼ（dehydrogenase）経路を持っている（図 5-27 ③）．*Chlamydia trachomatis* や *Methanocaldococcus jannaschii* などは，先に植物で見出されていた THDPA から L,L-DAP を合成する aminotransferase 経路を有している（図 5-27 ④）．*C. glutamicum* はスクシニラーゼ経路とデヒドロゲナーゼ経路の両方を持っている．各経路の中間産物である *meso*-DAP はペプチドグリカンの合成にも利用される．

（3）ピルビン酸ファミリー

解糖系産物であるピルビン酸のアミノ化反応で合成されるアラニン（Ala）と分岐鎖アミノ酸であるバリン（Val），ロイシン（Leu）が合成される（図 5-26）．大腸菌においては，3 つのアイソザイム（AvtA，YfbQ，YfdZ）が Ala 合成に関与するアミノトランスフェラーゼとして機能している．D-Ala はアラニンラセマーゼ（Alr，DadX，MetC，MalY）の触媒するラセミ化反応により，L-Ala から生成される．ピルビン酸から 4 段階の反応で Val が生成されるが，これらの反応に関与する酵素は，Thr に由来する α - ケト酪酸（ピルビン酸より炭素数が 1 つ多い）から Ile までの各反応も触媒する．Leu は Val 合成経路からさらに分岐した経路で数段階の反応を経て生成される．

（4）芳香族アミノ酸ファミリー

解糖系中間体のホスホエノールピルビン酸とペントースリン酸経路中間体のエリスロース 4 - リン酸の縮合反応に始まる多段階反応で共通の前駆体であるコリスミン酸が合成され，次いで分岐経路でフェニルアラニン（Phe），チロシン（Tyr），トリプトファン（Trp）が合成される（図 5-26）．無駄なエネルギーの損失を抑えるために，最終産物である Phe や Tyr，Trp がエフェクターとして合成経路の酵素をアロステリックに抑制する（☞ 5-10-2-1）ことで合成が厳密に制御されている．さらに，Trp オペロン（*trpABCDE*）はアテニュエーションと呼ばれる転写制御を受け，Trp が存在する場合はオペロンの転写を途中で停止させることが知られている（☞ 5-10-1-1）．なお，この経路はコリスミン酸を経て *p*- アミノ安息香酸（葉酸の前駆体の 1 つ），*p*- ヒドロキシ安息香酸（キノン類の前駆体）などを供給する役割も持つ．

（5）セリン・グリシンファミリー

解糖系中間体の 3 - ホスホグリセリン酸から 3 段階の反応を経てセリン（Ser）が合成される．次いで，グリシンヒドロキシメチルトランスフェラーゼ（セリンヒドロキシメチルトランスフェラーゼ）の働きにより，可逆的に Ser からグリシン（Gly）が合成される（図 5-26）．Ser から Gly が作られる際には，C1 ユニットであるメチレンがテトラヒドロ葉酸に捕捉され C1 炭素供給源として重要である．独立栄養性細菌の *Desulfovibrio desulfuricans* で

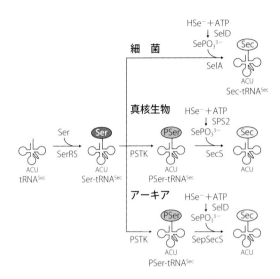

図 5-28　セレノシステイン合成の概略図
セレノシステイン (Sec) 合成は他の一般的なアミノ酸合成とは異なり，複数の特殊な合成因子の働きにより tRNA 上で Sec 残基が合成される．各ドメイン（細菌，真核生物，アーキア）で合成経路は類似しているが，一部の合成因子が異なる．大腸菌の場合，Sec 残基専用の tRNA にセリル tRNA 合成酵素 (SerRS) の働きにより，まずセリンがチャージされる．その後，Sec 合成酵素 (SelA) の働きにより，1 段階の反応で Ser が Sec に変換される．他のドメインでは Ser のリン酸化を経て Sec に変換される．Sec 残基のセレン源は，セレン化合物の形で外部から取り込む必要がある．

は，CO_2 と NH_3 を結合させて Gly を合成する還元的 Gly 経路が CO_2 固定経路として機能することが示されている (☞ 5-6-2-4)．システイン (Cys) は Ser から O-アセチルセリンを経て生成される．Cys の硫黄源は，硫酸塩を利用する経路（硫酸経路）とチオ硫酸塩を利用する経路（チオ硫酸経路）の2つの経路から提供されることが知られている．

(6) ヒスチジン

ヒスチジン (His) は，ホスホリボシルピロリン酸 (PRPP) と ATP の結合から始まる一連の9段階の反応で生成される（図 5-26）．His はプリン代謝経路と関連が深く，PRPP から His が合成される中間産物からイノシン酸が合成される．His 合成までの中間体と酵素はさまざまな細菌と真菌で同じである．

(7) セレノシステイン

セレノシステイン (Sec) は，Cys の硫黄原子がセレン原子 (Se) に置き換わった構造を持つ．Sec 残基を特異的に有するタンパク質はセレンタンパク質と総称され，セレンタンパク質は真核生物，細菌，アーキアの3つのドメインすべてに存在する．大腸菌では，ギ酸脱水素酵素がセレンタンパク質として知られている．Sec 残基はオパール終止コドンにコードされ

ており，他のタンパク質構成アミノ酸とは異なり，特別な合成経路を介して tRNA 上で生合成される（図 5-28）．

2）核　　　酸

リボ核酸（RNA）やデオキシリボ核酸（DNA）などの核酸は，リン酸，糖，塩基から構成されるヌクレオチドがホスホジエステル結合で連結した生体高分子である．ヌクレオチドはその塩基によってピリミジンヌクレオチドとプリンヌクレオチドの 2 つに大別される．ここでは，RNA や DNA を構成する主要なヌクレオチドの de novo 生合成経路について紹介する．

(1) ピリミジンヌクレオチドの生合成

ピリミジンは芳香族化合物の代表であるベンゼンの 1-位および 3-位の炭素が窒素に置きかわった複素環式化合物である（図 5-29 左）．ピリミジンヌクレオチドのうち，ウリジンモノリン酸（UMP）の生合成経路は図 5-30 に示した 6 つの酵素により触媒される 8 段階の反応からなり，UMP はさらなる 3 つの酵素によりシチジントリリン酸（CTP）へと変換される．最初のステップではアミノ基のキャリアとして働く高エネルギーリン酸化合物カルバモイルリン酸が合成される．この反応は，二酸化炭素が水に溶けて生じる炭酸水素イオン 1 分子とアミノ基供与体となる 1 分子のグルタミンを基質として，2 分子の ATP の消費を伴って進む．次に，アスパラギン酸のアミノ基がカルバモイルリン酸のカルボニル基を求核攻撃し，リン酸の脱離を伴ってカルバモイルアスパラギン酸が生成する．続く脱水環化反応による 4,5-ジヒドロオロチン酸（4,5-ジヒドロオロト酸）の生成ののち，脱水素反応によってオロチン酸（オロト酸）が得られる．この段階までで，二酸化炭素由来の炭素原子，グルタミン由来の窒素原子およびアスパラギン酸由来の窒素原子と 3 つの炭素原子からピリミジン塩基の骨格が形成されることになる（図 5-29 左）．生合成経路後半では，まずオロチン酸とホスホリボシルピロリン酸（PRPP）の縮合によってヌクレオチドの 1 つであるオロチジン酸モノリン酸（OMP）が得られる．次に，塩基部位の脱炭酸反応により RNA を構成するピリミジンヌクレオチドの 1 つ UMP が生成する．ATP からのリン酸転移反応によって UMP から UDP，次いで UTP が生成し，さらにグルタミンをアミノ基供与体に用いて CTP

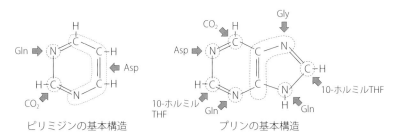

図 5-29　ピリミジンおよびプリンの基本構造とそれらの骨格を形成する原子の由来

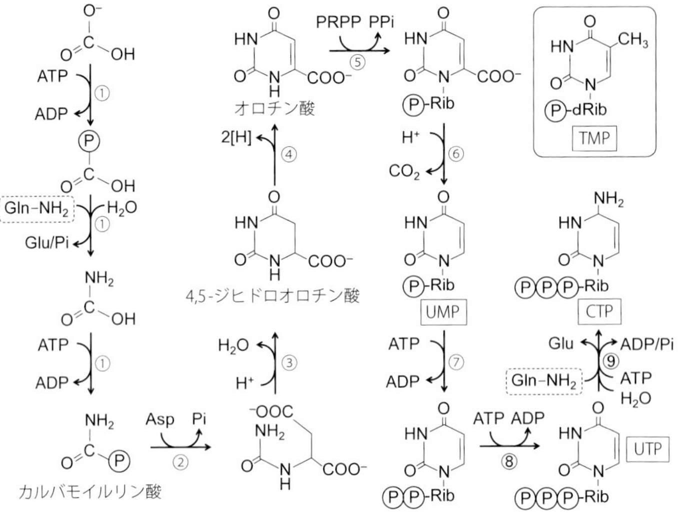

図 5-30　ピリミジンヌクレオチドの生合成経路

各反応を触媒する酵素は，①カルバモイルリン酸シンテターゼ，②アスパラギン酸カルバモイルトランスフェラーゼ，③ジヒドロオロターゼ，④ジヒドロオロト酸デヒドロゲナーゼ，⑤オロト酸ホスホリボシルトランスフェラーゼ，⑥オロチジル酸デカルボキシラーゼ，⑦ウリジル酸キナーゼあるいは UMP/CMP キナーゼ，⑧ヌクレオシド二リン酸キナーゼ，⑨シチジン三リン酸シンテターゼ．Rib，dRib および丸で囲まれた P は，それぞれリボース，デオキシリボース，リン酸基を表す．（跡見晴幸氏 原図を一部改変）

へと変換される．DNA の構成要素であるチミジル酸はデオキシ UMP（dUMP）の変換により生成される．N^5, N^{10}-メチレンテトラヒドロ葉酸をメチル基供与体とし，チミジル酸シンターゼの作用により，dUMP 塩基の 5 位にメチル基が付加されチミジンモノリン酸（TMP）（図 5-30 右上）が生成する．

(2) プリンヌクレオチドの生合成

　プリンはピリミジンとイミダゾールが縮合した形の骨格を有する複素環式化合物である（図 5-29 右）．プリンヌクレオチドであるアデノシンモノリン酸（AMP）およびグアノシンモノリン酸（GMP）の生合成経路は，図 5-31 に示すイノシンモノリン酸（IMP）までの 10 種の酵素により触媒される 10 段階の共通する反応と，それぞれの合成のための 2 段階の反応からなる．前述のようにピリミジン塩基の生合成はリボースとの結合の前に完結するのに対し，プリン塩基はリボース上で組み立てられる．初発反応ではグルタミンをアミノ基供与体として用いてホスホリボシルピロリン酸（PRPP）から，5'-ホスホリボシルアミンが生成する．ここで，リボース部位のアノマー構造は PRPP では α 型だったのに対し β 型へと変化する．次に，このアミノ基にグリシンが縮合されることによりグリシンアミドリボヌクレ

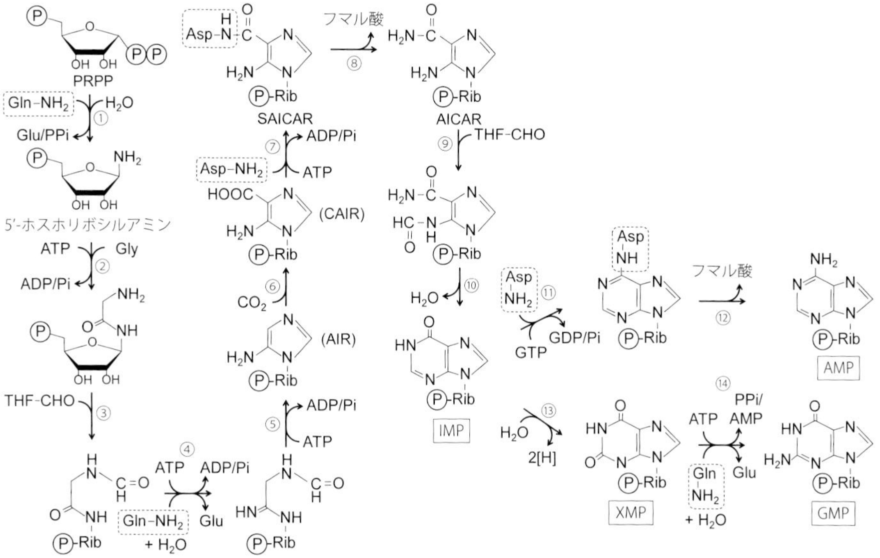

第5章　微生物の代謝　**129**

図 5-31　プリンヌクレオチドの生合成経路

各反応を触媒する酵素は，①グルタミンホスホリボシルピロリン酸アミドトランスフェラーゼ，②グリシンアミドリボヌクレオチドシンテターゼ，③ホスホリボシルグリシンアミドホルミルトランスフェラーゼ，④ホスホリボシルホルミルグリシンアミジンシンテターゼ，⑤ホスホリボシルアミノイミダゾールシンテターゼ，⑥ホスホリボシルアミノイミダゾールカルボキシラーゼ，⑦ホスホリボシルアミノイミダゾールスクシノカルボキサミドシンテターゼ，⑧アデニロコハク酸リアーゼ，⑨ホスホリボシルアミノイミダゾールカルボキサミドホルミルトランスフェラーゼ，⑩ IMP シクロヒドロラーゼ，⑪アデニロコハク酸シンテターゼ，⑫アデニロコハク酸リアーゼ，⑬ IMP デヒドロゲナーゼ，⑭ GMP シンテターゼ．（跡見晴幸氏 原図を一部改変）

オチドが生成する．10-ホルミルテトラヒドロ葉酸（THF-CHO）由来のホルミル基がアミノ基上に付加されたのち，グルタミンを窒素供給源としてカルボニル基がイミノ基に置換され，さらに ATP を消費する閉環反応によって 5-アミノイミダゾールリボヌクレオチド（AIR）が生成する．続いて AIR の 4 位のカルボキシル化により 4-カルボキシ 5-イミダゾールリボヌクレオチド（CAIR），そのカルボキシ基とアスパラギン酸のアミノ基が縮合して 5-アミノイミダゾール -4-（N-スクシノカルボキサミド）リボヌクレオチド（SAICAR）の合成が進行する．その後，フマル酸の脱離によるアミノイミダゾール -4-カルボキサミドリボヌクレオチド（AICAR）の生成ののち，2 個目のホルミル基の付加と脱水を伴った閉環反応により IMP が生成する．このように，プリン環の骨格は二酸化炭素由来の炭素原子，グルタミンおよびアスパラギン酸由来の 3 つの窒素原子，グリシン由来の 2 つの炭素原子と窒素原子，THF-CHO 由来の 2 つの炭素原子から形成されている（図 5-29 右）．こののち，アスパラギン酸の付加とフマル酸の脱離により IMP から AMP が生成する．一方，IMP への水付加とその後の脱水素反応によるキサントシンモノリン酸（XMP）の生成を経て，グルタミン由来

のアミノ基によるカルボニル基の置換反応により GMP が得られる．

(3) デオキシリボヌクレオチドの合成

DNA を構成するデオキシリボヌクレオチドは，前述のように合成されたリボヌクレオチドのリボース部位の還元によって生成する．その還元反応は，主にヌクレオシド二リン酸 (NDP) を基質とし，リボヌクレオチドレダクターゼによって触媒される．還元に必要な電子は NAD(P)H から供給されるが，チオレドキシンと呼ばれるタンパク質が NAD(P)H とレダクターゼ酵素との間の電子のやり取りを仲介している．

本項で述べた *de novo* 生合成経路以外にも，塩基部位を交換する経路や，遊離の塩基を PRPP などに結合するサルベージ（再利用）経路によりヌクレオチドが生合成される場合も

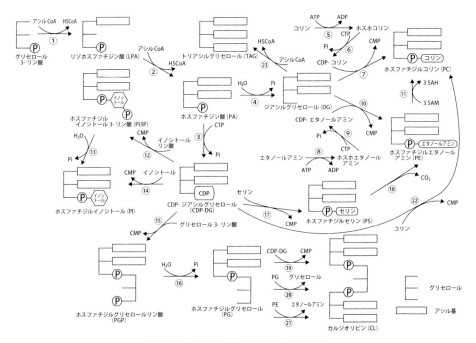

図 5-32　グリセロ脂質の生合成経路
①グリセロール 3-リン酸アシルトランスフェラーゼ，②リゾホスファチジン酸アシルトランスフェラーゼ，③ PA シチジルトランスフェラーゼ，④ PA ホスファターゼ，⑤コリンキナーゼ，⑥ホスホコリンシチジルトランスフェラーゼ，⑦ DG コリンホスホトランスフェラーゼ，⑧エタノールアミンキナーゼ，⑨ホスホエタノールアミンシチジルトランスフェラーゼ，⑩ DG エタノールアミンホスホトランスフェラーゼ，⑪ PE *N*-メチルトランスフェラーゼ，⑫ PIP シンターゼ，⑬ PIP ホスファターゼ，⑭ PI シンターゼ，⑮ PGP シンターゼ，⑯ PGP ホスファターゼ，⑰ PS シンターゼ，⑱ PS デカルボキシラーゼ，⑲ CL シンターゼ（真核型），⑳ CL シンターゼ（大腸菌では *clsA*, *clsB*），㉑ CL シンターゼ（大腸菌では *clsC*），㉒ PC シンターゼ，㉓ DG アシルトランスフェラーゼ．

ある．

3）脂質，テルペノイド

（1）グリセロ脂質

　グリセロ脂質生合成の出発点はホスファチジン酸（PA）の合成である．すなわち，グリセロール 3- リン酸の 1 位，2 位が順次アシル化され PA が生成する．PA は CDP ジアシルグリセロール（CDP-DG）かジアシルグリセロール（DG）に変換され，種々のグリセロ脂質が合成されていく（図 5-32）．

　真核生物ではホスファチジルコリン（PC）およびホスファチジルエタノールアミン（PE）はケネディ経路で合成される．コリンがリン酸化されてホスホコリンとなり CDP- コリンを経て DG に転移し PC が生成する．同様にエタノールアミンからホスホエタノールアミン，CDP- エタノールアミンを経て PE が合成される．また，PC は PE の N- メチル化によっても生成する．一方，細菌では CDP-DG とセリンから生じたホスファチジルセリン（PS）が脱炭酸されて PE が生成する．このように，細菌は PS 合成能を持つが，PE 合成に消費されるため，膜脂質に PS はほとんど存在しない．酵母でも細菌と同様に CDP-DG とセリンから PS が生じる．一部の細菌（酢酸菌や *Agrobacterium* など）は PC を含むが，その合成経路は PE の N- メチル化による経路と CDP-DG とコリンから生成する経路の 2 通りある．

　ホスファチジルグリセロール（PG）は CDP-DG とグリセロールリン酸から生じたホスファチジルグリセロールリン酸（PGP）が脱リン酸化されて生成する．カルジオリピン（CL）は真核生物では PG と CDP-DG から生じる．細菌には CL を 2 分子の PG から生じる経路（clsA, clsB）に加え，PG と PE から生成する経路（clsC）がある．

　ホスファチジルイノシトール（PI）は真核生物では CDP-DG と *myo-* イノシトールから生成する．多くの細菌は PI を合成できないが，結核菌を含む抗酸菌は PI 合成能を持つ．その合成は CDP-DG と *myo-* イノシトール 3- リン酸から生じた PI-3- リン酸が脱リン酸化されて PI となるもので，遊離の *myo-* イノシトールを利用する真核生物とは異なる．

　トリアシルグリセロール（TG）は DG がアシル化されて生じる．真核生物は TG 合成能を普遍的に有している．一部の放線菌（*Mycobacterium*, *Nocardia*, *Rhodococcus*, *Streptomyces* など）にも TG 合成能がある．

（2）テルペノイド

　テルペノイドはイソプレン骨格を基本構造単位とする化合物の総称である．すべてのテルペノイドの前駆体は炭素数 5 のイソペンテニル二リン酸（IPP）とジメチルアリル二リン酸（DMAPP）である．IPP と DMAPP の生合成はメバロン酸経路と非メバロン酸経路（MEP 経路とも呼ばれる）があり，真核生物や古細菌は前者を，大腸菌などの多くの細菌は後者を利用する（図 5-33）．

　メバロン酸経路では，3 分子のアセチル CoA から生じたヒドロキシメチルグルタリル

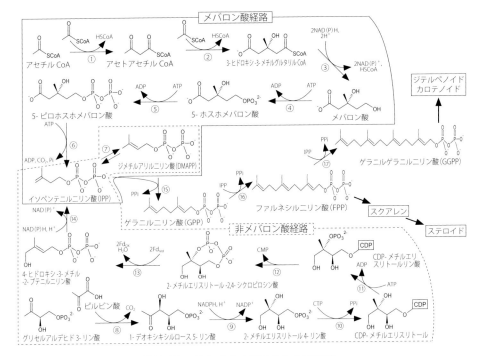

図 5-33　テルペノイド類の生合成経路
①アセチル CoA アセチルトランスフェラーゼ，②HMG-CoA シンターゼ，③HMG-CoA レダクターゼ，④メバロン酸キナーゼ，⑤5-ホスホメバロン酸キナーゼ，⑥ジホスホメバロン酸デカルボキシラーゼ，⑦イソペンテニル二リン酸イソメラーゼ，⑧1-デオキシキシルロース 5-リン酸シンターゼ，⑨1-デオキシキシルロース 5-リン酸レダクトイソメラーゼ，⑩CDP-メチルエリスリトールシンターゼ，⑪CDP-メチルエリスリトールキナーゼ，⑫2-C-メチル-D-エリスリトール-2,4-シクロピロリン酸シンターゼ，⑬4-ヒドロキシ-3-メチル-2-ブテニル二リン酸シンターゼ，⑭4-ヒドロキシ-3-メチル-2-ブテニル二リン酸レダクターゼ，⑮ジメチルアリルトランスフェラーゼ，⑯FPP シンターゼ，⑰GGPP シンターゼ．

CoA（HMG-CoA）が還元されてメバロン酸となり，リン酸化および脱炭酸を経て，IPP が生成する．IPP はイソメラーゼにより異性化し DMAPP となる．

一方，非メバロン酸経路では，ピルビン酸とグリセルアルデヒド 3-リン酸から 1-デオキシキシルロース 5-リン酸が生成し，還元されて 2-C-メチルエリスリトール 4-リン酸（MEP）が生じる．MEP は CDP-メチルエリスリトール（CDP-ME）となったあと，リン酸化，分子内環化を受けて 2-C-メチル-D-エリスリトール-2,4-シクロピロリン酸になり，4-ヒドロキシ-3-メチル-2-ブテニル二リン酸を経て IPP を生じる．

IPP と DMAPP からゲラニル二リン酸（GPP）が生成し，フェルネシル二リン酸（FPP）やゲラニルゲラニル二リン酸（GGPP）へと鎖長が延長され，ステロイドやカロテノイドなどさまざまなテルペノイドが合成されていく（図 5-33）．

9. 二 次 代 謝

　生物における代謝は，大別して一次代謝と二次代謝に分けられる．一次代謝は生物の生育や増殖に必須なエネルギーや化合物（糖，アミノ酸，核酸，脂質など）を生み出すためのものである．一方，二次代謝は，生物の生育や増殖そのものには必須でない代謝を示しており，この代謝によって作られる化合物を「二次代謝産物」(secondary metabolites)[注] という．二次代謝産物の多くは，生産する微生物や植物などの種に特有のものであり，一次代謝産物である糖，アミノ酸，核酸，脂質と比較すると複雑で多様性に富んだ構造を有している．抗生物質や植物の感染防除物質など，多種多様な生理活性物質が含まれており，医農薬分野や化学生態学の観点からたいへん興味深い．人類は有史以来，二次代謝産物を抗生物質などの医薬品や香料および染料として利用してきている．二次代謝産物を含む生理活性物質の構造・機能別分類は第7章にて述べるが，本項では代表的な二次代謝として，ポリケチド合成および非リボソーマルペプチド合成を概説する．

1) ポリケチド合成

　ポリケチドとは，酢酸やプロピオン酸などの低級脂肪酸が順次縮合して生合成される β-ケトメチレン鎖から導かれる化合物の総称であり，その合成経路を図5-34に示す．本合成に関与する代表的な酵素（あるいはタンパク質）としては，ケト合成酵素（ketosynthase, KS），アシル基転移酵素（acyltransferase, AT），アシル基運搬タンパク質（acyl carrier protein, ACP），ケト還元酵素（ketoreductase, KR），デヒドラターゼ（dehydratase, DH），

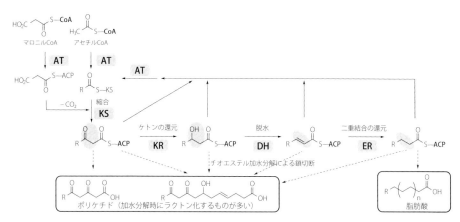

図 5-34 脂肪酸およびポリケチド生合成の反応様式

注) 近年では植物の研究者を中心に，特化代謝産物（specialized metabolites）という言葉もよく使われるようになってきている．

エノイル還元酵素（enoylreductase, ER）があり，脂肪酸合成酵素とほぼ同様の機構でポリケチド鎖の伸長が行われる．まず，伸長ユニットのマロニルCoA（HO$_2$C-CH$_2$-C(=O)SCoA）がATドメインの機能によりACPへと転移される．次いで，マロニルACP伸長単位と開始ユニットのアセチルCoA間に，KSドメインの働きによって，脱炭酸を伴う縮合反応が生じ，β-ケトチオエステルR-(C=O)-CH$_2$C(=O)-S-ACPが生成する．その後，ケト基の還元，脱水，二重結合の還元という3段階の修飾反応が関与して2炭素伸長したチオエステルR-(CH$_2$)$_2$-C(=O)-S-ACPが生成する．この一連のサイクルが繰り返されることで脂肪酸およびポリケチドは生合成されていく．この際，脂肪酸合成では伸長鎖のβ-ケト基はメチレン基にまで完全還元されるが，ポリケチド合成の場合はケト基修飾反応が必ずしも鎖伸長ごとに起こるわけではなく，この点がポリケチド合成における最大の特徴である．KS, AT, ACPを基本単位とすると，基本単位のみの場合，ケト基はそのままであるが，基本単位＋KRの場合は水酸基に，基本単位＋KR＋DHの場合は二重結合に，基本単位＋KR＋DH＋ERの場合はメチレン基に変換される．このようにn分子の伸長ユニットおよび開始ユニットが縮合するとき，ケト基の酸化状態に応じて4^{n-1}もの組合せのポリケチドが構築可能となる．

　ポリケチド合成酵素（polyketide synthase, PKS）は酵素の構成様式によりⅠ型，Ⅱ型，Ⅲ型の3種類に大別される．Ⅰ型PKSは複数の反応ドメインが1つの巨大ポリペプチド上に連なった多機能酵素であり，動物のⅠ型脂肪酸合成酵素（fatty acid synthase, FAS）と同様の形状である．Ⅱ型は異なる機能を有したタンパク質が独立して存在しており，細菌や植物に見られるⅡ型FASと同様にサブユニット型酵素とも呼ばれる．Ⅲ型はKSドメインのみからなる二量体タンパク質である．

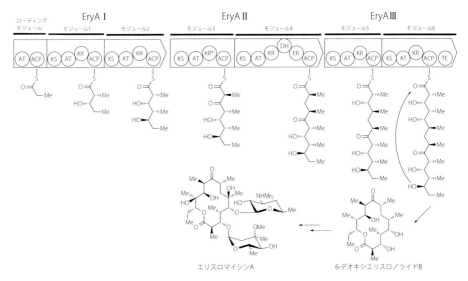

図 5-35　モジュールⅠ型PKSによる抗生物質エリスロマイシンA生合成経路

I型PKSの代表例として、マクロライド合成酵素があげられる。この場合、図5-34で示した経路と同様に、基本単位の機能ドメインやKR、DH、ERといった修飾ドメインが縮合回数分存在しており、各伸長単位はモジュールと呼ばれる。例えば、エリスロマイシン生合成（図5-35）ではプロピオン酸が開始基質として認識され、EryA I 酵素内のモジュール1によってメチルマロニルCoA（マロニルCoAの活性メチレンプロトンの1つがメチル基になったもの、$HO_2C\text{-}CHCH_3\text{-}C(=O)SCoA$）が縮合し、KRドメインによって開始ユニットのケト基が水酸基に還元される。このあと、5つのモジュールによって5分子のメチルマロニルCoAが順次縮合され、縮合ポリケチド鎖のβ-ケト基はモジュール中の修飾ドメインによって変換されていく。最後はEryA III 酵素のC末端にあるチオエステラーゼ（thioesterase, TE）ドメインによってポリケチド鎖は加水分解され、次いでラクトン化が生じて6-デオキシエリスロノライドBが生成される。このようにモジュール型のI型PKSの場合、合成されるポリケチド化合物の構造をドメイン配列から類推することが可能であり、近年では該当ドメインの改変（他の抗生物質生合成遺伝子との交換も含む）によるポリケチド化合物の合理的デザインも達成されている。

放線菌のI型PKSにはモジュール型が多く見られるが、糸状菌においては複数回機能する反復機能型として見出されている。このタイプのPKSでは複数回の縮合・修飾反応が、同一の活性中心で触媒されている。近年では放線菌において、縮合回数と機能ドメインの数が1対1対応していない「モジュール・反復混合型PKS」が見出されてきており、PKSの基質認識機構の精密解析とともに分子多様性への応用に向けた研究も世界中で盛んに行われている。

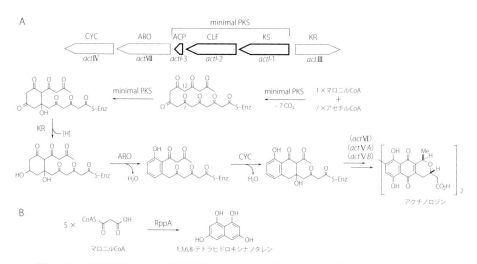

図 5-36 II型PKSによる青色色素アクチノロジン（A）、III型PKSによる1,3,6,8-テトラヒドロキシナフタレン（B）の生合成経路

136 第5章 微生物の代謝

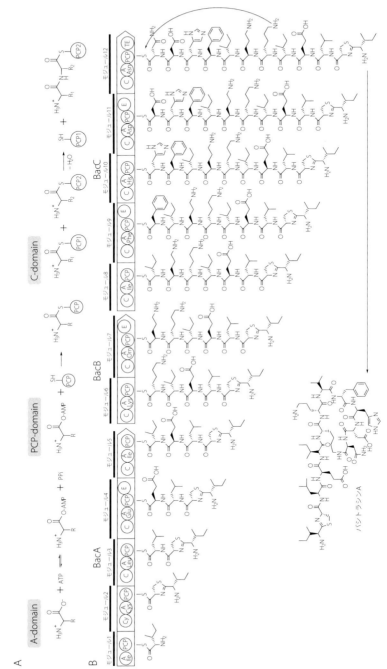

図 5-37 非リボソームペプチド合成酵素の反応様式（A），環状ポリペプチド抗生物質バシトラシン A の生合成経路（B）

Ⅱ型 PKS は芳香族ポリケチドを生産することが多く，生産物は抗がん剤や色素として知られるものも多い．酵素はⅡ型 FAS と同様にそれぞれが独立した形（サブユニット）で存在するが，Ⅱ型 PKS 遺伝子はゲノム上でクラスターを形成している．放線菌の生産する青色色素アクチノロジンの合成経路を図 5-36A に示す．KS, ACP に加えて鎖長決定因子（chain length factor，CLF）が基本単位（minimal PKS とも呼ばれる）となっており，決められた鎖長までポリケチド鎖が伸長し（アクチノロジンの場合はオクタケチド），その後 KR，芳香環化酵素（aromatase，ARO），環化酵素（cyclase，CYC）などにより修飾を受ける．近年，ポリエンを合成する高還元型Ⅱ型 PKS の存在が放線菌で示され，Ⅱ型 PKS の多様性に興味が持たれている．

Ⅲ型 PKS は KS のみから構成されたホモダイマー酵素であり，植物ではフラボノイドやスチルベノイドなどポリフェノール系化合物の生合成に関与していることが古くから知られている．一方，微生物もⅢ型 PKS を有しており，ピロン，レゾルシノールなどの合成に使われている．代表的な微生物Ⅲ型 PKS であるテトラヒドロキシナフタレン合成酵素 RppA は，出発基質にマロニル CoA を用い，4 分子のマロニル CoA を縮合させて 1,3,6,8- テトラヒドロキシナフタレンを生合成する（図 5-36B）．一般に，Ⅲ型 PKS は広範な基質特異性および触媒能を有しており，酵素のアミノ酸残基変異などを組み合わせて含窒素人工基質やさまざまな鎖長を有するポリケチド合成も達成されている．

2）非リボソーマルペプチド合成

非リボソームペプチドと呼ばれる二次代謝産物は，微生物によって作られるポリペプチドであり，顕著な生理活性を有するものが多い．これらには① D- アミノ酸や修飾アミノ酸を含む，②ペプチド鎖中のアミノ酸の一部が類縁アミノ酸と置換された化合物が見出される，といった特徴があり，リボソームを経由する合成経路で合成されるとは考えにくい．実際にこれらはモジュール型の非リボソームペプチド合成酵素（non-ribosomal peptide synthetase，NRPS）によって合成されており，その生合成の仕組みはポリケチドや脂肪酸のそれと類似した部分を有する．図 5-37 に示した通り，アデニル化ドメイン（adenylation domain，A）が ATP を利用して基質アミノ酸のカルボキシル基をアデニル化し，ペプチジル運搬タンパク質（peptidyl carrier protein，PCP）へと移動してチオエステルとなる（PCP ドメインは thiolation domain, T と呼ばれることもある）．その後, 縮合ドメイン（condensation domain，C）の働きによって acceptor 基質のアミノ基が donor 基質のチオエステル基へ求核攻撃し，ペプチド鎖が形成されていく．修飾酵素としてはエピマー化ドメイン（E），環化ドメイン（Cy），酸化ドメイン（Ox），還元ドメイン（Red）など多数知られており，これらが非リボソームペプチドの構造多様性を創出している．終結反応は PKS と同様に TE ドメインがペプチド鎖の切出しを行うが，末端還元ドメイン（R-domain）によってアルデヒドやアルコールとなって切り出される場合もある．非リボソームペプチドは E- ドメインにより形成される D- アミノ酸や，Cy ドメインによるチアゾリンおよびオキサゾリン，Ox ドメ

インによるチアゾールおよびオキサゾールなどを含んだものも多く，分子構造多様性が認められる．また，1つ以上のアミド（-CONHR-）結合がエステル（-CO(OR)-）結合に置換されたデプシペプチドや，前述のPKSと融合したNRPS-PKSハイブリッド化合物の生合成への関与も知られており，生合成工学による新規抗生物質創出の試みも盛んに行われている．

10. 代 謝 制 御

　微生物には，炭素・窒素源の量や種類などの栄養をはじめとするさまざまな環境条件に応じて，代謝の流れの切替えを適切に行い，効率的な増殖を可能にする調節機構が存在している．調節は，転写や翻訳といったタンパク質生産およびタンパク質活性化の各段階で起こるが，これらの調節機構の細胞内環境に応答する速度の違いなどによる使い分けや協働などが複雑に組み合わさることで，精密な制御機構が成り立つ．また，その制御機構は微生物の種類によってもさまざまである．代謝経路は複数の酵素反応により構成されており，これらの酵素量を調節することや，酵素活性を調節することで，代謝の流れが制御されている．本節においては，酵素生産量の調節と酵素活性の調節に分けて説明する．

1）酵素生産量の調節

(1) 転写段階での調節
　ある特定の酵素（群）が必要なときにその合成が促進される誘導と，不必要なときに合成が阻害される抑制のいずれか（あるいは両方）によって，細胞内の酵素量は調節される．これらの酵素合成量の調節は主に転写レベルで行われ，それには主にDNA結合タンパク質（転写因子）が関与している．転写因子には，主として，標的遺伝子の転写を活性化する転写活性化因子（アクチベーター，activator）と転写を抑制する転写抑制因子（リプレッサー，repressor）の2つがある．どちらも特定の低分子化合物と結合することによって活性が調節されている場合があり，このような転写因子は代謝酵素遺伝子の転写制御において特に重要である．その一例として，大腸菌のラクトースオペロンの転写制御機構が有名であるが，その内容は「第6章 1.2)微生物における遺伝子発現の制御機構」を参照していただきたい(☞6-1-2)．

　一方，アミノ酸などの生合成酵素の生産量の調節においては，生合成経路の最終産物によって，オペロン[注]を構成している遺伝子群からの生合成酵素群の合成が抑制されるフィードバック抑制（feedback repression）が重要である．このフィードバック抑制も主として転写レベルで引き起こされ，典型的な例では，最終産物がリプレッサーに結合して構造変化を引き起こすことで，生合成酵素遺伝子のオペレーター領域に結合してその転写を抑制する．つまり，最終産物が細胞内に過剰に存在するときには生合成酵素群の合成を抑制して生産量を減らし，細胞内濃度が低下すれば，リプレッサーがオペレーターから解離するため生合成酵

注）単一のプロモーターの制御下にある遺伝子のセットのことをオペロンという（☞6-1-1)．

素群の合成が回復し，最終産物の合成も促進される．

　さらに原核生物においては，転写減衰（アテニュエーション，attenuation）と呼ばれる，翻訳が共役した転写調節も存在する．核を持たない原核生物では，転写と翻訳がほぼ同時に進行しているため，このような調節機構が可能である．大腸菌のトリプトファン合成に関わる酵素群をコードする遺伝子はオペロンを形成しているが，このオペロンは前述のフィードバック抑制だけでなく，転写減衰によっても制御される．リプレッサーである TrpR はトリプトファンが結合することで DNA に結合できるようになるため，細胞内にトリプトファンが十分量あるときにはトリプトファンオペロンの転写が抑制される（フィードバック抑制）．その一方，トリプトファンオペロンの 5' 領域には，トリプトファンを連続して含むリーダーペプチドをコードする遺伝子 trpL が存在する．細胞内にトリプトファンが過剰にあり，このリーダーペプチドが問題なく翻訳されている場合には，この部分で mRNA が転写終結シグナルを形成するため，下流の生合成遺伝子群の転写が行われない．トリプトファンが不足している場合には，トリプトファンのアミノアシル tRNA が不足するため，リーダーペプチド内のトリプトファンコドンでリボソームの停滞が生じる．これにより，mRNA の構造が変化し，転写終結シグナルが形成されず，下流の生合成遺伝子群の転写（mRNA の合成）が起こる．このようなアテニュエーション機構はトリプトファンだけでなく，他のアミノ酸生合成系の遺伝子群にも存在しており，細胞内のアミノアシル tRNA の濃度に応じて転写終結を制御している．

(2) 翻訳段階での調節

　リボソームは rRNA とリボソームタンパク質から構成されるが，これらの構成要素が必要量に応じて合成されるように，その発現量が調節されている．リボソームタンパク質が過剰に存在すると，自身をコードする mRNA のリボソーム結合部位付近に結合し，翻訳を阻害して自己制御を行っている．

　また，mRNA の二次構造変化により翻訳阻害が起こることもある．mRNA 分子の一部に低分子化合物が特異的に結合することで，mRNA の二次構造が変化し，リボソーム結合部位が塩基対を形成することなどによりリボソームの結合が妨げられ，翻訳が阻害される．このような調節をリボスイッチと呼び，S-アデノシルメチオニンやチアミン二リン酸，グアニン，フラビンモノヌクレオチド（FMN）を結合してそれらの生合成遺伝子や輸送タンパク質の遺伝子発現を調節している例が知られている．

　さらに，タンパク質をコードしない非翻訳領域から転写されるノンコーディング RNA（ncRNA）の存在がシークエンス技術の発展により注目され，ncRNA による転写，翻訳の制御による遺伝子発現調節機構についても近年明らかになっている．50 〜 300 塩基ほどの small RNA（sRNA）の中には，アンチセンス RNA としてターゲットの mRNA と塩基対を形成して，リボヌクレアーゼによる分解を促進することで mRNA の安定性を変化させたり，リボソーム結合部位へのリボソームの結合しやすさを変化させたりすることで翻訳効率を調

節するものが知られている.

2）酵素活性の調節

酵素は細胞状態に応じてさまざまな機構でその活性が調節されている．酵素活性は，基質やコファクターの濃度，温度，pH に応じて変化するが，このような一般的な環境の変化だけでなく，栄養状態などに対応してアロステリックエフェクターの結合などによる可逆的な不活性化（あるいは活性化）を受けて調節される．一般に酵素活性の制御は，遺伝子発現の調節よりも迅速であるとされており，酵素合成量の調節だけではすでに合成され細胞内に存在している酵素の制御はできないが，酵素活性の制御を組み合わせることで効率的な代謝制御が可能になる．

(1) フィードバック阻害

前述した転写レベルでの調節機構のフィードバック抑制と同様に，酵素活性の調節についても，ある生合成経路の最終産物（中間体の場合もある）が生合成酵素（多くが経路の初発反応や分岐点直後の反応を担う酵素）に結合することで，その活性を阻害し，以降の反応の基質の供給を止めることで最終産物の生産量を抑えるといった調節機構が存在する．このような阻害機構をフィードバック阻害（feedback inhibition）と呼び，アミノ酸やプリンヌクレオチドの生合成経路で見られる．フィードバック阻害を受ける酵素の多くはアロステリック酵素であり，基質結合部位とは異なる部位に，アロステリックエフェクター（最終産物など）が結合することで酵素に構造変化が生じ，酵素活性が調節される．

この調節機構により細胞の構成要素であるアミノ酸などが必要以上に生産されることがなくなり，生物の増殖には有利となるが，ある特定の物質を発酵生産させるためには障害となる．エフェクターのアナログ耐性変異株の取得などによるフィードバック阻害解除株を利用した代謝制御発酵技術はわが国における発酵工業の発展に貢献した（☞ 7-1-3）．

この最終産物によるフィードバック阻害は，ある 1 つの物質の生合成経路においては単純な調節機構であるが，多くの生合成経路は途中で分岐して複数の最終産物を生成する．このような場合，経路の分岐点直後の酵素がそれぞれの最終産物によって調節を受けることが多いが，それだけでは分岐前の中間体が蓄積してしまう．これを避けるための上流の酵素活性の阻害様式を以下に示す（図 5-38）．

a．アイソザイムによる調節（図 5-38A）

同様の触媒活性を持つ 2 つの酵素(a1 と a2，アイソザイム)が，それぞれ異なる最終産物(XとY）によって特異的にフィードバック阻害を受ける場合，どちらかの最終産物の存在下では，他方の合成に必要な量の中間体Bを合成することができる．例えば，大腸菌のアスパラギン酸ファミリーアミノ酸（リシン，トレオニン，メチオニン，イソロイシン）の生合成経路では初発酵素のアスパラギン酸キナーゼを 3 種類（AKI-HDHI, AKII-HDHII, AKIII）持ち，AKI がトレオニン，AKIII がリシンによってフィードバック阻害を受ける（AKII-HDHII をコー

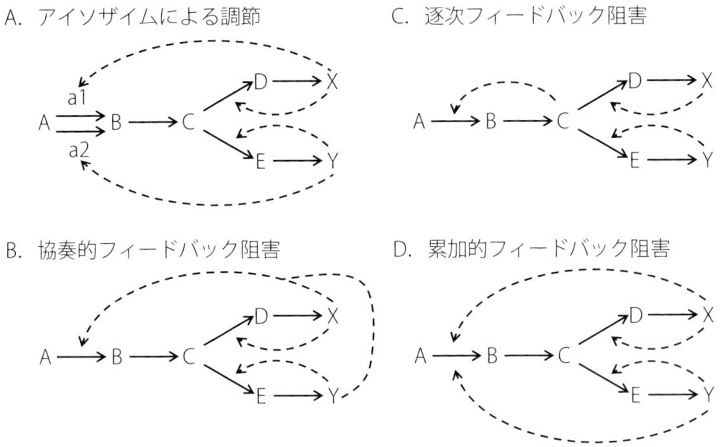

A. アイソザイムによる調節　　　C. 逐次フィードバック阻害

B. 協奏的フィードバック阻害　　D. 累加的フィードバック阻害

図 5-38　フィードバック阻害様式
（Stanier，R. Y. et al.：The Microbial World 5th ed.，Prentice Hall College を参考に作図）

ドする *metL* は細胞内のメチオニンや *S*- アデノシルメチオニン濃度に応じて転写レベルで調
節を受ける）.

b．協奏的フィードバック阻害（図 5-38B）

調節を受ける酵素が 1 つしか存在しない場合，最終産物 X と Y の共存下でのみフィー
ドバック阻害を受けることを協奏阻害と呼ぶ．この場合，調節を受ける酵素は 2 か所の異
なるエフェクター結合部位を持つ．この阻害機構により，どちらかの最終産物のみの存在下
では酵素活性が低下しないため，もう一方の合成には影響が出ない．*Corynebacterium gluta-
micum* は，アスパラギン酸キナーゼを 1 種類しか持たないが，リシンとトレオニンがとも
に過剰に存在するときにのみ活性が阻害される．

c．逐次フィードバック阻害（図 5-38C）

最終産物 X と Y によって分岐点直後のそれぞれの酵素が調節を受け，中間体 C が蓄積する．
次に，経路の分岐点の中間体 C が初発酵素 a を阻害する．このように，複数のフィードバッ
ク阻害が順を追って次々に働く様式のこと．

d．累加的フィードバック阻害（図 5-38D）

最終産物の X と Y による初発酵素の阻害が部分的で，両者がともに存在する場合にその
阻害が加算されて活性を失う様式のこと．これは前述のアイソザイムによる制御とも共通す
る．

（2）翻訳後修飾による制御

アロステリック酵素の場合には低分子のエフェクターの細胞内濃度に応じたエフェクター
の結合により酵素活性が調節されるが，酵素の特定のアミノ酸残基が化学的な（共有結合的

な）修飾（翻訳後修飾）を受けて活性が調節されることがある．代表的な翻訳後修飾には，リン酸化，アデニリル（AMP）化，アセチル化などがある．窒素代謝に重要なグルタミン合成酵素は，グルタミン酸とアンモニアから ATP を用いてグルタミンを合成する反応を触媒する（☞5-7-1）．細胞内のアンモニア濃度が高いときにはアデニリル化を受けて不活性型となり，アンモニアが少ないときには脱アデニリル化により活性型となる．窒素制限下ではグルタミン合成酵素はグルタミン酸合成酵素と協働して，さまざまな反応におけるアミノ基供与体として働くグルタミン酸を合成する（☞5-7-1）が，アンモニアが豊富にある場合には，ATP を消費しないグルタミン酸脱水素酵素を用いてアンモニアを同化し，2-オキソグルタル酸からグルタミン酸を合成する．グルタミン合成酵素のアデニリル化には窒素代謝に関連する PII 窒素調節タンパク質が関与しており，PII 自身も細胞内の 2-オキソグルタル酸濃度に応じてウリジリル（UMP）化されて，その働きが調節されている．さらには，アデニリル化されたグルタミン合成酵素が細胞内のアセチル CoA 濃度に応じたアセチル化修飾を受けることで活性化されることも報告されており，細胞内環境に応答したタンパク質の翻訳後修飾が複雑に酵素活性を調節することで窒素代謝やエネルギー代謝の恒常性を維持している．プロテオーム解析により，アセチル化修飾をはじめとした短鎖アシル化修飾が代謝酵素をはじめとしたさまざまなタンパク質に存在し，栄養環境によって修飾状態がグローバルに変化することも報告されている．アシル化や脱アシル化修飾はアシル CoA や NAD^+ といった代謝の鍵となる物質を基質に用いるため，細胞内環境に応答したアシル化修飾によってタンパク質の性質が変化することで，酵素活性の調節などを通じて代謝の流れが制御されていることが示唆されている．

（3）酵素集合体形成による制御

　細胞内で一連の代謝反応（生合成反応）が効率的に進行するためには，中間体が細胞内に拡散することなく，酵素間で速やかに受け渡される必要がある．脂肪酸合成酵素は基質を共有結合的に結合し，各生合成酵素に運搬するキャリアタンパク質を核とした巨大酵素複合体を形成して効率的に生合成反応を行うことが知られている．一方で，ある特定の条件下において，弱い相互作用によって，一連の代謝に関与する複数の酵素が液滴のような集合体を形成し，効率的な代謝反応を可能にしていることも出芽酵母の解糖系酵素群において報告されており，メタボロン（metabolon）と呼ばれている．

第6章

微生物の遺伝および育種

　遺伝（heredity）とは生殖の過程を経て親の形質（生物の性質のこと）が子に伝わる現象のことであり，遺伝学（genetics）は遺伝の様式やその機構について研究する学問である．Mendel，G. J. はエンドウでの形質の違いに着目したかけ合わせによる交配実験をもとに，初めて遺伝子（gene）の存在と遺伝の法則性を見出した（Mendel の法則）．その後の遺伝学の研究がさまざまな生物で進展した中，微生物では細菌や糸状菌を用いた研究が，遺伝子の本体が核酸であることの証明に貢献した．応用微生物学の観点からいうと，自然界より有用な形質を持つ微生物が選択および分離され，産業的に利用されてきた．さらには，このような微生物からよりよい形質を持つ変異株が取得されてきたとともに，変異の原因となる遺伝子が同定され，その知見をもとにした育種も行われるようになった．

　本章では，微生物の遺伝学について，実際の実験手法にも触れながら概説する．次に，応用微生物学において特に重要な遺伝子工学，微生物のスクリーニングと育種，タンパク質の微生物生産について，主として技術的な側面から解説する．

1．微生物の遺伝学

　ヒトをはじめとする動物や植物は通常染色体を2組ずつ有しており，この状態を二倍体という．対して，原核微生物では通常染色体が1組だけの一倍体（半数体）であり，真核微生物も一般に一倍体で安定に増殖する．一倍体で生育する生物では，ある遺伝子に変異が入るとそれが直接形質に表れやすいことから，変異株の取得が容易である．このことは，微生物の遺伝学的解析やその知見に基づいた育種に大きく貢献している．本節では，微生物における遺伝子発現やゲノムなど遺伝学の基本を紹介し，原核微生物と真核微生物の遺伝学について概説する．

1）遺伝子の構造と発現

　遺伝子とは遺伝情報を担っている因子を指し，その実体は染色体上の一定の領域に位置している．染色体の主要構成成分はデオキシリボ核酸（deoxyribonucleic acid，DNA）であり，染色体には遺伝子が点在している．それぞれの遺伝子では，DNA の情報がリボ核酸（ribonucleic acid，RNA）に写し取られ，この RNA を介してタンパク質が合成される．以下に DNA からタンパク質合成までの機構を簡単に述べる．

　DNA は五炭糖であるデオキシリボースを中心として，これに塩基とリン酸がつながった

ヌクレオチドを構成単位とし，それぞれのヌクレオチドがリン酸の水酸基とデオキシリボースの 3' 位の水酸基のリン酸ジエステル結合で連結され，長くつながった鎖状のものである．塩基部分はアデニン（A），グアニン（G），シトシン（C），チミン（T）の 4 種類があり，A と T，G と C が水素結合により対合する．DNA 鎖は二本鎖を形成しているが，これが解けて一本鎖になることで，それぞれの鎖を鋳型に DNA ポリメラーゼにより塩基が対合するように複製される（半保存的複製）．RNA では DNA におけるデオキシリボースのかわりにリボース，塩基の T のかわりにウラシル（U）を含むヌクレオチドが構成単位である．RNA ポリメラーゼにより二本鎖 DNA の一方の鎖を鋳型としてその塩基配列情報を写し取るように RNA が合成され，この過程を転写（transcription）という．RNA のうち，リボソーム RNA（rRNA）やトランスファー RNA（tRNA）などはそのまま機能するが，タンパク質の遺伝情報を含むメッセンジャー RNA（mRNA）では，コドン（codon）という塩基 3 個単位の組合せにより 1 つのアミノ酸が規定される．mRNA のコドンに対応した tRNA がリボソーム上にアミノ酸を運ぶことにより，アミノ酸がペプチド結合で連続的につながったポリペプチド（タンパク質）が合成される（図 6-1）．この過程を翻訳（translation）という．

遺伝子の定義は，狭義にはタンパク質または rRNA や tRNA などの核酸をコードしている領域を指し，このコード領域のみを構造遺伝子と呼ぶ場合もある．広義には，プロモーター，転写調節領域，タンパク質あるいは核酸のコード領域，ターミネーターの 4 つの領域をすべて含めて指す．このうち，プロモーターは遺伝子の発現を誘導する領域で，真正細菌ではこの部分を σ 因子が認識し，そこに RNA ポリメラーゼが結合して RNA の転写が開始される．古細菌や真核生物では別の因子がプロモーターの認識に関与する．転写は，DNA 上のターミネーターで RNA ポリメラーゼが DNA から外れることにより終結する．真核生物では，転写後に RNA の両末端が修飾を受けるとともに，スプライシングという過程により，イントロンと呼ばれる領域が除去され，エキソンと呼ばれる領域が残って RNA が成熟化する．

原核微生物（真正細菌と古細菌）では，複数の構造遺伝子が 1 つのプロモーターの下流につながって存在し，単一の mRNA として転写される．そこから複数のタンパク質が翻訳される．このような原核微生物の遺伝子の構造をオペロンという（図 6-2）．真核生物では基本的に，1 つのプロモーターの下流に 1 つのタンパク質がコードされている．転写調節領域には遺伝子の発現を制御するタンパク質が結合して，RNA ポリメラーゼのプロモーター

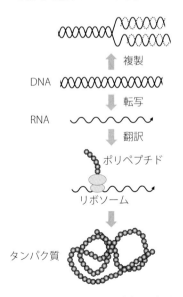

図 6-1 DNA の複製と遺伝子発現
複製された DNA は破線，RNA は波線の矢印，アミノ酸は黒色の丸で示した．

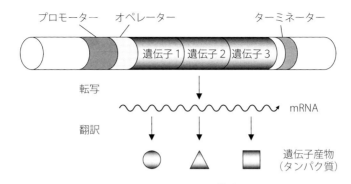

図 6-2 オペロンの構造
オペロンの典型的な構造．ここに位置する複数の遺伝子が発現する過程を示した．

への結合のしやすさを変化させ，その遺伝子の転写を活性化または抑制する．遺伝子の転写制御における活性化因子をアクチベーター，抑制因子をリプレッサーという（☞ 5-10-1）．

2）微生物における遺伝子発現の制御機構

遺伝子は細胞の状態や外部環境の変化などに応じて発現レベルを変化させるが，2 種類以上の制御を受けて遺伝子発現を調節させる場合もある．以下に，微生物が外界の環境の変化に応じて遺伝子発現を変化させる代表的な例について述べる．

大腸菌のラクトース資化に関係するラクトースオペロンに関する研究は，原核微生物の遺伝子発現制御の研究を代表するものである．このオペロンにはラクトース資化に関係する 3 つの lac 遺伝子が連続して並び，$lacZ$ は β-ガラクトシダーゼ，$lacY$ はラクトース輸送体，$lacA$ はガラクトシドアセチル基転移酵素をそれぞれコードする．このオペロンの上流側に位置するプロモーターとオペレーター（リプレッサーが結合する転写調節領域）によって，遺伝子発現が制御される．ラクトースが存在しないと，オペレーターにラクトースリプレッサーである LacI が結合するため，プロモーターへの RNA ポリメラーゼの結合が阻害される．一方，ラクトースが存在するとこれから変換してできるアロラクトースが LacI に結合することで，LacI の構造が変化して DNA に結合できなくなる．これにより RNA ポリメラーゼがプロモーターに結合できるようになり，下流の 3 つの lac 遺伝子が 1 つの mRNA として転写され，それぞれの遺伝子産物が翻訳される．そのうちの 1 つである β-ガラクトシダーゼがラクトースをグルコースとガラクトースに分解し，大腸菌がラクトースを資化できるようになる．

ラクトースオペロンではリプレッサーである LacI による負の制御だけでなく，CRP（cAMP 受容タンパク質（cAMP receptor protein））というアクチベーターによる正の制御も受けている．CRP は cAMP と結合すると活性型になり，ラクトースオペロンの転写を活性化する．また，ラクトースオペロンの遺伝子発現は，グルコースが存在するとラクトースが存在して

も誘導されず，大腸菌は優先的にグルコースを利用する．これをカタボライトリプレッション（グルコース抑制）という．このグルコースによるラクトースオペロンの発現抑制は，細胞内cAMP濃度の低下が原因とされていたが，近年は，ラクトースを取り込む輸送体の活性がグルコース存在下で阻害されるためであるという説が支持されている．

　外界の刺激を受容して細胞内でのシグナル伝達により遺伝子発現を調節する機構として，原核生物と真核生物に共通して存在する二成分制御系（two-component signal transduction system）がよく研究されている．その主な機構として，センサーヒスチジンキナーゼ（sensor histidine kinase）とレスポンスレギュレーター（response regulator）の2種類の因子がシグナル伝達に関与する（図6-3A）．また，センサーヒスチジンキナーゼにレシーバードメインも存在するハイブリッド型センサーヒスチジンキナーゼが，ヒスチジンホスホトランスフェラーゼ（histidine phosphotransferase，HPt）を介してレスポンスレギュレーターへとシグナルを伝達する場合がある（図6-3B）．前者は原核微生物で多く見られ，後者は真核微生物に多く見られる．後者は制御系の構成成分が2つではないこともあり，His-Aspリン酸リレー情報伝達機構ともいわれる．

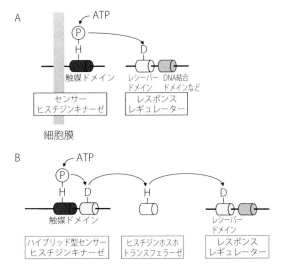

図 6-3　二成分制御系によるシグナル伝達
A：センサーヒスチジンキナーゼは細胞膜にあり，細胞外のセンサーが外界の変化を感知することによって，触媒ドメインのヒスチジン残基がリン酸化される．続いて，レスポンスレギュレーターのアスパラギン酸残基にリン酸が転移され，活性化して遺伝子発現応答を誘導する．
B：レシーバードメインを有するハイブリッド型センサーヒスチジンキナーゼは，細胞質に存在する．ヒスチジン残基からアスパラギン酸残基へとリン酸が転移されたのち，ヒスチジンホスホトランスフェラーゼのヒスチジン残基を経て，レスポンスレギュレーターのアスパラギン酸残基へとリン酸転移による活性化が行われる．レスポンスレギュレーターは遺伝子発現応答を誘導したり，他のシグナル伝達系を活性化する．

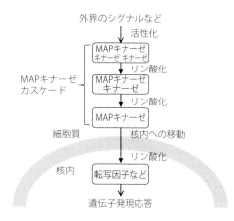

図 6-4 真核微生物における MAP キナーゼカスケードによるシグナル伝達

外界の環境変化などの情報を3種のキナーゼが順次リン酸化による活性化を行うことでシグナルを伝達する。最終的に、活性化した MAP キナーゼは核内に移行して、転写因子などをリン酸化して遺伝子発現応答を誘導する。

原核微生物は前述したσ因子を複数有しており、細胞の生育状況や外界の環境に応じてこれらのσ因子の生産量を変化させて遺伝子発現を調節することができる。一方、真核生物には MAP キナーゼ (mitogen activated protein kinase) を介したリン酸化のカスケードが存在し、フェロモン刺激や浸透圧応答などの情報伝達を行っている（図 6-4）。MAP キナーゼカスケードの上流に前述した二成分制御系が存在して、センサーとして機能している場合も知られている。

3）微生物のゲノムと逆遺伝学

原核微生物のゲノムは、一部の放線菌などを除いて一般に環状である。ゲノムサイズは、小さいものでマイコプラズマの約 0.6 メガベース（Mb, 1 Mb = 10^6 塩基）から、大きいもので放線菌の約 9 Mb である。真核微生物のゲノムは複数の線状の染色体からなり、ゲノムサイズは酵母 *Saccharomyces cerevisiae* で約 12 Mb, 糸状菌（カビ）である麹菌 *Aspergillus oryzae* は約 37 Mb である。近年、塩基配列を高速で解読できる次世代シーケンサーの利用により、数多くの微生物の全ゲノム配列決定が行われている。

遺伝子組換え技術の発展やデータベースの整備などにより、分子レベルで微生物の機能解析が頻繁に行われるようになっているが、そのアプローチの1つとして逆遺伝学を利用した手法がある。逆遺伝学は、目的の遺伝子の発現を抑制あるいは亢進することによって起こる表現型の変化を調べ、その遺伝子機能を解析する研究手法のことである。例えば、ある生物で着目した生命現象との関係が予想されるタンパク質をデータベースから検索すると、そのタンパク質のアミノ酸配列を探し出すことができる。さらに、研究対象とする生物についてゲノム配列のデータベースがあれば、類似のタンパク質をコードする遺伝子を検索して探し出すことができ、破壊や高発現によりその遺伝子の機能を明らかにすることが可能である。微生物のゲノム情報の急速な拡充に伴い、現在、この手法は微生物で着目した生命現象に関係する遺伝子の同定とその機能解析において主流になっている。

4）トランスポゾン

　原核生物や真核生物のゲノムには，DNA上のある部位から他の部位へ移動（転移）する能力を持つ因子が存在し，これを転移因子（transposable element）またはトランスポゾン（transposon）という．トランスポゾンはその転移の機構から，DNAトランスポゾンとRNAトランスポゾン（レトロトランスポゾン）に分類される．DNAトランスポゾンはDNAのまま転移するのに対し，RNAトランスポゾンはDNAからRNAに転写され，このRNAがDNAに逆転写されたのち染色体上の別の部位に組み込まれることによって転移する．DNAトランスポゾンは原核生物から動物や植物まで広く分布するが，RNAトランスポゾンは真核生物のみに存在する．

　DNAトランスポゾンは，転移に必要な酵素（トランスポザーゼ）をコードする領域，その両末端に組換え部位である逆方向反復配列（terminal inverted repeat, TIR）を持つ．さらに，原核微生物のDNAトランスポゾンでは，薬剤耐性を与える遺伝子が存在する場合もある．同種のトランスポゾンが染色体上に近接して存在する場合，それらに挟まれた領域も同時に転移することがあり，染色体の構造変化を引き起こす．また，転移した場所が遺伝子であればその機能を不活化することになり，プロモーターであれば遺伝子の発現制御に変化を与える．このようなことから，トランスポゾンはゲノムの進化に寄与していると考えられている．

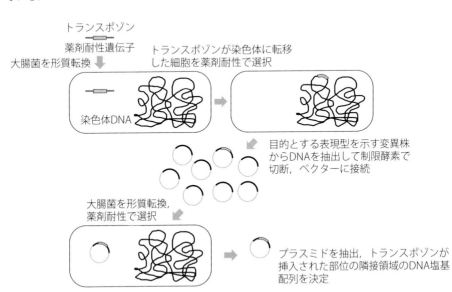

図6-5　トランスポゾンを利用した変異株取得と挿入部位の特定
トランスポゾンDNAの大腸菌の染色体への転移を薬剤耐性で選択，目的とする表現型を示す変異株より挿入部位を特定する方法を示した．

また，トランスポゾンが転移する性質を利用して，目的の性質を持つ変異株を取得する手法が開発されている．変異株からトランスポゾン挿入部位近傍のDNA配列を決定することで，原因となる遺伝子を特定することができる（図6-5）．

5）CRISPRとゲノム編集への利用

CRISPR（clustered regularly interspaced short palindromic repeats）は，1987年に大腸菌のゲノムから偶然発見された規則正しい繰り返し配列である．CRISPRは原核微生物に広く存在し，その繰り返し配列の間のスペーサー領域にはバクテリオファージやプラスミドのような外来DNAに相同な配列が含まれている．そして，CRISPRの近くには cas（CRISPR associated）と名づけられた遺伝子群が存在し，この遺伝子産物であるCasタンパク質を介して，外来DNAの侵入からの生体防御に機能する（図6-6A）．

その生体防御の機構は，外来DNAを断片化してスペーサー領域に取り込むことから始まる．この際に，数塩基の短い配列モチーフであるPAM（protospacer adjacent motifs）が，Casタンパク質によって認識されて取り込まれる．このような細胞に，同じ配列を有する外来DNAが侵入するとCRISPR領域が転写され，その外来DNAと相同な配列を含むRNA鎖（pre-crRNA）が生成される．pre-crRNAは切断されてCRISPR RNA（crRNA）となり，Casタンパク質と複合体を形成したのち相同な配列を有する外来DNAに結合して切断する．このような機構により，CRISPRとCasタンパク質が原核生物において外来DNAの侵入から細胞を守る獲得免疫機能を発揮する．

ゲノム編集（genome editing）は，細胞内で標的とするDNAの二本鎖切断を起こし，その修復過程において遺伝子を改変する技術である．もともとは別の人工DNA切断酵素が利用されていたが，現在はCRISPRによるゲノム編集が幅広い生物で盛んに利用されている．

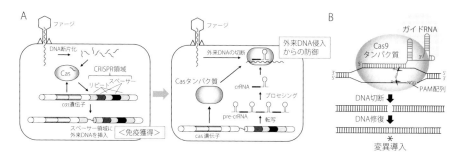

図6-6 CRISPRの獲得免疫（A）とゲノム編集への利用（B）
A：外来DNAを断片化，CRISPRのスペーサー領域に挿入することで免疫を獲得．CRISPR領域からの転写でpre-crRNAが，プロセシングによりcrRNAが生成．CasタンパクAとcrRNAとで外来DNAを認識して切断する．
B：Cas9タンパク質とガイドRNAとの複合体がPAM配列を含む標的配列に結合する．Cas9は二本鎖DNAを切断して，修復過程で変異が導入される．

以下は，CRISPR/Cas の中でも最も利用されている化膿レンサ球菌（*Streptococcus pyogenes*）の CRISPR/Cas9 について述べる（図 6-6B）．CRISPR/Cas9 によるゲノム編集では，crRNA からできる一本鎖のガイド RNA（single guide RNA（sgRNA）），ヌクレアーゼとして Cas9 の 2 つがあれば十分である．Cas9 はガイド RNA により標的 DNA までリクルートされ，PAM として 5'-NGG-3'（N は任意の塩基）を認識し，ヌクレアーゼ活性により二本鎖切断を起こす．この修復過程で変異が導入されたり，ゲノム内の特定の DNA 領域を除いたり外来 DNA を挿入したりできる．CRISPR/Cas9 によるゲノム編集は，動物や植物のような高等真核生物はもとより，微生物のゲノム編集においても重要な手法になっている．

6）原核微生物の遺伝学

微生物において，DNA の半保存的複製と分離によって，親から子へと形質が遺伝する．さらに自然界において微生物は，外界から DNA を取り込んでその遺伝的性質を変化させることができる．原核微生物が外界から DNA を取り込む仕組みは，接合伝達，形質導入，形質転換などが知られている．これらの現象は細胞間でのさまざまな遺伝子の伝播に関係しており，微生物の機能に多様性をもたらしている．一方，原核微生物の遺伝学で明らかになった原理はさまざまな手法に応用され，遺伝子工学の発展に貢献してきた．

（1）プラスミドと接合伝達

原核微生物において，染色体とは別に独立に複製するプラスミド（plasmid）を持つことがある．プラスミドのほとんどは環状の二本鎖 DNA であり，線状のものもある．プラスミドは細胞内に 1 コピーから，数十〜数百コピーで存在するものもある．プラスミドは宿主細胞の生育には必要ないが，接合能，薬剤耐性，有機物質分解能，重金属耐性などをもたらすもの，また抗菌性タンパク質をコードしているものもある．

プラスミドには宿主の染色体から独立して存在するものと，染色体に挿入されて存在するものがある．中には，接合という過程でプラスミドを持たない他の細胞へ移動するものがある．その代表的なものは大腸菌の F プラスミドであり，宿主の細胞に他の細胞と接合する能力を与え，自らのプラスミドを複製しながら相手の細胞へ移動させる（図 6-7A）．この現象を接合伝達（conjugal transfer）という．F プラスミドには宿主染色体に挿入される性質があり，挿入されている部位周辺の染色体 DNA も同時に移動することがある．このような過程を伴う接合伝達によるプラスミドの細胞間の移動は，自然界においてさまざまな遺伝子の伝播に重要な役割を担っている．

遺伝子工学において，目的の遺伝子または DNA をさまざまな細胞で移し替え（運搬）するために改変されたプラスミドを，プラスミドベクターまたは単にベクターという．プラスミドベクターは，異種生物に由来するさまざまな遺伝子の単離増幅やタンパク質の高生産，遺伝子ライブラリーの作製などを行うために利用されている．遺伝子ライブラリーは，ある生物の全 DNA を制限酵素（特定の塩基配列を認識して DNA 二本鎖を切断する．☞ 6-2-1-

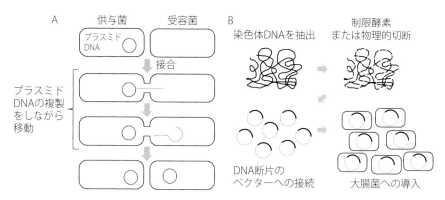

図6-7 プラスミドの接合伝達（A）と遺伝子ライブラリーの作製（B）
A：供与菌が有するプラスミドDNAが接合を介して，複製したプラスミドDNAを受容菌に伝達する．染色体DNAは省略した．
B：太線は染色体DNA，細線はベクターを示す．

1) を用いるかもしくは物理的に切断し，多数のDNA断片をベクターと接続して大腸菌に導入する．そして，異なる挿入断片を含むベクターを保持する大腸菌を多数得ることで，染色体上のすべての領域を含む遺伝子ライブラリーが作製される（図6-7B）．遺伝子ライブラリーは全ゲノム配列の決定に役立ってきただけでなく，変異株の変異遺伝子の同定などにも利用されてきた．

また，前述のFプラスミドは細胞内に1～2コピーで存在するが，複製して娘細胞へと分配され安定して維持される．Fプラスミドはそのサイズが350kb程度になっても安定に維持されるため，これを人工的に改変して非常に大きなサイズのDNAの単離を目的としてBAC（bacterial artificial chromosome）ベクターが開発され利用されている．

(2) バクテオファージと形質導入

原核微生物にも動物細胞と同様に感染するウイルスが存在し，このようなウイルスを特にバクテリオファージ（bacteriophage）またはファージという．ファージは一般にDNAを遺伝物質として持ち，タンパク質の粒子状の殻に包まれている．一部のファージは，尾部という殻から突き出した構造を持つ．ファージは宿主となる細菌細胞に感染する際に自らのDNAを宿主細胞の中に注入して，これを複製する．さらに，ファージを構成するタンパク質を宿主の細胞内で合成するが，この過程で自らのDNAを殻に取り込みファージ粒子を完成させると同時に宿主細胞を溶菌させ，細胞外に放出させる（図6-8）．

P1ファージでは，DNAをファージ粒子へ取り込む際のDNA配列の認識特異性が緩く，宿主染色体DNAも取り込んでしまうことがある．その取り込まれたDNAが，新たに感染した細胞に注入されてその染色体に組み込まれる（図6-8）．このような他の細菌の染色体DNAが別の細菌に導入される現象を形質導入（transduction）という．

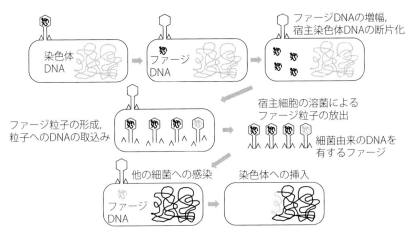

図 6-8　ファージによる形質導入
P1 ファージを例として示した．感染後にファージ粒子が宿主細胞内で合成され，自らの DNA を殻に取り込みファージ粒子を完成させ，宿主細胞を溶菌により細胞外に放出させる．この際に，宿主染色体 DNA を取り込んだファージは，その DNA を新たに感染した細胞の染色体に組み込む．

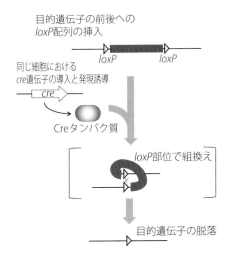

図 6-9　Cre-loxP システムによる遺伝子の欠失方法
Cre タンパク質は loxP 配列を認識して組換えを誘導する．

また，P1 ファージが感染した細菌細胞内では線状のファージ DNA が環状化して複製するが，この過程でファージ由来の酵素 Cre が loxP という特定の配列を認識して組換えを起こす．この原理を利用し，対象とする生物において染色体上の標的の遺伝子の両側に loxP 配列を挿入しておき，制御可能なプロモーターによって必要なときに Cre を細胞内で生産させると，その遺伝子を欠失させることができる（図 6-9）．この Cre/loxP システムは，酵母や糸状菌などの多重遺伝子破壊，動物における組織選択的な遺伝子欠失などに利用されている．

(3) 形質転換

微生物において形質転換とは外来 DNA を細胞内に導入することにより，導入した DNA の機能によって宿主細胞の性質を変化させることを意味する．枯草菌など一部の微生物は DNA とその細胞を混ぜるだけでそれを取り込む能力を持ち，この現象を自然形質転換という．大腸菌は自然形質転換能を持たず，カルシウムイオン処理や電気刺激（エレクトロ

ポレーション）により細胞がDNAの取込みが可能な状態（この状態の細胞をコンピテント
セルという）にしたのち，DNAと混合して形質転換を行う．このような人為的処理による
形質転換を人工的形質転換という．このような大腸菌の形質転換は，原核微生物だけでなく
真核生物の遺伝子を単離増幅する目的において，遺伝子工学の基本実験の1つとして頻繁
に用いられている．

7）真核微生物の遺伝学

　真核微生物は一倍体で安定に増殖するものが多く，変異株の取得が比較的容易である．目
的とする形質を示す変異株を取得して，その変異遺伝子を同定するという遺伝学研究がよく
行われてきた．近年ではさまざまな真核微生物において，形質転換技術の確立と遺伝子破壊
のような遺伝子改変技術の効率化とともにゲノム配列情報の蓄積が進み，逆遺伝学的手法に
よる解析が主に行われるようになっている．

(1) 酵母の遺伝学

　酵母の遺伝学研究では，出芽酵母 Saccharomyces cerevisiae と分裂酵母 Schizosaccharo-
myces pombe がよく用いられている．これらの酵母はかけ合わせによる交配実験を行いやす
く，遺伝的な形質の解析に適している．中でも S. cerevisiae は，酒やパンの製造に代表され
るように産業的に大いに利用されている．さらに，S. cerevisiae はすべての真核細胞が持つ
主要な特徴を備えているとして，真核生物のモデルとして遺伝学的研究が盛んに行われてき
た．
　S. cerevisiae の遺伝学では，かけ合わせによる交配実験が効果的に利用される．S. cerevisi-
ae の一倍体にはa型とα型の2種類の接合型があり，これらの細胞が接合して二倍体にな
る．二倍体は栄養が欠乏した条件で減数分裂して，4個の一倍体の子嚢胞子を持つ子嚢とい
う構造を形成する．S. cerevisiae の遺伝学的研究では，一倍体の細胞から目的とする表現型
を示す変異株を取得して，かけ合わせによる交配実験を行う．生じた4個の子嚢胞子の表
現型の分離を解析することで，遺伝子地図の作成，変異遺伝子の染色体上での位置の決定に
利用されてきた（図6-10）．
　また，S. cerevisiae の形質転換においては，酢酸リチウムで処理する方法が最も頻繁に行
われており，他にはプロトプラストにDNAを導入する方法，高電圧をかけて細胞に穴を開
けてDNAを導入するエレクトロポレーション法がある．プラスミドベクターは染色体とは
独立に多コピーで存在するもの，1〜2コピーで存在するもの，染色体に組み込まれて存在
するものがあり，解析の目的に応じて使い分けられている．例えば，低コピーのプラスミド
ベクターで S. cerevisiae の遺伝子ライブラリーが作製され，変異株の形質を野生型に戻す遺
伝子を探すことで変異遺伝子の特定に使用される．多コピーのプラスミドベクターから作製
した遺伝子ライブラリーを用いると発現量が高くなることから，変異株の形質を野生型に戻
す多コピー抑圧遺伝子（multi-copy suppressor gene）を見出すことができる．このように，

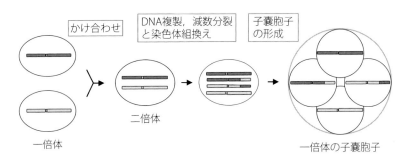

図 6-10 出芽酵母 S. cerevisiae におけるかけ合わせと子嚢胞子の形成
組換えをわかりやすくするため，染色体は1本だけ示した．

プラスミドベクターの種類が充実しているために，S. cerevisiae では遺伝子機能の解析が顕著に発展することになった．

また，S. cerevisiae では，同じ塩基配列を持つ DNA 同士で起こる相同組換えの効率が非常に高く，遺伝子破壊が容易である．これにより，多くの遺伝子破壊株が取得され，その機能を調べることが可能であり，逆遺伝学による研究が進んできた．さらには，遺伝子を1つずつ欠失させた約 6,000 種類の株からなるライブラリーが作製され，全遺伝子を対象としてさまざまな機能で果たす役割を調べることのできる機能スクリーニングが行われている．

S. pombe では低コピーのプラスミドは存在しないものの，宿主ベクター系は整備されている．酵母にはこれ以外に産業的に有用な性質を持つものが存在し，メタノールを資化する Pichia（Komagataella）属酵母や Hansenula 属酵母，アルカン資化性の Yarrowia 属酵母や Candida 属酵母，油脂を蓄積する Lipomyces 属酵母でも，プラスミドベクターを用いた宿主ベクター系が開発されている．近年は，CRISPR/Cas9 を用いたゲノム編集も，酵母の遺伝子の機能解析で利用されるようになっている．

(2) 糸状菌の遺伝学

糸状菌には産業的に重要な種が多く存在するものの，その大半で有性世代が発見されておらず，遺伝学の研究はほぼ適用できなかった．糸状菌の遺伝学については，有性世代が存在してかけ合わせが可能なアカパンカビ Neurospora crassa や Aspergillus nidulans など限られた種で先行して研究が行われてきた．

一方，糸状菌全般で形質転換系が開発されたことで，遺伝子破壊などによって機能解析を行う逆遺伝学による研究が行われている．糸状菌の形質転換は，細胞壁溶解酵素でプロトプラストを調製し，カルシウムイオンとポリエチレングリコールで処理することにより DNA を取り込ませる方法が主に行われている．また，発芽して間もない菌糸に対して高電圧をかけ DNA を導入するエレクトロポレーション法や，植物の DNA 導入に利用されている土壌細菌アグロバクテリウム（Rhizobium radiobacter）を用いた形質転換法もある．プラスミドベ

クターについては，糸状菌では種類が限られており，基本的にDNAの導入は染色体に挿入することで行われる．

糸状菌はもともと相同組換えの頻度が低く，遺伝子破壊が困難であることが課題であった．それに対して，非相同組換え（non-homologous end joining，NHEJ）に関与する遺伝子を破壊することで，相同組換えの頻度が飛躍的に改善している．さらに近年はCRISPR/Cas9を用いたゲノム編集の利用によって糸状菌の多くの種で遺伝子破壊が可能になり，遺伝子機能の解析が進められるようになっている．次世代シークエンサーの利用により全ゲノム配列の決定が容易になっていることも合わせ，糸状菌の幅広い種において遺伝子機能の解析が従来にない速度で進展している．

2．遺伝子工学

これまでに数多くのDNAやRNAを基質として作用する酵素（核酸修飾酵素）が自然界から発見されてきた．遺伝子工学は，これらの酵素を単独あるいは複数組み合わせて利用し，遺伝子を人工的に操作する技術である．Cohen, S.らが遺伝子工学により初めて遺伝子組換え大腸菌を作製した1973年以降，さまざまな核酸修飾酵素を利用した遺伝子工学的手法の開発が今なお続いている．本節においては，遺伝子工学に利用されている酵素，遺伝子のクローン化[注]の方法，宿主ベクター系について概説する．

1) 遺伝子工学のための酵素と利用法

遺伝子工学に利用されている最も代表的な酵素を以下に紹介する．

(1) 制限酵素
2本鎖DNA中の通常4〜8塩基対からなる特定の配列を認識し，切断する酵素である．

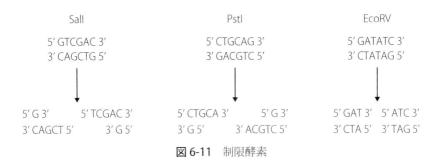

図6-11　制限酵素

注）157ページに説明があるが，遺伝子のクローン化とは，特定の遺伝子を含むDNA断片と同一のクローンを多数作製することを指し，遺伝子クローニングともいわれる．具体的には，目的遺伝子を組み込んだプラスミドを構築することを指していることが多い．

制限酵素が認識する配列はパリンドローム（回文）構造になっていることが多く，制限酵素の種類によって認識する配列は異なる．例えば，SalI は GTCGAC を認識し GT 間を切断（G↓TCGAC），PstI は CTGCAG を認識し AG 間を切断（CTGCA↓G），EcoRV は GATATC を認識して TA 間を切断（GAT↓ATC）する制限酵素である（図 6-11）．2 本鎖 DNA の両方の DNA 鎖を切断し，EcoRV は平滑末端，SalI は 5′ 末端が突出した粘着末端，PstI は 3′ 末端が突出した粘着末端を生じる（図 6-11）．

（2）DNA リガーゼ

ATP 存在下で，隣接した DNA 鎖の 3′ 末端と 5′ 末端をリン酸ジエステル結合で連結する酵素である．3′ 末端は水酸基，5′ 末端はリン酸基である必要があり，これ以外の末端同士を連結することはできない．DNA リガーゼは同じ突出末端を持つ粘着末端同士や，平滑末端同士を連結できる．粘着末端同士の連結の場合，同じ突出末端であれば連結できるので，SalI で切断された断片（G↓TCGAC）同士だけでなく，SalI で切断された断片と XhoI で切断された断片（C↓TCGAG）同士も連結することができる（図 6-12）．平滑末端同士の連結の場合には，5′ 末端・3′ 末端の配列にかかわらず連結できるので，どのような平滑末端同士，例えば EcoRV で切断された断片（GAT↓ATC）と SmaI で切断された断片（CCC↓GGG）も連結することができる（図 6-12）．

（3）DNA ポリメラーゼ

鋳型である 1 本鎖 DNA とプライマー存在下で，鋳型 DNA に相補的な塩基配列を持つ DNA 鎖を合成する酵素である．プライマーあるいは合成中の DNA の 3′ 末端の水酸基に鋳型 DNA に相補的なデオキシヌクレオチド三リン酸（dNTP）を転移する反応を触媒する．鋳型 DNA が存在する限りこの反応を連続して触媒するため，合成された DNA 鎖は 5′ 末端→ 3′ 末端の方向に伸長する．

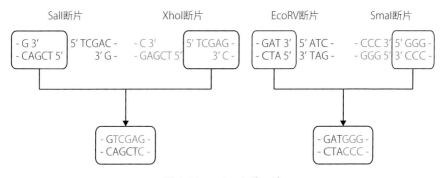

図 6-12　DNA リガーゼ

2）遺伝子のクローン化と PCR

　遺伝子のクローン化とは，特定の遺伝子を含む DNA 断片と同一のクローンを多数作製することを指す．「細胞内で宿主染色体とは別に自律複製・増殖し，かつ細胞分裂に際し子孫の細胞に受け渡され安定に維持される遺伝因子」と定義されるプラスミドが不可欠であり，プラスミドにクローン化したい特定の遺伝子を含む DNA 断片を連結し，宿主細胞内で増幅させることで同一遺伝子を多数作製できる．遺伝子のクローン化に用いられるプラスミドは環状 DNA が一般的であり，自律複製に関わるプラスミド複製領域，宿主細胞への導入の判別に利用するマーカー遺伝子，クローン化したい遺伝子を導入するための制限酵素サイトの3つを，少なくとも保持する必要がある．1か所に複数の制限酵素サイトを集めたマルチクローニングサイト，クローン化したい遺伝子のプラスミドへの連結の有無の確認を容易にするマーカー遺伝子や，クローン化した遺伝子を転写および翻訳させタンパク質として大量生産させるための強力なプロモーター，誘導剤添加時にクローン化した遺伝子を発現させるための誘導型プロモーターなど，利用方法に応じてさまざまな機能を持つプラスミドも開発されてきた．遺伝子のクローン化には以下の方法がある．

（1）制限酵素による切断と DNA リガーゼによる連結

　プラスミドにクローン化したい遺伝子 DNA 断片を連結するには，制限酵素による切断と DNA リガーゼによる連結を組み合わせる方法が一般的である．まず，制限酵素を用いてプラスミドおよびクローン化したい遺伝子 DNA 断片の両端を切断する．このとき，連結するプラスミドとクローン化したい遺伝子 DNA 断片それぞれの制限酵素末端が互いに連結可能な末端を生じる制限酵素を使用する必要がある．必ずしも同じ制限酵素を用いる必要はなく，SalI と XhoI のような連結可能な突出末端を生じる制限酵素の組合せや，EcoRV や SmaI などのような平滑末端を生じる制限酵素の組合せも可能である．最後に，DNA リガーゼを用いてプラスミドとクローン化したい遺伝子 DNA の両断片を連結し，クローン化したい遺伝子 DNA が目的通りに結合したプラスミドを選抜する．プラスミドの切断に使用する制限酵素が1種類の場合には，DNA リガーゼで連結するときにクローン化したい遺伝子 DNA が導入されずにプラスミドの両末端同士が連結されるセルフ・ライゲーションがかなりの頻度で起こる．クローン化したい遺伝子 DNA が導入された場合でも，導入される方向は理論上2通り存在するため，プラスミド上のプロモーターの下流へクローン化したい遺伝子を連結するときなどは，正しい方向で導入されたプラスミドを選抜する必要がある．プラスミドの切断時に，互いに連結不可能な末端を生じる2種類の制限酵素（例えば，SalI と PstI）を使用すれば，セルフ・ライゲーションの問題はかなり解決されるだけでなく，クローン化したい遺伝子 DNA の導入も1方向に限定することが可能である．

(2) ギブソン・アセンブリシステムによる連結

制限酵素とDNAリガーゼを組み合わせたクローン化が一般的であるが，Gibson, D. らは全く異なる遺伝子のクローン化方法を開発した．連結したいDNAの末端同士を15塩基以上共通させ，T5エキソヌクレアーゼ，耐熱性DNAポリメラーゼ，耐熱性DNAリガーゼの3種の酵素を50℃で同時に作用させると両DNAが連結可能となる（図6-13）．T5エキソヌクレアーゼは2本鎖DNAの5'末端から3'末端に向かってDNA鎖を分解する．連結したいDNAの末端同士はお互い3'末端が突出した1本鎖同士となり，共通配列部分でアニーリングできるようになる．次に，耐熱性DNAポリメラーゼがアニールしたDNA鎖をプライマーとして，T5エキソヌクレアーゼにより分解した部分をDNA合成して2本鎖DNAに戻す．

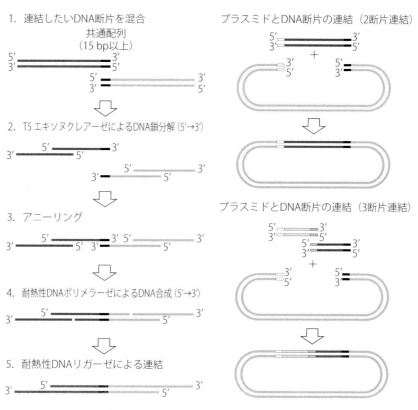

図 6-13　ギブソン・アセンブリシステム
ギブソンアセンブリーでは，連結したいDNA断片を混合したのち，4つのステップにより，DNA断片を連結させる（左）．これを利用して，標的DNA断片をプラスミドを用いてクローン化することができる（右）．図では，2断片および3断片の連結を示したが，理論上はもっと多くのDNA断片でも，1回の反応で連結することが可能である．

その3'末端とT5エキソヌクレアーゼで分解されなかった5'末端との間のニックを耐熱性DNAリガーゼが連結する．これら3種の酵素の混合溶液は各社からキットとして販売されており，プラスミドとクローン化したい遺伝子DNA断片の連結部分をそれぞれ15塩基以上共通させればクローン化が可能である．15塩基以上共通した配列を用意するため，共通した配列を5'側に持つ長いプライマーを利用してPCR増幅しなければならないのが欠点である．しかし，セルフ・ライゲーションが起こらない，クローン化したい遺伝子DNAの導入方向もデザインできる，3つ以上のDNA断片でも連結可能，連結したいDNA断片の末端に制限酵素サイトがなくても連結可能など，制限酵素とDNAリガーゼによる連結方法以上の利点がある．

(3) PCR

現在の遺伝子組換え実験では特定のDNA断片を増幅するPCR（polymerase chain reaction）は必要不可欠な技術である．PCRでは，増幅したい2本鎖DNA領域の両末端にアニール可能な一対のプライマーを用意する必要がある．これら一対のプライマー，増幅したい2本鎖DNA（鋳型DNA），耐熱性DNAポリメラーゼおよびDNA合成反応の基質であるデオキシヌクレオチド三リン酸（dNTP）を含む溶液に対し，以下のサイクル反応を行う（図6-14）．

①熱変性：溶液を95℃程度に加熱することで鋳型2本鎖DNAを熱変性し，1本鎖DNAにする．②アニーリング：60℃程度まで冷却し，鋳型1本鎖DNAとプライマーをアニールさせる．③伸長反応：耐熱性DNAポリメラーゼ反応の至適温度まで加熱し，DNA伸長反応を行う．これらのサイクル反応をn回繰り返すと，理論上，増幅したい2本鎖DNAは2n倍に増幅する．

プライマーの3'末端側は増幅したい2本鎖DNA領域のアンチセンス鎖にアニール可能な相補配列でなければならないが，プライマーの5'側に制限酵素サイトやプラスミドとの連結部分と15塩基以上共通した配列を付与すればPCR産物をプラスミドにクローン化する

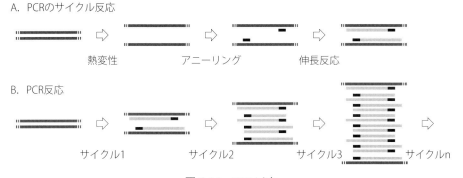

図6-14　PCR反応

ことも可能である.

DNA ポリメラーゼは DNA 合成反応中にまれに間違った塩基を取り込むことがある. DNA ポリメラーゼは間違って取り込まれた塩基の除去に関わる 3' → 5' エキソヌクレアーゼ活性を持つ α 型と本活性を持たない Pol I 型の 2 種類に分類される. 本活性は間違って取り込まれた塩基の修復, すなわち校正機能に関わるため, DNA 合成における正確性は本活性を持つ酵素の方が格段に高い. そのため, 遺伝子のクローン化など変異を含まない正確な PCR 産物を増幅したいときには忠実度の高い α 型の DNA ポリメラーゼを使用した方がよい.

3）遺伝子工学のための宿主とベクター系

遺伝子組換え実験に代表される遺伝子工学は, 開発当初は遺伝子のクローン化などが主な目的であったが, 現在では, 長鎖 DNA 断片のクローン化, 遺伝子の強制発現, 遺伝子破壊, タンパク質生産など, さまざまな目的で使用されている. 遺伝子組換え実験においては, 目的 DNA 断片を細胞に導入する際に使用される, 主としてプラスミド由来の DNA をベクター（☞ 6-1-6-2）, ベクターが導入された場合それを保持できる細胞を宿主といい, 宿主とベクターの組合せを宿主ベクター系という. これまでに多くの宿主ベクター系が開発されているが, 安全性が高く, 取り扱いやすいことが重要である.「研究開発等に係る遺伝子組換え生物等の第二種使用等に当たって執るべき拡散防止措置等を定める省令」においては, 大腸菌, 枯草菌, *Pseudomonas putida*, *Thermus* 属, *Rhizobium* 属, *Streptomyces* 属といった細菌, *Saccharomyces cerevisiae*, *Schizosaccharomyces pombe*, *Neurospora crassa*, *Pichia pastoris* といった酵母などについて, それぞれの特定ベクターとの組合せを認定宿主ベクター系として定めている.

新しい微生物を研究対象とした場合, その微生物が持つ遺伝子の生体内での機能を解析するためには, 遺伝子破壊や過剰発現が必要であるが, そのためには, その微生物を宿主として使えるベクター系の開発が重要となる. 一方, 酵素などタンパク質そのものの機能を解析するには, 酵素遺伝子を異種宿主において発現させることで組換えタンパク質を取得し, これを解析することがよく行われる. この際には, さまざまな宿主が用いられる（☞ 6-5-1）.

3．微生物のスクリーニングと育種

人類は太古の昔から, 微生物が持つさまざまな能力を利用して「発酵」の技術を身に付け, 生活を豊かにしてきた. 人類は微生物の存在を知らないまま発酵技術を完成させてきたが, 発酵に用いられる微生物はどのようなものでもよいというわけではなく, それぞれの発酵過程で働く微生物を選択的に利用する必要があった. 先人達は, 長い年月をかけてそれぞれの発酵過程に必要な微生物が住みやすい環境を探し出し, その有用微生物を優勢に生育させる技術を身に付けることで, 経験的に発酵をコントロールしてきたのである.

一方, 19 世紀半ばに Pasteur, L. が, ワイン醸造のアルコール発酵が酵母の働きによる

ことを見出して以来，さまざまな発酵過程で働く微生物の機能と役割が次第に明らかにされてきた．20世紀に入ると，微生物を分離および培養する技術が急速に進歩し，発酵に用いられる微生物も多数分離され，その中から優秀な株を選抜および利用することが可能になったことで，より安定に，かつ理論的に発酵をコントロールできるようになった．また，分離した微生物を用いて代謝をコントロールすることで，有機酸やアミノ酸，抗生物質などといった有用物質を大量に生産する発酵工業が生まれ（☞2-1），現在では微生物による産業用酵素の生産や微生物の特異な能力を応用した新たなバイオ産業へと展開するなど，微生物を利用した産業分野はさらに広がりを見せている（☞2-3）．

このように，微生物の能力を利用した技術や産業は劇的な進歩を遂げてきたものの，これら微生物産業の技術を支える根幹はあくまでもそこに利用される「微生物の能力」であるのはいうまでもない．いいかえれば，微生物を利用した醸造，発酵工業，酵素産業さらにはバイオ産業では目的の能力を持った微生物を手に入れることができなければそれぞれの産業は成り立たず，それら能力を持つ有用微生物をいかに獲得するかが最も重要なステップの1つであるといえる．

一般的に有用微生物の獲得は，目的の能力を持つ微生物を選択的に見つけ出す「スクリーニング」の段階と，その微生物の能力を高める「育種」という2つの段階を踏むことが多い．本節においては，スクリーニングと育種について，実践的な側面も含めて解説する．

1）有用微生物のスクリーニング

スクリーニングとは，大多数の微生物群の中から目的の能力を持った株を選択的に探し出す技術のことである．スクリーニングは応用微生物学分野において最も根幹となる技術の1つであり，現在，産業利用されている有用微生物の大半は，スクリーニングにより得られた優良株を育種してきたものである．

一般的に，有用株のスクリーニングは自然界から行うことが多い．地球上にはさまざまな自然環境があり，生物はそれぞれの生存環境に適応し，独自の進化を遂げてきた．つまり，地球上には私たちの想像を超えるような素晴らしい能力を持った微生物が多数存在し，その多様性は無限大である．それらの中から私たちが必要とする能力を持った微生物を選び出し，その能力を利用できる可能性を探っていくことになる．また，すでにたくさんの微生物菌株を保存しているカルチャーコレクションなどの保存菌株の中から，より優秀な菌株をスクリーニングすることも有効な手段である．

（1）選択培地および生育条件の設定と集積培養

有用微生物のスクリーニングの場合，より多様な微生物群の中から選抜する方がより優秀な能力を持つ株を獲得できる可能性が高く，また意外な能力を持つ株を見つけ出せる場合もある．したがって，スクリーニング源はより広く設定する方が望ましい．しかし，無限の微生物資源から特定の微生物を見つけ出すのは非常に困難な作業であるため，いかに効率よく

目的の能力を持った微生物を選抜できるかが最大のポイントとなる．そこで，スクリーニングの際には，目的的性質を持つ株だけが選択的に生育できるよう組成を工夫した培地（選択培地）を用いることが多い．例えば，メタノールを炭素源として利用するメタノール資化性微生物を取得しようとした場合，グルコースを炭素源とするとグルコースを利用できる微生物群が多数生育してしまう．さらには，メタノール資化性微生物のメタノール代謝はグルコースによって抑制されてしまうため，グルコースを炭素源とする培地でメタノール資化性微生物を選抜するのはきわめて困難である．一方，メタノールを唯一の炭素源とした選択培地をスクリーニングに用いた場合，そこに生育できるものはメタノールを炭素源として利用できるもののみであるから，プレート上のコロニーはメタノール資化性微生物である可能性が高い．このように，選択培地をどのように設定するかで目的の微生物を獲得できる可能性が大きくかわる．

培養条件の設定もスクリーニングにおいて重要なファクターである．例えば，高温で生育できる好熱菌を分離したい場合，室温の培養条件では中温菌が支配的に生育し，室温で生育できない好熱菌を獲得できる確率はきわめて低くなる．また，洗剤用酵素に利用されているアルカリプロテアーゼやアルカリセルラーゼ生産菌は，アルカリ環境を好むアルカリ性 Bacillus であるため，pH をアルカリ側に調整した培地を用いることで選択性が高まる．また，特定の微生物が好む選択培地と生育条件で継代を繰り返すことを集積培養というが，スクリーニングの際，集積培養を繰り返すことでその生育条件に合わない微生物は排除されていき，目的の微生物のみが支配的に生存するようになる．これにより，目的の微生物が選択的に得られる可能性が大きくなる．

一方，優良菌株の分離後，培養条件や培地組成を再検討することにより劇的に菌株の能力が向上することも多い．例えば，アクリルアミドやニコチンアミドの工業生産に利用されている Rhodococcus rhodochrous では（☞ 7-2-1-2），コバルトイオンと尿素を培地に添加することで鍵酵素であるニトリルヒドラターゼの生産が顕著に誘導されることがわかり，アクリルアミド生産量を劇的に増加させることが可能になった．このように，利用したい菌株が思いもよらない培養条件を要求することもあることから，優良菌株分離後の培養条件の最適化も応用微生物学において重要なステップの 1 つである．また，スクリーニング段階においても培地組成などの種々の条件をいくつか組み合わせて広く検討することも必要である．

（2）微生物の持つ能力の判別法の工夫

特定の微生物が持つ能力を容易に判別できるよう工夫をすることもスクリーニングにおいて重要である．例えば，他の微生物の生育を阻止する抗生物質の生産菌を分離しようとする場合，分離菌の培養液をペーパーディスクにしみ込ませ，検定菌を塗布した寒天培地上に置くことで，塗布された菌の生育阻止円の大きさから抗菌活性が容易に測定できるので，抗生物質生産菌を容易に判別することができる．一方，グルタミン酸生産菌 Corynebacterium glutamicum は，グルタミン酸要求性の乳酸菌株を用いたユニークなバイオアッセイによっ

て獲得された（☞ 7-1-3-2）．グルタミン酸要求性株はグルタミン酸を合成できないのでグルタミン酸を含まない培地には生育できないが，そこにグルタミン酸生産菌が共存する場合，生産菌からグルタミン酸が供給されることで生育できるようになる．よって，選抜菌株のコロニーを形成させたプレート上にグルタミン酸要求性乳酸菌株を重層し，コロニーの周辺にグルタミン酸要求性株が生育している株はグルタミン酸生産菌である可能性が高い．本方法により現在，世界中で利用されているグルタミン酸生産菌 *C. glutamicum* が分離された．このように，有用微生物の獲得はそのスクリーニング条件のみならず，優良な株を容易に見つけ出すトリックをどのように設定するかが重要であり，これによりスクリーニングの善し悪しが決定されるといえる．

2）有用微生物の育種

　目的とする能力を持つ有望株をスクリーニングで獲得できたとしても，多くの場合，目的産物の生産性が低い，たくさんの副産物を生産してしまうなど，そのままの能力では工業利用が難しいため，これら有望株の持つ能力をさらに高めなければならない．前述のように，有望株の生育条件と培地組成を最適化することで微生物の能力をより引き出すことも可能ではあるが，それにも限界はある．このような場合，有望株の性質をかえることで，よりいっそうその能力を引き出したり，不要な能力をなくしたり，あるいは本来その微生物自身が持たない新たな機能を付与するなどの育種が必要となる．

　微生物の育種技術には，突然変異法，交配法，細胞融合法，遺伝子組換え法などがある．

（1）突然変異法による有用微生物の育種

　突然変異とは，ある個体がその生物集団の大多数とは異なる形質を持つことであり，この異なる形質を持つようになった個体を突然変異体と呼ぶ．突然変異は，DNA 複製ミスや DNA の損傷，トランスポゾンの転移による遺伝子の破壊などの遺伝情報の変化によって引き起こされるが，その形質の変化により目的の形質が強化された突然変異体を選抜および分離することで，発酵工業に利用できるよう有用微生物の能力を改良していく技術が突然変異法である．

　微生物の細胞集団では，突然変異は低頻度で常に起こっているが，育種ではその頻度を上げるため，人工的に変異を誘発させるための変異原を用いる．変異原の作用機作は，化学的要因（亜硝酸やメタンスルホン酸エチル（EMS），*N*-メチル-*N*-ニトロ-*N*-ニトロソグアニジン（NTG）など），物理的要因（紫外線や放射線など），さらには生物的要因（トランスポゾンなど）に依拠している．また，変異処理後，プレートに塗布してコロニーを形成させ，突然変異体の中から目的の形質を示す株を選択する．しかし，突然変異はランダムに起こるうえ，大部分は遺伝子の機能低下を示すことが多いため，ただ単にランダムに突然変異体を拾うという作業では目的の能力を持つ突然変異体を取得できる確率はきわめて低い．そこで，スクリーニングの技術と同様，特定の能力を持つ変異体を高い確率で選別できる選択培地を

用いたり，優良な株を容易に見つけ出すトリックを仕掛けたりするなど，何らかの選抜方法を考える必要がある．例えば，出芽酵母の分子育種に必要な栄養要求性変異株を作製する場合，要求性を求める物質を含まない最少培地に生育できないことにより判断するのが基本だが，アデニン要求性株（*ade1*⁻ または *ade2*⁻）はアデニン生合成経路中間体が重合することで細胞内に色素を蓄積するため，赤いコロニーを選抜することで容易に選抜できる．また，ウラシル要求性株（*ura3*⁻）の場合，5-フルオロオロチン酸（5-FOA）耐性能を指標に取得できる．ウラシル要求性株（ウラシル生合成経路上の *URA3* 遺伝子にコードされるオロチジン 5′-リン酸デカルボキシラーゼ（ODC）活性を持たない株）は 5-FOA を代謝できないため，通常 5-FOA が ODC によって変換されて生じる毒性の高い 5-フルオロウラシルが生じない．そのため，5-FOA 耐性となる．

アミノ酸生産菌 *Corynebacterium glutamicum* の育種では，より巧妙な育種が行われてきた（☞ 7-1-3-1）．生物にとってアミノ酸は必須の化合物であるが，細胞内のアミノ酸濃度が高くなりすぎるとその生合成が阻害され，細胞内のアミノ酸レベルが一定に保たれる．つまり，通常は生物がアミノ酸を高生産することはないのである．このように，代謝産物自体が自身の生合成を阻害する現象をフィードバック阻害と呼ぶが（☞ 5-10-2-1），このフィードバック阻害をうまく解除することができれば，理論上，高アミノ酸状態でもアミノ酸を作り続ける高生産株を育種することができる．このフィードバック阻害解除株はアミノ酸のアナログ耐性を指標に選抜されてきた．例えば，リシン高生産株はトレオニン存在下でリシンのアナログである S-（2-アミノエチル）L-システインに対する耐性株を選抜することで育種された（☞ 7-1-3-3）．リシンはトレオニンとともに自身の生合成経路を協奏的にフィードバック阻害するが，リシンのアナログ耐性株はこのフィードバック阻害が解除されている．アナログはリシンと構造がよく似ているので，アナログがリシンの生合成をフィードバック阻害し，かつリシンのかわりにアナログが取り込まれたタンパク質は細胞内で正常に機能しないため，通常の野生株はアナログを含む培地には生育できない．しかし，遺伝的にフィードバック阻害が解除された株は，アナログが存在してもリシンを過剰に生合成できるため，アナログの影響を回避して生育できる．そのため，アナログ耐性を示す変異株は，フィードバック阻害が解除されており，自身が生合成したリシンによる生合成の阻害は起こらず，リシンの高生産が達成できるということになる．このように，生合成経路などの代謝制御を人為的に改変することにより，目的の化合物を高生産させる手法を代謝制御発酵と呼び，さまざまな発酵生産株の育種に用いられている．

（2）交配による有用微生物の育種

一般に，農作物や家畜などの品種改良では，優れた性質を持つ親同士をかけ合わせることで両者の性質を合わせ持つ新しい品種を生産する．このように，生物の雌雄を人為的に受精または受粉させることで，新たな形質を持つ品種を生み出す育種を交配と呼ぶ．交配は，真核生物が本来備えている有性生殖の機能を利用したものであり，突然変異法などよりも安定

した性質の株が得られる利点がある．よって，酵母や糸状菌などの真核微生物のうち，有性生殖を行う菌株は交配による育種が可能である．

出芽酵母の場合，多くは栄養増殖世代を二倍体で過ごして出芽により増殖を繰り返すが，栄養飢餓状態になると減数分裂により一倍体の胞子を4個形成する．胞子は，栄養培地上に置くと発芽して一倍体細胞の栄養増殖を始めるが，この一倍体細胞は雌雄に相当する接合型（a型とα型）を示し，異なる接合型細胞を混合培養すれば接合子を形成して二倍体（a/α）細胞に復帰し，栄養増殖する（☞6-1-7-1）．これらで得られた交雑株の中から，目的の表現型を示すものを選抜すればよい．これまで交配により，清酒酵母やワイン酵母の実用株の育種が試みられている．例えば，清酒酵母の‘きょうかい13号’は‘きょうかい9号’と‘きょうかい10号’の交配により開発された．‘きょうかい10号’は吟醸香が高く，酸の生成が少ない特徴を有しているが，アルコール耐性が低い．一方，‘きょうかい9号’はアルコール耐性が強く，低温での発酵能が優れている．そこで，‘きょうかい10号’と‘きょうかい9号’の交配雑種の中から，‘きょうかい10号’の優れた特徴を有し，かつアルコール耐性が高い株として分離された有用清酒酵母が‘きょうかい13号’である．このように，真核微生物の交配による育種は可能ではあるものの，一般的な醸造用酵母は二倍体かそれ以上の高次倍数体であり，胞子形成率と胞子発芽率がきわめて低いため，接合能を持つ一倍体を獲得できなかったり，産業用糸状菌も不完全菌（☞3-1-8）であることが多かったりするなど，これら産業用微生物の交配による育種は困難なケースが多い．

（3）細胞融合法による有用微生物の育種

前述のように，交配による育種では真核生物が持つ有性生殖の機能を利用するため，有性的生活環が見出されていない不完全菌に分類される酵母や糸状菌，さらには胞子形成率と胞子発芽率がきわめて低い株では交配による育種は困難である．また，そもそも有性的生活環を持つ株同士でも，遺伝的に距離が離れている種間の交配は不可能である．そこで，有性生殖に縛られず，交配不可能な微生物同士を人工的に融合することで雑種を作製する手法として細胞融合法が利用されてきた．

細胞融合は動物細胞では古くから知られており，受精は自然界において起こる細胞融合の一例である．一方，微生物や植物細胞は強固な細胞壁を持つため，そのままでは細胞融合はほとんど起こらない．そこで，細胞融合法による微生物の育種では，細胞壁溶解酵素を用いて細胞壁を取り除いた細胞（プロトプラスト）を調製し，それぞれのプロトプラスト細胞を混合したあと，ポリエチレングリコールなどで処理することで細胞融合を促進させる．また，プロトプラスト細胞自身は増殖能がないため，融合細胞の細胞壁を再合成させて細胞の状態に戻す必要があり，これらを含めた細胞融合法の技術が開発されてきた．また，細胞融合法では，細胞内に両方の親株の核が別々に共存した状態（ヘテロカリオン）から核融合で複相核を生じるステップを踏むことになる．このようにして得られた細胞融合株は，両親のゲノム全体を持つので，複数の遺伝子が関連するような形質でも親株からそれぞれ受け継ぐこと

ができるが，その分，得られる融合株は両方の親株の中間的な性質を示すことが多い．また，細胞融合法では，細胞融合が起こったとしても核融合が起こらなければ親株の性質に復帰してしまうことが多いのが現状である．

(4) 遺伝子組換え法による育種

遺伝情報は，あらゆる生物において基本的に共通の遺伝暗号（コドン）を用いて訳されている．つまり，DNA 配列さえ手に入れば，どのようなタンパク質でも種の壁を越えて宿主細胞内で合成させることは理論的に可能であり，また宿主が持つ特定の遺伝子だけを欠失させることも可能である．このように，特定の遺伝子を宿主細胞に導入したり，宿主の遺伝子を欠失させる手法が遺伝子組換え法である．遺伝子組換え法によれば，交配や突然変異とは異なり，有性生殖や生物種にとらわれることはなく，また，特定の遺伝子のみを直接組み換えることが可能であることから，目的とする形質を持つ組換え体の育種計画を戦略的に設計でき，容易かつ安定的に育種を行うことができる．

遺伝子組換え法を利用した育種には，産業用酵素や有用タンパク質を大量に生産させる異種タンパク質生産系としての利用と，遺伝子組換えによる代謝経路の変換や新たな代謝系の導入により宿主に新たな形質を付与する代謝工学などがある．

a. 遺伝子組換え法による異種タンパク質生産

遺伝子組換え法を利用することで，基本的に遺伝子の配列情報さえあればヒトや動植物由来の微量で高価な有用タンパク質を微生物で大量に生産させることが可能である．しかし，大量発現系には目的の遺伝子を宿主細胞内で安定に保持できる仕組み（宿主 - ベクター系，☞ 6-2-3）が必要であり，目的遺伝子の転写開始に関わるプロモーターの能力もタンパク質の生産量を大きく左右する．プロモーターには，構成的な遺伝子発現を引き起こす構成型プロモーターと，ある条件でのみ遺伝子発現を誘導する誘導型プロモーターがあるが，目的タンパク質の特徴に応じてプロモーターを選択する必要がある．例えば，大腸菌ではラクトースやそのアナログにより転写が促進される *lac* プロモーター，低温で転写量が増加する Cold Shock タンパク質遺伝子プロモーター，強力な T7 プロモーター[注] などが異種タンパク質生産系に利用されている．一方，出芽酵母や分裂酵母ではグリセルアルデヒド 3- リン酸デヒドロゲナーゼ遺伝子などの構成型プロモーターやガラクトース誘導型の *GAL* プロモーターなどを利用した発現系が開発されており，またメタノール資化性酵母では強力な発現力を持つメタノール誘導性プロモーターを利用したタンパク質大量生産系などが市販され，さまざまな有用タンパク質の大量生産に利用されている（☞ 6-5-1）．

b. 遺伝子組換え法による代謝工学

微生物の育種では，有用化合物の生産性を向上させるために，その生合成経路が強化されたものや, 分解経路が抑制された優秀な突然変異株や交配株などが選抜されてきた．しかし，

注)T7 プロモーターからの転写は T7 ファージ由来の T7 RNA ポリメラーゼによって行われるため，宿主細胞は T7 RNA ポリメラーゼ遺伝子が染色体 DNA に組み込まれた特殊な株を用いる必要がある．

突然変異法では目的の遺伝子以外にも変異が入り，生産性の向上と引換えに生育速度や生存率の低下を招くことがある．また，交配や細胞融合法では突出した能力を持つ優秀な株を獲得するのが困難であるなど，さまざまな問題点がある．

　一方，近年の DNA シークエンス解析技術の進歩により，多様な生物種のゲノム情報を短時間で安価に手に入れることが可能になり，さらにはゲノム情報を多方面から解析できるようになった．それに加え，トランスクリプトミクス，プロテオミクス，メタボロミクスなど，生命現象を包括的に解析するオミクス研究から，細胞の代謝の流れ（代謝フラックス）を詳細に推測できるようになった．つまり，これらの代謝フラックス情報に基づいて，有用微生物の代謝経路を新たにデザインすることが可能であり，遺伝子組換え法を用いて発酵生産の効率を戦略的に向上させることができる．

　例えば，優れたエタノール生産能を持つ出芽酵母は，木質系バイオマスの主成分であるキシロースを資化できない．そこで，コウジカビなどのキシロース資化関連遺伝子を導入した出芽酵母が創出された．キシロース資化能を付与された出芽酵母を用いることで木質系バイオマスからの効率的なバイオエタノール生産の可能性が広がった．一方，ほとんどの発酵生産では，生産株が生産する副産物が目的物質の生産性と収率を低下させ，さらには精製コストをあげてしまう．そこで，副産物の代謝経路を欠失させることで，目的の物質の生産性を高めた菌株を育種することができる．

　また，それぞれの微生物はさまざまな環境変化に備え，多様な遺伝子セットを持ち合わせている．しかし，特定の発酵生産に必要な遺伝子は限られており，その発酵生産に必要な遺伝子セットのみを備え，不要な遺伝子群を排除した株が作製できれば，より効率のよい発酵生産が達成される．このような発想のもと，ミニマムゲノムと呼ばれる必要最小限に削除したゲノムを持つ微生物（ミニマムゲノムファクトリー）が創出されている．ミニマムゲノムファクトリーは，大腸菌や枯草菌，放線菌，出芽酵母，分裂酵母などで研究され，さまざまな発酵生産や産業用酵素などの生産性の向上が達成されている．

　このように，遺伝子組換え法を用いたポストゲノム時代の新たな育種法が多数提案され，現在，多種多様な産業用微生物の分子育種に利用されている．

4．微生物の設計

　生物は長い進化の歴史を経て精緻な機構を生み出し，生育環境に応じてさまざまな機能を獲得してきた．そのため，自然界には魅力あふれる機能を持つ多様な微生物が存在し，自然界からのスクリーニングにより目的機能を持つ微生物を得ることが有効な戦略となってきた．一方，微生物をデザインおよび改変するためのさまざまな研究ツールが整備されてきており，人工的に微生物機能を向上させることや，新機能を付与することが可能となっている．

1）合成生物学

　生体内で起こるさまざまな生命現象の理解に向け，①生物全体をゲノム解析などによって調べ，②生命を構成する生体高分子（構成要素）を明らかにし，③構成要素間の相互作用やそこで生じる機能や役割を明らかにする，という要素還元的アプローチが主流となっている．一方，研究により構成要素についての知見が蓄積されるのに伴い，生物を各構成要素から再構成しようとする構成的アプローチがとられるようになってきている．このようなアプローチは構成的生物学（constructive biology）と呼ばれ，in vitro タンパク質合成系などを用いて構成要素から人工的に生命システムを再構成することで生命現象を理解しようとするものである．このような考え方をもとに，構成要素を組み合わせて異種細胞に導入・再構成することで，有用物質生産など，人間社会に有用な生物を設計および創成しようとする研究が合成生物学（synthetic biology）であり，微生物設計の代表的な考え方となってきている．

　合成生物学による微生物設計において，遺伝子工学が主要技術として用いられる．物質生産などの有用機能を持つ生物が見つかり，その生物の有用代謝経路とそこで機能する酵素群など，有用機能を裏打ちする機構に関する知見をもとに，培養が容易で生育が早く，遺伝子工学が整備されている大腸菌や酵母などの微生物に導入して有用機能を再構成する．また，代謝経路中で作られるさまざまな中間代謝物の定量解析や，代謝速度を定量するフラックス解析の技術に伴い，代謝経路の中でどの反応が律速になっているかが推定できるようになった．そこで，律速となる反応を強化することで代謝経路を人工的に最適化する代謝工学も行われるようになり，代謝経路の付与だけでなく機能向上に向けた微生物設計も可能になっている．

2）細胞内局在と集積化

　合成生物学により目的微生物にて外来の有用機能を再構成する試みがなされているが，その際に再構成する場所を考慮して設計することも重要なファクターである．特に，真核生物では核，ミトコンドリア，葉緑体，小胞体，ゴルジ体，エンドソーム，リソソーム，ペルオキシソーム，液胞など各種細胞内小器官が発達し，複雑な生命現象を区画化することで精巧に機能させている．区画化によりさまざまな利点が生じるため，複数の代謝反応および生化学反応を同時並行的に高効率に進行させることができる．具体的には，①膜によって細胞内小器官内の空間を物理的に隔離することで，反応生成物を隔離でき，他の競合反応や周辺環境からの影響を低減することができる，②細胞内小器官内の微小空間により酵素と基質の濃度が高まり，酵素間の近接効果が得られる，③細胞内小器官内の環境により，酵素反応に最適な条件（pH，酸化還元状態など）を提供することができる，といった利点を有している．また，さまざまなタンパク質がどのようにして各細胞内小器官に輸送されるかについても明らかになってきており，細胞内小器官に特有のシグナルペプチドの存在が知られている．そのため，目的のタンパク質を狙った場所に局在化させることも可能である．

以上のことから，再構成する場所を考慮した細胞設計が行われている．例えば，通常は細胞質で働く代謝経路の一部を過剰発現してミトコンドリア内に局在化させることにより，酵母でのイソブタノール生産量を増大させた例がある．また，さまざまなタンパク質やペプチドを細胞表層に集積させる細胞ディスプレイ法が確立されており，細胞内に取り込めないサイズの基質や細胞に毒性を示す基質を扱う際に有利である．特に，酵母ディスプレイ法では1つの細胞表層上に複数種の酵素を集積させることができ，酵素の安定化や酵素間の近接効果による反応促進をもたらす（☞ 10-6-2）．さらに，細胞質で足場タンパク質（スキャフォールドタンパク質）を発現させ，そこに代謝酵素を集積させる細胞設計も行われており，酵素間の近接効果が確認されている．

3）宿主細胞の強化

合成生成物学では，どの構成要素を用いてどのように再構成するかといった点に主眼が置かれているが，再構成した代謝経路が期待通り機能しないこともあり，細胞設計において再構成を行う宿主細胞の強化も重要である．再構成した代謝経路が還元力を必要とする場合，コファクターである NADH が消費され細胞内の酸化還元バランス（NADH と NAD^+ の比率：$NADH/NAD^+$）が偏り，細胞呼吸，代謝，膜輸送などの細胞機能に大きな影響を及ぼす．また，嫌気条件を必要とする場合には NAD^+ が消費される．そこで，再構成した代謝経路が機能するよう，酸化還元バランスの偏りを改善する戦略がとられる．例えば，①増大した NAD^+ をNADH に戻す，あるいは NADH を NAD^+ に戻すための反応経路の導入，②再構成の際に用いる酵素のコファクターの特異性改変などが行われる．また，場合によっては，細胞利用時の環境条件や反応中間産物・最終産物による細胞毒性が細胞にストレス負荷となり，再構成した代謝経路の機能低下を招く．そのため，宿主細胞のストレス耐性を強化しておくことも重要である．実際に複数の遺伝子発現を同時に制御する転写因子などの改変によって，ストレス耐性を強化した結果，細胞による物質生産量の増大につながっている．

4）細胞設計・育種を加速させる新たな技術

細胞設計・育種を加速させる新たな基盤技術も確立されてきている．次世代シーケンサーによるゲノム解析，オミックス解析技術の進展による細胞の俯瞰的解析によって大規模データが利用可能となり，情報処理技術や数理モデルなどの情報科学によるデータ解析を通じて効率的な細胞設計を行うことも可能になりつつある．また，再構成の際に用いる各構成要素を適切な強度，適切なタイミング，適切な場所で発現させることが重要であるが，遺伝子発現の微調整を可能とする人工遺伝子回路や光による発現制御を行う光遺伝学が開発され，細胞設計における有力な手段になってきている．さらに，ゲノム編集技術や長鎖 DNA 合成技術の進展に伴い，さまざまなゲノムデザインを高速かつ精密に実現できるようになっている．近年，細胞設計から育種までを高速に行う DBTL（Design/Build/Test/Learn）サイクルという考え方が生まれている．①有用物質生産のための代謝経路や宿主細胞強化を設計する

「Design」，②設計した微生物を高速に作製する「Build」，③作製した微生物の機能評価を高速に行う「Test」，④情報科学により得られた結果を解析する「Learn」といった4つのステップから構成され，このサイクルを繰り返すことで，高度に機能化および最適化された細胞育種が大きく加速されつつある．

5. 組換えタンパク質の生産

遺伝子工学の発展により，組換えタンパク質生産（recombinant protein production）が可能になり，生体内では微量しか存在しないタンパク質も，そのタンパク質をコードする遺伝子から発現させて精製することにより，目的タンパク質を手に入れることが可能になった．本節においては，組換えタンパク質の生産，精製について実践的な観点から紹介するとともに，組換えタンパク質の利用において重要なタンパク質改変技術についても解説する．

1）タンパク質生産のための遺伝子発現系

組換えタンパク質を生産するには，生物の持つタンパク質合成反応を巧みに利用し，遺伝子の配列情報に従ってタンパク質を合成させることが必要となるが，これまでに数多くのシステムが開発されている．代表的なものを以下に紹介する．

(1) 大 腸 菌

大腸菌は増殖速度が速く，培養が容易である．遺伝子組換え実験の初期段階から宿主として利用され，プラスミドの種類も豊富であり，強力なプロモーターも数多く開発されてきた．そのため，タンパク質生産用に特化した宿主やベクター系が多数存在し，高発現が比較的容易に達成可能である．実験操作もマニュアル化され簡便かつ迅速であり，培地なども安価で，培養のスケールアップも可能であるなど，多くの利点があるため，一般に組換えタンパク質の生産では最初に試されることが多い．一方，大量に生産された目的タンパク質がしばしば不溶性の凝集体である封入体（inclusion body）を形成して可溶性タンパク質として得られないことや，糖鎖付加などのタンパク質翻訳後修飾が起こらないことが問題となることもある．

(2) 酵 母

酵母を宿主とする系も，大腸菌ほどではないが生育速度も早く，遺伝子組換え実験の研究対象としての歴史が長く，プラスミドや強力なプロモーター，宿主などのタンパク質生産に必要なツールも数多くあるため，利用されることが多い．真核生物の発現系の中では，培地も安価で大量培養が可能であり，翻訳後修飾で糖鎖が付加されて，タンパク質を可溶性で生産できることも多いという利点がある．ただし，付加される糖鎖は植物や動物由来のタンパク質に付加される糖鎖とは異なる．代表的な酵母である Saccharomyces cerevisiae だけでな

く，*Pichia pastoris* もタンパク質生産によく使われる．*P. pastoris* では，高密度培養技術が確立されていること，メタノール資化性から，メタノールを含む培地を用いることで他の微生物の混入を抑えられることなどが，生産面で優れた特徴となっている．

(3) 昆 虫 細 胞

糖鎖修飾が，酵母のものよりも高等真核生物に近いため，昆虫細胞が用いられることも多い．ガの幼虫由来の培養細胞（Sf9）と，それに感染する組換えバキュロウイルスの組合せによる発現系が一般的である．微生物の培養に比べると手間と費用がかかるが，培養に二酸化炭素を必要とせず，ウイルスが動植物には感染しない点で，後述の哺乳類培養細胞に比べて取扱いが容易である．また，培養細胞を用いた方法以外にも，カイコの幼虫や蛹で組換えウイルスを感染させることによって，タンパク質を大量生産する方法も実用化されている．

(4) 哺乳類培養細胞

ヒトのタンパク質を対象とする場合，より天然の翻訳後修飾に近づけるため，哺乳類由来の培養細胞が使われる場合がある．大量生産には，チャイニーズハムスター卵巣由来の細胞（CHO細胞）株が使われることが多い．技術的には困難を伴う発現系であり，高価な血清を含む培地や特殊な培養設備が必要である．培養にも時間がかかり，培養のスケールアップが難しいなどの難点も多い．

(5) 無細胞タンパク質合成系

生きた細胞ではなく，細胞を破砕した抽出液中のタンパク質合成活性を利用する系である．タンパク質合成を生きた細胞中で行わないので，細胞に毒性を示すタンパク質であっても生産できる場合がある．市販されている無細胞抽出液を用いると，細胞の培養条件や状態の違いに左右されないため，再現性の高い結果が得られる．大腸菌，コムギ胚芽，ウサギ網状赤血球，昆虫培養細胞，ヒト培養細胞などから調製した抽出液を用いた系が知られている．また，細胞抽出液ではなく，大腸菌のタンパク質合成系に必要な因子をそれぞれ精製して再構成することで，夾雑タンパク質をできるだけ排除したシステムも市販されている．

(6) その他の微生物

大量のタンパク質を分泌する性質に着目し，麹菌，*Brevibacillus* や *Corynebacterium* を宿主とした発現系も開発されている．これらは，ジスルフィド結合を持つタンパク質などの分泌生産に適している．

2）タンパク質精製

発現させた組換えタンパク質を分離精製するには，アフィニティタグを利用したアフィニティ精製が強力な手段であり，広く用いられている．遺伝子上でN末端あるいはC末端に

融合するように特定のタグ配列をつなぎ，発現された融合タンパク質のタグ配列に特異的な結合を利用して，容易に夾雑物と分離することができる．よく使われるものとしては，ヒスチジン残基が6個またはそれ以上連続したヒスチジンタグ，グルタチオン -S- トランスフェラーゼを用いたGSTタグ，抗体の認識配列であるエピトープのアミノ酸配列を持つエピトープタグ（FLAG，Myc，HAなど）などがあり，新しいものも開発されている．場合によっては，タグをつなげたことでタンパク質の水溶性に変化が起こり，良くも悪くも精製に影響することがある．また，設計次第では特定の配列を切断するプロテアーゼにより，タグを目的タンパク質から除去することもできる．アフィニティ精製は強力な精製法であるが，純度が不十分な場合には，それに加えてイオン交換（陰イオン，陽イオン），ゲル濾過，疎水性クロマトグラフィーなどを組み合わせて精製を行うこともある．

　精製法の選択にも関わってくる重要な点として，タンパク質の局在，溶解性，発現量などがあげられる．タンパク質の局在は，発現されたタンパク質が細胞の内側か外側，あるいは細胞膜に存在するかなどにより，それらを取り出す方法がかわってくる．溶解性については，基本的に発現したタンパク質が水溶性でないと取扱いが難しくなる．発現量は多い方が，発現系由来の夾雑タンパク質の割合を減らせるために都合がよい．また，タンパク質分解活性の高い発現系では，精製の途中でタンパク質分解酵素の阻害剤の添加や，低温で精製を行ったりすることも必要になる．以上のことからもわかるように，発現系の選択とタンパク質の精製は密接に関わり合い，同時に検討が必要である．

3）タンパク質改変技術

　天然から見つけた有用なタンパク質の遺伝子は，由来する生物とともに進化してきたものなので，利用したい目的によっては必ずしも適した性質を持つとは限らない．そこで，さらに人工的に遺伝子に改変を加え，タンパク質のアミノ酸配列をかえることで改良を行うことがある．それには，合理的設計（rational design）と，指向進化（directed evolution）と呼ばれる2つの考え方がある．

（1）合理的設計

　知られているアミノ酸配列や立体構造などの情報を基にして，期待した変化を起こさせるような改変を設計する戦略を合理的設計と呼ぶ．例えば，類縁酵素のアミノ酸配列のアラインメントから，重要なアミノ酸残基を絞り込み，それを特定のアミノ酸にかえて目的の性質を持たせようとすることや，立体構造情報や計算によるシミュレーションから設計する場合などである．これまでに多くのアミノ酸配列や立体構造情報が蓄積されて利用可能なため，ある程度の成果が得られているものの，まだ予測不能なことが多く残っていて，適用範囲は限定的である．ただし，将来的には改善されていくことが期待される．

(2) 指向進化

合理的設計で不十分な部分を補うためには，タンパク質を人工的に進化させる指向進化という戦略がある．天然のタンパク質は長い時間をかけて突然変異と自然選択という繰返しにより進化してきたものだが，そのような繰返しを短期間で行う実験が可能になった．その手法を進化分子工学的手法と呼ぶ．変異導入と選択，そしてそれらを繰り返す仕組みが工夫され，現実的な成果を生み出している（図6-15）．

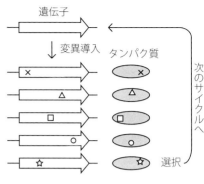

図6-15 進化分子工学によるタンパク質改変戦略

遺伝子に変異を導入するには，紫外線照射や化学修飾という古くからの方法もあるが，変異を導入する範囲を限定することが難しい．そこで，DNAの複製に用いられるDNAポリメラーゼが間違いを起こしやすい反応条件下で，PCRやRCA（rolling circle amplification）などのDNA増幅を行うことで，範囲を限定して効率よく変異を導入する手法が開発された．これらは，エラープローン（error-prone）PCRやエラープローンRCAと呼ばれ，頻繁に利用されている．その他，点変異に限らない変異を導入する方法としては，DNAシャッフリングと呼ばれる，主に類縁酵素の遺伝子のDNA断片をランダムにつなぎ合わせる方法もある．

次に，変異が導入された集団から，特定の条件で目的の性質を有する変異タンパク質をコードする遺伝子を選択する．ここでは，タンパク質の活性で選別することになるが，進化のサイクルを回すためには，選別されたタンパク質に必ずDNAやRNAの塩基配列情報が対応づけられていることが重要である．ファージディスプレイと呼ばれる方法では，ファージ表面のタンパク質に対象のタンパク質を融合して発現させ，特定の物質に特異的に結合するファージ粒子の単位で選別する．ファージ粒子は，元のファージの遺伝子とともに，選別されたタンパク質の塩基配列情報を保持している．抗体のような特定の物質に特異的に結合するタンパク質を得るには強力な方法である．また，無細胞タンパク質合成系を用いたリボソームディスプレイと呼ばれる方法では，遺伝情報を持つmRNAとリボソームと翻訳途中のポリペプチドとの複合体の形で選別する．選ばれたものから，mRNAの逆転写，PCR，転写を経て，またすぐに次のサイクルで使える形になるので，培養が不要という利点がある．その他，酵素の活性で検出する場合には，大腸菌などの微生物に発現用のプラスミドを導入して，発色基質などを用いて選別する方法も簡便である．対象の塩基配列情報は細胞内のプラスミドが持ち，コロニーや細胞の単位で選別すると，必ず塩基配列情報が対応づけられた状態で取り扱えるため，効率的な選別が可能である．

一方，DNA複製のエラーが起こりやすいミューテーター株を利用することで，培養を続けるだけで自動的に変異導入と選択のサイクルを連続的に繰り返す戦略も考えられてきた．

ただし，対象とするタンパク質の遺伝子以外に宿主のゲノムにも変異が入るため，結局，その影響を排除するには操作が煩雑になる問題があった．その問題に対し，ゲノム編集技術 CRISPR/Cas9 の応用で，ガイド RNA により変異導入範囲を限定する方法が開発され，連続的な指向進化の可能性が広がり，今後の発展も期待されている．

第7章

物質生産

　微生物機能利用の最も代表的な例は，物質生産への応用である．第5章などで解説した微生物代謝，ならびに代謝を構成する諸反応による物質変換が，原料を目的の生成物へと加工するツールとして活用される．本章では，第1節にて，微生物代謝を活用する物質生産法としての発酵生産，第2節にて，代謝を構成する諸反応を抽出して活用するバイオコンバージョン（微生物変換）を詳しく解説する．さらに，第3節にて，物質変換反応を触媒する微生物酵素の多様な産業利用，分析技術への応用，第4節にて，伝統的な醸造発酵技術に代表される食品産業への微生物機能の応用を解説する．これらの技術は，エネルギー消費が少ないプロセスであること，反応の選択性が高いことなどの利点から，これまでも化学工業，食品・医薬品産業などさまざまな産業にて活用されてきた．これらの技術にて活用される微生物の高機能化，ならびにプロセスの最適化は，第6章などで述べられた遺伝的背景の理解と遺伝子工学技術の進展に支援されてきた．微生物機能を活用した物質生産技術は，未来社会を考えるに当たっても，環境負荷低減や，再生可能資源であるバイオマスの活用による持続可能な循環型社会を構築する観点から，大きな期待を集めているが，本章では，主として，すでに実用化されている技術を中心に解説した．循環型社会に向けた挑戦的な取組みについては，第10章を参照していただきたい．

1．発酵生産

　微生物の代謝を利用して種々の有機物を生産する技術を発酵と呼び，アルコール発酵，アミノ酸発酵など，発酵という言葉の前に生産物を冠する呼称が広く使われている．本節では，代表的な発酵生産技術である，アルコール発酵，溶媒発酵，アミノ酸発酵，核酸発酵に加え，比較的新しい技術である油脂発酵，さらには，抗生物質などの生理活性物質の発酵生産について解説する．

1）アルコール，溶媒

　さまざまな種類のアルコールや溶媒は食品，化成品，燃料など，われわれの生活に密接した物質であるが，それらは微生物による発酵生産が可能である．これまでにアルコール，溶媒を生産できる野生株が分離されている一方，野生株が生産することができないアルコール類を遺伝子工学技術や2010年代に開発されたゲノム編集技術により生産できるようにした遺伝子組換え微生物も報告されている（表7-1）．さらに，純粋分離された単一種のみの微

176   第7章　物質生産

表7-1　アルコール・溶媒を発酵生産できる主要微生物		
生産物	分　類	主な微生物
エタノール	酵　母	*Saccharomyces cerevisiae* *Pichia stipitis*
	細　菌	*Zymomonas mobilis* 遺伝子組換え微生物
アセトン・1-ブタノール	細　菌	*Clostridium* 属 　　*C. acetobutylicum* 　　*C. beijerinckii* 　　*C. saccharoperbutylacetonicum* 　　*C. saccharobutylicum* 遺伝子組換え微生物
1,2,4-ブタントリオール	細　菌	遺伝子組換え微生物
1,3-ブタンジオール	細　菌	遺伝子組換え微生物
1,4-ブタンジオール	細　菌	遺伝子組換え微生物
2-プロパノール	細　菌	*C. beijerinckii* 遺伝子組換え微生物
2-ブタノール	細　菌	遺伝子組換え微生物
2,3-ブタンジオール	細　菌	*Klebsiella pneumoniae* 遺伝子組換え微生物
2-メチル-1-ブタノール	細　菌	遺伝子組換え微生物
3-メチル-1-ブタノール	細　菌	遺伝子組換え微生物
2-フェニルエタノール	細　菌	遺伝子組換え微生物

生物を用いた発酵生産工程が実施されてきたが，複数種の微生物群を用いた発酵研究も進展
している．

(1) エタノール

　エタノール（CH_3CH_2OH）は，食品分野で古来よりさまざまな原料（ブドウ，オオムギ，
トウモロコシ，米，サツマイモ，サトウキビなどの穀物・果実類）から発酵生産され，世界
中でアルコール飲料（ワイン，ビール，清酒，焼酎，ラム酒などその他多数，☞7-4-2-1）
として消費されている．他にも，殺菌剤，化粧品，医薬品，洗剤，香料，試薬および各種の
工業原料に利用されており，ガソリンへの添加剤としてのバイオ燃料（バイオエタノール
と呼ばれる，☞10-1-1）の用途が拡大している．特に，エネルギー・資源・環境問題や原
油価格の高騰から，バイオ燃料用の生産量が増加し，世界のバイオエタノール生産のうち，
70％程度がアメリカ（トウモロコシが原料）とブラジル（サトウキビが原料）で製造され
ているといわれている．
　エタノール発酵は以下の発酵式で表される．

$$C_6H_{12}O_6 \ \rightarrow \ 2CH_3CH_2OH + 2CO_2$$

主要な発酵微生物として，酵母 *Saccharomyces cerevisiae* とグラム陰性通性嫌気性細菌である *Zymomonas mobilis* が有名である．両者（野生株）ともグルコース，フルクトース，スクロース，マルトースなどの六炭糖の単糖類および二糖類を利用できるが，キシロースやアラビノースなどの五炭糖，デンプンおよびセルロースなどの多糖類を利用できない．前者では解糖系（EMP 経路，☞ 5-2-1），後者ではエントナー・ドウドロフ（ED）経路（☞ 5-2-3）により生成されるピルビン酸から，アセトアルデヒドを経てエタノールが生成される．ピルビン酸からのエタノール生成は還元反応であるため，エタノール発酵は一般的に嫌気的または微好気的に行われる．1 mol のグルコースから生成される ATP は EMP 経路では 2 mol であるが，ED 経路では 1 mol と少ない．このため，*Z. mobilis* によるエタノール発酵では，消費グルコース当たりの菌体生育量は *S. cerevisiae* よりも小さいが，菌体当たりのエタノール生産速度は高くなる．また，酵母による発酵においては，好気条件下では，TCA 回路（☞ 5-3-1）が働いて ATP 生成量と CO_2 発生量が多くなり，嫌気条件下と比較して菌体濃度が高くなるが，エタノール生成量は急激に低くなる．一方，酵母 *Pichia stipitis* の野生株はキシロースを利用できることが知られているが，エタノール生産能力は *S. cerevisiae* よりも低い．多くの発酵生産の中でも，エタノール発酵は最もよく研究されている発酵の 1 つであり，前述の酵母や細菌（いずれも野生株）の課題を克服するために遺伝子工学技術による育種，例えば *S. cerevisiae* ではデンプン分解性，キシロース利用性の向上，*Z. mobilis* ではキシロース利用性の向上，*P. stipitis* ではエタノール生産能力の向上などが行われている．さらに，エタノールを元来ほとんど生産しない *Escherichia coli* などでも，遺伝子工学技術によりエタノールを生産させることが可能になっている．

　これまでに，さまざまな原料から発酵法によるエタノール生産が可能になっている．それらは，原料の成分および構造の違いから，糖質原料，デンプン質原料，リグノセルロース系原料，海藻・藻類系原料に分類され，発酵工程前の前処理・糖化工程もそれぞれに適した方法で行われている．以下，それらの詳細について述べる．

a．糖質原料を用いたエタノール発酵

　糖質原料では，主にケーン（サトウキビ）およびビート（テンサイ）が発酵原料として用いられる．製糖工場では，11 〜 17％の糖分（スクロース，グルコース，フルクトース）を含むジュース（搾汁）から濃縮・結晶化により粗糖を回収し，砂糖が製造される．一方，残液には 45 〜 55％の糖分が含まれ，モラセス（糖蜜または廃糖蜜）と呼ばれる．酵母 *S. cerevisiae* はそれら糖分を直接利用できるため，ジュースおよびモラセスを発酵原料とした場合には，前処理・糖化工程を行わずにエタノール発酵が可能である．ブラジルでは，ケーンジュースおよびモラセスからの大規模なバイオエタノール生産が実用化されており，酵母 *S. cerevisiae* を用いる Melle-Boinot 半連続発酵法と呼ばれる方法が採用されている．その一方，食料資源でもあるケーンの使用が砂糖価格の高騰の一因にもなっている．

　また，嗜好アルコール飲料にも各種糖質原料が用いられ，ブドウ（ワイン，ブランデー）やケーン（ラム酒）が発酵原料に用いられる（☞ 7-4-2-1）．

b．デンプン質原料を用いたエタノール発酵

　デンプン質原料としては，主にトウモロコシ，コムギ，ジャガイモ，キャッサバ，サゴなどの植物より回収されたデンプンが利用可能である．アメリカでは，トウモロコシのデンプン（コーンスターチ）を原料とする大規模バイオエタノール生産が実施されているが，前述の糖質原料であるビート同様に食料価格の高騰を引き起こしている．

　酵母 *S. cerevisiae* はデンプンから直接エタノール発酵することはできず，前処理・糖化工程を要する．バイオエタノール生産における前処理工程では，不溶性デンプンを90℃前後で蒸煮することにより溶解させる．引き続く糖化工程では，α-アミラーゼ（液化酵素）およびグルコアミラーゼ（糖化酵素）により可溶性デンプンが分解され，その結果生成するグルコースが発酵原料として用いられる（☞7-3-1-2）．アメリカでは，希亜硫酸に浸漬したコーンを湿式粉砕し，胚芽，繊維質，タンパク質を除去したコーンスターチを前記の方法で前処理および糖化し，得られるグルコースを発酵原料として用いている．また，酵母（*S. cerevisiae*）菌体を回収して再利用する連続発酵法が採用されている．

　嗜好アルコール飲料に用いられるデンプン質原料としては，オオムギ（ビール，焼酎，モルトウイスキー），米（清酒，焼酎），サツマイモ（焼酎），その他穀類（焼酎，グレンウイスキー，ウォッカなど）がある（☞7-4-2-1）．それらの糖化方法には，麦芽法，麹法，アミロ法，アミロ酒母・液体麹折衷法などがある．

c．リグノセルロース系原料を用いたエタノール発酵

　リグノセルロース系原料には，パルプ廃液，古紙，稲わら，バガス，廃木材およびすべての未利用の植物類が含まれる．糖質・デンプン質原料と異なり，食料と競合しないことからその利用が注目されており，世界中で活発に研究が進んでいる（☞10-1-1）．ところが，その成分・構造特性により，大規模生産の実現には，前処理・糖化・発酵工程でいくつもの課題を克服しなければならない．リグノセルロース系原料は，セルロース，ヘミセルロース，リグニンから構成されるリグノセルロースを主成分とする．リグノセルロースは頑強性，結晶性，不溶性を示すとともに，発酵阻害を生じるリグニンを含むことから，複雑で労力，時間，コストのかかる前処理・糖化工程を要する．一般的には，高温条件下（120℃以上）における希硫酸法で回収されたセルロースにセルラーゼ類（セルラーゼ，セロビアーゼ，β-グルコシダーゼ）を作用させることで得られるグルコースが，発酵原料として用いられる．

d．藻類系原料を用いたエタノール発酵

　藻類系原料は，リグノセルロース系原料と同様に，食料と競合せず，次世代バイオマスとしてその利用が注目されている．藻類系原料は，生物種により成分が異なる．しかし，多糖類（セルロース，キシラン，アルギン酸，フコイダン，カラギーンナン，ラミナランなど）や糖アルコール（マンニトール）などを主成分として含むが，リグニンを含まない点がリグノセルロース系原料と異なる．発酵工程の前に，前処理工程（酸またはアルカリ処理，熱処理など）および糖化工程（セルラーゼ，キシラナーゼ処理など）が行われることが一般的である．

(2) アセトン，ブタノール

アセトン（CH_3COCH_3）は火薬原料，1-ブタノール（$CH_3CH_2CH_2CH_2OH$, 以後ブタノール）は，イソプレン，イソブテン，ブテンなど多岐にわたる化学合成物質の原材料であることから，第二次世界大戦後までは，微生物によるアセトン・ブタノール・エタノール（ABE）発酵（アセトン・ブタノール発酵と略して呼称することもある）が産業的に行われていた．その後，1950年代より石油化学工業の台頭に伴い，発酵法は合成法に取ってかわられた．ところが，1970年代の石油ショックや1990年代から現在までのバイオマスブームなどが，ABE発酵に対する期待を再び高めている．特に，ブタノールはエタノールよりも優れた燃料諸特性を示すことから，次世代バイオ燃料と見なされ，アメリカやイギリスなどで工業生産が開始されている．ABE発酵は，アセトン，ブタノール，エタノールが主生産物であるヘテロ発酵であるが，経験的に以下の発酵式で表される．

$$95\,C_6H_{12}O_6 \;\rightarrow\; 60\,CH_3CH_2CH_2CH_2OH + 30\,CH_3COCH_3$$
$$+ 10\,CH_3CH_2OH + 220\,CO_2 + 120\,H_2 + 30\,H_2O$$

主要な発酵微生物として，グラム陽性偏性（絶対）嫌気性 *Clostridium* 属細菌があり，*C. acetobutylicum*，*C. beijerinckii*，*C. saccharobutylicum*，*C. saccharoperbutylacetonicum*，*C. sporogenes*，*C. perfrigens*，*C. pasteurianum*，*C. carboxidivorus* などが知られている．特に，*C. acetobutylicum* ATCC 824[T]株は，生化学，発酵工学，分子生物学，代謝工学の研究対象として活発に研究され，2001年にはABE生産細菌として初めて全ゲノム配列が公開されている．全種（野生株）とも，糖利用性は多少異なるが，グルコース，フルクトース，スクロース，マルトース，ラクトースなどの六炭糖の単糖類および二糖類やキシロースやアラビノースなどの五炭糖，デンプンなどを利用できる．さらに，藻類系原料の構成成分であるマンニトールの利用も可能である．しかし，セルロースなどの多糖類を直接利用できない．一方，酢酸，酪酸および乳酸といった有機酸やグリセロールなどの非糖類もABE発酵の原料として利用できる．

一方，ABE生産 *Clostridium* 属細菌以外にも，ブタノールを元来生産しない微生物（酵母 *S. cerevisiae*，大腸菌 *Escherichia coli*，乳酸菌 *Lactobacillus brevis*，枯草菌 *Bacillus subtilis* など）においても，遺伝子工学技術によりブタノールを生産させることが可能となっている．多くの遺伝子組換え微生物では，ブタノール生産濃度が1%以下と低いが，Shen，C. R. らは遺伝子組換え *E. coli* を用いてABE生産 *Clostridium* 属細菌と同等のブタノール生産濃度（15 g/L）を達成している．

a．ABE 発酵の代謝

ABE発酵では，六炭糖は解糖系（EMP経路，☞5-2-1），五炭糖はペントースリン酸（PP）経路（☞5-2-4）によりピルビン酸へ変換されたのち，ピルビン酸-フェレドキシンオキシドレダクターゼにより酸化的に脱炭酸され，アセチルCoAへと変換されるとともに余剰電

第 7 章 物質生産

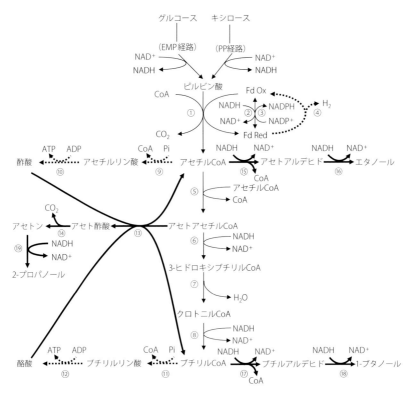

図 7-1 *Clostridium* 属細菌（ブタノール，アセトン，イソプロパノール，エタノール，酪酸生産）の代謝経路
①ピルビン酸 - フェレドキシンオキシドレダクターゼ，② NADH- フェレドキシンレダクターゼ，③フェレドキシン -NAD レダクターゼ，④ヒドロゲナーゼ，⑤チオラーゼ，⑥ 3- ヒドロキシブチリル CoA デヒドロゲナーゼ，⑦クロトニル CoA ヒドラターゼ，⑧ブチリル CoA デヒドロゲナーゼ，⑨ホスホトランスアセチラーゼ，⑩酢酸キナーゼ，⑪ホスホトランスブチリラーゼ，⑫酪酸キナーゼ，⑬ CoA トランスフェラーゼ，⑭アセト酢酸デカルボキシラーゼ，⑮アセトアルデヒドデヒドロゲナーゼ，⑯エタノールデヒドロゲナーゼ，⑰ブチルアルデヒドデヒドロゲナーゼ，⑱ブタノールデヒドロゲナーゼ，⑲イソプロパノールデヒドロゲナーゼ．
＊太い破線は酸生成期の代謝流束，太い実線はソルベント生成期の代謝流束を表す（本来，「NAD(P)H ＋ H$^+$」と書くべきところ，簡略化のため，「＋ H$^+$」は省略している）．

子を NAD(P)H として蓄積する（図 7-1）．その後の代謝は非常に特異であり複雑である（☞ 5-2-2）．すなわち，対数増殖期は酸生成期であるが，定常期ではソルベント生成期となり，代謝転換が生じ，炭素の流れ（炭素流束，カーボンフロー）と電子の流れ（電子流束，エレクトロンフロー）が劇的に変化する．酸生成期では，一部のアセチル CoA およびブチリル CoA（アセチル CoA から二量化，脱水，還元を経て生成）は，それぞれ ATP 形成と共役して酢酸および酪酸へと変換され，菌体外へ排出される．余剰電子はヒドロゲナーゼの働きに

より，水素として放出される．また，ある発酵条件では，ピルビン酸が還元されて乳酸へと変換される．有機酸生成の結果，発酵液の pH が低下する．酸生成期からソルベント生成期への代謝転換機構は完全に明らかになっていないが，pH や有機酸の蓄積などが代謝転換因子として考えられている．ソルベント生成期に移行すると，CoA トランスフェラーゼによるアセトアセチル CoA からのアセト酢酸の生成と共役して，酢酸，酪酸が再利用され，それぞれアセチル CoA，ブチリル CoA へと変換される．有機酸の再利用の結果，発酵液の pH は上昇する．さらに，アセチル CoA とブチリル CoA は還元され，それぞれエタノール，ブタノールが最終生産物として菌体外へ排出される．また，アセト酢酸はアセト酢酸デカルボキシラーゼにより脱炭酸され，アセトンが最終生産物として発酵液中に蓄積するが，イソプロパノール・ブタノール生産菌（一部の *C. beijerinckii*）ではイソプロパノールデヒドロゲナーゼの働きによりアセトンが還元され，イソプロパノールが生成される．ソルベント生成期では，水素生成量が急激に減少し，余剰電子はアルコール生成の還元力に用いられる．このように，アセトン・ブタノール生産菌はカーボンフローおよびエレクトロンフローのバランスにより制御され，その生成比や生成量は菌種や発酵条件により異なる．実際に，酢酸，酪酸，乳酸などの有機酸や人工電子供与体を添加し，そのカーボンフローやエレクトロンフローをかえることによってそれぞれのソルベント生成比が大きく異なってくることが明らかにされている．

b．ABE 発酵の課題

回分発酵による ABE 発酵における大きな欠点を以下にまとめる．
①菌体濃度が高くならない（乾燥菌体重量＜3〜5 g/L）
②最終ブタノール生産濃度が低い（＜2％）
③ブタノール生産性が低い（＜0.5 g/(L・h)）
④ブタノール対糖収率が低い（＜0.33 g/g）
ブタノールはエタノールより疎水性が高く，菌体に対する毒性が大きいことが①，②，③の大きな要因となっている．また，前項で述べたように，ヘテロ発酵であることが④の大きな要因となっている．前記の課題を克服するために，遺伝子工学，代謝工学，合成生物学，発酵工学を含む広範な研究領域で詳細な検討が行われている．

（3）その他のアルコール類

前述のエタノールや 1- ブタノールに加えて，1,2,4- ブタントリオール，1,3- ブタンジオール，1,4- ブタンジオール，2- プロパノール（イソプロパノール），2- ブタノール，2,3- ブタンジオール，2- メチル -1- ブタノール，3- メチル -1- ブタノール，2- フェニルエタノールなどのアルコール類は，さまざまな有機化合物の原料，化学合成の溶媒，香料などとして産業的価値が高い．2- プロパノールはイソプロパノールデヒドロゲナーゼを有する一部の *C. beijerinckii* によって発酵生産される．近年では，ABE 生産 *Clostridium* 属細菌種以外の微生物を宿主に用いて，任意の外来遺伝子を導入し，前記アルコール類を発酵生産する代謝工学・合成生物学研究が活発に行われている（表 7-1）．将来的に，石油を原料とする合成法に対

182　第 7 章　物質生産

してバイオマスを原料とした遺伝子組換え微生物による発酵法が競合する時代が訪れるかもしれない．

2）有　機　酸

　炭水化物や炭化水素などが部分的に酸化されて，種々の有機酸が生成する．有機酸の生成は，さまざまな代謝経路の（中間）代謝産物として蓄積する場合と，代謝とは独立して酵素的変換により酸化生成物が誘導される場合，の 2 つに分類される．これまでに，さまざまな炭水化物や炭化水素から有機酸を生成（変換）する微生物が報告されている（表 7-2）.

（1）乳　　　酸

　乳酸（$CH_3CH(OH)COOH$）は，さまざまな発酵食品に含まれる他，食品添加物（酸味料，品質改良剤，乳化剤など），医薬品，化粧品，各種の工業原料，工業用洗浄剤などの用途がある．石油から製造されるプラスチックは生分解性がないため，マイクロプラスチック問題の原因となり，環境および生態系破壊を深刻化させているが，乳酸を原料として製造されるポリ乳酸は生分解性を示すバイオプラスチックとして非常に注目されている．このように，近年，多方面から乳酸の需要が高まっている．今日では世界で製造される 90％以上の乳酸が乳酸発酵により工業生産されており，その生産量も年々増加している．
　六炭糖および五炭糖からの乳酸発酵は以下の発酵式で表される．

$$C_6H_{12}O_6 \ \rightarrow \ 2\,CH_3CH(OH)COOH\ （ホモ乳酸発酵）$$
六炭糖　　　　　　　乳　酸

$$C_6H_{12}O_6 \ \rightarrow \ CH_3CH(OH)COOH + C_2H_5OH + CO_2\ （ヘテロ乳酸発酵）$$
六炭糖　　　　　　乳　酸　　　エタノール

$$3\,C_5H_{10}O_5 \ \rightarrow \ 5\,CH_3CH(OH)COOH\ （ホモ乳酸発酵）$$
五炭糖　　　　　　　乳　酸

$$3\,C_5H_{10}O_5 \ \rightarrow \ 3\,CH_3CH(OH)COOH + 3\,CH_3COOH\ （ヘテロ乳酸発酵）$$
五炭糖　　　　　　乳　酸　　　　酢　酸

　主要な発酵微生物として乳酸菌が有名である．乳酸菌は，炭水化物から 50％以上の乳酸を生成し，グラム陽性，カタラーゼ陰性，通性嫌気性といった性質を有する中温細菌の総称であり，これまでに約 30 属に分類されている．乳酸菌は，前記の発酵式で表現されるホモ乳酸菌とヘテロ乳酸菌に分類される．さらに，乳酸には光学異性体（L 体および D 体）が存在するが，乳酸菌種により，L 体のみ（*Lactococcus* 属，一部の *Lactobacillus* 属など），D 体のみ（*Leuconostoc* 属など），DL 体（*Pediococcus* 属など）と生成する乳酸の光学活性（光学純度）が大きく異なる．なお，人体に影響のある食品添加物や医薬品には L 体のみ，ポリ乳酸の原料には L 体のみ，または D 体のみを生成する乳酸菌が利用され，収率の観点からホモ乳酸菌が要求される．乳酸菌は六炭糖類を利用できるが，一部の乳酸菌を除き，デンプ

第 7 章　物質生産　　**183**

表 7-2　有機酸類を発酵生産（酵素的変換）できる主要微生物		
生産物	分　類	主な微生物
乳　酸	細　菌	乳酸菌類（約 30 属） *Bacillus* 属（*B. coagulans*, *B. subtilis*, *Bacillus* sp. など） *Escherichia coli*（遺伝子組換え微生物） *Corynebacterium glutamicum*（遺伝子組換え微生物）
	酵　母	*Saccharomyces cerevisiae*（遺伝子組換え微生物）
	糸状菌	*Rhizopus oryzae*
クエン酸	糸状菌	*Aspergillus niger* *Penicillium* 属 *Yarrowia lipolytica*（以前は *Candida lipolytica*）
グルコン酸	糸状菌	*A. niger* *Penicillium* 属
	細　菌	*Acetobacter* 属 *Gluconobacter oxydans* *Pseudomonas ovalis*
2-ケトグルコン酸	細　菌	*Gluconobacter* 属（*G. gluconicus* IFO 3171, *G. dioxyacetonicus* IFO 3271, *G. albidus* IFO 3251） *Acetobacter* 属（*A. rancens*, *A. ascendens*） *Pseudomonas* 属（*P. aeruginosa*, *P. fluorescens*, *P. fragii*, *P. graveolens*, *P. mildenbergii*, *P. ovalis*, *P. putida*） *Klebsiella pneumoniae* *Serratia marscesens*
2-ケトグルコン酸および 5-ケトグルコン酸	細　菌	*Gluconobacter* 属（*G. industrius*, *G. cerinus*, *G. oxydans*）
5-ケトグルコン酸	細　菌	*Gluconobacter* 属（*G. gluconicus* IFO 3285, *G. oxydans* IFO 3287, *G. suboxydans* IFO 12528）
フマル酸	糸状菌	*Rhizopus* 属（*R. nigricans*, *R. arrhizus*）
	酵　母	*Candida hydrocarbofumarica*
コハク酸	細　菌	*Actinobacillus succinogenes* *Brevibacterium flavum* *E. coli*（遺伝子組換え微生物） *C. glutamicum*
	酵　母	*Candida brumptii*
	糸状菌	*Mucor rouxii*
リンゴ酸	糸状菌	*Aspergillus* 属（*A. flavus*, *A. oryzae*） *Monascus araneosus*
	糸状菌＋酵母	*Rhizopus chinensis* ＋ *Phichia membranaefaciens*
	糸状菌＋細菌	*Rhizopus arrhizus* ＋ *Proteus vulgaris*
リンゴ酸 （酵素的変換）	細　菌	*Lactobacillus brevis* *Brevibacterium* 属（*B. ammoniagenes*, *B. flavum*）
酢　酸	細　菌	*Acetobacter* 属（*A. aceti*, *A. rancens*, *A. pasteurianus*, *A. polyoxogenes*） *Gluconobacter* 属
イタコン酸	糸状菌	*Aspergillus* 属（*A. terreus*, *A. itaconicus*）

（次ページへ続く）

184 第7章 物質生産

表7-2 有機酸類を発酵生産（酵素的変換）できる主要微生物（続き）

生産物	分類	主な微生物
コウジ酸	糸状菌	*Aspergillus* 属（*A. oryzae*, *A. flavus*, *A. tamari*, *A. clavatus*, *A. fumigatus*, *A. candidus*, *A. glavcus*, *A. albus*, *A. nidulans*, *A. awamori*, *A. giganteus*） *Penicillium daleae*
	細菌	*Gluconobacter* 属
ピルビン酸	酵母	*Torulopsis glabrata*
	細菌	*Pseudomonas* 属（*P. fluorescens*, *P. aeruginosa*） *Bacterium succinicum*
酪酸	細菌	*Clostridium* 属（*C. butyricum*, *C. tyrobutyricum*, ABE生産 *Clostridium* 属細菌（表7-1））
酒石酸	細菌	*Gluconobacter suboxydans*
プロピオン酸	細菌	*Propionibacterium* 属（*P. freudenreichii*, *P. thoenii*, *P. acidi-propionici*, *P. jensenii*, *P. avidum*, *P. acnes*, *P. lymphophilum*, *P. granulosum*）
2-オキソグルタル酸	細菌	*Pseudomonas fluorescens* *E. coli*
シュウ酸	糸状菌	*A. niger* など

ンなどの多糖類やキシロースなどの五炭糖類を直接利用できない．また，一部の乳酸菌は藻類系原料の構成成分であるマンニトールの利用も可能である．乳酸菌以外にも，*Bacillus* 属細菌（*B. subtilis*, *Bacillus* sp. など），*Heyndrickxia coagulans*（以前は *Bacillus coagulans* または *Weizmannia coagulans*），糸状菌 *Rhizopus oryzae*，遺伝子組換え微生物（細菌：*Escherichia coli*, *Corynebacterium glutamicum*，酵母：*Saccharomyces cerevisiae* など）が乳酸生産に用いられている．

　乳酸生成は酸素を要求しないため，通常，乳酸発酵は嫌気的に行われる．六炭糖を用いて乳酸菌を培養すると，ホモ乳酸発酵またはヘテロ乳酸発酵を示す．前者では解糖系（EMP経路）により乳酸のみを生成するが（☞5-2-1），後者では EMP 経路の一部とペントースリン酸（PP）経路の一部により，乳酸とエタノールを等量生成する（☞5-2-5）．一方，五炭糖を利用できる一部の乳酸菌（*Levilactobacillus brevis*（以前は *Lactobacillus brevis*），*Lactobacillus delbrueckii*, *Lactiplantibacillus pentosus*（以前は *Lactobacillus pentosus*），*Lactococcus lactis*, *Leuconostoc lactis*）はホスホケトラーゼ（phosphoketolase）経路を利用して五炭糖を代謝するため，乳酸と等量の酢酸を生成するヘテロ乳酸発酵となる（☞5-2-5）．近年では，ホスホケトラーゼ経路を破壊して PP 経路を利用できる遺伝子組換え乳酸菌や PP 経路のみを利用する乳酸菌の野生株が分離されており，キシロースからのホモ乳酸発酵も実現している．

(2) クエン酸

　クエン酸（図7-2）は，酸味料としてさまざまな食品に含まれる他，品質改良剤，乳化剤，

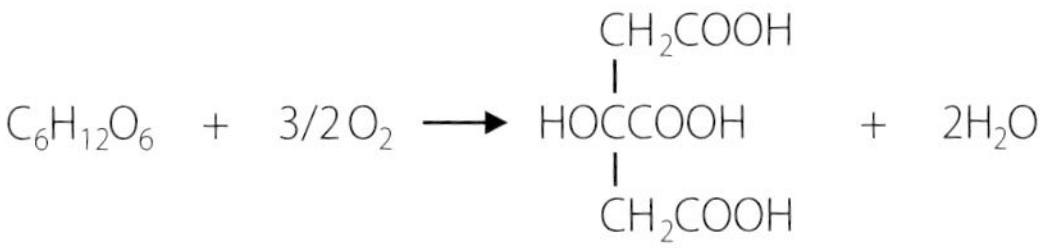

$$C_6H_{12}O_6 + 3/2\,O_2 \longrightarrow \begin{matrix} CH_2COOH \\ HOCCOOH \\ CH_2COOH \end{matrix} + 2H_2O$$

図 7-2　グルコースを炭素源とするクエン酸発酵式

医薬品，樹脂原料，防錆剤，洗剤のビルダー（洗浄保持剤）などの用途がある．かつては果実類から抽出生産されていたが，現在では，発酵法により工業生産されている．

　糖質からクエン酸を大量に蓄積する微生物としては，糸状菌 *Aspergillus* 属や *Penicillium* 属があるが，工業的クエン酸発酵には，*A. niger*（黒コウジカビ）が用いられている．また，*Yarrowia lipolytica*（以前は *Candida lipolytica*）は，アルカンなどの炭化水素からクエン酸を生成できる微生物として知られている．

　糖質を原料とした場合，解糖系（EMP 経路）を経て TCA 回路に入り，クエン酸シンターゼの働きによりアセチル CoA とオキサロ酢酸が縮合してクエン酸が生成される（図 7-2, ☞5-3-1）．炭化水素を炭素源とした場合には，脂肪酸を経て β-酸化によりアセチル CoA が生成したのち（☞5-3-4-1），TCA 回路で同様にクエン酸が生成される．なお，中間代謝物であるクエン酸が細胞外に排出されて大量に蓄積する理由については明らかになっていないが，TCA 回路における酵素活性の不均衡，すなわち，高いクエン酸シンターゼ活性と低いアコニターゼおよびイソクエン酸デヒドロゲナーゼ活性に起因すると考えられている．

（3）グルコン酸

　グルコン酸やグルコノ-δ-ラクトン（グルコン酸塩およびグルコン酸から1分子の水が脱水された分子内エステル化合物）（図 7-3）は，食品添加物（保存剤，pH 調整剤，酸味料，凝固剤，各種強化剤，減塩素材）や工業用化成品（キレート剤，洗浄剤，コンクリート混和剤）として用いられる．さらに，グルコン酸はヒト腸内の善玉菌であるビフィズス菌の増殖を促進させる特定保健用食品の関与成分として登録され，いわゆるプレバイオティクス（☞

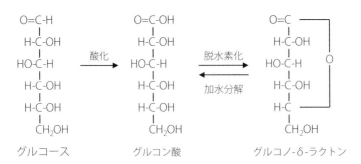

図 7-3　グルコース酸化によるグルコン酸発酵式

9-1-3）として着目されている．

グルコン酸はグルコースデヒドロゲナーゼの作用により，グルコースを酸化して生成される（図 7-3）．グルコン酸を蓄積する微生物としては，糸状菌 Aspergillus niger や Penicillium 属，細菌 Acetobacter 属，Gluconobacter oxydans, Pseudomonas ovalis などが知られている．グルコン酸は日本をはじめとする世界各国で発酵法により工業生産されており，収率の高さや菌体と発酵液との分離の容易さなどから，A. niger が用いられている．

(4) 2-ケトグルコン酸および 5-ケトグルコン酸

2-ケトグルコン酸は容易にアラボアスコルビン酸（イソビタミン C）へと変換され，酸化防止剤として利用される．一方，5-ケトグルコン酸は工業生産が実現されていないが，実現すれば，酒石酸やビタミン C の原材料としての用途が考えられる．

グルコースから 2-ケトグルコン酸を生産する微生物には Gluconobacter 属酢酸菌（G. gluconicus, G. dioxyacetonicus, G. albidus）や他の細菌類（Pseudomonas 属，Serratia 属，Klebsiella 属）が知られている．また，一部の Gluconobacter 属酢酸菌（G. gluconicus, G. oxydans, G. suboxydans）は 5-ケトグルコン酸を主に生成する．また，2-ケトグルコン酸と 5-ケトグルコン酸をほぼ等量生成する Gluconobacter 属酢酸菌（G. industrius, G. cerinus, G. oxydans）も報告されている．Gluconobacter 属酢酸菌（☞ 3-1-5）の発酵では，グルコースはピロロキノリンキノン（PQQ）を補酵素とするグルコースデヒドロゲナーゼの働きによりグルコン酸へ酸化される．また，2-ケトグルコン酸および 5-ケトグルコン酸への酸化には，フラビンアデニンジヌクレオチド（FAD）および PQQ を補酵素とするそれぞれ異なるグルコン酸デヒドロゲナーゼが関与する（図 7-4）．なお，これらの酵素は細胞質膜結合型酵素であり，細胞膜のペリプラズム側で基質の酸化が起こる．

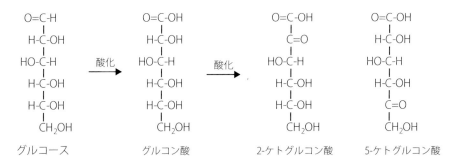

図 7-4 グルコース酸化による 2-ケトグルコン酸および 5-ケトグルコン酸発酵式

(5) フマル酸

フマル酸（図 7-5）は TCA 回路（☞ 5-3-1）に含まれる有機酸の 1 つであり，酸味料，合成樹脂や媒染剤の原料に用いられる．グルコースなどの糖からフマル酸を生産する微生物に

は Rhizopus 属糸状菌（R. nigricans, R. arrhizus）が知られている．好
気的には，糖→ピルビン酸→エタノール→酢酸を経て，酢酸2分子
が縮合したコハク酸（図7-6）からフマル酸が生成されると考えられ
ている．一方，糖→ピルビン酸→オキサロ酢酸→リンゴ酸を経てフマ
ル酸を生成する嫌気的経路も知られている（☞5-6-2-3）．また，n-パラフィンからフマル
酸を生産する酵母 Candida hydrocarbofumarica も報告されている．過去にはアメリカでフ
マル酸発酵による工業生産が行われていたが，現在では化学的製法にかわっている．

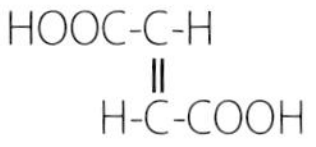

HOOC-C-H
‖
H-C-COOH

図7-5　フマル酸

(6) コ ハ ク 酸

コハク酸（図7-6）は TCA 回路に含まれる有機酸の1つであり，界面活性剤，洗剤，可塑剤，
キレート剤，食品添加物（調味料，香料）の用途に加えて，1,4-ブタンジオール，テトラ
ヒドロフラン，γ-ブチロラクトン，アジピン酸，N-メチルピロリドン，直鎖状脂肪族エ
ステルなどの化学原料に用いられる．異なる発酵原料（グルコース，CO_2，クエン酸，フマ
ル酸，リンゴ酸，n-パラフィン）から複数の発酵経路（好気条件下での TCA 回路（☞5-3-
1）や嫌気条件下での逆 TCA 回路（☞5-6-2-3）など）でコハク酸を生産する微生物（細菌：
Actinobacillus succinogenes, *Brevibacterium flavum*, *Corynebacterium glutamicum*, *Escheri-
chia coli*（遺伝子組換え微生物），酵母：*Candida brumptii*，糸状菌：
Mucor rouxii）が知られているが，その代謝経路の詳細は明らかになっ
ていない．工業生産においては，マレイン酸またはフマル酸を原料と
した化学的製法が主流であるが，バイオプラスチックを志向した発酵
生産も実用化されている．

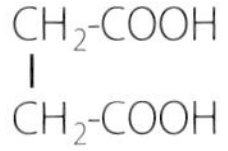

CH_2-COOH
|
CH_2-COOH

図7-6　コハク酸

(7) リ ン ゴ 酸

リンゴ酸（図7-7）も TCA 回路（☞5-3-1）に含まれる有機酸の1つであり，食品（酸味料，
乳化安定剤，保存剤），工業用化成品（ボイラー洗浄，pH 調整剤，洗剤ビルダー，可塑剤），
医薬（高アンモニア血症や肝機能不全の治療，アミノ酸輸液成分）に用いられる．グルコー
スなどの糖からリンゴ酸を生産する微生物には *Aspergillus* 属糸状菌（*A. flavus*, *A. oryzae*）
が知られているが，複数の微生物を用いた混合培養によるリンゴ酸生産も知られている（表
7-2）．単一の微生物を用いた場合，リンゴ酸は逆 TCA 回路（☞5-6-2-3）でオキサロ酢酸
から生成される経路と，グリオキシル酸回路（☞5-3-1）におけるアセチル CoA とグリオ
キシル酸の縮合によって生成される経路が考えられている．リンゴ
酸発酵による工業生産は行われていないが，現在では，微生物由来
（*Lactobacillus brevis*, *Brevibacterium ammoniagenes*, *Brevibacterium
flavum*）のフマラーゼによるフマル酸の酵素的変換により，リンゴ酸
生産が工業化されている．

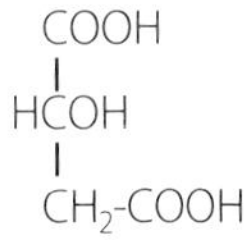

COOH
|
HCOH
|
CH_2-COOH

図7-7　リンゴ酸

(8) その他の有機酸類

前述の有機酸類に加えて，酢酸（食酢，☞ 7-4-2-2-c）（*Acetobacter* 属，*Gluconobacter* 属酢酸菌），イタコン酸（*Aspergillus terreus*），コウジ酸（*Aspergillus* 属），ピルビン酸（*Torulopsis glabrata*）などが，各種微生物による発酵法により工業生産されている.

また，現在工業化されていないが，酪酸（*Clostridium* 属），酒石酸（*Gluconobacter suboxydans*），プロピオン酸（*Propionibacterium* 属），2-オキソグルタル酸（*Pseudomonas fluorescens*，*Escherichia coli*），シュウ酸（*Aspergillus niger* など）などが微生物により発酵生産されることが知られている. 今後の発酵技術の進歩による工業化が期待される.

3）ア ミ ノ 酸

アミノ酸は1つの分子内にカルボキシ基とアミノ基の両方を持つ化合物の総称である. 生命活動に欠かすことのできないタンパク質を構成するアミノ酸は20種類の α-アミノ酸（グリシン以外はL体）であるが，それ以外のアミノ酸も天然に多種類存在する. さらに，近年の二次代謝産物生合成の解析や合成生物学などの発展によって，タンパク質を構成するアミノ酸とは関連しないアミノ酸や非天然型のアミノ酸を生産する微生物を構築することも可能となっているが，本項ではタンパク質を構成するアミノ酸とその関連アミノ酸の生産について解説する. アミノ酸には多様な用途があり，調味料，甘味料，医薬品，サプリメント，飼料，化成品，香粧品などとして使用されている. また，生産技術の発展によって低価格での大量供給が可能となり，それが新たな用途や使用量の拡大をもたらすこともある.

アミノ酸の生産方法としては，タンパク質加水分解法（抽出法），化学合成法，発酵法および酵素法がある. 本項ではアミノ酸の工業生産において中心的な方法である「直接発酵法」について解説する. 直接発酵法とは，アミノ酸生産菌の培養により，生産菌が炭素源と窒素源から自身の異化経路および同化経路を利用して特定の遊離アミノ酸を生産する方法である. その最初の例は1957年に協和発酵工業株式会社（当時）の木下祝郎と鵜高重三により開発された *Corynebacterium glutamicum* によるグルタミン酸発酵である. グルタミン酸発酵は，アミノ酸などの生命活動に必須な代謝産物を微生物発酵により工業生産するという全く新しい技術を拓く契機となった点からも非常に重要な発明である. その後，わが国においてグルタミン酸以外のさまざまなアミノ酸の発酵生産についても技術開発が進み，これらは現在，世界のアミノ酸生産の根幹をなす技術となっている. このように，アミノ酸発酵は日本で生まれ，発展してきたものである. 一方，「酵素法」すなわち代謝経路上の中間体や化学合成の中間体を微生物由来の酵素を用いてアミノ酸に変換する方法も開発されている（☞ 7-2-1-1）. 各生産方法にはそれぞれ長所や短所があるが，発酵法は，化学合成法に比べて安価な原料から温和な条件で，有害な触媒や有機溶剤などを用いずに，鏡像異性体のうちL体のみを生産できるという長所がある. また，生物本来の機能を活用してアミノ酸を発酵生産物として得ることから，特に食品などの用途の場合，消費者へ与えるイメージもよい. し

かし，組成が複雑な培養液からアミノ酸を精製する工程は，反応系の組成が単純な酵素法や化学合成法に比べて手間がかかる．一方，酵素法は一般的に原料となる基質が高価であるという欠点を有する．

タンパク質を構成する 20 種類のアミノ酸のうち 14 品目程度が直接発酵法で生産されている．推定世界需要はグルタミン酸が年間約 356 万 t（1 ナトリウム塩として，2023 年）と最大である．うま味調味料としての用途（1 ナトリウム塩）が中心であるが，医薬品合成の中間体としても利用されている．その世界市場は現在も拡大を続けている．次いで，リシンの需要が年間 260 万 t（塩酸塩として，推定世界需要 2018 年）と大きい．リシンは哺乳動物の必須アミノ酸の 1 つである．飼料として多用される小麦はリシン含量が低いため，小麦を飼料として用いた場合，家畜の第一制限アミノ酸はリシンとなる．したがって，飼料にリシンを添加することにより，飼料の利用効率を高めることができる他，環境への窒素排泄量を減らすこともできる．飼料用以外の用途として医療用アミノ酸輸液などがある．その他，トレオニンが年間約 70 万 t（推定世界需要 2018 年），トリプトファンが年間 4.1 万 t（推定世界需要 2018 年）生産されており，主として飼料アミノ酸として利用されている．

アミノ酸発酵の技術には，育種などによる生産菌の取得，その大量培養，生成アミノ酸の分離精製などが含まれるが，本項では育種などによる生産菌の取得について記した．また，個々のアミノ酸生産菌について網羅的に記述することはより専門的な書籍に委ね，グルタミン酸とリシンの生産菌を代表例として，その歴史，アミノ酸過剰生産の仕組み，生産菌株取得の考え方とその手法などについて具体的に示すことで，基本を理解してもらうことを主眼とした．また，特記すべきその他のアミノ酸として，細胞毒性が強いため近年まで工業的発酵生産が困難であったシステインと，タンパク質を構成しない天然アミノ酸であるオルニチン生産菌の育種についても言及した．

(1) 直接発酵法の成立要件

微生物の代謝は過不足なく行われるように厳密に制御されており，通常は特定のアミノ酸が過剰生産されることはない．したがって，アミノ酸の工業生産に用いる微生物を育種するためには，この代謝制御を解除する必要がある．アミノ酸生合成における代謝制御の代表的なものとして，①フィードバックによる酵素活性の調節（☞ 5-10-2）と，②フィードバックによる酵素生合成の調節（☞ 5-10-1）がある．図 7-8 に示すような，A を出発物質として 4 段階の反応で E を生合成する経路があるとする．①による調節は，E の生成量が過剰な場合，A を B に変換する酵素（図中の酵素 1）などに E が直接作用してその活性を阻害するものが典型である．これをフィードバック阻害と呼ぶ（☞ 5-10-2-1）．②による調節の典型例は，E の生成量が過剰な場合，E の生合成反応に関わる酵素の合成（転写，翻訳）を抑制するものである．これをフィードバック抑制と呼ぶ（☞ 5-10-1）．酵素生合成の抑制には，リプレッサーによるものの他，リボスイッチなどによる転写終結や翻訳開始の調節も存在する．

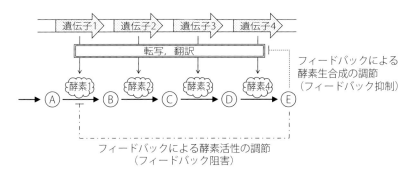

図 7-8　アミノ酸生合成における代謝制御

　代謝制御を解除する主な方法には2つある．1つは，代謝制御に関わる細胞内の目的産物やその生合成中間体の濃度を減少させることによって，代謝制御機構はそのままに制御の発動を抑える方法である（方法1）．これは培養条件の工夫や栄養要求性変異などにより達成される．これにより，目的産物などの系外への除去（細胞外への排出も含む）や，フィードバック阻害が協奏的である場合に，目的生産物とは別のもう一方の阻害因子の生成を低下させることなどが可能となる．もう1つの方法は，代謝制御機構そのものを変異などによって除去する方法である（方法2）．酵素の変異によるフィードバック阻害の解除や，リプレッサータンパク質などの不活性化によるフィードバック抑制の解除などがある．

　前記①，②はアミノ酸生合成経路固有の制御である．一方，その解除だけでなく，目的アミノ酸の生合成経路への代謝前駆体などの炭素フラックスの増加も検討されている．このために，精度の高い代謝フラックス解析や代謝産物の網羅的解析の結果などを踏まえた律速段階の改善（酵素遺伝子の発現量の向上，フィードバック阻害の解除など）が実施される．また，炭素フラックスだけでなく，反応に関わる補酵素の酸化型と還元型のバランス（NAD^+/NADH，$NADP^+$/NADPH）の適正化も適宜行われる．工業生産に用いられる高度に目的産物を生産する微生物の育種においては，これらが単独ではなく，律速段階の改善も含めて総合的に活用されている．

(2) L-グルタミン酸発酵
a．歴　　史
　前述のように，L-グルタミン酸発酵は，アミノ酸発酵の最初の工業化事例として，また，生産量が多いことから特に重要である．L-グルタミン酸は，昆布だしのうま味の主成分がL-グルタミン酸塩であるという池田菊苗の発見に基づいて，明治時代より工業生産が行われていた．発酵法による生産以前は，小麦や大豆タンパク質を加水分解する方法，または一時期ではあるが化学合成法によって製造されていた．1956年初頭，鵜高重三らはスクリーニング系を工夫し，グルタミン酸を生産する微生物の発見に成功した（☞6-3-1-2）．当初こ

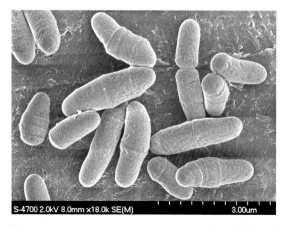

図 7-9　*Corynebacterium glutamicum* の電子顕微鏡写真
（写真提供：和地正明氏）

の微生物は *Micrococcus glutamicus* と命名されたが，のちに *Corynebacterium glutamicum* と改められた．前述のように発酵法によるグルタミン酸の工業生産は 1957 年から始まっている．この発見以降，グルタミン酸生産菌の探索が行われ，*Brevibacterium flavum* をはじめとするさまざまな生産菌の発見が相次いだ．それらは当初，*M. glutamicus* とは異なるものとされたが，生理学的性質の類似性（グラム染色陽性，コリネ型の形態（図 7-9），ビタミンの一種であるビオチンの要求性，胞子を形成しないこと，運動性がないこと，好気条件下でグルタミン酸を生産すること）や系統分類学的な位置から，現在ではすべて *C. glutamicum* にまとめられている．なお，*C. glutamicum* 以外の細菌を用いたより低コストなグルタミン酸生産菌の開発も進められている．例えば，*Corynebacterium efficiens* はより高温でのグルタミン酸発酵が可能なため，発酵熱による培養温度の上昇を抑えるための冷却に要するコストを低減できる利点がある．

b．グルタミン酸の生成経路

糖質からグルタミン酸を生成する経路は，解糖系から TCA 回路（クエン酸回路，☞ 5-3-1）の一部を経て生成する 2-オキソグルタル酸がグルタミン酸脱水素酵素（GDH）により還元的にアミノ化される経路である（図 7-10）．2-オキソグルタル酸はイソクエン酸からイソクエン酸脱水素酵素（ICDH）反応により生成されるが，ICDH は補酵素として $NADP^+$ を用い，反応に伴い NADPH を生成する．この NADPH は GDH が 2-オキソグルタル酸をグルタミン酸に変換する際に利用され，$NADP^+$ に再酸化されることで補酵素の酸化および還元のバランスが保たれている．グルタミン酸を生産することで TCA 回路の中間体が消費されるため，TCA 回路は「回路」として十分に機能しない．したがって，連続的にグルタミン酸を生成するためには，ピルビン酸やホスホエノールピルビン酸からそれぞれオキサロ酢酸を生成する，ピルビン酸カルボキシラーゼ（PC）やホスホエノールピルビン酸カルボキシラー

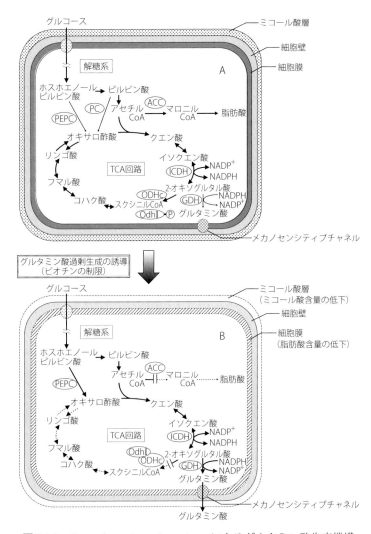

図 7-10 *Corynebacterium glutamicum* によるグルタミン酸生産機構
A：グルタミン酸を生産しない状態の細胞，B：グルタミン酸を生産している状態の細胞，ACC：アセチル CoA カルボキシラーゼ，ICDH：イソクエン酸脱水素酵素，ODHc：2-オキソグルタル酸脱水素酵素複合体，OdhI：ODHc 阻害タンパク質，GDH：グルタミン酸脱水素酵素，PEPC：ホスホエノールピルビン酸カルボキシラーゼ，PC：ピルビン酸カルボキシラーゼ．図中の破線は，流れが弱い反応を示す．

ゼ（PEPC）による補充反応が重要な役割を果たす．

c．グルタミン酸発酵の成立条件と生産力価

グルタミン酸発酵は *C. glutamicum* の野生株によって行われる発酵生産であるが，*C. glu-*

tamicum は常にグルタミン酸を培養液中に蓄積するわけではなく，良好な生育を示す条件ではグルタミン酸を生成しない（図 7-10A）．*C. glutamicum* がグルタミン酸を生産するには，ある特殊な培養条件が必要である．よく知られた条件としては，ビオチンの制限，Tween 40（ポリオキシエチレンソルビタンモノパルミテート）などの界面活性剤の添加，細胞壁合成阻害抗生物質であるペニシリン G の添加などがある．これらの条件下では生育が低下し，それに伴ってグルタミン酸が著量蓄積される．その仕組みは完全には解明されていないが，おおよそ次の 2 つの観点から理解されている．すなわち，① TCA 回路の代謝がグルタミン酸生成方向に傾くこと，②グルタミン酸排出の活性化，である．代表例として図 7-10B にはビオチン制限によるグルタミン酸過剰生成の誘導を示した．この場合の補充経路は，ビオチンを補酵素とする PC の活性が低下するため，PEPC による反応が中心となる．

　①については，前記 3 つのグルタミン酸生産誘導条件下では，TCA 回路の中間体でグルタミン酸の前駆体である 2-オキソグルタル酸をスクシニル CoA に変換する酵素，すなわち，2-オキソグルタル酸脱水素酵素複合体（ODHc）の活性が低下することが示されている．ODHc 活性の制御には，143 アミノ酸残基からなるタンパク質（Odh I）が関与し，リン酸化されていない Odh I は ODHc に結合し，その活性を阻害することが報告されている．事実，前記 3 つの条件下ではリン酸化されていない Odh I の増加が認められている．Odh I のリン酸化は，主として，キナーゼである PknG が外部環境の変化に応答して行うと考えられている．②に関しては，細胞内で生合成された極性の高いグルタミン酸が疎水性の細胞膜を越えて細胞外に排出される機構が長年にわたり不明であった．しかし近年，グルタミン酸生産条件下で活性化されるチャネルタンパク質（メカノセンシティブチャネル）によってグルタミン酸が細胞外に排出される仕組みが明らかにされた．すなわち，*C. glutamicum* はビオチンを生合成することができないため，十分量のビオチンが存在しない場合，ビオチンを補酵素とするアセチル CoA カルボキシラーゼ（ACC）の活性が低下する．ACC はアセチル CoA をマロニル CoA に変換する脂肪酸生合成経路の初発酵素であるため，その活性低下は脂肪酸生合成能の低下をもたらし，その結果，細胞膜を構成する脂質量が低下する．以前はこのような細胞膜はグルタミン酸を保持する力が低下し，グルタミン酸が細胞外に漏れ出すとするいわゆる「リークモデル」が提唱されていた．しかしその後の検討で，細胞膜脂質量の低下によって膜張力が高まると，上昇した膜張力を感知して活性化するメカノセンシティブチャネルが開孔し，グルタミン酸が細胞外に排出される機構が証明された．メカノセンシティブチャネルは ATP などのエネルギーを必要とせず基質を輸送することが明らかにされているが，生きた *C. glutamicum* 細胞が行うグルタミン酸発酵時のグルタミン酸排出には，プロトン駆動力（☞ 5-3-2）の成分である膜電位が寄与している可能性が高い．なお，Tween 40 などの界面活性剤の添加培養の場合は，その疎水基の脂肪酸部分の作用による脂肪酸生合成の抑制や界面活性作用による膜脂質の可溶化などの結果生じた細胞膜脂質の減少が，同チャネルを活性化させると考えられている．また，ペニシリン G の添加培養の場合は，その作用により細胞壁が損なわれることで細胞膜が不安定化し，同チャネルを活性化させると考え

られている．また，*C. glutamicum* は細胞壁の外側にミコール酸という特殊な脂肪酸を成分とする脂質層を持つが，前記 3 つのグルタミン酸生産誘導条件下では，ミコール酸含量が低下していることが知られている．これは，細胞内で生合成されたグルタミン酸の培養液への移動における障壁の 1 つを軽減することにつながっていると考えられている．

実際の工業生産で使用されている生産菌の性能は明らかにされていないが，対糖収率60％（g/g）以上で，190 g/L 以上のグルタミン酸が蓄積されるという報告がある．

d．グルタミン酸の持続可能な生産に向けての育種

酸性条件下でも生育できる *Pantoea ananatis* を用いて酸性条件下（pH 3 〜 5）でグルタミン酸結晶を析出させながら発酵させる「グルタミン酸晶析発酵」が達成されている．グルタミン酸が培養液中に蓄積すると培養液が酸性化するため，*C. glutamicum* を用いたグルタミン酸発酵においては，中和のためのアンモニアが大量に必要である．また，発酵後グルタミン酸結晶を得るために酸を添加する必要がある．「グルタミン酸晶析発酵」では前記のアンモニアや酸の削減を通じて環境負荷を低減できる．

なお，①細胞外多糖の生産低減，② ODH 活性の低減，③高濃度のグルタミン酸による阻害を受けないクエン酸合成酵素の導入，ホスホエノールピルビン酸カルボキシラーゼ，グルタミン酸脱水素酵素などのグルタミン酸生合成に関わる酵素の活性増強，④グルタミン酸耐性の付与などの育種が施された株が用いられている．

（3）L-リシン発酵
a．歴　　史

前述のように，L-リシン発酵は産業的に重要であるばかりでなく，グルタミン酸発酵のように野生株ではなく代謝制御が解除された変異株によって達成され，今日の代謝工学の基盤を形成した代表例として重要である．リシン生産菌は，1958 年に木下祝郎らにより，*Corynebacterium glutamicum*（当時は *Micrococcus glutamicus*）から取得したホモセリン要求性変異株として初めて報告された．1970 年には，味の素株式会社の佐野孝之輔と椎尾勇によりアナログ耐性変異株として新型の生産菌が取得され，その後わが国のみならず，1990 年代以降は欧州においても生産菌の育種とその解析が実施されて知見が豊富であることから，学術的にもたいへん重要である．リシン生産菌としては *C. glutamicum* が主要なものであるが，*Escherichia coli* もリシンの工業生産に利用されている．

b．リシンの生成経路とその制御

C. glutamicum のリシンおよび関連アミノ酸の生合成経路とその制御の概略を図 7-11 に示す．リシンはオキサロ酢酸からアミノ基転移反応により生成されるアスパラギン酸を出発物質として生合成されるアスパラギン酸ファミリーアミノ酸の 1 つで，トレオニンやメチオニンも同ファミリーアミノ酸に含まれる（☞ 5-8-1-2）．アスパラギン酸からリシンへの固有経路を見ると，アスパラギン酸 - β - セミアルデヒドまでの最初の 2 段階は，トレオニンやメチオニンと共通経路となっている．その第 1 段階目の反応を触媒するアスパラギン酸

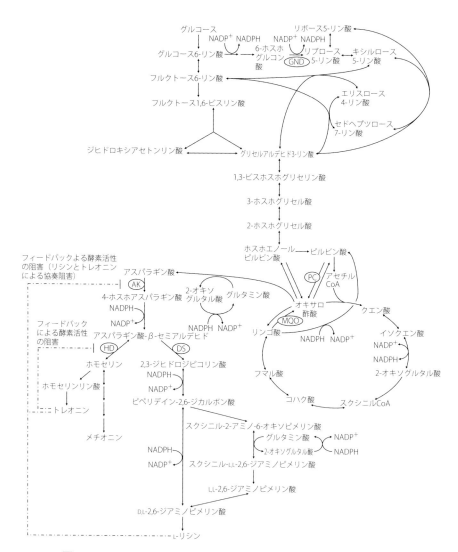

図 7-11 *C. glutamicum* のリシン，トレオニン生合成経路とその調節
GND：ホスホグルコン酸脱水素酵素，PC：ピルビン酸カルボキシラーゼ，MQO：リンゴ酸：キノン酸化還元酵素，AK：アスパラギン酸キナーゼ，DS：ジヒドロジピコリン酸合成酵素，HD：ホモセリン脱水素酵素.

キナーゼ（AK）は，リシンとトレオニンの両方が存在する場合にのみ活性が阻害される協奏的フィードバック阻害（☞ 5-10-2-1）を受け，系全体の流量が調節される．近年，AKの立体構造ならびに協奏的フィードバック阻害の機構も明らかにされている．また，*C. glutamicum* では，アスパラギン酸-β-セミアルデヒド（ASA）以降のリシン生合成固有経路は，

中間体のピペリデイン -2,6- ジカルボン酸からの D,L-2,6- ジアミノピメリン酸の形成におい
て，スクシニル化を経て 4 段階で達する経路とジアミノピメリン酸脱水素酵素による 1 段
階で達する経路の 2 つの経路を有するという特徴がある．また，オキサロ酢酸以降の生合
成反応に還元力として多量の NADPH を必要とする．リシンの細胞外への排出を担っている
タンパク質は LysE であり，能動輸送でリシンを排出している．また，ASA からホモセリン
を生成するホモセリン脱水素酵素（HD）によりトレオニンおよびメチオニン生合成経路が
分岐する．HD はトレオニンによるフィードバック阻害を受け，トレオニンの生合成が制御
されている（図 7-11）．

c．リシン生産菌の育種

リシン生産菌を育種するためには AK に対するリシンとトレオニンによる協奏的フィード
バック阻害を解除することが肝要となる．そのための手法として，「(1)直接発酵法の成立
要件」で述べたように，方法 1（代謝制御に関わる細胞内エフェクター濃度を減少させるこ
とによって制御の発動を阻止する方法）および方法 2（変異によって代謝制御機構そのもの
を除去する方法）が適用されている．

方法 1 による生産菌は，1958 年に木下祝郎らにより報告された．グルタミン酸生産菌 C.
glutamicum（当時は Micrococcus glutamicus）から変異処理により取得したホモセリン要求
性変異株がリシンを生産することが見出されたのである．この変異株は HD を欠損している
ため，トレオニンやメチオニンを生合成することができない．したがって，その株を培養す
るためには，ホモセリン（またはトレオニンとメチオニン）を添加する必要があるが，生育
に必要な少量の添加では細胞内のトレオニン濃度は AK を阻害するほどにはならない．この
ためリシンの生合成が継続し，リシン生産菌となる．

方法 2 による生産菌は 1970 年に佐野孝之輔と椎尾勇により，リシンアナログ耐性変異
株として取得された．アナログとは天然のアミノ酸などの構造類似化合物である．生育には
利用されないが，その構造によっては当該アミノ酸の生合成に関わる酵素のフィードバック
阻害を引き起こし，当該アミノ酸が欠乏するため生育阻害を起こす．したがって，アナログ
に耐性を示す変異株を取得すれば，フィードバック阻害を受けなくなった変異酵素を持ち，
当該アミノ酸を過剰生産する株を取得できるものと期待された．リシンアナログとして S-(2-
アミノエチル)-L- システイン（AEC）（図 7-12）を用い，AEC をトレオニンとともに培地に
添加したところ，C. glutamicum の生育は強く阻害された．そこで，変異誘発剤処理により
耐性変異株を誘導したところ，その中に予想通りリシン生産変異株が見出された（☞ 6-3-2-
1）．方法 2 によれば AK に対する活性制御そのものが除去されるので，リシン生産が発酵原
料に含まれているトレオニンに影響されないのみならず，培養時にホモセリンのような栄養

$H_2N\text{-}CH_2\text{-}CH_2\text{-}CH_2\text{-}CH_2\text{-}CH(NH_2)\text{-}COOH$　　L- リシン

$H_2N\text{-}CH_2\text{-}CH_2\text{-}S\text{-}CH_2\text{-}CH(NH_2)\text{-}COOH$　　　AEC

図 7-12　リシンと S-(2- アミノエチル)-L- システイン（AEC）の構造

要求物質の添加も不要となる．このため，方法 1 により得られた株に比べて安価に安定したリシン生産が可能になり，実用上優れている．歴史的にはこの成功を契機に，さまざまなアミノ酸生産菌の育種にアナログ耐性変異が多用されることになった．

d．トレオニンの優先合成とリシン発酵の成立について

椎尾勇らは，ASA からリシン生合成経路へ向かう反応を触媒するジヒドロジピコリン酸合成酵素（DS）（図 7-11）と，トレオニン生合成経路への分岐点の反応を触媒する HD について，それらの活性や基質親和性を比較検討した．その結果，両酵素は ASA に対して同等の基質親和性を持つが，粗抽出液中の比活性は HD が DS の 15 倍であることを示した．このことは，ASA は 15 倍優先的にトレオニン生合成に対して利用されることを示している．すなわち，*C. glutamicum* では，まずトレオニンが優先合成され，これが過剰になるとトレオニンが HD に対してフィードバック阻害（☞ 5-10-2-1-b）をかけ，トレオニンの生合成が止まる．そうなると ASA はもっぱらリシン生合成に振り向けられ，リシンが過剰になるとトレオニンとともに AK に対して協奏的フィードバック阻害をかけ，アスパラギン酸ファミリーアミノ酸全体の生合成が止まる（図 7-11）．このため，AK の協奏的フィードバック阻害の変異解除を行えば，リシンのみが過剰生産され，リシン発酵が成立する．

なお，味の素株式会社の中森茂と椎尾勇は，1970 年に *C. glutamicum* の α-アミノ-β-ヒドロキシ吉草酸（AHV）耐性変異株が著量のトレオニンを生産することを報告し，トレオニンの工業的発酵生産へ道を拓いた．AHV はトレオニンアナログであり，生産株の HD はトレオニンによるフィードバック阻害が解除されていた．これはアナログ耐性変異株（7-1-3-1「直接発酵法の成立要件」中の（方法 2）による育種株）が実生産に用いられた最初の例として有名である．

e．変異育種からゲノム育種へ

従来，アミノ酸生産菌の育種には，変異誘発剤などを用いて変異を誘発したのち，目的の変異株を選抜する変異育種が多用され，高生産株が育種されてきた．しかし，この方法では，一度の変異処理により多数の変異が導入されるため，有効な変異以外に不要あるいは有害な変異の蓄積を避けることができない．そのため，導入された変異のうちどの変異が有効であるのかを特定することができず，育種されたアミノ酸生産菌の過剰生産機構を十分に理解することが困難であった．また，得られた高生産株は，有害変異の蓄積により一般的に生育が遅いという欠点を有している．一方，現在は豊富に蓄積された分子生物学・生化学の知見やタンパク質の立体構造情報，ゲノム情報を基に，遺伝子工学および染色体工学の技術を活用して変異株を構築する方法が実用化されており，より合理的な菌株育種が可能になっている（☞ 2-3-1）．さらに，近年ではゲノム解析技術の進展によって，菌株間の比較ゲノム解析が可能になっている．そこで，協和発酵工業株式会社の池田正人らは，過去の変異育種によって得られた *C. glutamicum* のリシン生産菌の特性を生かしてより合理的な育種を行うため，変異育種された生産菌と野生株の比較ゲノム解析を行った．その結果，対象としたリシン生産菌のゲノム上には 50 か所の点変異が見出された．

このうち，アスパラギン酸以降のリシン生合成固有経路上には，6か所の変異点が存在した．それぞれの変異を野生株に導入することでその効果を評価した結果，リシン生産に有効な変異は HD 遺伝子と AK 遺伝子のアミノ酸置換を伴う変異であった．HD 遺伝子の変異はホモセリンの部分要求性を，AK 遺伝子の変異は協奏的フィードバック阻害の部分解除をもたらすことが判明し，いずれも AK のリシンとトレオニンによる協奏的フィードバック阻害を緩和することでリシン生産に寄与していると考えられた．両変異を組み合わせて導入した株のリシン生産能力は大きく向上し，両変異は相乗効果を示した（図7-13）．ホモセリンの部分要求性により細胞内トレオニン濃度が低下し，協奏的フィードバック阻害がより高度に解除されたものと考えられた．

中枢代謝経路の有効変異としては，補充経路の PC 遺伝子，TCA 回路（☞ 5-3-1）のリンゴ酸：キノン酸化還元酵素（MQO）（リンゴ酸からオキサロ酢酸を生成）遺伝子，ペントースリン酸経路（☞ 5-2-4）のホスホグルコン酸脱水素酵素（GND）（NADPH を生成）遺伝子が同定された（図7-11）．PC 遺伝子の変異は，代謝前駆体であるオキサロ酢酸の供給を促進することでリシン生産に寄与していると考えられた．MQO 遺伝子の変異はナンセンス変異（終止変異）であり，TCA 回路の代謝流量を抑制することでリシン生産へ寄与すると考えられたが，詳細は不明である．GND 遺伝子の変異は，この酵素のアロステリックな活性制御の解除を通じてペントースリン酸経路の代謝流量を増加させ，リシン生産に必要な NADPH の供給を増大させることでリシン生産に寄与していると考えられた．これらの有効変異の集積によって育種されたリシン生産菌は，野生株と同程度の増殖能および糖消費速度を維持しており，過去の変異育種によって得られた生産菌に対して優位性を示した．このことは，変異育種によってリシン生産に寄与しない有害な変異が実際に導入されていたことを示している．

工業生産で使用されている生産菌の性能は明らかにされていないが，対糖収率 45％（g/g）

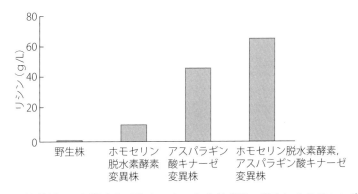

図 7-13 比較ゲノム解析より明らかになった有効変異の導入によるリシン生産菌の育種
総糖 250 g/L からのリシン生産量を示す．

以上で 130 g/L 以上のリシンが蓄積されるものと考えられる．

（4）L-システイン発酵

システインには医薬品やその原料，食品，サプリメントの他，香粧品や酸化防止剤など，多くの用途がある．世界市場は年間約 5,000 t とされているが，現在も市場は拡大している．

従来，システインはシステイン含量が高い毛髪や羽毛を加水分解することによって生産されてきた．現在も 80％はこの方法である．しかし最近，味の素株式会社などが実用レベルの生産菌の育種に成功し，微生物による発酵生産が行われるようになった．システインは一般に細胞毒性が強く，微生物に対する強い生育阻害作用を有している．また，図 7-14 に示したように，その生合成はセリンを経由する炭素骨格の形成と硫酸イオンの硫黄を還元する経路を含み非常に複雑である．これらの経路はフィードバック阻害や CysB と呼ばれる転写調節因子による複数の制御を受ける．また，硫黄の還元は多量の ATP や NADPH を必要とするため，システインの生合成には高いエネルギーコストがかかる．このため，これまで実用的な発酵生産菌の育種が阻まれてきた．

生産菌の育種にはグラム陰性菌 Pantoea ananatis が使用された．前述のように本菌は pH 4 でも生育可能であり，ストレス耐性が強く，発酵培地の中和にもコストがかからないなど，実用生産に適した性質を有する．また，大腸菌の遺伝子操作技術がそのまま適用できるなどの利点を有する．まず，ホスホグリセリン酸脱水素酵素（PGDH）とセリンアセチル

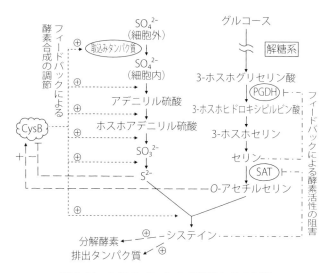

図 7-14　システイン生合成経路とその制御
PGDH：ホスホグリセリン酸脱水素酵素，SAT：セリンアセチルトランスフェラーゼ，CysB：硫黄同化全体を制御する転写調節因子（＋は活性化，−は不活性化を示す）．⊕：該当する反応を担う酵素遺伝子の転写の活性化を示す．

トランスフェラーゼ (SAT) 遺伝子への変異導入によるフィードバック阻害の解除が行われた．次いで，システイン含有培地でシステイン耐性を指標にゲノムライブラリーをスクリーニングすることで，システインをペリプラズムへ排出するタンパク質をコードする遺伝子が見出され，これの過剰発現がシステイン生産に有効であることがわかった．また，同様な手法でシステインにより誘導され，システインを分解する酵素としてシステインデスルフヒドラーゼをコードする遺伝子が見出され，この欠損がやはりシステイン生産に有効であることが判明した．さらにシスチン（システインの酸化二量体）を細胞内に取り込む輸送体遺伝子も同定され，これの欠損により培地中に蓄積されたシスチンの再取込みが抑えられる結果として，システイン生産が向上した．これらの変異を集積した結果，細胞毒性が緩和されつつシステインが過剰生産され，2.2 g/L 程度のシステインが蓄積された．実際の工業生産で使用されている生産菌の性能は明らかにされていない．

(5) L-オルニチン発酵

タンパク質を構成していない有用アミノ酸の発酵生産の代表例の1つとしてL-オルニチンを取りあげる．オルニチンは，哺乳類など尿素排泄動物の尿素回路（またはオルニチン回路）における代謝中間体であり，疲労改善効果があることから，医薬品，化粧品，サプリメントなどとして利用されている．図 7-15 には *Corynebacterium glutamicum* のグルタミン酸からのアルギニン生合成経路を示した．オルニチンはアルギニン生合成の中間体であることがわかる．

木下祝郎らは，グルタミン酸生産菌 *C. glutamicum*（当時は *Micrococcus glutamicus*）から変異誘導したアルギニンもしくはシトルリン要求性変異株の中にオルニチン生産菌を見出し，リシン発酵より1年早い1957 年に報告した．本変異株を生育に必要な最少限度のアルギニンを添加した培地で培養すると，培養液中にオルニチンが著量蓄積された．その後の解析で，これは単に生合成経路が途中で遮断されたために中間体が蓄積されたのではなく，アミノ酸生合成のフィードバック制御が解除されたことによるものであることが明らかにされた．図 7-15 に示すように，*C. glutamicum* ではグルタミン酸からのアルギニンの生合成は，第1段階目の反応を触媒する *N*-アセチルグルタミン酸合成酵素（AGS）と第2段階目の反応を触媒する *N*-アセチルグルタミン酸キナーゼ（AGK）がアルギニンによるフィードバック阻害を受ける他，生合成に関わる一連の酵素の生合成がアルギニンにより

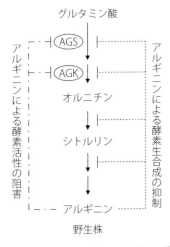

図 7-15 *C. glutamicum* のアルギニン生合成経路とその制御
AGS: *N*-アセチルグルタミン酸合成酵素，
AGK: *N*-アセチルグルタミン酸キナーゼ．

フィードバック抑制を受ける。シトルリン要求性変異株では細胞内のアルギニン濃度が低く保たれるため、これらのフィードバック制御が解除され、オルニチンが蓄積されたと考えら

表7-3 栄養要求変異株によるアミノ酸発酵の例

蓄積するアミノ酸	要求するアミノ酸	微生物
ホモセリン	トレオニン	*Corynebacterium glutamicum*
トレオニン	ジアミノピメリン酸＋メチオニン	*Escherichia coli*
シトルリン	アルギニン	*C. glutamicum*
	アルギニン	*Bacillus subtilis*
プロリン	イソロイシン	*Brevibacterium flavum* *
フェニルアラニン	チロシン	*C. glutamicum*
チロシン	フェニルアラニン	*C. glutamicum*
ジアミノピメリン酸	リシン	*E. coli*

Brevibacterium flavum は *C. glutamicum* に統一されている。　　　　（三原久明・江﨑信芳、2006 を改変）

表7-4 アナログ耐性変異株によるアミノ酸発酵の例

アミノ酸	生産する微生物	耐性アナログなど
バリン	*Serratia marcescens*	α-アミノ酪酸
	Brevibacterium lacto-fermentum *	2-チアゾールアラニン
イソロイシン	*Brev. flavum* *	α-アミノ-β-ヒドロキシ吉草酸、O-メチル-L-トレオニン
アルギニン	*Bacillus subtilis*	L-アルギニンヒドロキサム酸
トリプトファン	*B. subtilis*	5-フルオロ-L-トリプトファン
	Brev. flavum *	5-フルオロ-L-トリプトファン
	Corynebacterium glutamicum	5-メチル-L-トリプトファン、6-フルオロ-L-トリプトファン、L-トリプトファンヒドロキサム酸、p-フルオロ-L-フェニルアラニン、4-メチル-L-トリプトファン、p-アミノ-L-フェニルアラニン、L-チロシンヒドロキサム酸、L-フェニルアラニンヒドロキサム酸、フェニルアラニンおよびチロシン要求性
フェニルアラニン	*Brev. flavum* *	m-フルオロ-L-フェニルアラニン
チロシン	*C. glutamicum*	p-フルオロ-L-フェニルアラニン、3-アミノ-L-チロシン、p-アミノ-L-フェニルアラニン、L-チロシンヒドロキサム酸、フェニルアラニン要求性
セリン	*Brev. lactofermentum* *	サルファグアニジン
ヒスチジン	*Brev. flavum* *	2-チアゾールアラニン、スルファジアジン
	C. glutamicum	1,2,4-トリチアゾールアラニン、6-メルカプトグアニン、8-アザグアニン、4-チオウラシル、6-メチルプリン、5-メチルトリプトファン

Brevibacterium lactofermentum および *Brevibacterium flavum* は *C. glutamicum* に統一されている。（三原久明・江﨑信芳、2006 を改変）

れる．このように本発酵は，代謝制御の解除による発酵生産菌育種の最初の事例（7-1-3-1「直接発酵法の成立要件」中の（方法 1）による育種株）としても重要である．

　実際の工業生産で使用されている生産菌の性能は明らかにされていないが，対糖収率 60％（g/g）以上で 90 g/L 以上のオルニチンが蓄積される．

(6) その他のアミノ酸生産菌の事例

　本項ではグルタミン酸とリシンなどの代表的なアミノ酸生産菌について解説したが，それ以外のアミノ酸を生産する変異株についても *C. glutamicum* のみならず，大腸菌や枯草菌も含めて数多くの報告がある．誌面の関係で個々について触れることはできないが，栄養要求性変異株によるアミノ酸発酵の事例とアナログ耐性変異株を用いるアミノ酸発酵の事例について，それぞれ表 7-3 と表 7-4 にまとめたので，参考にしていただきたい．

4）核　　酸

　かつお節だしのうま味成分がイノシン酸（IMP）のヒスチジン塩であることが 1913 年に小玉新太郎によって報告された．のちの国中明らによる RNA をヌクレオチドに分解する研究から，このうま味を呈する物質はイノシン酸の異性体のうち 5'-IMP であることが明らかになった．5'-IMP はプリン系核酸の生合成中間体であり，かつお節中の RNA が分解して生じたアデニル酸（AMP）がさらに脱アミノ化されて生成するものと考えられた．さらに，5'- グアニル酸（5'-GMP）と 5'- キサンチル酸（5'-XMP）もうま味を呈することが明らかにされた．なお，5'-GMP は干しシイタケの主要うま味成分である．また，5'-IMP や 5'-GMP は，グルタミン酸 1 ナトリウムとの間にうま味の相乗効果を示すことが明らかになった．この

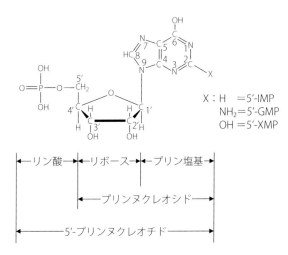

図 7-16　うま味を示すヌクレオチドの化学構造

うま味の相乗効果は大きなもので，水と区別できない濃度の 5'-IMP とグルタミン酸 1 ナトリウムを混合すると，はっきりとうま味を感じることができる．これを機に核酸系調味料の工業生産法の開発が活発に行われた．

うま味を示すヌクレオチドの構造には以下の特徴がある（図 7-16）．
- 塩基がプリンである（ピリミジンヌクレオチドにはうま味がない）．
- プリン塩基の 6 位の炭素原子にヒドロキシ基が結合している．
- リボースの 5' 位の炭素原子にリン酸基が結合している．

5'-IMP，5'-GMP，5'-XMP のうま味の強さは，5'-GMP > 5'-IMP > 5'-XMP である．糖がデオキシリボースの場合にはうま味は弱い．調味料として工業的に生産されているのは 5'-IMP と 5'-GMP である．

呈味性ヌクレオチドの工業生産の確立を機に，さまざまな核酸関連化合物の生産も展開された．これらは，医薬品の中間原料などとして用いられている．

(1) うま味を呈するヌクレオチドの生産

当初は酵母菌体より抽出された RNA を酵素的に加水分解し，生じた 5'-AMP についてはさらに脱アミノ化して 5'-IMP に転換し，5'-GMP とともに分離精製する方法がとられた．その後，微生物の核酸生合成能力を活用した代謝制御発酵の研究開発により，5'-IMP を直接発酵生産する方法，5'-IMP，5'-GMP のリン酸基を持たない化合物であるイノシン，グアノシンを発酵により生産し，化学的あるいは生化学的な手法でリン酸化する方法，5'-GMP の前駆体である 5'-XMP を発酵生産し，アミノ化により 5'-GMP を生産する方法が開発されている．これらの方法は実際の工業生産に用いられている．これらうま味を呈するヌクレオチドの推定世界需要は年間 6.8 万 t（2023 年度）であり，その市場は現在も拡大している．

a．RNA の酵素的分解法（核酸分解法）による生産

Candida utilis などの酵母の RNA を酵素的に加水分解して，5'-IMP や 5'-GMP を生産する方法である．RNA は，菌体収量および RNA 含量の高い酵母を安価な炭素源（亜硫酸パルプ廃液，廃糖蜜など）で培養し，得られた菌体から抽出したものが用いられる．

抽出した RNA に RNA 分解酵素であるヌクレアーゼ P1 や 5'- ホスホジエステラーゼを作用させると，RNA 分子のリボースの 3' 位のリン酸エステル結合が切断され，5' 位にリン酸基が結合した 5'- ヌクレオチド（5'-AMP，5'-GMP，5'-CMP，5'-UMP）が生成する（図 7-17）．これらのリン酸エステル加水分解酵素は，アオカビの一種である *Penicillium citrinum* の固体培養物からの抽出液や，放線菌 *Streptomyces aureus* の培養濾液から部分精製した粗酵素が用いられる．カビの酵素標品中には，3'- ホスホジエステラーゼや，ヌクレオチドをヌクレオシドに分解するホスファターゼなどが含まれているが，これらの酵素は簡単な熱処理によって活性が失われるので，適当な反応条件下，例えば反応温度 65℃，pH 5 で反応することによって RNA を効率よく 5'- ヌクレオチドに分解することができる．放線菌の酵素液には 5'-AMP を 5'-IMP に変換する AMP デアミナーゼが含まれているので，酵素反応

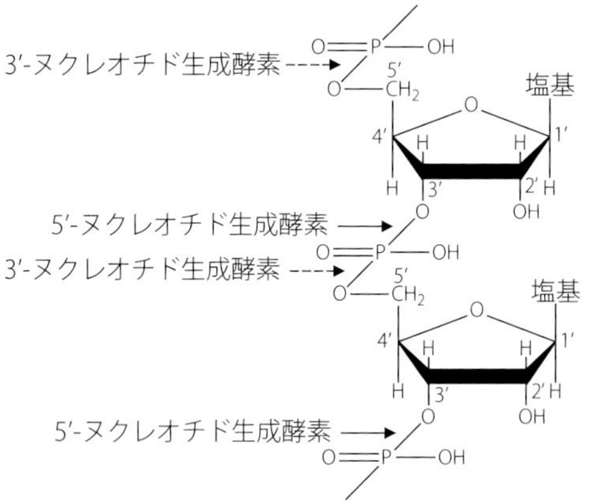

図 7-17 RNA のホスホジエステル結合とホスホジエステラーゼによる分解位置
矢印は酵素による分解位置を示す.

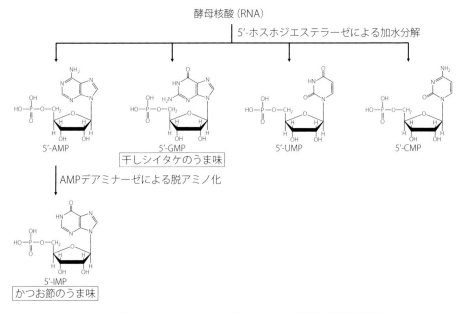

図 7-18 酵母 RNA からの 5'-ヌクレオチドの調製（核酸分解法）

の結果，反応液中には 5'-IMP と 5'-GMP が直接生成する（図 7-18）．生成した 5'-ヌクレオチドは，イオン交換カラムクロマトグラフィーによって分離および精製される．このプロセスの特徴として，ピリミジンヌクレオチドである 5'-ウリジル酸（5'-UMP），5'-シチジル酸（5'-CMP）が副生物として生成する．

b．発酵法による生産

発酵法には，ヌクレオシドを発酵生産しこれをリン酸化してヌクレオチドにする方法（ヌクレオシド発酵とリン酸化の組合せ法）と，ヌクレオチドを直接発酵生産する方法（ヌクレオチド発酵）がある．

i）プリンヌクレオチドの生合成と代謝制御

細菌のプリンヌクレオチド生合成（☞ 5-8-2-2）の基幹的な経路は，5'-IMP を中間体として 5'-AMP と 5'-GMP へ至る de novo（新生）合成経路である（図 7-19）．この経路では，EMP 経路から枝分かれしたペントースリン酸経路（☞ 5-2-4）の中間体であるリボース 5-リン酸を出発物質として，まず 5'-IMP が合成される．5'-IMP はアデニン系ヌクレオチド合成あるいはグアニン系ヌクレオチド合成のための分岐回路に導入され，それぞれ 5'-AMP あるいは 5'-GMP へと変換される．この de novo 合成経路は糖と無機窒素，リン酸源から 5'-IMP や 5'-GMP を生産する発酵法の基盤となるものである．一方，この de novo 合成経路に変異が入り，結果的に AMP あるいは GMP 合成能が欠失した変異株は，培地にプリン塩基を補充した場合にのみ生育できる．これはホスホリボシルトランスフェラーゼが，プリン塩基を対応するヌクレオチドへと変換するからである．このような補給的経路を de novo 合成経路と対比して，サルベージ（salvage）合成経路という．また，前記のような変異株は表

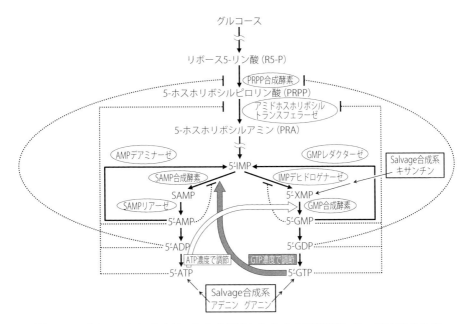

図 7-19　プリンヌクレオチドの生合成経路と生合成の調節機構（1：酵素活性の調節）
点線はフィードバックによる酵素活性の阻害．

現型としてアデニン，グアニンあるいはキサンチン要求性となる．

プリンヌクレオチドの生合成は複雑な機構で制御され，過剰生産が起こらないようになっている（図 7-19，7-20）．この代謝制御の代表的なものとして，①フィードバックによる酵素活性の調節（フィードバック阻害），②フィードバックによる酵素生合成の調節（フィードバック抑制）がある．この他，代謝産物の分解や細胞外への排出なども代謝調節の一部と考えられる．

フィードバックによる酵素活性の調節としては，まず，リボース 5-リン酸から 5-ホスホリボシルピロリン酸（PRPP）を合成する PRPP 合成酵素（ribose-phosphate diphosphokinase）が，ADP などによるフィードバック阻害を受ける．次の 5'-IMP 生合成固有経路の最初の段階である PRPP から 5-ホスホリボシルアミンを合成する反応を触媒する酵素であるアミドホスホリボシルトランスフェラーゼがアデニン系とグアニン系の 2 群のヌクレオチドによってフィードバック阻害を受ける．

さらに，5'-IMP から 5'-AMP に至る経路と 5'-IMP から 5'-GMP に至る経路は以下のような制御を受ける．5'-IMP からアデニロコハク酸（SAMP）への変換は GTP を必要とし，さらに，5'-AMP によるフィードバック阻害を受ける．他方，5'-IMP から 5'-XMP への変換は 5'-GMP によるフィードバック阻害を受け，さらに，5'-XMP から 5'-GMP への変換は ATP を必要とする．このようにして，アデニン系とグアニン系の両ヌクレオチドの細胞内濃度は相互に調節されている（図 7-19）．

フィードバックによる酵素生合成の調節としては，リプレッサー（☞ 5-10-1-1）による抑制の他，リボスイッチ（☞ 5-10-1-2）による制御も知られている．

プリンヌクレオチド生合成に関わる酵素群の遺伝子は，PurR と呼ばれるリプレッサーによって発現が抑制される（図 7-20）．ヌクレオシド生産菌として利用されている *Bacillus subtilis* では，PRPP が PurR に結合し，PurR のオペレーターへの結合を阻害する．一方，アデニンは PurR による抑制効果を増強する．

B. subtilis では，プリンヌクレオチド生合成に関わる酵素群の遺伝子の転写は，グアニンを感知するリボスイッチによって負に制御されている．プリンヌクレオチド生合成に関わる

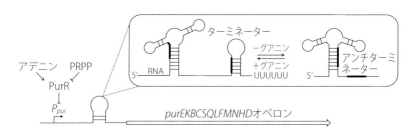

図 7-20 プリンヌクレオチド生合成の調節機構（2：酵素生合成の調節）
Bacillus subtilis におけるプリンヌクレオチド生合成に関わる酵素群の遺伝子の PurR による抑制とグアニンを感知するリボスイッチによる転写終結．

酵素群の遺伝子における転写産物の 5' の非翻訳領域はグアニン存在下でグアニンと結合することによって転写のターミネーターを形成し，転写を終結させる（図 7-20）.

したがって，ヌクレオチドの過剰生産にはこの調節機構を解除する何らかの工夫が必要となる．例えば，図 7-19 の 5'-IMP → SAMP → 5'-AMP の経路が分断された変異株は，5'-AMP を合成できないので，5'-IMP，5'-XMP，5'-GMP などを蓄積する可能性がある．しかし，生成したヌクレオチドは細胞膜の透過性が悪く，ホスファターゼなど種々の分解酵素によってヌクレオシドや塩基に分解されるため，目的とするヌクレオチドを細胞外へ直接蓄積させることは困難である．そこで，ヌクレオシドを発酵生産し，これをリン酸化してヌクレオチドを得る方法が開発された.

ヌクレオシド生産菌やヌクレオチド生産菌の育種における考え方の基本はアミノ酸生産菌の育種と同様であるので，考え方の基本については 7-1-3「アミノ酸」を参照されたい．生産菌を育種する際の変異株を取得する手法についても，アミノ酸生産菌の場合と同様に，分子生物学の知見や技術の蓄積がなかった時期には，変異誘発物質や紫外線照射などを用いて変異誘発処理を施したのち，目的の変異を有する株を選抜する方法が多用された．現在は，豊富に蓄積された分子生物学・生化学の知見やタンパク質の立体構造情報，ゲノム情報を基に，遺伝子工学や染色体工学の技術を活用して変異株を構築する方法が多用されている.

ⅱ）ヌクレオシド発酵とリン酸化によるヌクレオチドへの変換

①イノシン発酵…イノシンは 5'-IMP のリン酸基が加水分解により遊離して生成する．したがって，イノシン生産菌の育種は，5'-IMP 生合成の強化，5'-IMP からの 5'-AMP や 5'-GMP の合成の抑制，生成したイノシンの分解の抑制などによって達成される．近年は生成したイノシンの細胞外への排出についても研究が進んでいる.

遺伝子工学の手法が一般化する以前の従来法によって育種された株や，それを元にした株が生産菌として使用されている．従来法による育種の概要は以下である．ⓐアデニンおよびキサンチン要求性変異株（SAMP 合成酵素と IMP デヒドロゲナーゼの両酵素機能が欠失している，あるいは，酵素活性が微弱な変異株）を取得し，de novo 合成の調節機構の鍵酵素であるアミドホスホリボシルトランスフェラーゼの調節を細胞内の 5'-AMP や 5'-GMP の濃度を制限することにより生理的に解除状態にする．ⓑこの変異株に 8- アザグアニンなどの 5'-GMP のアナログ（構造類似化合物）耐性変異などを付与することによって調節機構を遺伝的にも解除する．ⓒイノシン分解活性が低下した変異株を取得する.

生産菌としては，*Bacillus subtilis* や *Corynebacterium stationis*（旧名 *C. ammoniagenes*）が用いられている．実際の工業生産で使用されている生産菌の性能は明らかにされていないが，*B. subtilis* では対糖収率約 25%（g/g），*C. stationis* では対糖収率約 20%（g/g）でイノシンを生産するという報告がある.

②グアノシン発酵…グアノシン発酵では，前記のイノシン発酵の成立要件（キサンチン要求性は除く）に加えて，以下の 2 点が必須要件になる．ⓐ 5'-IMP から 5'-XMP を経て 5'-GMP が生成する反応は IMP デヒドロゲナーゼと GMP 合成酵素が関与するが，両酵素は 5'-

GMPによって阻害および抑制を受けるため，これらの調節を解除する必要がある．調節が解除された変異株取得のためアナログ耐性変異が付与された．有効なアナログとして 8-アザグアニン，デコイニンなどが知られている．ⓑ生合成された 5'-GMP は GMP レダクターゼによって，5'-IMP に変換されるため，この酵素機能の欠失が必要である．実際の工業生産で使用されている生産菌の性能は明らかにされていないが，イノシンを生産する B. subtilis から対糖収率約 20%（g/g）でグアノシンを生産する変異株を取得したという報告がある．

ⅲ）リン酸化によるヌクレオシドからヌクレオチドへの変換

①**合成化学的方法**…リン酸化剤としてオキシ塩化リン（$POCl_3$）を用いる．

②**酵素的方法**…ピロリン酸をリン酸基供与体として，酸性ホスファターゼを用いてヌクレオシドの 5' 位を特異的にリン酸化する．この酸性ホスファターゼのリン酸基転移反応は，ホスファターゼに一般的な ping-pong 機構と推定された（図 7-21）．すなわち，はじめにリン酸基と酵素が結合した中間体が生成し，次いで，ヒドロキシ基を持ったリン酸基受容体，例えばイノシンがこの中間体を求核攻撃した場合には，5'-IMP が生成するリン酸基転移反応となる．一方，水が求核攻撃した場合には，脱リン酸化反応，すなわち，ホスファターゼ反応となる．したがって，リン酸基受容体の酵素への親和性が，リン酸基転移反応の効率を決定する．当初のスクリーニングによって見出された酵素はイノシンへの親和性が低かったため，進化工学的手法とその後明らかになった酵素の立体構造に基づいた改変によって，工業利用が可能な酵素が創製された．改良型酵素はイノシンのリン酸化ばかりでなく，グアノシンのリン酸化にも用いられている．

実際の工業生産で使用されている酵素の性能は明らかにされていないが，140 g/L の 5'-IMP の蓄積が報告されている．

ⅳ）ヌクレオチド発酵

①**IMP 発酵**…イノシン発酵の場合と同様に，プリンヌクレオチド生合成の調節を解除するとともに，ヌクレオチドの細胞膜透過性の障壁も解除することにより，5'-IMP を直接培

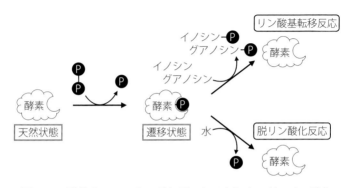

図 7-21 酸性ホスファターゼを用いたヌクレオシドのリン酸化

養液に蓄積させる方法である．*Corynebacterium stationis* の変異株が用いられている．当初の SAMP 合成酵素活性の弱化変異による 5'-IMP 生産菌は Mn^{2+} が制限された条件でのみ 5'-IMP を培養液中に蓄積し，十分に Mn^{2+} が存在する条件では 5'-IMP の分解産物であるヒポキサンチン（5'-IMP の塩基）を蓄積した．その株から Mn^{2+} が十分に存在する条件でも 5'-IMP を培養液中に蓄積する Mn^{2+} 非感受性変異株が選抜された．さらに，グアニン要求性変異株の取得など，変異処理と変異株からの高生産株の選抜が繰り返され，培養液中にヒポキサンチンをほとんど副生しない 5'-IMP 高生産株が取得された．近年は遺伝子工学の手法による育種も行われている．ごく最近，細胞内で生合成された 5'-IMP を細胞外に排出する膜輸送タンパク質が同定された．実際の工業生産で使用されている生産菌の性能は明らかにされていないが，培養液中に 20 ～ 27 g/L の 5'-IMP（5'-IMP・$7.5H_2O$ として）が蓄積するとの報告がある．

② XMP 発酵と XMP から GMP への酵素的変換…目的の生産物である 5'-GMP そのものが生合成の調節機構へ作用する物質であることから，5'-GMP 生産菌の育種は困難である．そこで，比較的生産しやすい 5'-XMP（5'-GMP の前駆体）を発酵生産したあとに，5'-XMP から 5'-GMP への変換反応（1 段階）を触媒する酵素を用いて変換する方法が開発された．

5'-XMP 生産菌としては *C. stationis* が使用されている．5'-XMP 生産菌は，前記の 5'-IMP 生産菌と同様の SAMP 合成酵素活性の弱化と Mn^{2+} 非感受性に加えて，GMP 合成酵素活性が欠失（あるいは弱化）している．近年は遺伝子工学の手法による育種も行われている．ごく最近，細胞内で生合成された 5'-XMP を細胞外に排出する膜輸送タンパク質が同定された．実際の工業生産で使用されている生産菌の性能は明らかにされていないが，5'-XMP の蓄積量は 5'-IMP の蓄積量より高く，40 g/L 蓄積するとの報告もある．

5'-XMP から 5'-GMP への変換には，GMP 合成酵素遺伝子の増幅によってその活性が強化された *Escherichia coli* が用いられている．5'-XMP 発酵が終了した培養液に別途培養した *E. coli* の培養液を混合する．この反応に必要な ATP は，5'-XMP 発酵に用いた *C. stationis* によるグルコースなどを利用した ATP 再生によって供給される（*C. stationis* の ATP 再生活性については，後述（2）d. ii）「補酵素類の生産」を参照されたい）．実際の工業生産で使用されている生産菌の性能は明らかにされていないが，この変換反応の収率は 80 ％以上で，70 g/L 以上の GMP が蓄積するとの報告がある．

(2) その他のヌクレオシドの生産

RNA 分解法や発酵法によるうま味を呈するヌクレオチド生産工業の発展に伴って，各種の塩基，ヌクレオシド，ヌクレオチド類が安価に供給されるようになり，それらを原料として種々の生理活性を持つ核酸関連物質が生産されている．

a．アデノシン発酵

アデノシンは後述するピリミジンヌクレオシドと同様に，医薬品合成の中間体としての用途がある．*Bacillus subtilis* のイノシン生産株を親株として，アデニン要求性を示さなくなっ

た（5'-AMPの合成能を再び獲得した）復帰変異株を誘導し，対糖収率約23％（g/g）のアデノシン生産菌を得たという報告がある．

b．ピリミジンヌクレオシドの生産

ウリジンやシチジンなどのピリミジンヌクレオシドは当初，核酸分解法によるプリンヌクレオチド生産の副産物として供給されていた．しかし，うま味を呈するヌクレオチドの生産が発酵法にシフトするに従い，ピリミジンヌクレオシドの供給は減少の一途をたどった．一方，時代とともに抗がん剤，抗ウイルス剤などの医薬品を合成するための中間体原料としてのピリミジンヌクレオシドの用途が急増した．そこで，ピリミジンヌクレオシドの発酵生産法の開発研究が進展した．

ⅰ）ウリジン発酵

生産菌として *Bacillus subtilis* が用いられている．ウリジンヌクレオチドの生合成経路（☞ 5-8-2-1）は生物種によらずほぼ共通しているが，その調節機構は生物種により異なる．*B. subtilis* における生合成および分解経路とその調節機構を図7-22に示す．5'-ウリジル酸（5'-UMP）は，炭酸とアンモニアから合成されるカルバモイルリン酸とアスパラギン酸との縮合を経て生合成される．この生合成の調節機構として，5'-UMPによるフィードバック阻害と

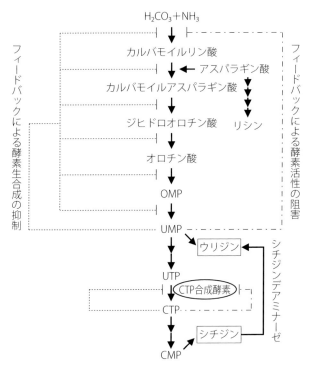

図7-22 ピリミジンヌクレオシドの生合成経路と生合成の調節機構

フィードバック抑制が存在する．ウリジン生産菌の育種の概要を以下に記す．まず，ウリジンをウラシルに分解するウリジンホスホリラーゼの機能を欠失した変異株を誘導し，これに 6-アザウラシルや 2-チオウラシルなどのウラシルアナログに対する耐性を付与することで，生合成の調節が解除された生産株が得られた．ウリジン高生産株では，ホモセリンデヒドロゲナーゼ活性が欠損しており，ウリジン高生産に寄与している．これは，5'-UMP の骨格化合物であるアスパラギン酸がリシン生合成など他の代謝経路へ流入することを妨げ，ウリジン生合成経路への流入量が上昇するためと考えられている（図 7-22）．

18％のグルコースから 65 g/L のウリジンを安定に生産するという報告がある．

ⅱ）シチジン発酵

生産菌として *Bacillus subtilis* が用いられている．シチジンは 5'-CTP の脱リン酸化によって生合成されるが，5'-CTP は 5'-UTP から生合成される（図 7-22）．他の塩基を持つヌクレオシド 3-リン酸が，それぞれ対応する塩基を持つヌクレオシド 1-リン酸（5'-NMP）から生合成されることに対し，大きな特徴である．5'-UTP は 5'-UMP から生合成される（図 7-22）．そこで，生産菌としては，ウリジン発酵に利用された *B. subtilis* の株が生産菌誘導の親株として用いられた．シチジン生産菌の育種においては，ウリジン生産菌育種の項で述べた 5'-UMP 生合成経路の 5'-UMP による制御を解除することに加え，5'-UTP から効率よくシチジンを生産するために以下の 2 つの性質を付与する必要がある（図 7-22）．

① 5'-UTP から 5'-CTP への反応を触媒する CTP 合成酵素は，5'-CTP によるフィードバック阻害とフィードバック抑制を受けるので，これらの解除．

②生成したシチジンのシチジンデアミナーゼによるウリジンへの変換を防ぐためのシチジンデアミナーゼ活性の欠失．

シチジン高生産菌は，前記に加え，ウリジン生産菌の項で述べたホモセリンデヒドロゲナーゼ活性が欠損している．

18％のグルコースから 60 g/L のシチジンを安定に生産するという報告がある．

ｃ．非天然型ヌクレオシドの生産

前記のピリミジン系ヌクレオシドは，さまざまな抗がん剤，抗ウイルス剤製造の出発物質として重要である．合成には，細菌のヌクレオシドホスホリラーゼによるヌクレオシドの加リン酸分解の可逆性に基づいた塩基交換反応が利用される．例えば，抗ウイルス剤のアデニンアラビノシド（AraA）の合成は，ウリジンを出発原料にして化学的にウラシルアラビノシド（AraU）に導き，無機リン酸の存在下ヌクレオシドホスホリラーゼの作用により，アラビノース 1-リン酸を反応中間体として AraU の塩基部分（ウラシル）をアデニンと置換する（図 7-23）．同様の原理で，さまざまな非天然型ヌクレオシドが医薬品として生産されている．

ｄ．ヌクレオチド型補酵素類の生産

ビタミン類などを生合成の前駆体とする補酵素類には，ヌクレオシドあるいはヌクレオチド構造をとるものが多くある．これらは，生合成の過程で ATP（あるいは他のヌクレオチド）

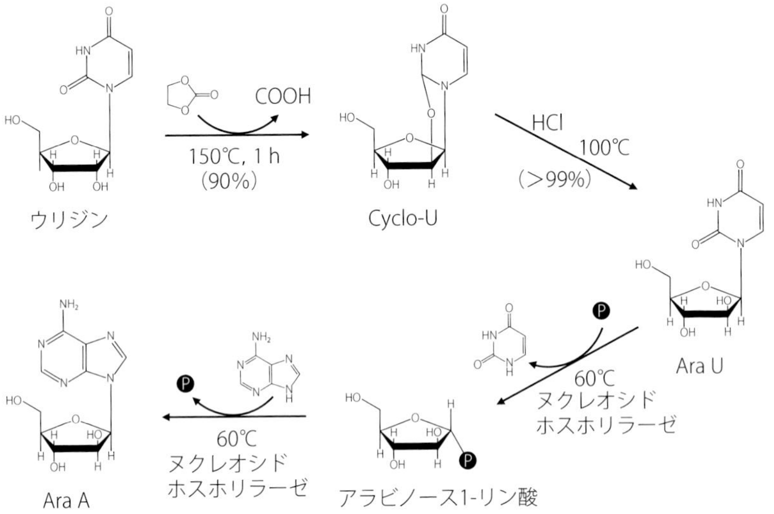

COOH

150℃, 1 h
（90%）

HCl
100℃
（>99%）

ウリジン

Cyclo-U

Ara U

60℃
ヌクレオシド
ホスホリラーゼ

60℃
ヌクレオシド
ホスホリラーゼ

Ara A

アラビノース1-リン酸

図7-23 ヌクレオシドホスホリラーゼ反応の可逆性を利用した塩基交換によるア
デニンアラビノシドの合成

が前駆体に取り込まれて生成する．従来，その生産は微生物菌体からの抽出によっていたが，
呈味性ヌクレオチドやピリミジン系ヌクレオシド生産の確立により，その二次利用としての
生産法が開発された．これらの補酵素類には医薬品や生化学試薬としての用途がある．

ⅰ）ATP の生産と ATP 再生系の利用

酵母や細菌の解糖・呼吸エネルギー，メタノール資化性酵母のメタノール酸化と呼吸エ
ネルギーを利用して，アデニン，アデノシンあるいは AMP から ATP を高収率で生産する方
法がいくつか開発されている．これらの方法は，ATP 自体の生産のみならず，ATP の再生
反応として ATP のエネルギーを利用するさまざまな生産プロセスに利用されている．例え
ば，*Corynebacterium stationis* をアデニン存在下，高濃度のグルコースとリン酸塩を含む培
地で培養するとアデニンは ATP に変換され，ここに CDP-コリンの合成系を増幅した組換え
Escherichia coli を共存させると，両者が共役して効率よく CDP-コリンが生成する（図7-24
上）．うま味を呈するヌクレオチドの生産の項で述べた 5′-XMP から 5′-GMP への変換の場
合も，同様の原理に基づく ATP 再生系の利用例である．一方，酵母の系では，基質として
AMP のかわりに GMP，UMP，CMP を用いると，それぞれ GTP，UTP，CTP などヌクレオ
シド三リン酸が生成する．また，糖供与体としてグルコース，ガラクトース，グルコサミン
など，またヌクレオチド供与体として GMP，UMP を基質として反応させると，GDP-マンノー
ス，UDP-グルコース，UDP-ガラクトース，UDP-*N*-アセチルグルコサミンなどの糖ヌクレ
オチド類を効率よく生産することができる．

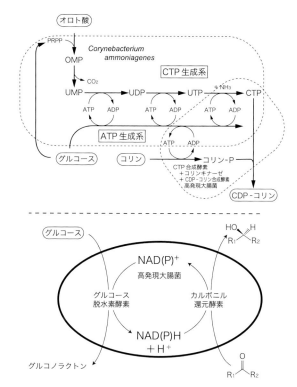

図 7-24 ATP 再生系と共役した CDP-コリンの生産（上），NAD(P)H 再生系と共役した光学活性アルコール類の生産（下）
OMP：オロチジン 5'-リン酸，コリン-P：コリンリン酸．（清水　昌氏 原図）

ii）補酵素類の生産

　NAD，NADP，FAD，フラビンモノヌクレオチド（FMN），CoA，S-アデノシルメチオニン，S-アデノシルホモシステインなどは，その生合成に ATP を要求する補酵素類である．多くは前記の ATP 再生条件下で前駆体から酵素的に変換される．例えば，NAD$^+$の構成成分であるニコチン酸とアデニンを含む培地で *Saccharomyces cerevisiae* や *C. stationis* を培養すると，NAD$^+$が蓄積する．同様にして，アデニン，リボフラビンあるいは FMN からは FAD が，アデニン，パントテン酸，システインからは CoA が生成する．最近では，これらの補酵素の再生技術も開発されており，物質生産用プロセスに利用されている．特に，酸化還元酵素の補酵素である NADH，NADPH の再生系は医薬品製造の中間原料として重要な光学活性アルコールの生産に利用されている（図 7-24 下）．

5）脂肪酸，テルペノイド，ステロイド

　飽和脂肪酸，オレイン酸，リノール酸，α-リノレン酸といった脂肪酸は，植物油や動物

油からの取得が容易である．これらの脂肪酸以外の植物油や動物油からの取得が困難な高度不飽和脂肪酸（図 7-25）について，微生物による生産が検討され，一部はすでに実用化されている．アラキドン酸などの高度不飽和脂肪酸は，プロスタグランジンなどエイコサノイド類の前駆体として重要な機能性の高い脂肪酸である．例えば，*Mucor* 属糸状菌により生産されるγ-リノレン酸含有油脂は健康食品素材として利用され，*Mortierella* 属糸状菌により生産されるアラキドン酸含有油脂は乳児用食品の添加物，健康食品素材として利用されている．これらの高度不飽和脂肪酸は前駆体脂肪酸の鎖長延長と不飽和化を繰り返すことで生合成される．

オメガ 3 高度不飽和脂肪酸のうち，ドコサヘキサエン酸は脳代謝改善に，エイコサペンタエン酸は血栓予防に効果があるとされ，魚油に多く含まれる．近年，魚油を代替する供給源として，海洋性ラビリンチュラ *Schizochytrium* 属が生産するドコサヘキサエン酸含有油脂が期待されている．この菌では，ドコサヘキサエン酸は主にポリケチド合成経路で生合成されると考えられている．なお，*Yarrowia* 属酵母にさまざまな生物種の遺伝子を導入した組換え体によるエイコサペンタエン酸含有油脂の生産が報告されている．また，脂肪酸の微生物変換（酸化反応や水和反応）により水酸化脂肪酸やエポキシ脂肪酸が生産される．*Bacillus* 属細菌などのシトクロム P450 により脂肪酸の ω 末端側がヒドロキシ化，または末端二重結合がエポキシ化される．一方，乳酸菌などの腸内細菌はリノール酸などの不飽和脂肪酸を飽和化する過程で水酸化脂肪酸を代謝中間体として作る．乳酸菌由来の水和酵素遺伝子を発現させた組換え大腸菌を利用して作られる 10-ヒドロキシ-*cis*-12-オクタデセン酸はさまざまな生理活性を示すことが明らかになっている．

テルペンはイソプレンを構成単位とする炭化水素で，植物や昆虫，菌類などに広く見出される（図 7-26）．テルペン類のうち，カルボニル基やヒドロキシ基などの官能基を持つ誘導体をテルペノイド（☞ 5-8-3-2）と呼ぶ．イソペンテニル二リン酸やジメチルアリル二リン酸はプレニル基転移酵素群によってさまざまなテルペンの基本骨格に誘導される．これら 2 つの化合物は多くの生物種でメバロン酸経路（☞ 5-8-3-2）によって生合成されるが，一部

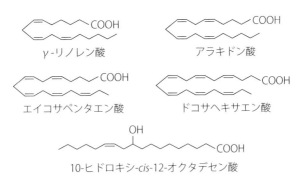

図 7-25 高度不飽和脂肪酸と水酸化脂肪酸の構造

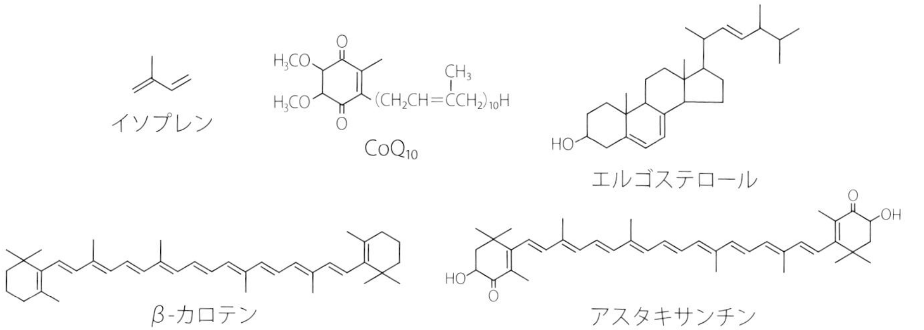

図 7-26　イソプレンおよびテルペノイドの構造

の微生物や植物では非メバロン酸経路（☞ 5-8-3-2）で生合成されることが知られている.
テルペン，またはテルペノイドには，ステロール，ステロイド，カロテノイド，クロロフィ
ル，ビタミン K，ユビキノンなどが含まれる．テルペノイドとはやや構造が異なるアルカロ
イドは，窒素原子を含み，ほとんどの場合塩基性を示す二次代謝化合物であり，微生物，植
物，動物に広く存在する．近年，合成生物学的手法により生理活性を示す植物アルカロイド
の発酵生産研究が進められている.

　β-カロテンはビタミン A の前駆体として栄養的に重要で，動物飼料添加物，食品用色素，
抗酸化剤，医薬品，健康食品素材，化粧品素材などの広い用途がある．β-カロテンを大量
に生成する微生物は少なく，わずかに Blakeslea 属および Choanephorea 属糸状菌などが知
られている．含量の高い単細胞光合成緑藻 Dunaliella による生産では，開放型の池でこの藻
類を培養し，得られた乾燥菌体あるいは植物油で抽出したものがそのまま用いられる．培養
が天候などの環境要因に左右され，広大な土地を必要とする．最近では，大腸菌や酵母の組
換え体を利用した微生物生産法が検討されている.

　ユビキノン（CoQ）は生体の電子伝達系に関与する補酵素で，構造的にはキノン骨格とイ
ソプレン側鎖からなり，生物種によって側鎖長が異なる．発酵生産の対象となるのは，ヒ
ト型のイソプレン単位が 10 個の CoQ_{10} で，医薬品，健康食品素材としての用途がある.
CoQ_{10} をつくる Candida 属酵母が知られているが，現在では組換え大腸菌を用いた発酵生産
が行われている.

　アスタキサンチンは，赤色色素としてサーモンやマスの飼料に添加されるだけでなく，
健康食品素材，医薬品，抗酸化剤としての用途がある．Haematococcus 属緑藻や Xantho-
phyllomyces 属酵母が工業スケールでのアスタキサンチン生産株として知られている．また，
ドコサヘキサエン酸生産菌の海洋性ラビリンチュラ Aurantiochytrium 属もアスタキサンチ
ンを作ることが知られている.

　エルゴステロールはビタミン D_2 の前駆体であり，含量の高い Saccharomyces 属，Candida
属酵母の培養菌体から抽出することにより得られる．食品添加物などの用途がある.

6）生理活性物質

　微生物の代謝産物の中には，抗生物質をはじめとするさまざまな薬理活性を示す化合物が存在する．これらの化合物は総じて生理活性物質[注] と呼ばれ，医療における治療薬として，また生命科学研究における試験薬として広く活用されている．

（1）抗生物質研究の流れ

　イギリスの Fleming, A. は，ブドウ球菌を生育させた寒天平板培地に混入した青カビが周辺のブドウ球菌を死滅させている様子を偶然目にした．彼は，それがカビの生産する拡散性物質による細菌増殖の阻害現象であることを見抜き，その物質を青カビの属名 *Penicillium* にちなんでペニシリンと名づけた（1929 年）．Fleming は，ペニシリンが病気の治療に利用できる可能性を示唆したが，化学的に不安定で結晶化が困難であったことや，化学療法剤であるサルファ剤の研究が盛んであったことなどから，注目されないまま 10 年が経過した．

　やがて，同じくイギリスの Florey, H. W. と Chain, E. B. の手によってペニシリンの結晶が分離されると（1940 年），第二次世界大戦による創傷治療薬の必要性の高まりとあいまって，ペニシリン量産のための研究が英米共同で行われた．その後数年のうちに大量生産系が確立されたペニシリンは，多くの負傷者を救った．一方，日本では碧素委員会（碧素はペニシリンを意味する）が発足し，独自のペニシリン生産体制を構築する努力がなされた．しかし，戦争が終結すると，アメリカから派遣された Foster, J. W. によって導入された高生産菌をもとに，複数の企業においてペニシリン生産の体制が築かれた．ペニシリン発酵に関する技術開発は，高度成長期における日本の応用微生物学研究の進歩を強く後押しした．

　アメリカで放線菌（☞ 3-1-6）の研究を行っていたウクライナ出身の生化学者 Waksman, S. A. は，*Streptomyces griseus* の発酵液中にストレプトマイシンを発見した（1944 年）．ストレプトマイシンは，ペニシリンが効力を示さない結核菌に有効であり，多くの結核患者を救った．Waksman は，微生物によって生産され細菌の増殖を阻害する化合物を抗生物質（antibiotics）と定義した．さらに，クロラムフェニコール（1947 年），テトラサイクリン（1948 年），エリスロマイシン（1952 年），セファロスポリン C（1955 年）などが見出され，日本においてもマイトマイシン C（1955 年，秦藤樹）やカナマイシン（1957 年，梅澤濱夫）が発見された．

　その後も，生産菌の探索が広く進められ，商業的に重要な抗生物質の多くが 1970 年代にかけて見出された．また，抗生物質以外の多様な薬理活性を示す有用化合物や，基礎研究における試験薬として利用性の高い化合物も，20 世紀の終わりにかけて多数発見された．基

注）近年，「生理活性物質」と「生物活性物質」を区別して使うことも提案されているが，本項では「生理活性物質」で統一した．区別して使う場合，自身が生産し，自身の生理現象に影響を及ぼす化合物は「生理活性物質」，他の生物に影響を及ぼす化合物は「生物活性物質」とされる．ホルモンやフェロモンは前者，毒素や抗生物質は後者の代表例である．

礎研究では，生理活性物質の作用を手がかりとして高等生物における複雑な生理を解析する研究手法が農芸化学を中心に展開され，今日でいうケミカルバイオロジー分野の土台が築かれた．Waksmanによるストレプトマイシンの発見と大村智らによるイベルメクチン（後述）の発見には，それぞれ1952年ならびに2015年にノーベル生理学・医学賞が贈られた．

　21世紀に入ると，新しい構造を持つ天然化合物の発見件数が急速に低下した一方，全ゲノム解読技術の進展によって，放線菌ゲノムには未知化合物の生合成に関与すると推測される遺伝子クラスターが数多く存在することが明確になった．すなわち，新しい化合物が見出されなくなった理由は，菌の能力の限界ではなく，その能力を引き出すための知識が不足していることにあると考えられた．そこで，潜在する多様な化合物を発掘する新たな取組みとして，複数の菌の共培養などを用いた新たな分離培養法の確立や，遺伝子組換えを利用した合成宿主の開発などが試みられている．

　放線菌をはじめとする微生物の代謝産物には，他生物の成長を阻害するものだけでなく，逆にそれを促進する性質を持つものも存在する．一部のビタミンや植物ホルモンがその例である．Waksmanは，抗生物質としての作用を示す化合物も，自然界ではまた別な生理活性を持つ可能性を示唆した．実際，抗生物質の中には最小阻止濃度より低い濃度で全く異なる生理活性を示すものが知られ，代謝産物の多様な作用が生態系を築いていることが推測されている．

（2）抗生物質生産菌の分離と活性評価法

　抗生物質の多くは放線菌によって生産される（表7-5）．放線菌はStreptomyces属が数多く分離され調べられてきたが，希少放線菌と呼ばれる分離数の少ない分類群にもユニークな生理活性物質を生産する能力があることが知られている．そのため，これらの菌群を選択的に分離する手法が工夫され，特に腐植酸を単一炭素源とする培地が広く用いられている．分離源には，各種土壌に加え，植物根やカイメンなどの海洋試料も用いられる．

　分離された菌の抗生物質生産性を検定する方法には，交差画線試験法（cross-streak assay）やディスク試験法（disc assay）がある（図7-27）．前者では，分離菌と検定菌のいずれもよく生育する寒天固体培地を準備し，まずその中央に分離菌を帯状に塗布して生育させる．その後，それと直角にいくつかの検定菌を直線上に植菌して培養し，その生育を観察する．分離菌近傍で検定菌の増殖が抑止されていれば，その菌に有効な抗生物質を分離菌が生産していると推測される．後者の方法では，分離菌が増殖した固体培地をディスク状にくり抜いたものを，あらかじめ検定菌を一面に植菌しておいた寒天固体培地にのせて培養する．培養後，ディスクの周囲で検定菌の生育が阻止されれば，ディスク上に増殖した菌が抗生物質を生産していると推測される．さらに，生産菌の培養液やその濃縮液を濾紙ディスクにしみ込ませたものを用いた同様の試験によって，より定量的な検定を行うことができる．

　抗生物質が作用を及ぼす菌種の範囲を抗菌スペクトルと呼ぶ．その評価のため，抗生物質の検定には通常複数の分類群を代表する菌株が用いられる．グラム陽性菌では*Bacillus sub-*

表7-5　各種抗生物質の生産菌と作用

分類群	代表的な抗生物質とその生産菌		作用標的
	抗生物質名	生産菌	
β-ラクタム	ペニシリンG	*Penicillium chrysogenum*	細菌細胞壁合成
	セファロスポリン	*Acremonium chrysogenum*	
	チエナマイシン	*Streptomyces cattleya*	
グリコペプチド	バンコマイシン	*Streptomyces orientalis*	
アミノグリコシド	ストレプトマイシン	*Streptomyces griseus*	タンパク質合成
	カナマイシン	*Streptomyces kanamyceticus*	
マクロライド	エリスロマイシン	*Streptomyces erythraeus*	
	オレアンドマイシン	*Streptomyces antibioticus*	
テトラサイクリン	テトラサイクリン	*Streptomyces rimosus*	
	クロルテトラサイクリン	*Streptomyces aureofaciens*	
アンサマイシン	リファマイシン	*Amycolatopsis mediterranei*	核酸合成
アンスラサイクリン	マイトマイシン	*Streptomyces caespitosus*	
	アドリアマイシン	*Streptomyces peuceticus*	
ヌクレオシド	ポリオキシン	*Streptomyces cacaoi*	糖鎖合成
	ツニカマイシン	*Streptomyces lysosuperifucus*	
ポリエン	ナイスタチン	*Streptomyces noursei*	膜機能
ポリエーテル	サリノマイシン	*Streptomyces albus*	
	モネンシン	*Streptomyces cinnamonensis*	

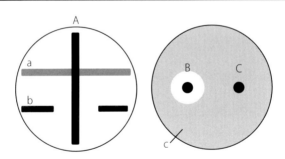

図7-27　抗生物質生産性検定の模式図
大文字は分離菌を，小文字は検定菌を示す．分離菌AとBは，それぞれ検定菌bとcに作用する抗生物質を生産していると予想される．

tilis（枯草菌）や *Staphylococcus aureus*（黄色ブドウ球菌），グラム陰性菌では *Escherichia coli*（大腸菌）や *Proteus vulgaris*，抗酸性菌では *Mycobacterium phlei*，真菌では *Aspergillus niger*，*Saccharomyces cerevisiae* や *Candida albicans* がよく用いられる．また，抗菌性に優れる抗生物質でも，強い毒性を持つものは有効ではないため，モデル動物を使って急性毒性，亜急性毒性，慢性毒性などが調べられる．抗生物質以外の生理活性物質の検定には，その目的とする活性ごとに検定系（アッセイ系）が工夫される．

目的の生理活性を示す微生物培養液が得られた場合は，その活性を担う物質の単離と構造

解析が行われる．主に有機溶媒による抽出と各種クロマトグラフィーによる分画を組み合わせて精製を進める．当該物質のみを含む画分が得られたら，質量分析や核磁気共鳴によるスペクトルデータを分析し，適宜既知物質と比較することで化学構造が決定される．

(3) 生合成と制御メカニズムの理解

　抗生物質ならびに各種生理活性物質は，主に生産菌における二次代謝（増殖には必須ではない代謝）によって生成する．二次代謝の研究には，別章に記述（☞ 5-9）のように，それぞれの化合物が微生物細胞内でいかなる酵素反応による変換の過程を経て生成するかを解明し，さらに代謝工学的手法によって新しい化合物を創製する生合成研究がある．

　二次代謝はまた，その遺伝子発現の調節メカニズムが詳しく調べられ，放線菌のモデル株などにおいて二次代謝の開始を特異的に制御する転写調節タンパク質が同定されている．さらに，細菌における二次代謝の開始は細胞間のコミュニケーションを司る特異的な信号分子によって調節されていることも知られている．*Streptomyces griseus* のストレプトマイシン生産を誘導する物質としてロシアの Khokhlov，A. S. が見出し，その後，別府輝彦が再発見した自己調節因子 A- ファクター（autoregulatory factor，図 7-28）はその代表的な分子である．本物質は，*S. griseus* によって栄養増殖の後期に生産され，その二次代謝ならびに基底菌糸から気中菌糸への細胞分化のスイッチを入れる．その制御は，特異的受容体タンパク質への結合に始まる転写制御ネットワークを介して起こることが解明されている．A- ファクターと同様のγ - ブチロラクトン骨格を有する因子はさまざまな *Streptomyces* 属および近縁の放線菌に分布し，主に二次代謝の制御に関与している．同様に放線菌の二次代謝を調節する因子として，リファマイシンの生産を制御する B- ファクター（図 7-28）をはじめ，いくつかの化合物が知られている．

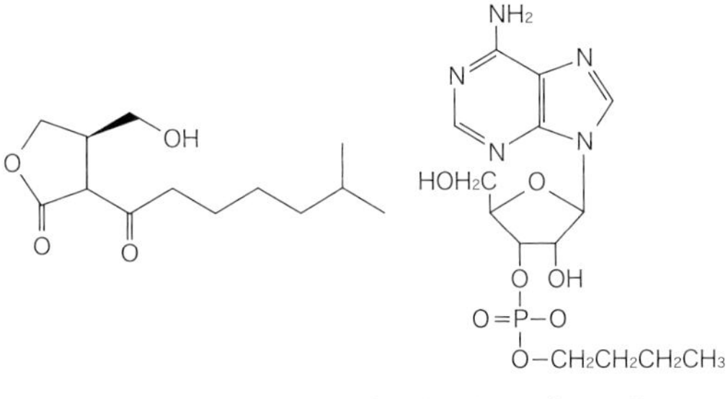

図 7-28　放線菌の抗生物質誘導シグナル分子
左：A- ファクター，右：B- ファクター．

　一方，バクテリアに広く見られるクオラムセンシングと呼ばれる細胞密度に応じた集団制御（☞ 4-3-1）においても，アシルホモセリンラクトンに代表される特定の信号分子によって抗生物質などの二次代謝産物の生産が誘発される例が知られている．

(4) 実用化されている主な生理活性物質の構造，作用，生産法
a．生物機能を阻害するもの
　実用化されている代表的な抗生物質と関連の薬剤を，その生産菌と作用標的とともに表

220 　第 7 章　物質生産

7-5 に示す.

ⅰ）抗 細 菌 剤

細菌に作用するものは主として次の 3 つに分類される.

細胞壁合成阻害剤…ペニシリン（図 7-29）やセファロスポリン（図 7-30）に代表される
β - ラクタム環を基本骨格に持つ化合物（β - ラクタム系抗生物質）は,ペプチドグリカン（☞
3-1-4-2）の合成を阻害することで細菌の細胞壁合成を阻止する.

　β - ラクタム系抗生物質には,耐性菌が出現している.それらは,β - ラクタム環を開裂
する酵素である β - ラクタマーゼ（ペニシリナーゼ）やアシル基を切断するペニシリンアシ
ラーゼを獲得しており,薬剤を分解および失活させることで耐性化する（図 7-31）.これら
による失活を回避するために,6- アミノペニシラン酸（6-APA）を母核に用いて化学修飾を
施した人工化合物が数多く開発されている.このとき,原料の 6-APA は,カビを用いて生
産したペニシリン G に耐性菌が保有するペニシリンアシラーゼを作用させて側鎖のベンジ
ル基を除去することで調製される.このように,発酵と化学合成を組み合わせて生産される
ペニシリン誘導体を半合成ペニシリンと呼ぶ.

　半合成ペニシリンの 1 つメチシリンには,それに耐性を獲得した黄色ブドウ球菌（methi-
cillin-resistant *Staphylococcus aureus*,MRSA）が出現した.MRSA や他の薬剤耐性菌に対
しては,β - ラクタム同様に細菌細胞壁の合成を阻害するグリコペプチド系抗生物質（☞

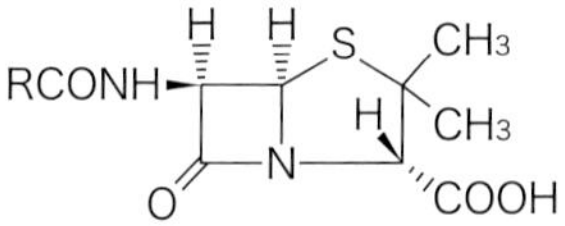

図 7-29　天然から得られるペニシリン

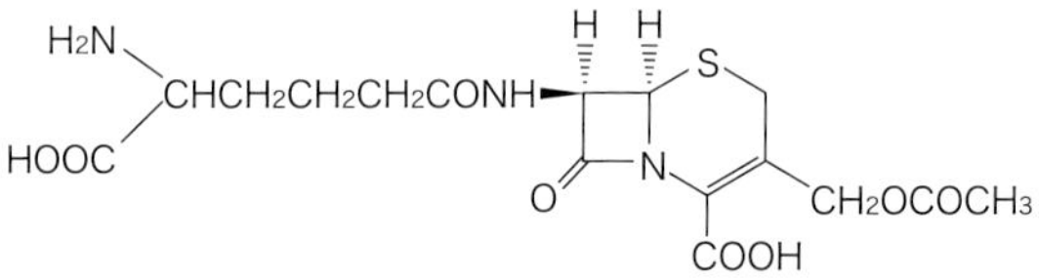

図 7-30　セファロスポリン C

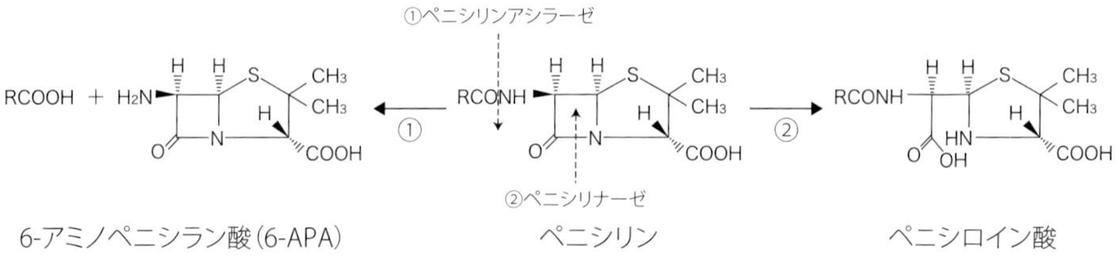

図 7-31　耐性酵素によるペニシリンの分解

第7章　物質生産　**221**

5-9-2) であるバンコマイシンが用いられるが，バンコマイシンにも耐性を示す腸球菌（vancomycin-resistant enterococci，VRE）が出現している．

　タンパク質合成阻害剤…放線菌が生産する抗生物質には，原核生物のリボソームに作用してタンパク質合成を阻害する化合物が多く存在する．塩基性で水溶性の配糖体であるアミノグリコシド系抗生物質もその1つで，ストレプトマイシンやカナマイシン（図7-32）は抗結核薬として，ゲンタマイシンやジベカシンは緑膿菌なども標的とした抗細菌薬として用いられている．

　大環状ラクトンにアミノ糖や中性糖が結合した構造を有する一群はマクロライド系抗生物質（☞5-9-1）と呼ばれる．14員環を有するエリスロマイシン（図7-33）や16員環のジョサマイシンなどいくつもの化合物が，マイコプラズマやクラミジアを含む細菌による感染症の治療に用いられている．

　4環構造を有するテトラサイクリン系抗生物質（図7-34）は広い抗菌スペクトルを示し，

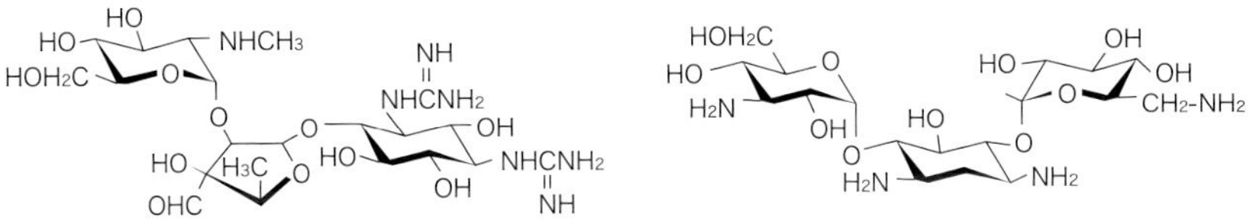

図7-32　ストレプトマイシン（左）とカナマイシンA（右）

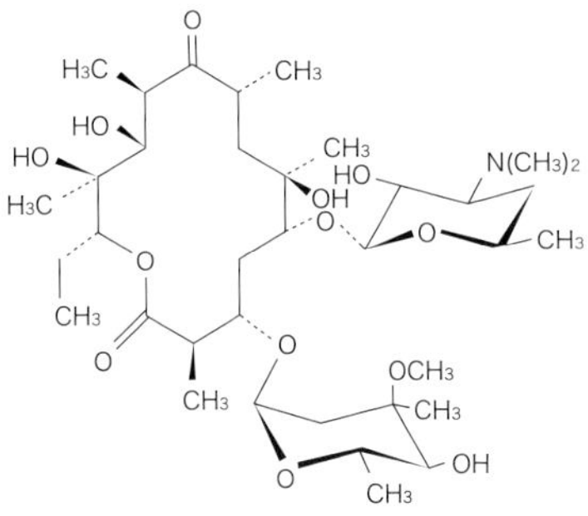

図7-33　エリスロマイシンA

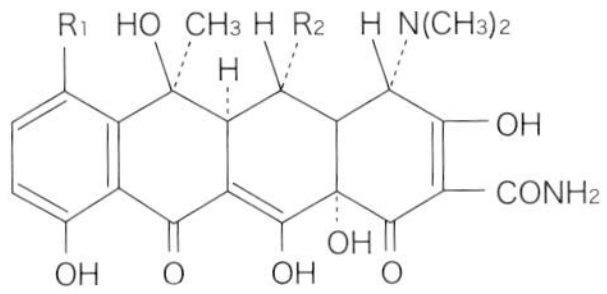

テトラサイクリン　　　　$R_1=R_2=H$
クロルテトラサイクリン　$R_1=Cl，R_2=H$
オキシテトラサイクリン　$R_1=H，R_2=OH$

図7-34　テトラサイクリン

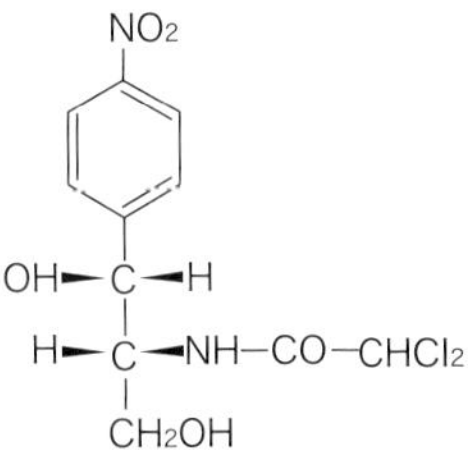

図7-35　クロラムフェニコール

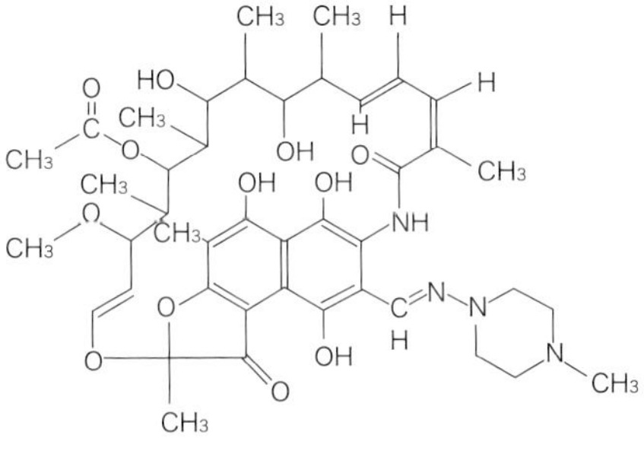

図7-36　リファンピシン

β-ラクタムやアミノグリコシドが効きにくいリケッチアやクラミジアに効力を示す.

クロラムフェニコール（図 7-35）も放線菌によって生産されるが，簡単な構造を有するために現在では化学合成によって生産されている．小さい分子で外膜を通過して作用するため，幅広い菌に対して有効である．一方，真核細胞にも取り込まれてミトコンドリアにおけるタンパク質合成を阻害するため，治療への使用は制限されている.

核酸合成阻害剤…細菌の DNA 合成阻害薬としては，ナリジクス酸を出発物質として化学合成されるキノロン系抗生物質が臨床で利用されている．キノロンは細菌型 DNA トポイソメラーゼに作用することで複製を阻害する．RNA ポリメラーゼに作用して転写を阻害するタイプの薬剤としては，*Nocardia* 属放線菌が生産するリファマイシンとその誘導体であるリファンピシン（図 7-36）などのアンサマイシン系抗生物質が知られている．核酸合成阻害剤は後出の抗腫瘍薬にも含まれる.

ⅱ）抗真菌薬，抗ウイルス薬

カビや酵母は，感染を受ける側と同じ真核生物であるために，病原体のみを特異的に抑える薬剤は少ないが，真菌に特徴的な細胞壁の合成を標的とするものは選択毒性に優れている．ヌクレオシド系抗生物質ポリオキシン（図 7-37）もその 1 つであり，キチン合成酵素に作用して細胞壁合成を阻害するため，植物病原性の真菌の除去に利用されている．ポリエンマクロライド系抗生物質の 1 つであるアンホテリシン B やナイスタチン（図 7-38）は，エルゴステロールに結合して膜機能に障害を起こし抗真菌活性を示す．*Streptomyces kasugaensis* によって生産されるアミノグリコシドであるカスガマイシンは，イネいもち病を引き起こす真菌にも翻訳阻害剤として作用することから，農薬として利用されている.

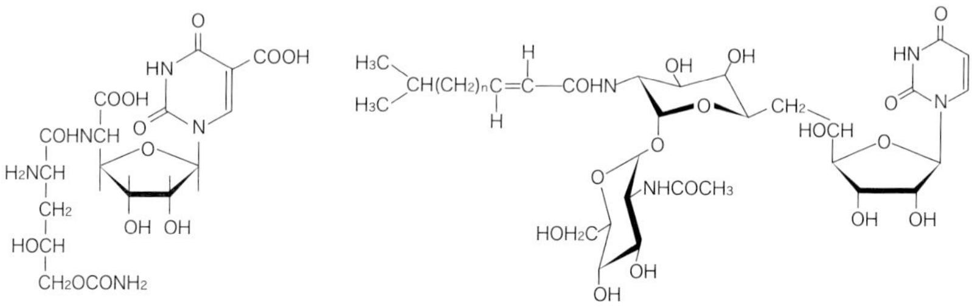

図 7-37　ポリオキシン E（左）とツニカマイシン（右）

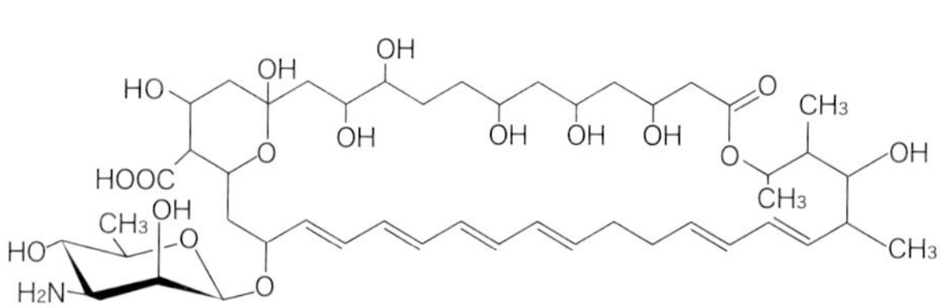

図 7-38　ナイスタチン

核酸の構成成分であるヌクレオシドに似た構造を有する抗生物質として前述のポリオキシンやツニカマイシン（図7-37）が知られている．いずれも *N*-アセチルグルコサミンの供与体である糖ヌクレオチド・ウリジン-2-リン酸-*N*-アセチルグルコサミンのアナログ（擬似化合物）であり，糖鎖合成を阻害する．ツニカマイシンは複合糖質の生合成を阻害する抗ウイルス剤として有用な化合物である．

ⅲ）抗腫瘍薬

白血病やリンパ腫のような，外科療法が困難な腫瘍の治療には化学療法が有効である．微生物に由来する抗腫瘍活性物質は，主にDNAに作用して細胞を死に至らしめる性質を有す

アンスラサイクリノン

アクラシノマイシンA

R
アドリアマイシン：$COCH_2OH$
ダウノマイシン　：$COCH_3$

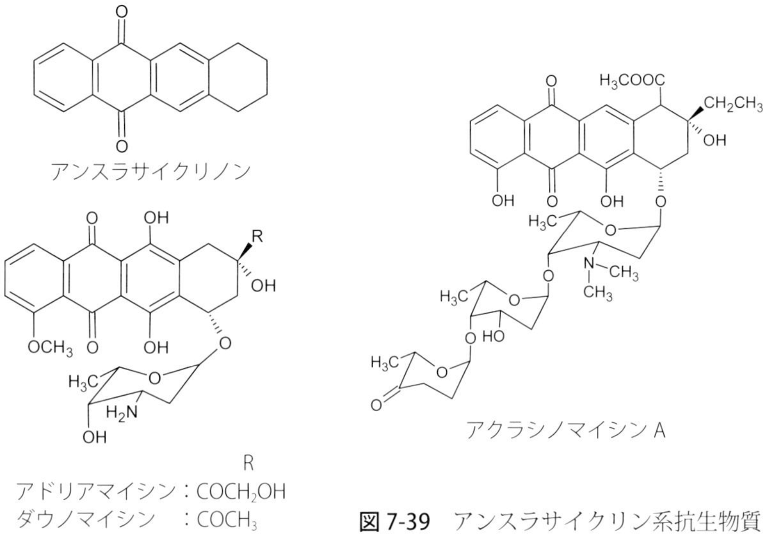

図7-39 アンスラサイクリン系抗生物質

る．主に放線菌によって生産されるアンスラサイクリン系抗生物質（図7-39）は，DNA二重らせんの溝に挿入結合（インターカレート）することで複製と転写を阻害し，抗菌活性と同時に抗腫瘍活性を示す．

同様に放線菌によって生産されるブレオマイシンはグリコペプチド性の抗腫瘍活性物質で，DNA切断活性と同時にDNAポリメラーゼ阻害活性を有する．マイトマイシンC（図7-40）は，生体内で還元されることで活性型になり，DNA中のグアニン残基に結合して架橋形成するために複製を阻害する．

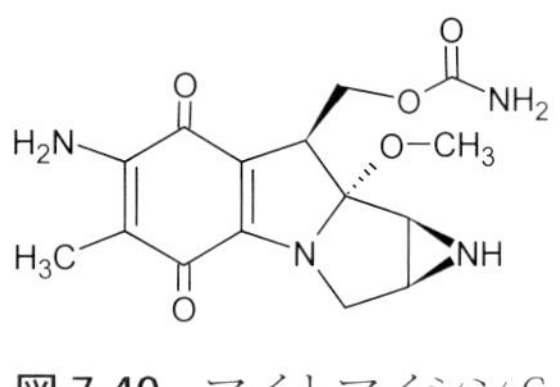

図7-40　マイトマイシンC

ⅳ）抗原虫薬

ポリエーテル系抗生物質のモネンシンやサリノマイシンは，その環状構造によって金属イオンを包摂し，細胞膜を透過させるイオノフォアとして作用する．抗細菌に加えて抗原虫活

224 第7章 物質生産

性を示すことから，家畜のコクシジウム感染症に有効な薬剤として利用されている．*Strep-tomyces avermitilis* が生産するイベルメクチンは，細菌や真菌には作用しないが，線虫ならびに一部の昆虫類に強い殺虫活性を示す．回旋糸状虫が眼球に侵入することで失明に至るアフリカの風土病，オンコセルカ症に対する特効薬として用いられている．

ｖ）代謝阻害薬

感染症の原因菌や腫瘍細胞の増殖を阻害する薬に加えて，ヒトの特定の代謝系を標的とした阻害薬の開発も進められ，実用化されている．

遠藤章らによって開発が進められたスタチン（statin）と呼ばれる化合物群は，3-ヒドロキシ-3-メチルグルタリル（HMG）-CoA からメバロン酸を生成する HMG-CoA 還元酵素を阻害する活性を有し，コレステロール合成を抑える高脂血症治療薬として利用されている．代表的な薬であるプラバスタチン（メバロチン）は，*Penicillium* 属のカビによって生産されるメバスタチンを *Streptomyces* 属放線菌を用いて変換することで生産されている（図 7-41）．

Aspergillus fumigatus によって生産されるフマギリンは，メチオニンアミノペプチダーゼの阻害を通じて血管新生を阻害するため，がん細胞における血管新生を阻害する薬として利用されている．

カビ *Trichoderma polysporum* が生産する環状ペプチド性の抗真菌薬であるサイクロスポリン（図 7-42）は，Ｔ細胞を介したリンパ球活性化を抑制する作用が明らかになり，臓器移植時の拒絶反応を制御する免疫抑制剤として利用されている．リンパ球活性化反応を抑制

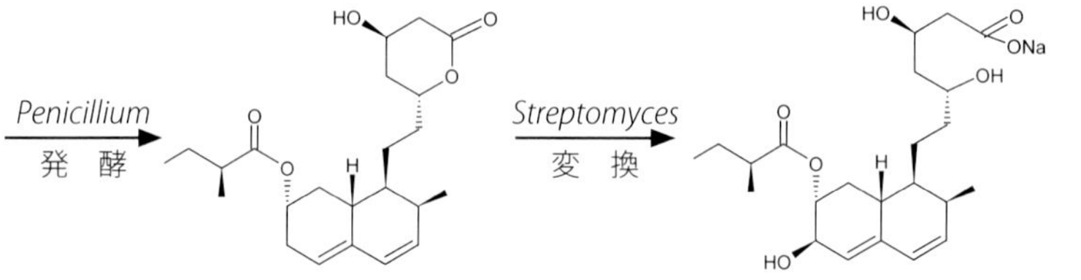

図 7-41　プラバスタチンの生産

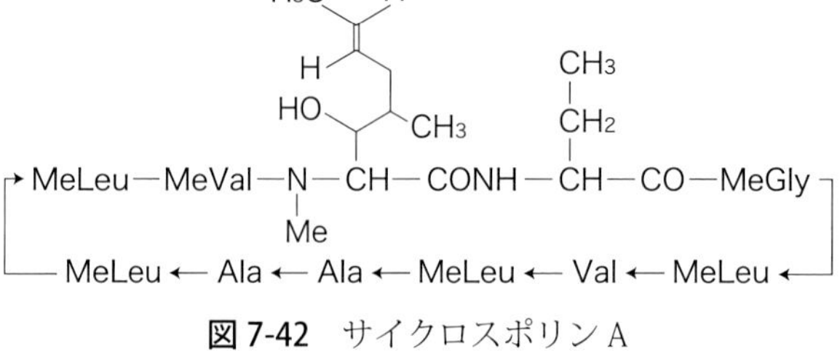

図 7-42　サイクロスポリン A

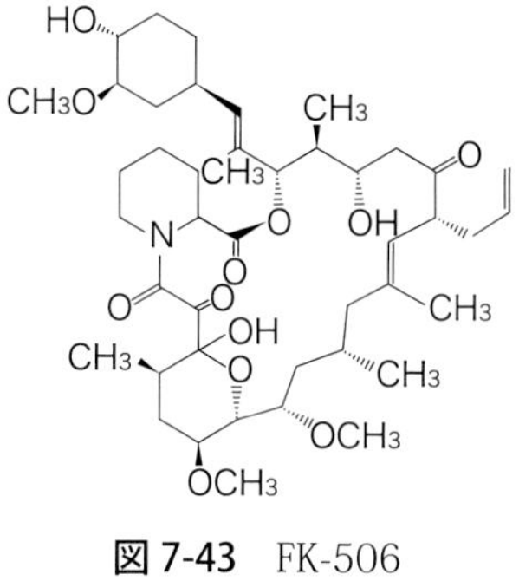

図 7-43　FK-506

第7章　物質生産　　**225**

する活性のスクリーニングによって得られた FK506（タクロリムス，図 7-43）は，放線菌 *Streptomyces tsukubaensis* が生産するマクロライド化合物であり，やはり免疫抑制剤として臓器移植やアレルギー疾患の治療に広く用いられている．

ｂ．生物機能を調節するもの

ⅰ）ビタミン類

ビタミンは，高等動物がその供給を他の生物に依存する必須栄養因子の総称である．ビタミン類のうちのいくつかは微生物を用いて発酵生産され，医薬品，食品ならびに飼料への添加物として広く利用されている．

ビタミン B$_2$（リボフラビン，図 7-44）は，酸化還元酵素の補酵素として重要な役割を果たすフラビンモノヌクレオチド（FMN）およびフラビンアデニンジヌクレオチド（FAD，☞ 5-1-2）の前駆体であり，主に真菌によって発酵生産されている．

ビタミン B$_{12}$（シアノコバラミン，図 7-45）は，一部の原核生物だけが合成能を有する補因子である．誘導体のメチルコバラミンとアデノシルコバラミンは，それぞれ脱離および転移の酵素反応におけるメチル基と水素の供与体としての役割を果たす．主にグラム陽性菌 *Propionibacterium* を用いて発酵生産される．

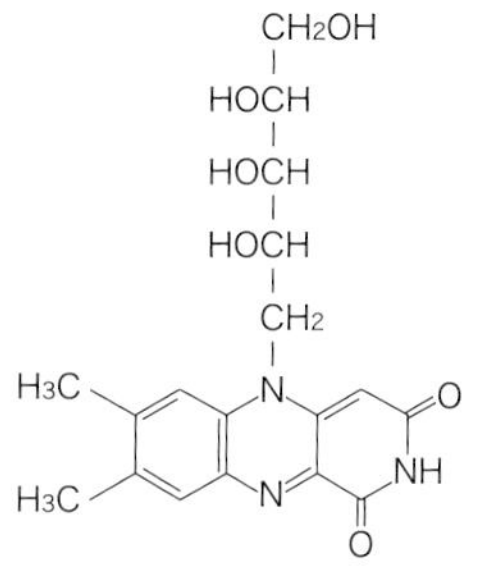

抗壊血病因子であるビタミン C（L-アスコルビン酸）は，酸化還元平衡による電子授受を介して抗酸化作用を示す．また，プロリンやリシンの水酸化を通じてコラーゲンの生成と維持にも関与している．D-グルコースを出発物質として，化学合成と *Gluconobacter* 属酢酸菌を用いた微生物変換（D-ソルビトールから L-ソルボースを生成）を組み合わせたライヒシュタイン法によって生産される（図 7-46）．抗酸化剤としての用途が

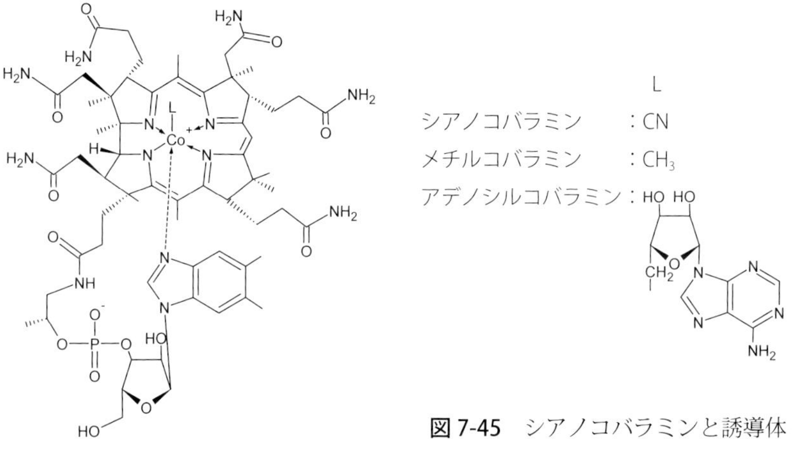

図 7-44　リボフラビン

シアノコバラミン　：CN
メチルコバラミン　：CH$_3$
アデノシルコバラミン：

図 7-45　シアノコバラミンと誘導体

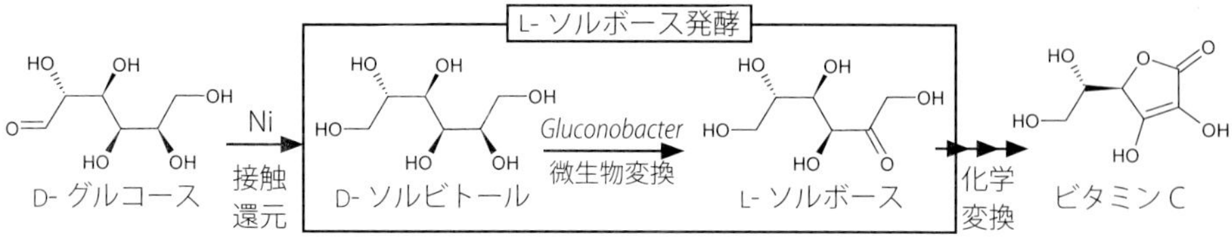

図 7-46　ビタミン C の生産

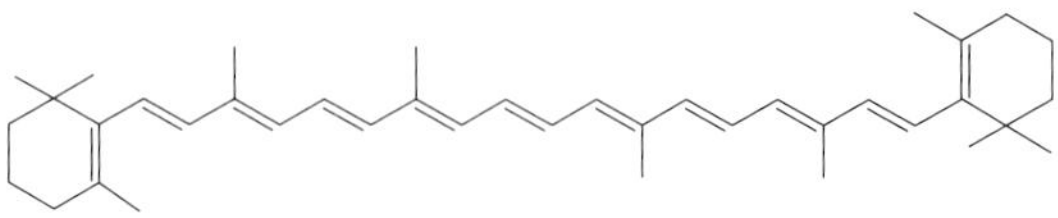

図 7-47　β-カロテン

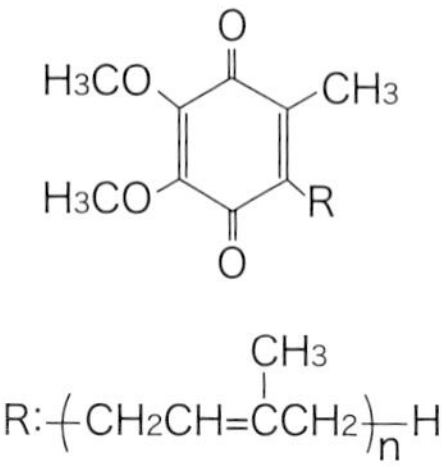

図 7-48　ユビキノン

あるイソビタミン C も類似の手法を用いて生産されている．

プロビタミン A として知られる β-カロテン（図 7-47）は，摂取後にレチノール（ビタミン A），レチナール，レチノイン酸へと変換されて生理活性を発揮する．カビや緑藻を用いて発酵生産されている．高い抗酸化活性を持つ赤色カロテノイドであるアスタキサンチンは，ヘマトコッカス藻を用いた生産系が確立している．

ビタミン K およびユビキノン（図 7-48）はいずれも呼吸鎖における電子伝達に関与するキノン類である．ビタミン K_2（メナキノン-4）は *Flavobacterium* を用いて工業生産されている．ユビキノン 10（CoQ_{10}）は *Candida* 属酵母をアルカンなどの非糖質を炭素源として培養することで得られる．

ii）植物成長調節物質

微生物によって生産される生理活性物質の中には植物の成長を調節するものが知られ，作物栽培に多様に利用されている．

ジベレリン（図 7-49）は，1938 年に藪田貞治郎と住木諭介によって発見された，イネ馬鹿苗病における苗徒長現象の原因物質である．当初は馬鹿苗病菌 *Gibberella fujikuroi* から分離されたが，のちに高等植物からも分離され，植物ホルモンの 1 つであることが明らかになった．茎や葉の成長促進に加え，休眠打破や単為結果の促進活性も示すため，農業生産の現場においてさまざまな用途に活用されている．

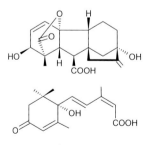

図 7-49　ジベレリン A_3（上）とアブシジン酸（下）

アブシジン酸（図 7-49）は，ワタの落葉を誘導する活

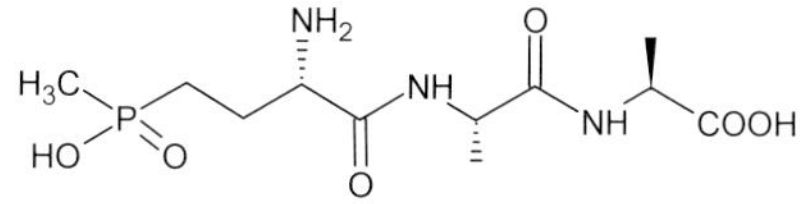

性によって同定された植物ホルモンである．の
ちに *Botrytis cinerea* などのカビによっても生
産されることが明らかになった．成長抑制に加
えて，休眠の促進や種子発芽の抑制活性を示す
ことから，やはり農業生産において活用されて
いる．

図 7-50 ビアラホス

　ビアラホス（図 7-50）は，C-P 結合を含むユニークな構造を有する化合物で，放線菌
Streptomyces hygroscopicus の培養液から植物成長の阻害活性を指標として分離同定された．
植物のグルタミン酸合成酵素を阻害することで植物を枯死に至らしめることから，除草剤と
して用いられている．

２．バイオコンバージョン

1）酵 素 合 成

　酵素は，常温，常圧，中性付近の pH などの温和な条件で高い触媒能を発揮し，さらに反
応特異性，立体選択性，位置選択性などの特徴を有する．これらの特徴を持った酵素を医薬
品中間体や化成品などの有用物質生産に利用することを目的に，これらの酵素を保有する微
生物が自然界からのスクリーニングにより取得され，そのままの酵素が，あるいはタンパク
質工学や進化分子工学の手法により耐熱性，選択性，触媒活性などが向上した酵素が実生産
に利用されている．以下に，微生物酵素を用いたアミノ酸やその他の有用化合物を生産する
方法の開発例をあげる．

（1）酵素法によるアミノ酸の生産

　タンパク質を構成する標準アミノ酸の中には，微生物を用いた発酵法に加えて，酵素法に
よって生産されているものもある．一方，非標準アミノ酸の生産には主として酵素法が用
いられている．光学活性化合物である L- アミノ酸または D- アミノ酸の酵素法による生産に
は，アミノ酸前駆体の D 体と L 体を光学分割する方法が多く用いられている．また，光学
分割の際に残る未反応の基質を化学的にあるいは酵素ラセマーゼを用いてラセミ化すること
で，ダイナミックな光学分割を行うことにより，ほぼ 100％の収率で光学純度の高いアミ
ノ酸を生産することができる．光学分割によるアミノ酸の生産例としては，*N*- アシル -DL-
アミノ酸に固定化アミノアシラーゼを作用させた L- アミノ酸の工業生産が有名である（図
7-51）．この方法は，世界初の固定化酵素の応用例であり，L- フェニルアラニン，L- バリン，
L- メチオニンが生産されている．

　同様に，光学分割によるアミノ酸の生産として，*Cryptococcus laurentii* の L- 選択的アミノ
カプロラクタムヒドロラーゼを用いた DL- アミノカプロラクタムからの L- リシンの生産が

228   第 7 章　物質生産

あげられる．未反応の D- アミノカプロラクタムは，*Achromobacter obae* のアミノカプロラクタムラセマーゼによりラセミ化して DL 体を再生することで，ほぼ 100％の収率で L- リシンが生産できる（図 7-52）．

　β- ラクタム系抗生物質アモキシシリンの合成中間体である D-*p*- ヒドロキシフェニルグリシンは，次のように 2 段階の酵素反応により生産されている．安価に合成可能な DL-5-(*p*-ヒドロキシフェニル）ヒダントインに D- ヒダントイナーゼを作用させた光学分割により *N*-

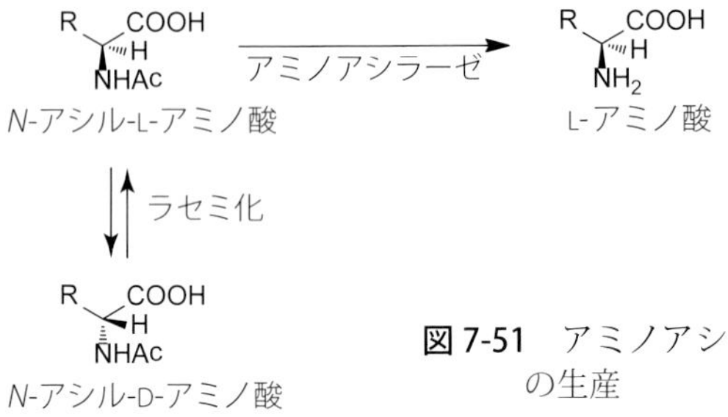

図 7-51　アミノアシラーゼを用いる L- アミノ酸の生産

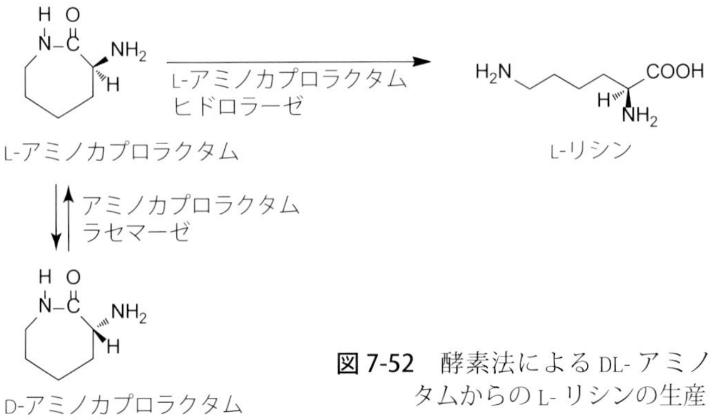

図 7-52　酵素法による DL- アミノカプロラクタムからの L- リシンの生産

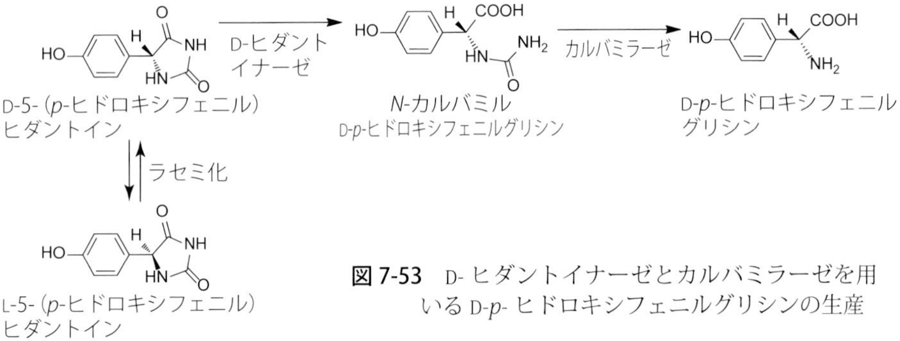

図 7-53　D- ヒダントイナーゼとカルバミラーゼを用いる D-*p*- ヒドロキシフェニルグリシンの生産

図 7-54　アスパルターゼを用いるフマル酸からの L- アスパラギン酸の生産

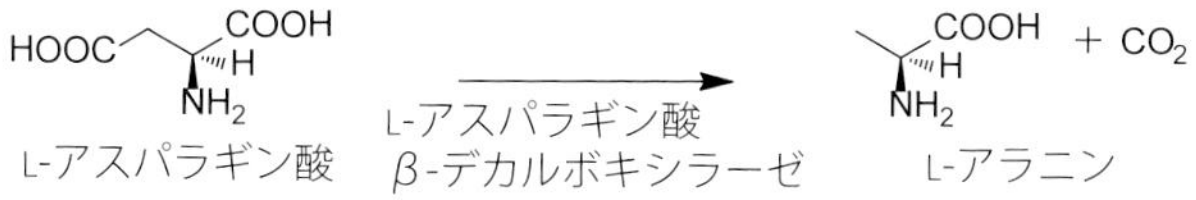

図 7-55　L- アスパラギン酸 β- デカルボキシラーゼを用いる L- アスパラギン酸からの L- アラニンの生産

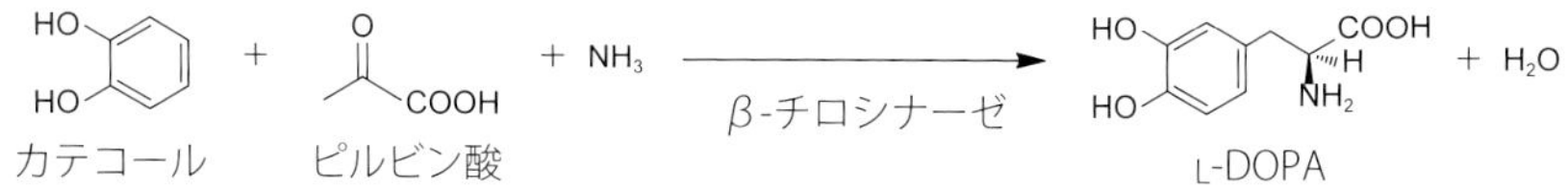

図 7-56　β- チロシナーゼを用いる L-DOPA の生産

カルバミル -D-p- ヒドロキシフェニルグリシンが得られる．これにカルバミラーゼ（N- カルバミル -D- アミノ酸アミドヒドロラーゼ）を作用させることで，D-p- ヒドロキシフェニルグリシンが生産できる（図 7-53）．D- ヒダントイナーゼによる反応において，未反応の L 型基質はアルカリ条件下で容易にラセミ化されるため，目的の生成物を定量的に生産することができる．本生産プロセスの工業化に際して，*Agrobacterium* 属細菌のカルバミラーゼ遺伝子にランダム変異を導入した変異型酵素ライブラリーから耐熱性が著しく向上した変異型酵素が選抜され，利用されている．

　アミノ酸は光学分割以外の方法でも生産されている．食品添加物や医薬品，あるいは後述のアスパルテームの原料として有用な L- アスパラギン酸は，フマル酸とアンモニアを原料とし，*Escherichia coli* のアスパルターゼによる付加反応を利用して生産されている（図 7-54）．さらに，この L- アスパラギン酸に L- アスパラギン酸 β- デカルボキシラーゼ活性を有する *Pseudomonas dacunhae* の固定化菌体を作用させることで，L- アラニンが生産されている（図 7-55）．このとき，D- アラニンの副生の原因となるアラニンラセマーゼ活性を除去するため，固定化前の菌体を低 pH 処理することで，L- アスパラギン酸 β- デカルボキシラーゼを失活させることなく，アラニンラセマーゼのみを失活させる工夫がなされている．

　β- チロシナーゼ（チロシンフェノールリアーゼ）は，ピリドキサールリン酸を補酵素として用いて，L- チロシンをフェノール，ピルビン酸およびアンモニアに分解する反応とその逆反応を触媒する酵素である．*Erwinia herbicola* の β- チロシナーゼによる逆反応において，基質としてフェノールのかわりにカテコールを用いることで，パーキンソン病の治療薬である L-DOPA（L-3,4- ジヒドロキシフェニルアラニン）が生産されている（図 7-56）．

(2) 酵素法によるその他の有用化合物の生産

砂糖の約 200 倍の甘味を持つことから，ダイエット甘味料として広く利用されているアスパルテームは *Bacillus thermoproteolyticus* のサーモライシンを用いる脱水縮合反応により生産されている．アミノ基を Z 基（ベンジルオキシカルボニル基）で保護した Z-L- アスパラギン酸と DL- フェニルアラニンメチルエステルにサーモライシンを作用させると，Z- アスパルテームが生成する．生成した Z- アスパルテームは未反応の D- フェニルアラニンメチルエステルと不溶性の付加化合物を形成して系外に除かれるので，サーモライシンによる Z- アスパルテームの分解は抑制される（図 7-57）．この付加化合物を酸で処理することで分離したのち，Z 基を接触還元により除去することで，アスパルテームが生産されている．未反応の D- フェニルアラニンメチルエステルはアルカリでラセミ化されたのち，基質として再利用される．

医薬品や輸液成分として有用な L- リンゴ酸は高いフマラーゼ活性を有する *Brevibacterium ammoniagenes* または *Brevibacterium flavum* の固定化菌体を用いて，フマル酸から製造されている（図 7-58）．

CoA の構成成分である D- パントテン酸は，DL- パントラクトンの光学分割により得られる D- パントラクトンを β- アラニンと縮合させることにより生産することができる（図 7-59）．本プロセスに利用される D- パントラクトンは，ラクトナーゼ活性を有する *Fusarium oxysporum* の固定化菌体を用いる DL- パントラクトンの D 体特異的な加水分解と化学的なラクトン化によって生産されている．

5'- イノシン酸は鰹節のうま味成分として，5'- グアニル酸は干しシイタケのうま味成分として知られる有用なヌクレオチドである．これらの核酸系うま味化合物の主要な製法の 1 つは，微生物により発酵生産されるヌクレオシドを酵素法により位置特異的にリン酸化する

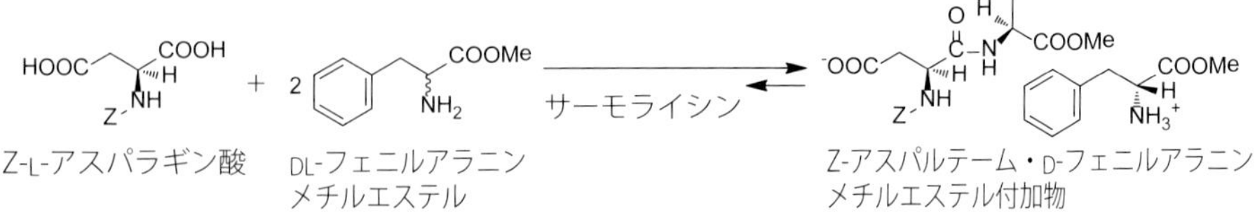

図 7-57 サーモライシンを用いるアスパルテームの生産

図 7-58 フマラーゼを用いるフマル酸からの L- リンゴ酸の生産

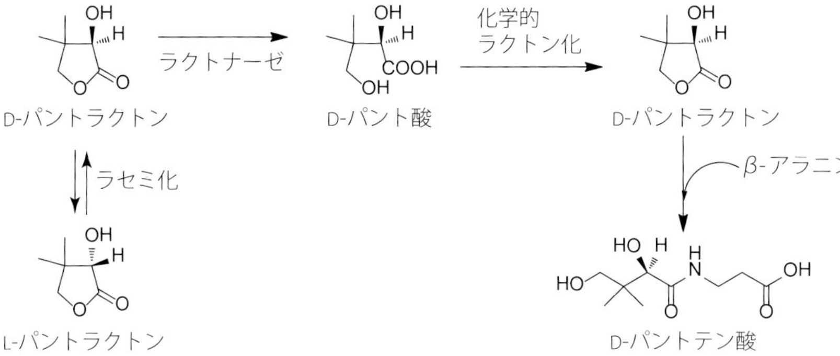

図 7-59　ラクトナーゼによる DL- パントラクトンの光学分割を含む D- パントテン
　　　　酸の生産

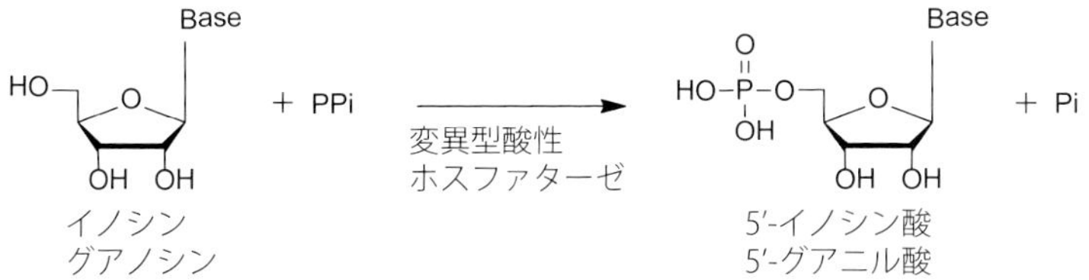

図 7-60　ヌクレオシドの位置特異的リン酸化反応による核酸系うま味化合物の生産

方法である．腸内細菌科の微生物が有する酸性ホスファターゼに，ピロリン酸をリン酸基供
与体としてイノシンの 5' 位を特異的にリン酸化する活性が見出されていたが，生成した 5'-
イノシン酸の脱リン酸化活性も観察されていた．そこで，分子進化工学の手法により本酵素
の 2 か所のアミノ酸残基を置換することで，リン酸化活性のみが向上した変異型酵素が作
製された．また，本酵素の立体構造をもとにしたタンパク質工学の手法により，さらにリン
酸化活性の向上した変異型酵素が作製され，イノシン，グアノシンのリン酸化による 5'- イ
ノシン酸および 5'- グアニル酸の生産に利用されている（図 7-60）．

2）微生物変換

（1）微生物変換の概念と全細胞触媒の利用

　微生物変換は，一般的には培養した微生物の細胞を破砕せず，そのまま生体触媒として
用いる変換方法である．微生物変換に用いる触媒は，全細胞（生体）触媒（whole-cell bio-
catalyst），あるいは，生命現象を伴わない場合，休止菌体（resting cell）と呼ばれる．全細
胞触媒は，細胞破砕して得られる粗酵素液や精製酵素を用いた場合と比べて，酵素の安定性，
細胞内における補酵素や補基質の供給などの点で優れている．微生物変換の対象となる化合
物は，主に非天然化合物であり，酵素が基質として認識すれば，対応する非天然の生成物を

232　第7章　物質生産

生産することが可能となる．非天然化合物を微生物変換する場合，使用する酵素は発酵生産のように生命現象に関連する代謝酵素とは異なることから，自然界あるいは分離菌からの探索，タンパク質・遺伝子データベースを利用した探索，既知酵素の利用および改変などを行う必要がある．酵素は常温，常圧，中性といった温和な条件下で反応が進行し，立体選択性（エナンチオ選択性を含む），位置選択性，官能基選択性を示すことから，触媒として優れた特徴を持つ．微生物変換はこれらの特徴を活かした物質生産法である．近年では酵素を宿主（主に大腸菌）内で高発現させた組換え体を「酵素の入った袋」として取り扱う微生物変換も積極的に行われている．生体触媒の安定性や物質生産の効率を高める工夫として，菌体の固定化や細胞膜透過性を高める菌体の凍結乾燥処理がある．ただし，基質が難水溶性あるいは水溶液中で分解しやすい場合，有機溶媒が存在する反応系で触媒活性を示す酵素が必要となる．

(2) ニトリル変換酵素の応用

　ニトリル化合物からカルボン酸への代謝経路には，①ニトリルヒドラターゼによるニトリルの水和とアミダーゼによるカルボン酸アミドの加水分解，あるいは②ニトリラーゼによるニトリルの加水分解の2つの経路がある（図7-61）．これらのニトリル変換酵素は有用カルボン酸アミドやカルボン酸の合成に利用されている．*Rhodococcus rhodochrous* J1 を用いた場合，尿素のような効果的な誘導物質（インデューサー）を添加し，コバルトイオンを含む培地で培養すると，菌体の可溶性タンパク質の40％以上に相当するニトリルヒドラターゼを生成する．培養した菌体は，低温条件下で集菌および洗浄したのち，アクリルアミド系ポリマーで固定化し，ビーズ状にして反応系に添加する．アクリルアミド生産では，高濃度のアクリロニトリルを一度に添加すると基質阻害が生じ，細胞内のニトリルヒドラターゼの活性が低下するため，アクリロニトリルの濃度を 1.5〜2.0％に保ち低温条件で連続添加すると，変換率99.9％以上でアクリルアミドが生成する（図7-62）．反応後のアクリルアミド濃度は 50 w/v％となり，反応液から触媒分離するだけで製品が得られる．近年，世界のアクリルアミド生産は年間200万tに達し，90％がバイオ法で製造されている．

　ニコチン酸アミドはビタミンB群や飼料添加剤としての用途があり，3-シアノピリジンから合成される（図7-62）．3-シアノピリジンは反応系に高濃度で添加することが可能であり，菌体によるニコチン酸アミドの蓄積は約 1.5 kg/L に達し，年間 6,000 t 以上が生産されている．

① $R-CN+H_2O \xrightarrow[\text{ニトリルヒドラターゼ}]{\text{水和}} R-CONH_2 \xrightarrow[\text{アミダーゼ}H_2O]{\text{加水分解}} R-COOH+NH_3$

② $R-CN+2H_2O \xrightarrow[\text{ニトリラーゼ}]{\text{加水分解}} R-COOH+NH_3$

図7-61　ニトリル変換酵素によるニトリル化合物からカルボン酸への代謝経路

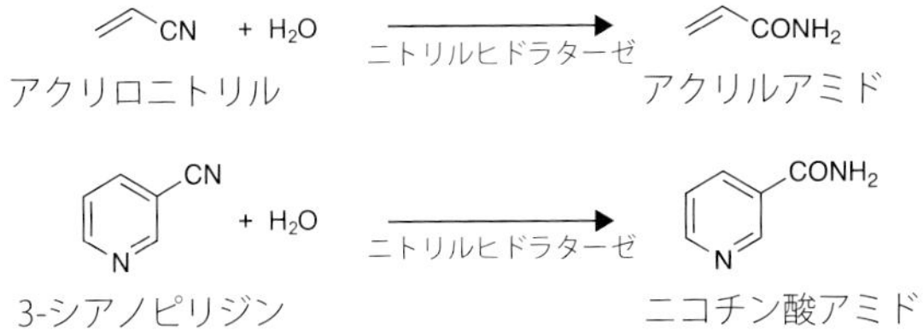

第7章　物質生産　　233

図7-62　ニトリルヒドラターゼ生成菌体による有用アミドの生産

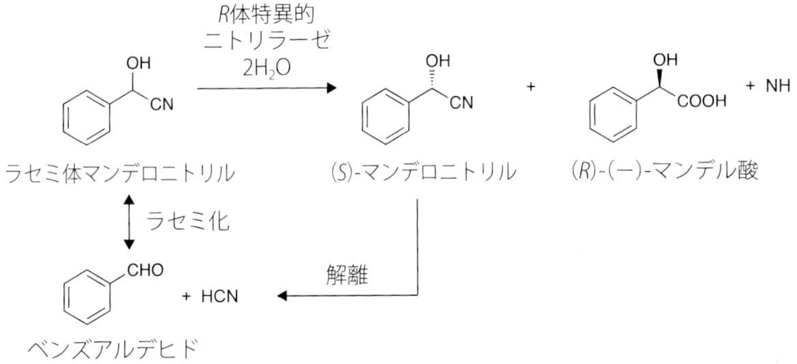

図7-63　ニトリラーゼ生成菌体によるカルボン酸の合成

　ニトリラーゼは活性中心にシステイン残基を持っており，酸素雰囲気下ではチオール基の酸化により失活する．したがって，精製酵素や酵素製剤を利用したカルボン酸の合成には適しておらず，ニトリラーゼを発現させた野生株あるいは組換え体が全細胞触媒として用いられる．

　(R)-(−)-マンデル酸は医薬品や農薬の合成原料として有用であり，菌体内にニトリラーゼを高発現させたニトリラーゼ生成菌を用いて合成することができる．ラセミ体マンデロニトリルは菌体内の R 体特異的ニトリラーゼによって加水分解され，(R)-(−)-マンデル酸を生成する．一方，未反応の S 体マンデロニトリルは化学平衡により自発的にラセミ化するため，基質であるマンデロニトリルは，ほぼすべてが消費され，(R)-(−)-マンデル酸が高収率で得られる（図7-63）．この手法は動的速度論的光学分割（速度論的光学分割とラセミ化の組合せ）と呼ばれる．

(3) 補基質供給系との共役

　補基質としての 2-オキソグルタル酸供給系とプロリン水酸化酵素を共役した水酸化アミノ酸の合成例を紹介する．組換え大腸菌内で生成する代謝物質を利用した微生物変換として，L-プロリンから trans-4-ヒドロキシ-L-プロリン（trans-4-Hyp）の合成がある．L-プロリンの位置選択的な水酸化には，放線菌 Dectylosporangium sp. から見出されたプロリン水酸化酵

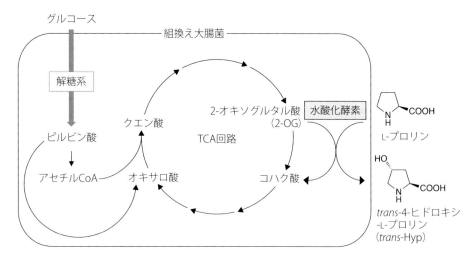

図 7-64 組換え大腸菌内の 2-OG 供給系とプロリン水酸化酵素を用いた *trans*-Hyp の合成

素が用いられる．この酵素は，反応に 2-オキソグルタル酸（2-OG）と二価鉄イオンを必要とすることから，プロリン水酸化酵素は典型的な 2-OG 依存型ジオキシゲナーゼであり，強い還元性を示す L-アスコルビン酸存在下，二価鉄イオンの状態を保つことで反応が促進される．プロリン水酸化酵素は，基質 L-プロリンと等モルの 2-OG を必要とするが，2-OG は比較的高価であり工業生産に利用する原料として適していない．そこで，プロリン水酸化酵素を高発現させた組換え大腸菌に安価なグルコースを添加することで，解糖系と TCA 回路を経て 2-OG を供給させる反応系が構築された（図 7-64）．さらに，細胞内の L-プロリン分解酵素を欠損させることで，L-プロリンの供給が安定し，*trans*-4-Hyp の効率的な合成が可能となる．一方，*cis*-4-Hyp は，*trans*-4-Hyp で使用したプロリン水酸化酵素を *cis* 特異的な水酸化酵素と置換することで合成される．L-プロリン以外のアミノ酸水酸化酵素も見出されており，L-イソロイシン水酸化酵素と 2-OG 供給系を用いて 2 型糖尿病改善薬として用途がある 4-ヒドロキシ-L-イソロイシンの合成を達成している．

（4）生体触媒カスケード
ａ．生体触媒カスケードの定義

生体触媒カスケードは，細胞内代謝において協調的に働く酵素反応をヒントにして，1つの容器内（ワンポット）で 2 つ以上の反応を行い，少なくとも 1 つは酵素反応を組み合わせることと定義されている．生体触媒カスケードの利点は，下流の反応中間体の単離・精製工程を最小限に抑えることで，試薬，触媒，溶媒の使用量だけでなく，操作時間，生産コスト，廃棄物も削減することができることにある．また，反応系全体の収率の向上に加えて，反応

中間体の安定性の低さや毒性に関する問題の解決が期待されている．補酵素再生のために生体内の代謝を利用する，あるいは生体が常に合成している代謝物質を利用するカスケードは「*in vivo*」カスケードと呼ばれ，そうでない場合は「*in vitro*」カスケードと呼ばれる．

b．*in vivo* カスケード：酸化酵素と加水分解酵素を共発現させた組換え大腸菌によるスチレンから対応するジオールの合成

細胞内の補酵素再生を利用した *in vivo* カスケードとして，スチレンモノオキシゲナーゼ，エポキシド加水分解酵素を共発現させた組換え大腸菌を利用したスチレンから対応するジオールの合成がある（図 7-65）．スチレンモノオキシゲナーゼは補酵素として非常に高価な NADPH を必要とし，酸素分子から 1 つの酸素原子を基質のスチレンに組み込む際，水を生成する．この組換え大腸菌では，NADPH は細胞内の代謝により再生されるため，補酵素供給系を構築する必要はない．スチレンの酸化で生成したエポキシドの濃度が上昇すると細胞内の酵素に悪影響を与えるが，エポキシド加水分解酵素によって速やかにジオールに変換することで毒性を低下させている．スチレンは難水溶性であり，緩衝液 - 有機溶媒の二相系で，組換え大腸菌を用いて反応を行うと，(S)- スチレンオキシドを経て (S)-1- フェニルエタン-1,2- ジオールが生成する．このジオールは抗うつ薬の合成中間体として用いられる．

c．*in vitro* カスケード：補酵素再生系と還元酵素を共役した組換え体による光学活性アルコールおよびアミンの合成

光学活性なアルコールやアミンは，医薬品，農薬，香料などの合成原料として需要がある．ケトンやイミンの還元に NAD(P)H 依存型還元酵素を用いる場合，補酵素再生系を構築することで光学活性なアルコールやアミンを効率的に合成することができる．野生株を用いたケトンの還元では，細胞内に複数存在する還元酵素の活性やエナンチオ選択性の違いによって，生成したアルコールの光学純度に影響を与えるため，高い光学純度を示すアルコールの合成は困難といえる．そこで，ケトン還元活性を示す微生物酵素の中から高いエナンチオ選択性を示す還元酵素を選抜する必要がある．一方，非天然のイミンを還元する酵素は，細胞内に複数存在する可能性が低い．光学活性アルコールあるいはアミンの効率的な合成を達成するために，還元酵素とグルコース脱水素酵素を共発現させた組換え大腸菌が作製されている（図 7-66）．この系は並列カスケード（parallel cascade）とも呼ばれ，NAD(P)H を反応系に添

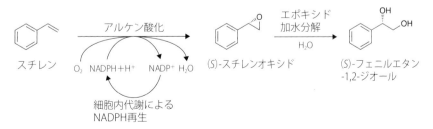

図 7-65　*in vivo* カスケードによるスチレンから対応するジオールの合成

236　第7章　物質生産

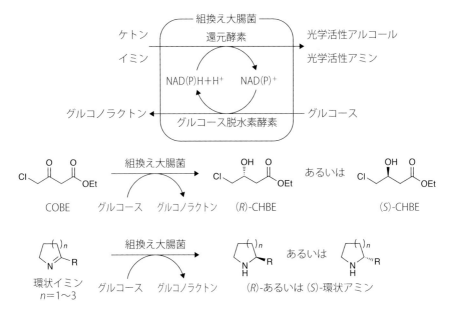

図7-66　*in vitro* カスケードによる光学活性なアルコールおよびアミンの合成

加する場合，触媒量で十分である．

　R体選択的還元酵素と補酵素再生系を共役させた組換え大腸菌を用いて，緩衝液-有機溶媒の二相系でクロロアセト酢酸エステル（COBE）の還元を行うと，L-カルニチンの合成原料となる(R)-4-クロロ-3-ヒドロキシ酪酸エチル（(R)-CHBE）が268 g/Lで得られる．一方，還元酵素にS体選択的還元酵素を用いた場合，高脂血症治療薬の合成中間体として有用な(S)-CHBEが450 g/Lで生産される．

　近年，水系で安定な環状イミンに作用するエナンチオ選択的還元酵素が見出されており，イミン還元酵素と補酵素再生系を組み込んだ組換え体を用いて，光学活性環状アミンの効率的な合成が達成されている（図7-66）．また，カルボニル化合物とアミンから光学活性アミンを生成するエナンチオ選択的還元酵素も見出されており，補酵素再生系と組み合わせることで光学活性な非環式アミンの合成も可能である．

(5) ステロイド類の微生物変換

　1952年，副腎皮質ホルモンの合成に不可欠であったステロール核C環11α炭素の水酸化反応が，微生物により容易に行えることが発見され，コルチゾンの製造に用いられた．すなわち，入手の容易な植物ステロイドのジオスゲニンから合成したプロゲステロンを*Rhizopus*属糸状菌により11α-ヒドロキシプロゲステロンに変換し，これを化学的にコルチゾンに変換する製造法が確立された（図7-67）．最近では，*Trichoderma*属や*Aspergillus*

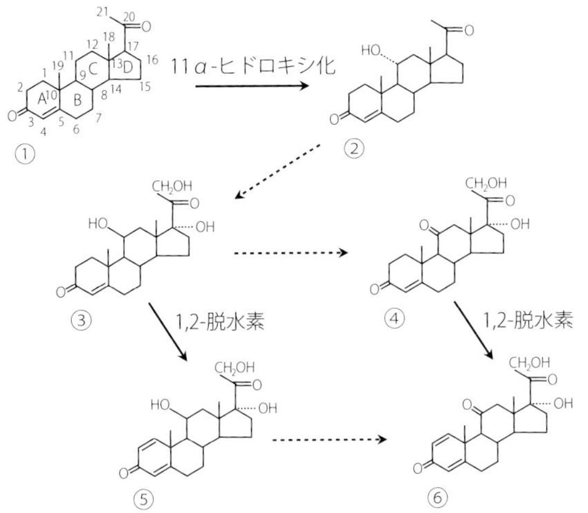

第 7 章　物質生産　　237

11α-ヒドロキシ化

1,2-脱水素　　　　　　　1,2-脱水素

① ② ③ ④ ⑤ ⑥

図 7-67　ステロイドホルモンの合成と変換に利用される反応
───▶：酵素反応，┈┈▶：化学反応，①プロゲステロン，② 11α- ヒドロキシプロゲステロン，
③コルチゾール，④コルチゾン，⑤プレドニゾロン，⑥プレドニゾン．（清水　昌氏 原図）

1,4-アンドロスタジエン
-3,17-ジオン（ADD）

4-アンドロステン
-3,17-ジオン（AD）

コレステロール

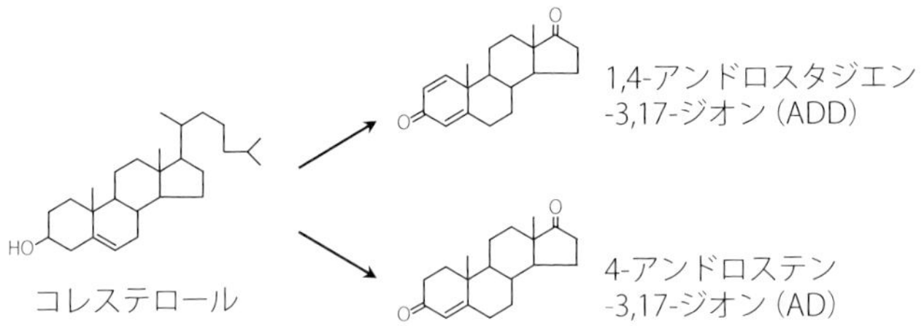

図 7-68　微生物反応によるステロイドホルモン前駆体の生成

属糸状菌にも 11α- 水酸化活性があることが報告された．生体内でさらに高活性なコルチ
ゾールはコルチゾンの 11 位のケト基が還元され 11β- ヒドロキシ基に変換されることで生
成する．また，Arthrobacter 属細菌を用いて A 環 1,2 脱水素反応を行うとコルチゾールから
プレドニゾロンが，コルチゾンからプレドニゾンが得られる（図 7-67）．一方，コレステロー
ル分解菌である Arthrobacter simplex をキレート剤や金属イオンを添加して反応させると，
ステロール環の開裂反応に関与する 9α- 水酸化酵素が阻害され，側鎖が切断された段階で
反応が停止する．この反応を利用すると，側鎖を持たない 1,4- アンドロスタジエン -3,17-
ジオン（ADD）が得られる（図 7-68）．また，9α- 水酸化反応と A 環 1,2 脱水素反応を同
時に阻害すると，4- アンドロステン -3,17- ジオン（AD）が生成する（図 7-68）．その後，
両酵素の欠損変異株が取得され，阻害剤を用いない方法により ADD や AD の生産が可能と
なった．最近では，Mycobacterium 属や Rhodococcus 属放線菌が ADD や AD の有用生産菌

として報告されている．ADD や AD は卵胞ホルモン，男性ホルモン，降圧利尿薬などのステロイドホルモン剤に変換される．以上紹介した反応以外にも，さまざまな微生物がステロイドやステロールに作用して，水酸化，エポキシ化，脱水素，異性化，側鎖切断などの多彩な反応を行うことが報告されている．

3. 酵素利用技術

　酵素は生体内の化学反応を促進する生体触媒である．酵素は，常温常圧の条件下で反応し，高い基質特異性を持つため，バイオ触媒として幅広く利用されている．本節では，多様な分野における産業用酵素の利用例を概説する．また，酵素の優れた特質である基質特異性を活用したセンサーとしての酵素利用を概説する．

1）産業用酵素

　酵素反応は有史以前から発酵食品や醸造において利用されてきた．近代科学の発展により酵素の存在が明らかになると，酵素の産業利用が始まった．1874 年，デンマークにて Hansen, C. がチーズ製造用途で子ウシの胃から酵素（キモシン）を抽出して製品化した．これが世界初の酵素の産業利用と考えられている．1894 年，高峰譲吉は麹菌（*Aspergillus oryzae*）から酵素（ジアスターゼ）を抽出し，「タカジアスターゼ」と命名して微生物由来酵素を初めて製品化した．さらに 20 世紀中頃から，新規酵素の発見，用途の開発，微生物発酵技術の発展があり，酵素の産業利用が大きく広がった．

　産業利用されている酵素は，歴史的には動物や植物からの抽出や微生物発酵で製造されてきた．近年は生産性の高い微生物発酵による製造が主流である．さらに，遺伝子工学の進歩で，本来とは異なる微生物に酵素遺伝子を導入した組換え微生物による酵素製造や，進化分子工学ならびにタンパク質工学による酵素改良が可能となった．

　酵素を産業用途で利用する利点は，以下の 3 点と考えられている．①高い反応特異性で副反応が少ない．②温和な反応条件（反応温度，pH，圧力）で化学法よりエネルギー消費が少ない．③タンパク質触媒であるために環境負荷が少ない．以上の点から，酵素の利用により，製造コスト削減，エネルギー消費抑制，環境負荷の軽減が期待される．以下，工業用，食品用，医療分野の各分野における酵素利用を概説する．

(1) 工業用分野

　工業用分野では，酵素は主に洗剤，飼料，化合物合成などの用途で利用されている（表7-6）.

　現在，多くの市販洗剤には，アルカリプロテアーゼ，セルラーゼ，リパーゼなどの酵素が配合されている．衣料用洗剤に用いられる酵素は，洗浄成分である界面活性剤，キレート剤，漂白剤の共存下で作用する．そこで，洗剤中で酵素が安定して保持されるために，高い保存

表7-6	工業用分野における酵素
用　途	目的（酵素例）
洗　剤	衣料用洗剤（アルカリプロテアーゼ，リパーゼ，セルラーゼ）
繊維および皮革加工	糊抜き剤（アミラーゼ），羊毛処理（プロテアーゼ），デニム生地加工（セルラーゼ），ブリーチング（ラッカーゼ），革なめし（プロテアーゼ，リパーゼ）
飼　料	リン酸利用（フィターゼ），飼料効率向上（キシラナーゼ，β-グルカナーゼ，プロテアーゼ）
化成品	アクリルアミド製造（ニトリルヒドラターゼ）
医薬品および医薬中間体の合成	ペニシリン製造（ペニシリンアシラーゼ），光学異性体分割・製造（リパーゼ，アシラーゼ，ラセマーゼ）
素材リサイクル	ポリエチレンテレフタレートのリサイクル（PETase，クチナーゼ）

安定性が必要である．そのため，タンパク質工学による酵素改良が継続的に行われている．さらに，付加価値向上を目的に地域特有の洗濯条件に合わせた改良も行われている．例えば，日本は水道水を使った低温での洗濯が主流である．そこで，10℃付近での活性が向上したプロテアーゼが開発されて，日本で販売される製品に配合されている．これらの酵素は，遺伝子組換え酵素として製造されている．

　動物用飼料用酵素としては，フィチン酸を分解するフィターゼが利用されている．ブタやニワトリは，植物性飼料原料に多く含まれるフィチン態リンを消化および吸収することができない．飼料とフィターゼを一緒に与えてフィチン酸を分解することで，飼料中のリンを有効利用できる．

　医薬品および医薬中間体の合成用途においては，酵素の高い基質特異性を利用して，加水分解反応，酸化還元反応，アミノ基転移反応などに酵素が利用されている（☞7-2）．

　最新の用途として，プラスチック素材を分解する酵素の開発があげられる．2016年，小田耕平らが大阪府のペットボトル処理工場から取得した細菌から，ポリエチレンテレフタレート（PET）を分解する酵素を同定しPETaseと命名した．環境政策を推進している欧州では，プラスチック廃棄物のリサイクル政策が進んでいる．フランスのベンチャー企業は，PETase類縁酵素クチナーゼを改良してPETの分解再生サイクルを開発し，PETリサイクルの実証研究を進めている．

（2）食品用分野

　食品用分野では，酵素はデンプン加工，オリゴ糖製造，タンパク質加工，油脂加工などに利用されている（表7-7）．

　デンプン加工においては，代替甘味料の製造で多様な酵素が利用されている．トウモロコシなどの原料からデンプンを取り出し，耐熱性α-アミラーゼで液化後，グルコアミラーゼで糖化してグルコースが製造される．この際，デンプンのα-1,6-グルコシド結合を分解する酵素（イソアミラーゼ，プルラナーゼ）を併用すると，グルコース収率が向上する．さら

240 第7章 物質生産

表7-7 食品用分野における酵素

用　途	目的（酵素例）
デンプン加工	デンプンの液化および糖化（耐熱性α-アミラーゼ，グルコアミラーゼ，プルラナーゼ，β-アミラーゼ），異性化糖製造（グルコースイソメラーゼ）
オリゴ糖，機能性糖	イソマルトオリゴ糖製造（α-グルコシダーゼ），ガラクトオリゴ糖製造（β-ガラクトシダーゼ），サイクロデキストリン製造（サイクロデキストリングルカノトランスフェラーゼ），トレハロース製造（トレハロース転移酵素，トレハロース遊離酵素），D-プシコース製造（D-プシコース3-エピメラーゼ）
製パン	ボリューム向上（α-アミラーゼ，キシラナーゼ），日持ち性向上（マルトジェリックアミラーゼ），アクリルアミドの生成抑制（アスパラギナーゼ）
醸造	麹の酵素活性補強・代替（α-アミラーゼ，グルコアミラーゼ）
タンパク質加工	チーズ製造（キモシン），加工機能性の付与（プロテアーゼ），繊維軟化（プロテアーゼ），物性改良（トランスグルタミナーゼ），溶解性，乳化性の向上（プロテイングルタミナーゼ）
油脂加工	機能性油脂の製造（リパーゼ），ω3系脂肪酸の濃縮（リパーゼ），リン脂質製造（ホスホリパーゼ），フレーバー増強（エステラーゼ，リパーゼ）

に，グルコースイソメラーゼの作用により，グルコースを甘味度の高いフラクトースに変換して，異性化糖の製造を行っている．

　オリゴ糖や機能性糖の製造においては，実用化の鍵となる酵素の積極的な開発が行われている．イソマルトオリゴ糖，ガラクトオリゴ糖，フラクトオリゴ糖の製造に，それぞれに特化した酵素が開発されて利用されている．トレハロースは，1995年に発見された2種の酵素(トレハロース転移酵素,トレハロース遊離酵素)を利用して安価に製造できるようになり，優れた保水性からさまざまな食品に応用されている．また，希少糖として知られるD-プシコースは，何森健らが1992年にD-タガトース3-エピメラーゼを発見し，商業レベルでの製造が可能となった．

　タンパク質加工分野では，チーズ製造での酵素の利用が知られている（☞7-4-1-3）．チーズ製造には，キモシンと呼ばれる子ウシなどの胃から抽出した酵素が利用されてきた．その後，微生物由来キモシンの発見があり，現在は微生物キモシンもしくは遺伝子組換えキモシンが広く利用されている．食品加工においては，タンパク質のペプチド結合を分解するプロテアーゼが，食肉の加工機能性の付与や繊維軟化を目的に利用されている．トランスグルタミナーゼ（☞7-4-1-2）は，タンパク質中のグルタミン残基とリシン残基を架橋する酵素で，動植物に存在する．1982年に微生物由来トランスグルタミナーゼが，放線菌の1種から発見されて食品用途で製品化された．トランスグルタミナーゼによりタンパク質は弾力と硬さが強化されるため，畜肉，魚肉，乳製品，小麦製品などの物性改変目的で幅広く利用されている．

　油脂加工においては，リパーゼによるエステル交換で機能性油脂の製造が行われている．エステル交換は油脂の物理性質を改変する加工技術で，リパーゼを用いたエステル交換は酵

第 7 章 物質生産 **241**

表 7-8 医療用分野における酵素	
用　途	目的（酵素例）
消化酵素	消化異常症状改善（α-アミラーゼ，プロテアーゼ，リパーゼ），乳糖不耐症（ラクターゼ），慢性膵炎（パンクレアチン）
血栓溶解，消炎	血栓溶解（ストレプトキナーゼ，ウロキナーゼ），消炎（ブロメライン，セラペプターゼ）
酵素補充療法	Gaucher 病（β-グルコセレブロシダーゼ），Fabry 病（α-ガラクトシダーゼ）
臨床診断	血糖値測定（グルコースオキシダーゼ，グルコース脱水素酵素），血中コレステロール値測定（コレステロールオキシダーゼ，コレステロール脱水素酵素），感染症診断・遺伝子検査（耐熱性 DNA ポリメラーゼ）
研究試薬	DNA シーケンス，PCR，法医学遺伝子分析（耐熱性 DNA ポリメラーゼ），遺伝子操作（制限酵素，アルカリホスファターゼ，DNA リガーゼ，逆転写酵素，DNA ポリメラーゼ）

素の優れた基質特異性を利用して，特定の構造を持つ油脂を効率的に製造できる．

（3）医療分野

　医療分野では，酵素は医薬原体，臨床診断，研究などの用途で利用されている（表 7-8）．
　医薬原体としては，消化酵素，血栓溶解酵素，消炎酵素の歴史が長く，パンクレアチン，ウロキナーゼ，ブロメラインなどが現在も利用されている．酵素補充療法は，ライソソーム病の治療法で酵素を患者に投与および補充する．ライソソームは真核生物の持つ細胞内小器官の 1 つで，細胞内で不要となったタンパク質などを酵素で加水分解する．ライソソーム病は，ライソソーム内の加水分解酵素が先天的に欠失しているために引き起こされる病気であり，現在日本では，Gaucher 病，Fabry 病などで，欠損酵素を患者に投与および補充する治療が認可されている．
　臨床診断用途では，酵素を利用した生体成分の測定が 1970 年代から進められている．その結果，患者の血糖，血中コレステロールなどに対して，特異性の高い酵素を利用した測定法が開発された．患者自身で血糖を測定する自己血糖測定においては，グルコースオキシダーゼ，グルコース脱水素酵素がセンサー酵素として含まれたキットが開発されており，広く利用されている．また，2019 年からパンデミックとなった新型コロナウイルス感染症（Covid-19）の診断においては，耐熱性 DNA ポリメラーゼを用いた RT-qPCR が高い感度，特異性を持つために広く利用された．
　研究用途では，DNA 塩基配列の決定や遺伝子操作に使用する試薬として，各種酵素が幅広く利用されている（☞ 6-2）．

2）センサー

（1）酸化酵素を用いた電気化学バイオセンサー

化学センサーとは測定対象となる化学物質の量に応じた電気信号を生成する装置である．

242 第7章 物質生産

サンプルには，目的の化学物質以外にもさまざまな化学物質が混在しているために，一般的な化学分析では，クロマトグラフィーや薬品処理などによる対象物質だけを分離する必要がある．一方で，優れた基質特異性を持つ酵素を分子認識素子として用いるバイオセンサーの場合，分離操作や前処理などを必要とせず，対象物質を測定および検出することができる．バイオセンサーは，このような分子識別素子である酵素と，測定結果を電流，電圧，光，熱量などの信号出力の形に変換するトランスデューサー（信号変換素子）との組合せにより構築される．電流信号に変換する電流検出型酵素センサーには，酸化還元酵素が一般的に用いられる．計測対象物質を基質とする酵素反応と共役する電極活性のある化学物質の消費あるいは生成を電極で計測する．その測定値から基質の濃度を間接的に定量することができる．酸化還元酵素（E）の中でも，特に酸素を電子受容体とする酸化酵素（オキシダーゼ）がよく用いられている．酸化酵素は基質(S)を酸化し，自らは還元され((7-1)式)，酸素を還元し，過酸化水素が産生する（(7-2)式)．

$$S + E_{ox} \quad \rightarrow \quad P + E_{red} \tag{7-1}$$

$$E_{red} + O_2 \quad \rightarrow \quad E_{ox} + H_2O_2 \tag{7-2}$$

ここで，下付きの ox, red はそれぞれ酸化型，還元型を表す．

最も代表的な酵素センサーであるグルコースオキシダーゼ（GOD）を用いたグルコースセンサーを例に，センサーの構造および原理を紹介する．*Aspergillus* 属から分離された GOD は酵素活性および安定性ともに高く，グルコースに対する高い基質選択性を示し，センサー素子として求められる条件を満たしている．GODは，フラビンアデニンジヌクレオチド(FAD)を活性中心に持つ酵素であり，β-D-グルコースを D-グルコノ-δ-ラクトンに酸化し，酸素を過酸化水素に還元する反応を触媒する（(7-3, 7-4)式)．なお，D-グルコノ-δ-ラクトンは加水分解されてグルコン酸になる．

$$\beta\text{-D-グルコース} + E_{ox} \quad \rightarrow \quad \text{D-グルコノ-}\delta\text{-ラクトン} + E_{red} \tag{7-3}$$

$$E_{red} + O_2 \quad \rightarrow \quad E_{ox} + H_2O_2 \tag{7-4}$$

酸素や過酸化水素はそれぞれ，電極で直接還元あるいは酸化することができ（(7-5, 7-5', 7-6)式)，酵素反応に伴う酸素の減少量，あるいは過酸化水素の生成量を測定することによって，試料中のグルコースを定量することができる．

$$O_2 + 2H_2O + 4e^- \quad \rightarrow \quad 4OH^- \tag{7-5}$$

あるいは

$$O_2 + 4H^+ + 4e^- \quad \rightarrow \quad 2H_2O \tag{7-5'}$$

$$H_2O_2 \quad \rightarrow \quad O_2 + 2H^+ + 2e^- \tag{7-6}$$

酸素を検出する場合は，GOD を固定した膜，酸素透過性薄膜，白金電極から構成される（図

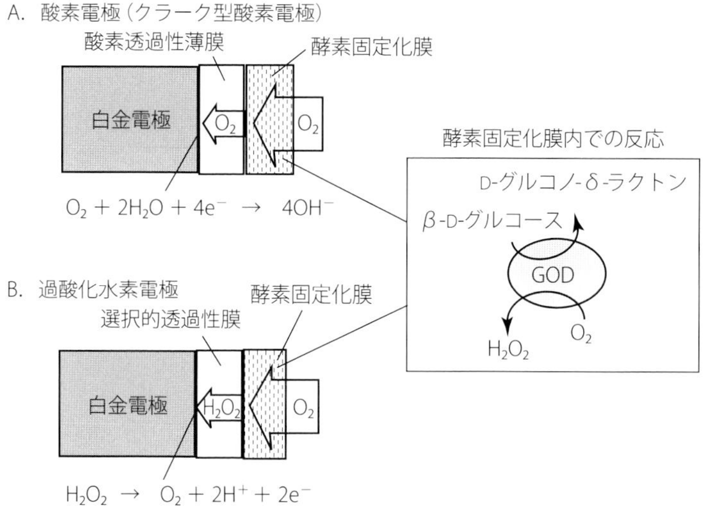

第7章　物質生産　　**243**

A. 酸素電極（クラーク型酸素電極）

酸素透過性薄膜　　　　　酵素固定化膜

白金電極　O_2　　O_2

$O_2 + 2H_2O + 4e^- \rightarrow 4OH^-$

酵素固定化膜内での反応

D-グルコノ-δ-ラクトン

β-D-グルコース

GOD

H_2O_2　　O_2

B. 過酸化水素電極

選択的透過性膜　　　　酵素固定化膜

白金電極　H_2O_2　　O_2

$H_2O_2 \rightarrow O_2 + 2H^+ + 2e^-$

図 7-69　酸化酵素を用いたグルコースセンサー
クラーク型酸素電極（A），過酸化水素電極（B）を用いたセンサーの構成.

表 7-9　酸化酵素バイオセンサーによる測定対象化合物と使用酵素例	
測定対象化合物	使用酵素例
グルコース	GOD
ラクトース	ガラクトシダーゼ＋ GOD
スクロース	インベルターゼ＋ムタロターゼ＋ GOD
乳　酸	乳酸オキシダーゼ
アルコール	アルコールオキシダーゼ
アミノ酸	アミノ酸オキシダーゼ
L- グルタミン酸	L- グルタミン酸オキシダーゼ
グルタミン	グルタミナーゼ＋ L- グルタミン酸オキシダーゼ
ヒスタミン	モノアミンオキシダーゼ

7-69A）．アクリルアミドなどのゲルによる包括固定，担体上への物理吸着，グルタルアルデヒドなどによる架橋といった方法により酵素は電極上に固定化されている．テフロンなどの酸素透過性薄膜で被覆された白金電極（クラーク型酸素電極と呼ばれている）に酸素が還元される一定電位を印加するとき，得られる電流値は酸素濃度に比例する．試料中にグルコースが存在する場合には，グルコースの量に応じた量の酸素が固定化された GOD によって還元され，電極表面に到達する酸素が減少し，酸素還元電流値は減少する．その出力電流値変化からグルコースが定量できる．一方，過酸化水素を検出する場合は，白金電極上で過酸化水素を直接酸化し，得られる電流値より過酸化水素濃度を求める．応答が早く，正確性，再現性の点で酸素電極より優れている．しかし，過酸化水素を検出するためには，比較的高い

電位を印加する必要がある．検出に要する電位が高いと，試料中に存在するアスコルビン酸などの夾雑物が電極で非選択的に酸化され，測定誤差を引き起こす．その対策のために，過酸化水素を選択的に透過する膜を白金電極上に被覆している（図7-69B）．また，グルコースの物質透過を抑制する膜を外側に被覆することで，高濃度域のグルコースを計測することが可能となり，センサー応答は酵素活性の変動を受けずに安定する．このような原理の酵素センサーが，高い精度を要求される臨床検査の現場で用いられている．

　同様の原理で，GODに他の酵素を組み合わせたり，GODを他の酸化酵素と置換したりすることでさまざまな基質を計測することが可能となる（表7-9）．ラクトース，スクロース，各種アミノ酸，乳酸，アルコール，ヒスタミンなどを測定する酵素センサーが，医療や食品生産の現場で用いられている．少量の試料で計測でき，試料に濁りや着色があっても測定に影響しない．液体クロマトグラフィーなどにより分離および測定する方法よりも，簡便かつ小型の装置で計測できる．連続的に多くのサンプルを計測する場合は，フロー型（フローインジェクション分析）の形態をとることもある．細管内を連続的に流れる液体に試料を導入して，酵素固定化リアクター（あるいは酵素固定化膜）にて過酸化水素を生成し，電極で検出する．

(2) 血糖センサー

　糖尿病は血液中のグルコース濃度（血糖値）の高い状態が続く病態であり，神経障害，網膜症，腎症などの合併症発症リスクが高まる．糖尿病の予防，治療には血糖値をできるだけ正常値に保つことが基本である．そのために，日常生活における患者への負担が少ない簡便な自己血糖計測（self-monitoring of blood glucose, SMBG）が非常に重要である．衛生的な使い捨て型で，少ない血液量で精度高く計測でき，小型，安価，軽量なSMBG機器の開発が1980年代より進められてきた．現在では，電気化学酵素センサーをもとにしたSMBG機器が数多く市販されている．SMBGでは，GODの電子受容体として酸素ではなく，適当な酸化還元分子（メディエーター，M）を介在させて，酵素と電極間の電子移動を行う方式が主流である．メディエーターとして，フェロセン，金属錯体（ヘキサシアノ鉄（Ⅲ）酸イオン，オスミウム錯体），キノンなどが用いられている．基質であるグルコースは酵素により酸化され（(7-7)式），還元された酵素から酸化型のメディエーターに電子が移動することで，メディエーターが還元される（(7-8)式）．グルコース量に応じた量のメディエーターが還元されるため，還元型のメディエーターを電極で酸化する際に流れる電流値に基づいてグルコース濃度を測定することができる（(7-9)式）．

$$\beta\text{-D-グルコース} + E_{ox} \quad \rightarrow \quad \text{D-グルコノ-}\delta\text{-ラクトン} + E_{red} \tag{7-7}$$

$$E_{red} + M_{ox} \quad \rightarrow \quad E_{ox} + M_{red} \tag{7-8}$$

$$M_{red} \quad \rightarrow \quad M_{ox} + e^{-} \tag{7-9}$$

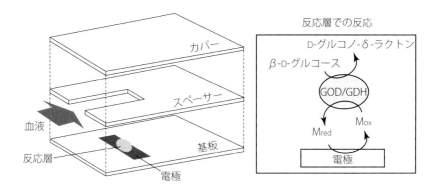

図 7-70　自己血糖計測用センサーチップ
基板とカバーに囲まれた微小空間に血液が進入し，電極上に形成された酵素とメディエーターからなる反応層にて酵素電極反応が進行する．

　SMBG 機器の開発には GOD が初期段階から長らく用いられていた．電子受容体に対する選択性が高くないために，酸素以外の前述のメディエーターを電子受容体として利用することができる．しかし，(7-4)式と (7-8)式の反応が競合し，測定値が溶存酸素濃度の影響を受け，血液中の酸素分圧が高いと実際の糖濃度よりも低い測定値を示す．そこで，酸素を電子受容体としないグルコース脱水素酵素の開発が進められ，現在では，FAD を活性中心に持つグルコース脱水素酵素が SMBG センサーへ広く用いられている．使い捨て型血糖バイオセンサーの一般的な構造を図 7-70 に示す．プラスチック基板上に形成された導電性の金属(金やパラジウム)やカーボンの薄膜を電極として用いており，反応層として，酵素とメディエーターが電極上に修飾されている．ごく微量の血液が反応層に染み込むと，それら試薬が溶解し，酵素反応が開始する．測定に必要な血液量は，基板とカバーの間のスペーサーによって調節されている．市販されている多くの SMBG 機器は，1 μL 以下の血液量で，5 秒程度の測定を可能としている．こうした SMBG 血糖センサーは，現在も増加し続けている糖尿病患者の QOL (quality of life) 向上に貢献している．

　この SMBG よりも血糖変動の動向をさらに可視化することのできる連続グルコースモニタリング (continuous glucose monitoring, CGM) が注目を集めている．CGM では皮下に刺した細いセンサーにより皮下の間質液中のグルコース濃度を 2 週間程度持続的に測定することで 1 日の血糖変動を知ることができる．市販のセンサーには酵素として GOD が用いられており，過酸化水素を検出する方式，あるいはオスミウム錯体からなるメディエーターを用いた方式が採用されている．前者の過酸化水素検出型センサーの構成は図 7-69B に示すものと同じであるが，後者のメディエーターを用いる場合，電極上に酵素とメディエーターを固定化する必要がある．固定化方法の一例として，メディエーターである金属錯体が結合したポリマーを酵素とともに架橋することで共固定化することができる．

4. 醸造・発酵食品

人類は古来より，微生物およびその酵素を利用して醸造・発酵食品を生産してきた．メソポタミアに興ったシュメール文明や古代エジプトにおいてはすでにビールやワインが製造されていたし，わが国ではスサノオノミコトがヤマタノオロチを退治する際に酒を作ったとの記述が日本書紀にある．醸造および発酵の歴史とは，自然発生的に起こった生命現象をいかに再現性よく，かつ上手に（美味しく）行うかという人類の努力の変遷の歴史であり，現代のバイオテクノロジーの原点となったものである．

本節では，代表的な醸造食品および発酵食品の製造法について紹介するとともに，食品産業の現在と将来を担ううえで重要となる機能性食品の製造法（食品加工）について記載する．

1）食品加工

食品の加工は一般に，食品の保存性を高める，食味をよくする，消化性を高めるなどの目的で行われるものであり，餅やうどんなどの米麦加工食品，高野豆腐などの凍結乾燥食品や蒲鉾などの魚肉練り製品がそれに当てはまる．これら以外に，近年は食品の機能性を高める目的での食品加工および食品開発が行われており，これは1991年に導入された「特定保健用食品」（からだの生理学的機能などに影響を与える関与成分を含む食品で，血圧，血中のコレステロールなどを正常に保つことを助けたり，おなかの調子を

図7-71 特定保健用食品（疾病リスク低減表示・規格基準型を含む）の許可マーク
（消費者庁HPより転載）

表7-10 特定保健用食品（規格基準型）制度における関与成分Ⅱ（オリゴ糖）について

区 分	第1欄 関与成分	第2欄 一日摂取目安量に含まれる関与成分の量	第3欄 保健の用途の表示	第4欄 摂取をする上での注意事項
Ⅱ（オリゴ糖）	大豆オリゴ糖	2～6 g	○○（関与成分）が含まれておりビフィズス菌を増やして腸内の環境を良好に保つので，おなかの調子を整えます．	取り過ぎあるいは体質・体調によりおなかがゆるくなることがあります．多量摂取により疾病が治癒したり，より健康が増進するものではありません．他の食品からの摂取量を考えて適量を摂取してください．
	フラクトオリゴ糖	3～8 g		
	乳果オリゴ糖	2～8 g		
	ガラクトオリゴ糖	2～5 g		
	キシロオリゴ糖	1～3 g		
	イソマルトオリゴ糖	10 g		

なお，区分はⅠ～Ⅷまであり，Ⅱ以外は食物繊維である．　　　　　　　　（消費者庁HPより抜粋）

整えたりするのに役立つ，などの特定の保健の用途に資する旨の表示をするもの）制度（図7-71）によるところが大きい．2015年には「機能性表示食品」制度が新しく制定され，これにより国の安全性および機能性審査を受けずとも，事業者が自らの責任において機能性表示をすることが可能となった．食品の機能表示としては，「特定保健用食品」および「機能性表示食品」以外に「栄養機能食品」という枠組みもあり，これにはビタミンやミネラル，またn-3系脂肪酸（EPAやDHAなど）が含まれる．なお，機能性食品（functional food）という言葉は1984年に日本で生まれたものである．

　本項では，特定保健用食品（規格標準型）のうち区分Ⅱ（オリゴ糖，表7-10）の製造方法について，また，特定保健用食品ではないが近年の実用化オリゴ糖の代表例でもあるトレハロースの製造方法について紹介する．さらに，魚肉，畜肉，麺などの製造過程で広く使用されるトランスグルタミナーゼおよびチーズ製造において重要な凝乳酵素についても併せて紹介する．

(1) オリゴ糖の製造方法

　オリゴ糖とは一般に単糖が2～10個程度結合した化合物のことである．食品素材として添加することを考えた場合，比較的安価に生産できることが必須であり，他製品の製造過程における副産物として抽出可能なもの，もしくは安価な原料（デンプン，ショ糖，乳糖など）を出発材料としたものに限られている．特定保健用食品であるオリゴ糖（以下に記述のa.～f.）の主な用途は整腸作用であり，これはこれらオリゴ糖がビフィズス菌などのいわゆる善玉腸内細菌（プロバイオティクス）によく資化されるためである．a.～f.のようにプロバイオティクスを選択的に増殖させる機能を有する化合物は，プレバイオティクスと呼ばれる．トレハロース（g.）は特定保健用食品ではないが，その水分保持力や非着色性により製菓や製パンなどの食品産業および化粧品や化成品などにも使用されている．また，本項では詳しく述べないが，海外においては2'-フコシルラクトースといった人乳に含まれるオリゴ糖成分が育児用調製乳に添加され始めている．

a．大豆オリゴ糖

　スタキオース（Gal α 1-6Gal α 1-6Glc α 1-2 β Fru）やラフィノース（Gal α 1-6Glc α 1-2 β Fru）が主成分である．大豆油を抽出したあとの絞りカス（脱脂大豆）から大豆タンパク質を得る際の副産物として大豆ホエーが得られ，ここから糖以外の成分を除いたあと，濃縮することで製造される．

b．フラクトオリゴ糖

　ショ糖（Glc α 1-2 β Fru）のフラクトース側の1位に β-フラクトフラノシドが結合したオリゴ糖の混合物（主に1-ケストース（Glc α 1-2 β Fru1-2 β Fru），ニストース（Glc α 1-2 β Fru1-2 β Fru1-2 β Fru），フラクトフラノシルニストース（Glc α 1-2 β Fru1-2 β Fru1-2 β Fru1-2 β Fru））である．これらは，ショ糖に β-フラクトフラノシダーゼを作用させた際の糖転移物として得られる．通常，β-フラクトフラノシダーゼはショ糖をグルコースとフラ

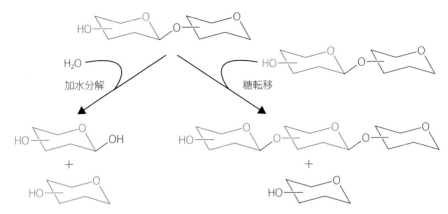

図 7-72 糖質加水分解酵素の糖転移活性を利用したオリゴ糖合成
糖は六員環として表示．左側は通常の加水分解反応であるが，右側の糖転移反応では水分子のかわりに糖（水酸基を有する点で両者は同じである）が入る．合成された糖転移物は加水分解反応の基質にもなるため，収率よく産物を得るには反応を制御する必要がある．

クトースに加水分解する酵素であるが，基質であるショ糖が高濃度に存在すると，その活性中心に水分子のかわりにショ糖が入り込み，その結果として糖転移物が産生される（図7-72；c., d., f. の合成法も同様である．一般化するために六員環として表示してあることに注意）．

c．乳果オリゴ糖

乳糖（Gal β 1-4Glc）とショ糖の構造を有する3糖（Gal β 1-4Glc α 1-2 β Fru）であり，乳糖とショ糖の存在下，β-フラクトフラノシダーゼを作用させることにより産生される．糖転移活性を利用しており（図7-72），酵素の活性中心においてショ糖からグルコースが遊離したあとで，水分子のかわりに乳糖が入り込むことで産生される（すなわち乳果オリゴ糖のGlc 部分は乳糖由来である）．乳果オリゴ糖の実用生産においては，ショ糖よりも乳糖を受容体として好む酵素が必要であり，*Arthrobacter* 属細菌もしくは *Bacillus* 属細菌由来の酵素が工業生産に利用されている．

d．ガラクトオリゴ糖

β-ガラクトシダーゼの糖転移活性を利用して乳糖から合成される．4'-ガラクトシルラクトース（Gal β 1-4Gal β 1-4Glc），4'-ガラクトビオシルラクトース（Gal β 1-4Gal β 1-4Gal β 1-4Glc）や6'-ガラクトシルラクトース（Gal β 1-6Gal β 1-4Glc）などが知られている．糖転移後の主生成物が4'-ガラクトシルラクトースであるか6'-ガラクトシルラクトースであるかは使用する酵素によって影響を受け，*Bacillus circulans* 由来の場合は4'-ガラクトシルラクトースが，*Aspergillus oryzae* 由来の場合は6'-ガラクトシルラクトースが主に産生される．これらのオリゴ糖は育児用調製乳などにも広く添加されている．

e．キシロオリゴ糖

コーンコブ（トウモロコシの穂軸）や綿実粕から抽出されるキシランをキシラナーゼで加水分解することで製造され，主成分はキシロビオース（Xylβ1-4Xyl）およびキシロトリオース（Xylβ1-4Xylβ1-4Xyl）である．

f．イソマルトオリゴ糖

イソマルトース（Glcα1-6Glc），イソマルトトリオース（Glcα1-6Glcα1-6Glc），パノース(Glcα1-6Glcα1-4Glc)などを主成分として含む．デンプンをα-アミラーゼやβ-アミラーゼで消化したのち（つまりマルトースが主成分となる），α-グルコシダーゼを作用させることで生産される．イソマルトースの産生はマルトース（Glcα1-4Glc）の異性化反応でもあるが本質的には糖転移反応であり（図7-72），マルトースから遊離したグルコースが再び結合することで生じる．

g．トレハロース

グルコースが還元末端同士でα結合した2糖構造（Glcα1-1αGlc）を有し，微生物から動植物に至るまで自然界に広く存在する糖質である．従来は酵母などからの抽出によって製造されており高価であったため食品用途としての利用は困難であったが，現在は微生物酵素を用いて製造可能となっている．

まず，デンプンを糊化してα-アミラーゼで液化し，デキストリンを得る．それにマルトオリゴシルトレハロースシンターゼを作用させることで，還元末端側のα-1,4結合をα-1,1結合に変換する（図7-73）．その後，マルトオリゴシルトレハロースヒドロラーゼを作用させるとトレハロースが遊離するとともに，2糖分短くなったデキストリンが生じる．この反応を繰り返すことでトレハロースが生産される．工業的には*Arthrobacter ramosus*由来の酵素が使用されている．なお，前記の手法だけではデキストリンの分岐構造付近で反応が

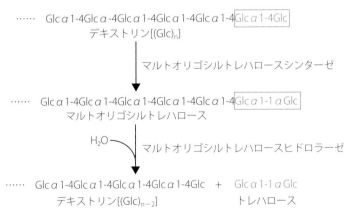

図 7-73 微生物酵素によるデキストリンからのトレハロース生産
上記反応が連続して起こることでデキストリンからトレハロースが合成される．

止まってしまうために，イソアミラーゼが添加されて生産効率の上昇につながっている．

(2) トランスグルタミナーゼの食品分野への利用

蒲鉾や麩などはタンパク質がゲル化する性質を利用して製造される食品であり，このことは原材料中に含まれるタンパク質を改質することによって，加工後の弾力性や食感を改善することが可能であることを意味している．トランスグルタミナーゼは，タンパク質分子内および分子間のリシン残基とグルタミン残基を架橋する酵素であり，この反応によってタンパク質のゲル化能を大幅に向上させることができる．また，本来ゲル化能を持たないタンパク質同士でもゲルを形成させることが可能となる．このような性質から，現在では水産加工や畜産加工のみならず製麺や豆腐製造にも利用されている．酵素としては放線菌 *Streptomyces mobaraensis* 由来のものが使用されている．

(3) チーズ製造における凝乳酵素

チーズの製造法は 3）「発酵食品」において後述するが，ここではその際に重要な役割を果たす凝乳酵素について記載する．

チーズ製造に欠かせない乳の凝固は，元来，子ウシの第四胃に分泌されるキモシン（抽出物はカーフレンネットと呼ばれる）の作用によるものである．乳中でミセルを形成しているカゼインのうち *κ*-カゼインの特定の部位を加水分解することで，カゼインのミセル形成能を失わせてゲル化させる．チーズ需要の増加とともにカーフレンネットの価格が高騰し，さらに動物愛護の観点からも代替品が求められるようになった．そこで登場したのが微生物レンネットである．カビ *Rhizomucor pusillus* や *Rhizomucor miehei* 由来のものが現在でも広く利用されており，前者は東京大学の有馬啓らによって発見され，世界に先駆けて実用化されたものである．その後，遺伝子組換え技術の発達に伴い，東京大学の別府輝彦らが本来のキモシン（正確には前駆体であるプロキモシン）cDNA をウシからクローニングした．日本では 1994 〜 1996 年にかけて，大腸菌，*Kluyveromyces lactis*，*Aspergillus awamori* で発現させた組換えキモシンが食品添加物としての利用を認められた．これらは日本で食品分野への組換え遺伝子技術の利用が認可された最初の例である．

2）醸 造 食 品

醸造食品は，微生物の持つ発酵作用を主に活用して製造される食品であり，酒類，醤油，みそ（味噌）や食酢などの発酵調味料が含まれる．これらの食品は現在大量に生産されているが，その手法の確立に至るまでに，発酵に好適な菌株のスクリーニング，改良育種，代謝経路や酵素性状に関する基礎・応用研究など，現代のバイオテクノロジーの進展と不可分な形で歩んできており，その土台として果たした役割は計り知れない．

(1) 酒　　　類

　酒類は醸造酒,蒸留酒および混成酒に大きく分けられる.醸造酒は,清酒(日本酒),ワイン,ビールなどのように発酵した液体部分をそのまま,あるいは濾過したものを飲用とする.発酵により生成した成分をほぼそのまま含むため,アルコール分と同時にエキス分を豊富に含む.なお,わが国では2006年の酒税法改正に伴い,ビールは発泡性酒類として再分類されたが,その製法上の特徴から本項では醸造酒として扱う.蒸留酒は,醸造酒を蒸留して得られるもので,一般に醸造酒に比べてアルコール濃度が高く,揮発性香気成分も同時に濃縮されて香りが高くなる特徴を持つものも多い.焼酎,ウイスキー,ブランデー,ウォッカ,ラムなどが蒸留酒に当たる.混成酒は,醸造酒や蒸留酒を混合,あるいはその他の成分(香料,糖類,果汁,色素など)を混合した酒であり,梅酒やみりん,その他の各種リキュール類などが相当する.

a. 糖化形式

　酒類の発酵はいずれの場合も酵母によるアルコール発酵を経て完了するが,アルコール発酵の出発物質となる糖類(主にグルコースおよびフラクトースといった単糖類や,マルトースといった二糖類など)を供給する形式によって,複数に分類される.主に東アジア,東南アジア,一部の南アジア地域では,米や麦をはじめとする穀物中のデンプンをカビ(糸状菌)のアミラーゼにより分解する形式をとる場合が多く,穀物に糸状菌を繁殖させたものを麹,麹を造る工程を製麹と呼ぶ.デンプンのような多糖類をグルコースなどの発酵性糖類まで分解する工程は糖化と呼ばれる.製麹に用いられる糸状菌の種類は国や地域によりさまざまであるが,日本の清酒造りに用いられる *Aspergillus oryzae* (黄コウジカビ,単に「麹菌」と呼ぶと一般に本菌種を指す)や,その他のアジア地域で麹に繁殖する *Rhizopus* 属および *Mucor* 属などの接合菌,麹造りに伴って繁殖するその他さまざまな糸状菌の混合物が相当する.日本の麹造りではうるち米を蒸した蒸米を原料とする撒麹が,その他のアジア地域では麦,米,豆などの複数の穀物を粉砕して水で練り固め,糸状菌を繁殖させた餅麹がよく用いられるが,地域および酒種によって原料の配合や製造方法は多岐に渡る.

　主に麹を糖化に用いる前述のアジア地域と異なり,中近東から欧米においては,麦芽を用いる方式が主流である.麦芽が多量のアミラーゼを持つため,穀物のデンプン分解が促進され,主にマルトースが蓄積する.このように,糖化形式に地域性が存在することは興味深いが,アジア地域は湿潤であり糸状菌の繁殖しやすい環境であること,米作りも盛んであることから,麹造りも確立しやすかったと考えられる.

b. 醸造酒の発酵法

　酒類の醸造で最も単純な形式は,ワインに見られる「単発酵」形式である(図7-74).原材料(ブドウ果汁)に多量のグルコースおよびフラクトースが含有されており,これらが酵母により直接アルコールに変換される.ビールの製造では,麦芽によりまず大麦中のデンプンが分解され,次いで酵母によるアルコール発酵が行われる.糖化と発酵を別々のプロセス

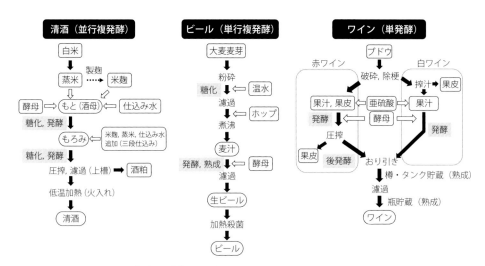

図 7-74 醸造酒（清酒，ビール，ワイン）の発酵形式と製造工程

として行うことから「単行複発酵」と呼ばれる（図 7-74）．清酒の醸造はさらに複合的で，麹による米デンプンの糖化と酵母によるアルコール発酵が同時に進行するため「並行複発酵」と呼ばれる．蒸留酒は醸造酒を蒸留して得られるため，その発酵方法は醸造酒に準じるが，沖縄の泡盛や九州の焼酎に見られるように，麹造りに用いる糸状菌の菌種が清酒と異なるなど，それぞれに適した製法がとられる．

c. 清　酒

清酒の醸造は「もと」（酛）と呼ばれる発酵開始のためのスターター造りから始まる（酒母とも呼ばれる）．もとは，蒸米，米麹および仕込み水の混合物に清酒発酵用の酵母（*Saccharomyces cerevisiae*）を優先的に生育させたものである．元来，もと造りは原料を混合して静置することで自然に微生物の繁殖を促すもので，図 7-75 に示したような微生物遷移が一般的であると考えられている．仕込み水の中に含まれる硝酸を *Pseudomonas* 属をはじめとする硝酸還元能を持つ細菌が亜硝酸に変換し，次いで *Leuconostoc mesenteroides* および *Leuconostoc citreum* といった乳酸球菌が現れ，その後 *Lactobacillus sakei* などの乳酸桿菌が優勢化して乳酸が顕著に生産される．この乳酸酸性の条件と亜硝酸の生育阻害作用の

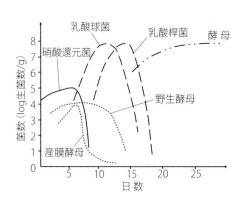

図 7-75 生もとにおける微生物叢変遷の概略図

相乗効果により，野生酵母や産膜酵母などの清酒造りに不要な微生物が駆逐され，耐酸性の高い清酒酵母が優先的に生育する環境が整う．ただし，乳酸球菌から乳酸桿菌への遷移が起こらないなどの例外も過去に報告されている．このように，微生物の自然な増殖に基づくものを「生もと」と呼び，その中でも，山卸し（もと造りの際に原料の混合物を櫂ですり潰す操作）を廃止して簡略化した製法でつくられる生もとである「山廃もと」が，現在各地で製造されている．山廃もとの製造には，約1か月を要する．

　現代において主流となっているもと造りはさらに工程が短縮化されており，製造初期に乳酸を添加して酸性化し，雑菌の繁殖を抑制したうえで同時に清酒酵母も添加する．このような形式のもとは「速醸もと」と呼ばれ，もとの製造期間はおよそ半分となる．

　もとの完成後，蒸米，米麹，仕込み水を複数回にわたって追加してもろみの発酵熟成を進めることにより，アルコール濃度が高まって濁り酒となる（アルコール濃度は18～19%に達する）．通常3回の原料追加がなされるため「三段仕込み」と呼ばれ，それぞれ「初添え」，「仲添え」，「留添え」と呼ばれる（「添仕込み」，「仲仕込み」，「留仕込み」とも呼ばれる）．分割して原料を加えるのは，一度に大量の追加を行ってもろみが希釈され，雑菌汚染などが起こるのを防ぐためであるが，この手法によって高いアルコール濃度も達成される．発酵が終了したあとに，絞り（上槽と呼ばれる），濾過，火入れ（60℃，30分程度の低温殺菌）が行われ，清酒が完成する（図7-74）．

　もとやもろみの微生物制御に失敗すると清酒の変敗，腐敗が引き起こされる．糖化のみが亢進して酵母による発酵が遅滞する「冷込み」，もとのpH低下が不十分なうちに野生酵母による異常発酵が進行する「早湧き」，アルコール耐性の高い乳酸菌（火落ち菌）が清酒に繁殖して風味の劣化を引き起こす「火落ち」などがある．火落ちを引き起こす主な菌種として，*Fructilactobacillus fructivorans*，*Lentilactobacillus hilgardii*，*Lacticaseibacillus casei/paracasei* など多種の乳酸桿菌がこれまで分離されている．これらの異常が起こらないように，糖化とアルコール発酵のバランスを適切に保ち，発酵終了後の殺菌処理や品質管理を怠りなく行うなど，清酒の仕込みプロセスは温度や工程などを含めて慎重に管理されている．

d．ビール

　ビールの醸造は，大麦に含まれるデンプンを大麦麦芽自身が保持するアミラーゼにより自己消化させる工程から始まる（図7-74）．麦芽を粉砕して3～5倍量の温水中に入れると糖化が進行して主にマルトースが生じるとともに，プロテアーゼによるタンパク質の分解によりペプチドやアミノ酸も遊離して，アルコール発酵を行うための炭素源や窒素源が供給される．糖化後の麦汁を濾過したあと，ホップを添加して煮沸する．ホップは適度な苦みや特有の香気を与え，熱凝固性タンパク質を析出させ，泡持ちをよくして抗菌性を付与するなど，多数の役割を持つ．

　ビールの発酵には大きく分けて2つのタイプ，上面発酵と下面発酵がある．上面発酵では，発酵液中に浮遊するタイプの酵母（上面発酵酵母，*Saccharomyces cerevisiae*）が用いられ，常温（20℃前後）で短期間（2週間程度）にて発酵が終了する．主に，イギリス，ベ

ルギー，オランダなどのエールが上面発酵ビールとしてあげられる．下面発酵は，発酵槽下面に沈殿するタイプの酵母（下面発酵酵母，*Saccharomyces pastorianus*）を使うもので，上面発酵タイプと異なり，比較的低温（8 ～ 10℃）で 1 週間～ 10 日程度発酵を行ったあと，さらにタンク内で 2 ～ 3 週間熟成させて濾過，瓶詰め，殺菌されて完成する．ドイツで発祥し，19 世紀以降世界に広まったラガービールは代表的な下面発酵ビールであり，現代ビールの主流になっている．特に，チェコのピルゼン発祥の淡色で爽やかな飲み口の「ピルスナー・スタイル」のラガービールが，世界的に最も親しまれている．

e．ワ イ ン

ワインの醸造は，酵母 *Saccharomyces cerevisiae* によりブドウ果汁を直接アルコール発酵することにより行われる．原料のブドウは，完成時のアルコール濃度を十分に高めるため，糖度が高い品種（21 ～ 22 ％が望ましい）が選ばれる（ヨーロッパ系 *Vitis vinifera* やアメリカ系 *Vitis labrusca* など）．足りない場合は，スクロースやグルコースによる補糖が行われる．ブドウは収穫後，果梗が取り除かれ（除梗），赤ワインの場合は果皮や種子とともに，白ワインの場合は果汁のみを用いて発酵が行われる（図 7-74）．赤ワインではタンニンやアントシアニンの抽出により適度の渋味や鮮やかな色が付与される．赤ワインの発酵は 25 ～ 30℃で 7 ～ 10 日間程度行われ，果皮が除かれたあと，後発酵を行い残糖の消費が行われる．白ワインは低温で 10 日程度の発酵を行って芳香を残し，残糖の食い切りはせず甘めの仕上がりとする場合も多い．原料中に存在する野生酵母や雑菌の優勢化を抑えるために，発酵開始前にピロ亜硫酸カリウム（$K_2S_2O_5$）が 50 ～ 100 ppm 程度添加される場合が多い．発酵終了後のワインは木樽やタンクの中で熟成される．

ワインの熟成において大きな役割を果たすのが，マロラクティック発酵（malo-lactic fermentation，MLF）である．これは，ワインの貯蔵中に自然繁殖する（あるいは人為的に添加する）乳酸菌により，ワイン中のリンゴ酸が乳酸と二酸化炭素に変換されて酸度が減少し，まろやかな味わいとなるプロセスである．マロラクティック発酵を担う乳酸菌としては，*Oenococcus oeni* が最も主要な種として知られている．

f．焼 酎

焼酎は米，麦，サツマイモ，ソバおよび黒糖などを原料として製造される日本固有の蒸留酒であり，清酒に類似する方法で各原料を発酵した醸造酒を蒸留して得られる．南九州地方の芋焼酎や沖縄の泡盛などが代表的である．製麹の際には，清酒に用いられる *Aspergillus oryzae* ではなく黒コウジカビ（*Aspergillus luchuensis*）やその変異種である白コウジカビ（*Aspergillus kawachii*）が用いられる．これらのコウジカビはクエン酸生産能が高く，もろみの酸度を向上させ，気温の高い九州以南の気候でも腐敗や変敗が起きないようにする働きを持つ．アルコール発酵には清酒と同じく *Saccharomyces cerevisiae* が用いられる．焼酎は，連続的に繰り返し蒸留してアルコール濃度を効率的に高めていく連続式蒸留器を用いる連続式蒸留焼酎と，1 回ずつ単独の操作で蒸留を行う単式蒸留器を用いる単式蒸留焼酎に分けられる．一般に，アルコール精製率は連続蒸留器が高いが，単式蒸留器を用いると風味に個性

が出るため，伝統的な焼酎の製法では単式蒸留器が用いられていることが多い．

g．ウイスキー

大麦麦芽を用いて原料を糖化し，*Saccharomyces cerevisiae* を用いてアルコール発酵を行い，その後蒸留して得られるのがウイスキーである．スコッチウイスキーは，麦芽のみを原料として単式蒸留器を用いて仕上げるモルトウイスキーと，トウモロコシやライムギやエンバクなどの穀物を麦芽で糖化して連続蒸留を行うグレーンウイスキーに分けられる．他に，トウモロコシを 50％以上原料に用いたバーボンウイスキーに代表されるアメリカンウイスキー，同じくトウモロコシを用いるがライ麦なども用いるカナディアンウイスキーなど，産地によって原料と製法に特徴がある．ウイスキーは 40％以上のアルコール濃度を有する．

h．ブランデー

ブランデーは，果実酒を蒸留して得られる蒸留酒の総称であり，白ブドウのワインを単式蒸留器で蒸留したものが代表的である．アルコール度数はウイスキーと同様 40 ～ 50 度程度である．フランスのコニャック地方およびアルマニャック地方が代表的なブランデーの産地としてあげられる．

i．ウォッカ

ウォッカは，ロシア，北ヨーロッパおよび東ヨーロッパなどの寒冷地を中心に製造される主に穀物を原料とした蒸留酒である．ライ麦，大麦，小麦，ジャガイモ，ビート，サトウキビなど，原料は地域によってさまざまに異なる．穀物の糖化には麦芽を使用する．蒸留終了後，白樺の木炭を用いて濾過して製品とするため，癖のない味わいが特徴となっている．日本の酒税法上では，ウォッカはスピリッツに分類される．

j．ラ　　ム

ラムはサトウキビの搾汁や糖蜜を原料とした蒸留酒であり，サトウキビの生育に適する熱帯や亜熱帯地域のカリブ海周辺や西インド諸島を原産地とする．ラムもスピリッツに分類される．

k．ジ　　ン

ジンもスピリッツに分類される蒸留酒で，ライ麦，大麦およびジャガイモなどを原料として麦芽で糖化される．アルコール発酵後は，セイヨウネズという樹木の球果（杜松子あるいはジュニパーベリーという）によって香りづけしてから蒸留を行い，独特の芳香を与える．

l．テキーラ

テキーラは，主にメキシコで製造されるリュウゼツランの根茎を発酵原料とするスピリッツである．リュウゼツランの葉を切り落として球状の根茎を取り出し，蒸気窯で蒸して糖化を促進，発酵させたあと，単式蒸留によりアルコールを回収する．

m．白　　酒

白酒 は中国において穀物を原料として作られる蒸留酒である．糖化は *Rhizopus* 属や *Mucor* 属をはじめとする複数の糸状菌によって担われ，大麦，小麦および豆類などの粉末を固めて糸状菌の菌糸を繁殖させた餅麹 が用いられる．窖池（発酵窖とも呼ばれる）という

地面に掘った穴に高粱（コウリャン）などの穀物と餅麹を混合して入れ，土を被せて糖化およびアルコール発酵を同時に行わせる．発酵後は蒸留により生成したアルコール分を回収し，熟成させ，最終的に 40 ～ 50%程度のアルコール濃度で仕上げる．

n. 黄　酒

中国の酒で蒸留酒以外の醸造酒では黄酒（ホワンチュウ）が代表的であり，紹興酒などが該当する．紹興酒は糯米に麦麹を加えて発酵させ，アルコール濃度は 14 ～ 20%程度である．

o. みりん

みりんは，米麹と蒸米を焼酎と混合して 20 ～ 30℃で 1 ～ 2 か月熟成させた混成酒であり，もともとは飲用されていたものであるが，現在は調味料として用いられる．麹由来の酵素作用による糖化，熟成が主な微生物作用であり，酵母によるアルコール発酵は行われないのが特徴である．

(2) 発酵調味料

醤油，みそ，食酢といった発酵調味料は，食品の呈味性や官能的価値を向上させて味を整える役割を持ち，酒類と同様に微生物発酵により作られる．醤油とみそは高濃度の食塩存在下で塩蔵しながら熟成を行い，熟成中に耐塩性，好塩性の微生物を選択的に増殖させる．一方，食酢は酒類の製造の延長線上にあり，アルコール発酵のあとに酢酸菌を作用させて酢酸を生成させる．

a. 醤　油

醤油は，蒸煮大豆および炒って割砕した小麦を主な原料として製麹を行い（清酒と同じく *Aspergillus oryzae* もしくは醤油用コウジカビである *Aspergillus sojae* が用いられる），その後

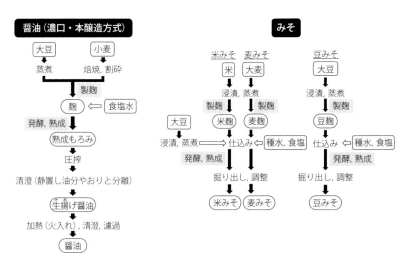

図 7-76　醤油およびみその製造工程

食塩水と混合してもろみを作り，発酵熟成させた液体調味料である．原料のすべてを麹にする特徴がある（図7-76）．製麹に用いる大豆と小麦の割合で醤油のタイプが異なり，ほぼ1：1で混合する濃口醤油（醤油全体の約80％を占める）と淡口醤油，大豆の割合が多く少量の小麦を含む，もしくは全く含まない溜醤油，逆に小麦の割合が多く大豆を少量（通常10％以下）しか用いない白醤油がある．淡口醤油は，製造法は濃口醤油に準ずるが，塩水を多くして色味を薄くしており，甘酒を加えるなどして味にまろやかさを加える場合もある．また，仕込み時に食塩水のかわりに生の醤油を加える再仕込醤油もある．淡口醤油は関西地方で，溜醤油と白醤油は中部地方で主に生産される．

醤油の主発酵を担うのは耐塩性酵母 Zygosaccharomyces rouxii であり，コウジカビのアミラーゼやプロテアーゼにより生じたアミノ酸，ペプチドおよび糖類を利用し，エタノールやグリセロールを生成して呈味に貢献する．また，耐塩性乳酸菌 Tetragenococcus halophilus も糖類を乳酸に変換して風味を向上させ，もろみ中のpHを低下させて酵母の活動に適した環境を作り出す．発酵後期には，Candida 属酵母（C. versatilis や C. etchellsii などの後熟酵母）が生育し，4-エチルグアヤコールなどの醤油特有の熟成香の生成を担う．また，熟成に伴ってカビ由来酵素の作用により生じたアミノ酸と糖類がアミノカルボニル反応を起こし，醤油特有の艶のある色が出る他，乳酸菌により生産される乳酸は塩角を取り，まろやかな味わいに寄与すると考えられている．前記の耐塩性酵母や耐塩性乳酸菌は醤油の発酵中に自然に繁殖するが，熟成工程の安定を得るために別個培養した菌体（種微生物）をもろみ熟成中に添加する場合も多い．

熟成したもろみは圧搾されて液体部分が回収され（生揚げ醤油），約80℃で加熱し（火入れ），おり引きののちに瓶詰されて完成する．

b．み　　　そ

みそ（味噌）は，蒸煮大豆，食塩および麹を混ぜて発酵熟成させた半固形状の調味料である．製麹に用いられる原料によって，米を用いる米みそ，麦（主に大麦）を用いる麦みそおよび大豆を用いる豆みそに分かれる（図7-76）．米みその生産量は多く全体の80％を占め，麦みそは主に九州と四国・中国地方の一部で，豆みそは主に中部地方で製造される．みその風味は，食塩濃度，大豆と麹の配合割合，熟成期間でさまざまに調整され，甘みそ，甘口みそ，辛口みそに分類される．塩分濃度が5〜7％と低い甘みそでは米麹の割合を多くして糖化を優先的に進行させ，発酵は5〜20日の短い期間で終了する．対して，辛口みその場合は，約30℃で2か月〜1年程度の長い熟成期間が取られる場合が多い．みその発酵は醤油と類似する部分が多く，主発酵酵母 Zygosaccharomyces rouxii によりアルコールが生成され，Tetragenococcus halophilus による乳酸発酵が進行し，Candida 属酵母による後熟が行われる．これらの微生物は，醤油と同様に発酵熟成を安定化させる目的で，仕込み時の食塩水（種水）とともに培養菌体として添加される場合も多い．

c．食　　　酢

食酢は4〜5％の酢酸を主成分とする酸性調味料で，その他各種の有機酸類，糖類，アミ

ノ酸類およびエステル類を含む．食酢の発酵においては，醸造酒の製造と同様にアルコール発酵がまず行われたあと，酢酸菌（*Acetobacter aceti*, *Acetobacter pasteurianus* など）により酢酸発酵が行われる．酢酸発酵は，エタノールをアルコール脱水素酵素によりアセトアルデヒドに，さらにアルデヒド脱水素酵素により酢酸に変換する工程である．

食酢は，原料によって米酢，粕酢，麦芽酢，果実酢およびアルコール酢などに分けられる．デンプン性の原料の場合は，麹や麦芽による糖化が必要であるが，果汁を原料とする場合は，糖化工程は不要となる．食酢の発酵法は静置発酵法と通気発酵法に大きく分かれる．静置発酵法は表面発酵法とも呼ばれ，アルコールを含む発酵液の表面に酢酸菌が膜を作り 1 ～ 2 か月と長めの発酵を行うが，通気発酵法では強制的に空気を発酵液内に送り込むため迅速に発酵が進み，1 ～ 1.5 日で高い酸度が得られる．通気発酵法は食酢の大量生産に貢献しており，発酵液を通気撹拌して，急速に酸化を行わせる深部培養法が採用されている．食酢の原型は醸造酒が自然に酢酸発酵されたと考えられるが，鹿児島県霧島市（旧・福山町）で製造される福山酢のように，壺の中で米デンプンの糖化，アルコール発酵，酢酸発酵をすべて同時に行わせる希少な食酢も現存する．

3）発 酵 食 品

本節 2)「醸造食品」に述べた食品以外にも，微生物が食品原料中に繁殖して製造される発酵食品が数多く存在する．中央アジアやヨーロッパなどで発祥したヨーグルトやチーズなどの乳発酵食品は今や全世界で食されている他，日本の漬物や納豆，ヨーロッパのザワークラウトのように農産物を用いた発酵食品も各地で製造されている．アジア地域では塩蔵魚介類をベースとする水産発酵食品も数多く存在する．いずれの発酵食品も決まった製造プロセスの中で微生物を選択的に増殖させる技術が確立されており，活躍する菌種はきわめて多岐にわたっている．

(1) 乳発酵食品

a．ヨーグルト

ヨーグルトの起源は古く，紀元前数千年という時代から中央アジア，西アジア，東ヨーロッパ，北アフリカといった地域で製造されてきた．遊牧民たちが牧畜を営む中で，生乳を木樽や革袋で保存する際に自然に乳酸菌が生育し，pH を低下させることで保存性を高める手法が経験的に編み出されたと考えられる．20 世紀初頭にロシア生まれの科学者 Metchnikoff, É. が不老長寿説を提唱し，ヨーグルトの摂取により乳酸菌が腸管内で増殖し，腸内の腐敗細菌による異常発酵を抑制して人間の寿命が延びると主張したことから，ヨーグルトの健康有用効果が広く認知されるに至った．ヨーグルト中の乳酸菌は必ずしも腸管に定着するわけではないこともその後明らかになったが，顕著な整腸作用などはヨーグルトの持つ効能として一般に受け入れられている．

ヨーグルトの製法は，均質化および加熱殺菌した乳に乳酸菌（スターター，種菌）を投

入し，40 〜 45℃で数時間の発酵を経て，酸度 0.7 〜 0.8％程度で製品とする．スターター
として最も多く用いられるものは *Lactobacillus delbrueckii* subsp. *bulgaricus* と *Streptococcus
thermophilus* であり，これらの菌種は発酵中に互いの増殖を促進する栄養成分を補い合うこ
とも報告され，不可分な共生関係にあることが明らかにされている．国際食品規格を定める
コーデックス規格ではこれら 2 種の乳酸菌を用いることがヨーグルトの要件として求めら
れているが，近年の使用菌種の増加に伴い，*Lactobacillus* 属全般および *S. thermophilus* を含
有するものをカルチャー代替ヨーグルト（alternate culture yoghurt）として認めている（た
だし，2020 年に旧 *Lactobacillus* 属は再分類され，現在は 25 の属に再編されている）．日
本の「乳及び乳製品の成分規格等に関する省令」（乳等省令）においてはヨーグルトは「発
酵乳」の規格に相当し，使用する乳酸菌種の指定はないものの，10^7/mL 以上の菌数の確保
が求められる．現在では，*Lactobacillus acidophilus*，*Lactobacillus helveticus*，*Lactobacillus
gasseri*，*Lacticaseibacillus casei*，各種 *Bifidobacterium* 属細菌（ビフィズス菌）なども製品
に添加され，上市されている．

b．チ ー ズ

　チーズもヨーグルトと同じく乳を原料として乳酸発酵により製造される食品である．ヨー
グルトとの相違点は，殺菌乳にスターター乳酸菌とレンネットと呼ばれる凝乳酵素製剤（キ
モシンを主成分とする）を添加し，カードと呼ばれる固形分を得て発酵熟成し，食用とする
ことである．カード凝固の際に除去される液体分は，ホエー（乳清）と呼ばれる．レンネッ
トは従来，子ウシなどの偶蹄目の第四胃のみから得られていたが，1)「食品加工」に述べた
通り *Rhizomucor* 属接合菌類由来の酵素や，組換え微生物に由来する酵素など，家畜に頼ら
ない微生物キモシンを得る方法が確立されている（☞ 7-4-1-3）．

　チーズの主発酵を担う乳酸菌としては *Lactococcus lactis* が代表的であり，ゴーダ，エダム，
チェダーなどの製造に用いられる．高温熟成するスイスチーズの場合にはヨーグルトに類し
た *Lactobacillus delbrueckii* subsp. *bulgaricus* や *Streptococcus thermophilus* などが用いられ
る．チーズの熟成においては，品目によって乳酸菌以外の微生物も重要な役割を果たす．ス
イスのエメンタールにおいて炭酸ガスの発生によりチーズアイと呼ばれる大きな空洞を作る
Propionibacterium freudenreichii や，フランスの代表的アオカビチーズであるロックフォー
ルに生育する *Penicillium roqueforti*，同じくフランスのシロカビチーズであるカマンベール
やブリーに生育する *Penicillium camemberti* など，さまざまな微生物がチーズの食感や風味
を大きく特徴づける．

　前述したものはすべて熟成したカードをそのまま食用とするナチュラルチーズであるが，
わが国で最も大量生産されているのは，複数のチーズを混合して乳化剤や香辛料を加えて加
熱，殺菌溶融して成形したプロセスチーズである．

c．乳酸菌飲料

　乳酸菌飲料は，殺菌した脱脂乳などを乳酸発酵し，砂糖，安定剤および香料などを添加す
るなど，各種加工工程を経て製品とした飲料である．わが国では多くの乳酸菌飲料が製造販

売されており，乳酸菌は生菌タイプと死菌タイプの両方がある．乳等省令に基づくと，無脂乳固形分3%以上を含むと「乳製品乳酸菌飲料」，3%未満の場合は単に「乳酸菌飲料」に分類される．ヨーグルトのように無脂乳固形分8%以上で乳酸菌（生菌）を規定数以上含むものは「発酵乳」に分類される．同省令では，「乳製品乳酸菌飲料」では生菌タイプの場合はヨーグルトと同じく10^7/mL以上の菌数確保が求められるが，「乳酸菌飲料」では10^6/mL以上であるなど，必要菌数も規格により異なっている．伝統的な乳酸菌飲料としては，コーカサス地方を起源とするケフィアや中央アジアのクミスがあるが，これらはウシ，ヒツジ，ヤギおよびウマの乳を用いて乳酸菌と酵母の混合発酵により製造されるアルコール発酵乳である．

(2) 農産物を利用した発酵食品

a．納　　豆

　納豆は蒸煮大豆に納豆菌を繁殖させて食用とする独特の風味を持つアジア圏固有の発酵食品である．発酵に関与する納豆菌は *Bacillus subtilis*（枯草菌）に分類される．日本の糸引き納豆の場合，元々，稲わらを煮沸することによって，表面に付着する納豆菌の胞子（芽胞）のみを選択的に生残させ，その後稲わらで蒸煮大豆を包むことによって納豆菌のみを優勢化させる仕組みで作られてきたが，現在はパック詰めした専用容器で発酵が行われるのが主流である．納豆特有の粘質物は，D/L-グルタミン酸がγ-結合により連結したポリマー（ポリグルタミン酸）と，フラクトースのポリマーであるフラクタンによるものであり，これらは納豆菌により生産される．他のアジア圏の国々では，タイ北部およびラオス北部のトゥアナオ，ミャンマーのペーガピ，ヒマラヤ地域のキネマなどが日本の納豆に類似する食品としてあげられる．これらは発酵後に塩と混合したり，粉砕して練り固めて乾燥させたりするなど製造工程がさまざまであり，糸を引かないものも多いなど，最終形態が日本の納豆と大きく異なっている．また，*Bacillus subtilis* でなく，塩分を加えた大豆に糸状菌を繁殖させて仕上げるタイプの「塩辛納豆」，「寺納豆」と呼ばれる別系統の伝統納豆もあり，こちらは中国の「豆鼓（トウチ）」に類似している．

b．漬　　物

　漬物は，野菜などを食塩，糠，麹および酢などの調味物に漬け込み，保存性を高めつつ風味づけしたものである．韓国のキムチや京都のすぐき漬け，ヨーロッパのザワークラウトなど，塩分濃度が数%以下に収まる低塩分漬物では乳酸菌による発酵が重要な役割を果たし，*Lactiplantibacillus plantarum*，*Levilactobacillus brevis*，*Leuconostoc mesenteroides* などの乳酸菌群が繁殖する．

c．パ　　ン

　パンは，小麦粉を主な原料として食塩，砂糖，油脂などを混ぜ込んだ生地を作り，パン酵母 *Saccharomyces cerevisiae* を投入して発酵により炭酸ガスで生地を膨張させ，焼成したものである．原料を生地に仕込む際には，直捏法（ストレート法）と中種法（スポンジ法）が

あり，直捏法では原料をすべて混合して発酵を行うが，中種法では小麦粉の一部と酵母をあらかじめ混ぜて発酵させておき，その後残りの原料を投入して本捏生地を作る．中種法は，本捏の時間を短く設定でき，生地の特性も機械製パンに向くため，大量生産に向いた手法である．近年は，冷凍耐性酵母を用いることで生地の冷凍も可能となっており，さまざまな面においてパン製造工程の効率化が進んでいる．

主にヨーロッパ地域で伝統的に製造されるサワードウというパン種は，小麦やライ麦の生地に乳酸菌および酵母を自然に生育させたものであり，独特の酸味を有するパンになる．

(3) 水産物を利用した発酵食品
a．塩　　辛
塩辛は，魚介類の内臓や身に食塩を加え，主に原料由来のプロテアーゼなどの自己消化酵素によりうま味成分を増加させたものであるが，熟成過程において *Staphylococcus* 属，*Micrococcus* 属，*Tetragenococcus* 属のような耐塩・好塩性の微生物が繁殖する．塩辛の塩分濃度は，元来は 10%以上に設定され常温保蔵も可能な保存食であるが，近年は数%程度の低塩濃度の製品も増えており，腐敗を防ぐために低温保存が必要とされる．

b．鰹　　節
鰹節は，カツオの身を煮熟後に焙乾し，自然にカビを繁殖させて（あるいはカビの胞子を噴霧して）製造する．鰹節のうま味の主成分は，筋肉中の ATP 分解により生成する 5′-イノシン酸である．*Aspergillus glaucus* に属する糸状菌が代表的な優良カビとして知られ，品質低下をもたらす脂肪分の分解能が高く，香りづけや光沢などに大きく寄与する．十分な焙乾，熟成を経て固く乾燥した鰹節の水分活性は低く，細菌による腐敗が防がれるため長期保存が可能である．

c．魚　醤　油
魚醤油は，魚介類を高濃度（20%以上）の塩分とともに 1 年以上発酵熟成されて製造される液体調味料である．東南アジアから東アジアにかけて多く生産され，タイのナンプラーやベトナムのニョクマムがあげられる．わが国でも，石川県のいしるや秋田県のしょっつるといった伝統製品の他，北海道などでも近年生産量が伸びており，年間千 t 以上が国内で製造されている．近年は市販のたれやつゆなどの風味づけなど，業務用としての需要も伸びている．さまざまな魚介類が原料として使用されるが，イワシなどの海産小魚類が世界的に多く使用される．発酵熟成の基盤は塩辛と同じくほぼ自己消化であるが，耐塩性乳酸菌 *Tetragenococcus* の繁殖により乳酸の蓄積が熟成中に進行するケースが見られる他，耐塩性酵母の繁殖も見られる場合がある．

d．糠　漬　け
野菜の糠漬けと同様に，魚の身を高濃度の塩分存在下で塩蔵したあとに糠漬けにした製品が数多く作られている．ニシン，イワシ，サバなどの魚が用いられ，10 〜 20%の塩分存在下での熟成中に，魚醤油と同様 *Tetragenococcus* 属乳酸菌が繁殖する．代表的なものとして

福井県の鯖のへしこなどがあるが，石川県のフグの卵巣の糠漬けのように 3 年に渡る熟成期間の中でフグ毒（テトロドトキシン）を消去するなど，際立った特徴を持つ食品もある．

e．なれずし

塩蔵した魚介類の保存方法として，米飯とともに漬け込み室温放置することで乳酸発酵を起こさせる手法が古くから行われており，なれずしと呼ばれる．滋賀県の鮒ずし，和歌山県のさばなれずしなど，小規模ながら生産地は各地に点在している．北海道のサケやホッケなどさまざまな魚種を用いて製造するいずし，秋田県のはたはたずし，石川県のかぶらずしなどは，仕込みの際に米麹を添加して糖化，発酵熟成を促すもので特に「いずし系なれずし」と呼ばれる．麹を用いる工程は，冬季や寒冷地などの低温環境において発酵を促進するために編み出されたと考えられる．なれずしの発酵熟成期間はさまざまで，発酵の浅いもの（和歌山県のさばなれずし，4 日〜2 週間程度）からきわめて長いもの（鮒ずしの半年〜2 年）まである．発酵中には，*Lactiplantibacillus plantarum*，*Levilactobacillus brevis*，*Pediococcus* 属などの多種の乳酸菌が繁殖する他，酵母の生育も見られる．低温環境で発酵するなれずしの場合は，*Latilactobacillus sakei*，*Leuconostoc* 属などの乳酸菌がしばしば見られる．熟成期間の長い鮒ずしでは，乳酸の他に酢酸，プロピオン酸，酪酸などが生成され，特異な香気を持つ．

第8章

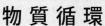
物 質 循 環

　第7章では，微生物の物質変換機能の物質生産への応用を述べた．第8章では，物質の処理，分解，回収に関する応用，すなわち物質循環への応用を解説する．第4章で述べたように，微生物が生態系の物質循環において果たす役割は大きい．その機能は，人類の生活，産業活動によって生じた物質の処理，分解，あるいは環境からの有用物質の回収にも活用されている．本章では，第1節において，炭素，窒素，リンなど，生態系の主要構成元素の循環に関する応用例を，第2節においては，産業活動により発生した難分解性化合物の処理への応用を，第3節では，有用物質回収の例として，環境からの金属の回収例を紹介する．さらに，第4節では，生態系修復への取組みを紹介する．

1．排水および廃棄物の微生物処理

　本節においては，人類の生活，産業活動によって生じる排水および廃棄物の処理に関して，活性汚泥を用いた排水処理技術を解説する．加えて，特に窒素循環に着目した硝化，脱窒，アナモックスなどのプロセス，炭素循環に着目したメタン発酵，農作物肥料として重要なリンの処理技術を解説する．

1）活 性 汚 泥

　地球上に存在する水は約98％が海水，約2％が陸水であり，人間が利用できる水資源はさらに限られている．水中の有機物は生態系自浄作用によって除去されていく．そこには微生物が深く関わっている．しかし，人々の生活あるいは産業などのさまざまな人間活動の結果生じる多量の排水中の有機物は，自然の生態系自浄作用では処理しきれない．そこで，排水処理技術が必要となる．排水処理の重要点は，有機物，窒素，リン，その他の有害物質を除去することにある．そして，処理後の水質が環境や人などの生物に影響を与えないように，水に透明度があり，pHが中性に保たれ，また栄養塩類なども低く抑えられていることが重要となる．

　排水の汚染指標として，生物化学的酸素要求量（biochemical oxygen demand, BOD），化学的酸素要求量（chemical oxygen demand, COD），溶存酸素（dissolved oxygen, DO）などが用いられる．BODは水中の有機物などを微生物が酸化分解するために必要な酸素量を示し，CODは酸化剤で酸化させた場合の酸素消費量を示す．よって，それらの数値が高いほど，排水は有機物によって汚濁していることになる．微生物が排水中の有機物を酸化分解

することにより，BOD，COD は低下する．

　人間活動で生じる排水の処理は，水の再利用や環境負荷低減に必須であることから，各産業そして各自治体で必ず行われなければならない．よって，多様な排水処理技術が存在するが，下水または産業排水の処理には低コストな生物処理である活性汚泥法が広く用いられている．活性汚泥法は，複合微生物系の凝集体である活性汚泥を用いた生物処理法であり，自然の生態系自浄作用を利用したものである．排水に溶解している有機物，窒素化合物，リンなどが活性汚泥中の微生物の同化および異化代謝，さらに活性汚泥自体への付着により除去される．多くの場合，有機物は活性汚泥中の従属栄養細菌（☞ 4-2-1-2）により代謝されて除去される．活性汚泥は細菌，微細藻類，糸状菌，酵母，原生動物などが含まれる複合微生物系の集合体である．各微生物細胞とそれらが生産する細胞外マトリクスにより，数百 μm 〜数 mm の凝集体（フロック）が構成されるため沈降性がよい．このような細胞外マトリクスで覆われた微生物集合体はバイオフィルムとも呼ばれ，水処理現場以外にも広く自然界に存在する．一般的に，細胞外マトリクスは細胞外多糖やタンパク質，核酸，細胞外膜小胞により構成され，微生物細胞間シグナルが含まれている．

　排水の質あるいは処理槽の環境(好気また嫌気など)により，活性汚泥中の複合微生物系は，含まれる微生物の種類が大きく異なる．1910 年代にイギリスで開発された活性汚泥法は，1920 年代に日本に導入され，その後改良が重ねられた結果，日本で最も普及している水処理法（標準活性汚泥法）となっている．1 次処理（物理的処理）で浮遊固形物，油脂，砂な

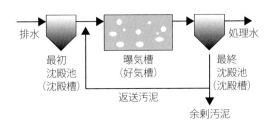

図 8-1　標準活性汚泥法による排水プロセス

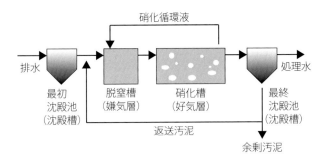

図 8-2　硝化液循環型活性汚泥法

どを取り除き，溶解している有機物を2次処理として活性汚泥で処理する（図8-1）．一定の滞留時間を経た処理水を，沈殿槽にて重力沈降により活性汚泥を沈殿させて固液分離し，上澄み液を塩素滅菌処理後，河川や湖沼へ放流する．沈殿した活性汚泥は，一部は余剰活性汚泥として系外に出されるが，多くは処理槽の微生物活性の向上あるいは維持のために再び処理槽に返送される．処理槽を曝気することで活性汚泥中の好気性微生物の代謝を活性化し，排水に含まれる有機物を代謝して除去する．しかし，下水などの排水中には，有機物以外にもアンモニア，硝酸などの溶存性窒素が存在し，それらが富栄養化の原因となることから，生物学的硝化・脱窒処理として活性汚泥法に組み込むことで，排水に含まれる溶存性窒素の除去能力を向上させた硝化液循環型活性汚泥法が広く用いられている（図8-2，詳細は「2）生物学的窒素除去1（硝化脱窒法）」を参照）．硝化液循環型活性汚泥法の場合には，排水中の有機物は脱窒槽（嫌気槽）にて脱窒反応に伴い消費され，さらに硝化槽（好気槽）において残りの有機物が除去される．

　このように，活性汚泥は複合微生物系の集合体であるため，排水の質や処理条件により現場ごと，あるいは処理槽ごとに異なっており，各活性汚泥の適正な制御は未だ困難である．例えば，季節による温度変化や流入排水の負荷変動などにより細菌のフロック形成能が低下することや糸状性細菌の大量繁殖により，活性汚泥が沈降しなくなることがある．これをバルキングと呼ぶが，バルキングの結果，処理水に汚泥があふれ出てくる事態については，未だに効果的な対処法はない．

2）生物学的窒素除去法1（硝化脱窒法）

　標準活性汚泥法は，微生物群による有機物の分解除去を行う最も普及している排水処理法である．しかし，活性汚泥による処理だけでは，排水中の窒素やリンを十分に除去できず，湖沼，閉鎖性海域の富栄養化を引き起こす原因となる．そのため，活性汚泥法を基本とし，生物学的処理を含む窒素やリンの高度処理（3次処理）の技術が開発されてきた．

　自然環境では，さまざまな微生物が窒素循環（☞ 4-1-2）を駆動している．窒素の高度処理に関与する微生物群の機能として，好気環境下での硝化（☞ 5-5-1）と，嫌気環境下での脱窒（硝酸呼吸，☞ 5-4-1）があげられる．好気環境下では，従属栄養細菌が有機物を分解してアンモニアを生成し，その後，化学合成独立栄養性のアンモニア酸化細菌群（Nitrosomonas 属など）と亜硝酸酸化細菌群（Nitrobacter 属など）による硝化反応により亜硝酸イオンや硝酸イオンへと酸化される（☞ 5-5-1）．一方，嫌気環境下では，亜硝酸イオンや硝酸イオンが多くの従属栄養細菌によって硝酸呼吸の電子受容体として利用され（嫌気呼吸，異化型硝酸還元，☞ 5-4-1），亜酸化窒素（N_2O）や窒素（N_2）として大気中に放出される．

　単一の好気槽で有機物の分解処理を行う標準活性汚泥法では，排水の滞留時間（sludge retention time，SRT）が短いため，生育速度の遅い硝化菌群が流亡してしまう．そのため，窒素の高度処理には，脱窒反応のための無酸素槽の追加，硝化細菌群を維持する SRT の調整，

加えて硝酸イオンを含む混合液を好気槽（硝化槽）から無酸素槽に返送することで硝化脱窒反応を実現している（図 8-2, 硝化液循環型活性汚泥法もしくは循環式硝化脱窒法）．また，ポリリン酸蓄積菌（☞ 8-1-5）が，嫌気条件下でリンを放出し，好気条件下で放出した量以上のリンを蓄積する特性を利用し，循環式硝化脱窒法の無酸素槽の前段に嫌気槽を設け，窒素除去と合わせてリンの生物学的な高度処理を行う嫌気無酸素好気法（窒素・リン除去）も実施されている．その他にも，嫌気槽と好気槽を直列に複数連結し，窒素除去効率を高めたステップ流入式硝化脱窒法や，無酸素槽を設置せずリン除去に重点を置いた嫌気好気活性汚泥法など，排水の質や規模によりさまざまな活性汚泥法が運用されている．

　また，活性汚泥法（浮遊生物法）と異なり，固体表面に生物膜（バイオフィルム）を形成し，排水と接触させて有機物を分解する固着生物法（生物膜法）も開発され，運用されている．バイオフィルム表面部は好気環境，内部は嫌気環境となり，硝化および脱窒が期待できる．この方法は，有機物負荷の変動に強く，膜状に微生物が担持されて流亡しにくいため，活性汚泥に比べて管理が容易であることが利点としてあげられる．一方，微生物量が担体表面に限定されるため，活性汚泥法に比べて長時間の排水処理が必要となる．本法は，比較的小規模な排水処理施設で運用されている．

3）生物学的窒素除去法 2（アナモックス法）

　活性汚泥法は，曝気により好気環境を維持しているため，曝気のコストが排水処理コストの約半分を占める．また，硝化細菌が高濃度の有機物を含む排水には生育阻害を受けること，高度処理には嫌気槽，好気槽，沈殿槽の 3 つの処理槽が必要であり処理施設が大規模になること，脱窒反応には還元力が必要であり，排水成分によっては有機物（メタノールなど）の添加が必要なことなど多くの課題がある．これらの背景から，近年アナモックス法という新たな窒素除去プロセスが注目を集めている．アナモックス反応（anaerobic ammonium oxidation, anammox；☞ 5-4-4）は，1960 年代の海底調査で無酸素域におけるアンモニアと硝酸，亜硝酸の同時消失が報告されたことに始まり，1970 年代には熱力学的計算から嫌気的に亜硝酸態窒素を電子受容体としてアンモニアを酸化する微生物の存在が予測され，1995 年にアンモニアが嫌気性微生物によって酸化される現象が報告された．さらに，1999 年には Planctomycetota 門に属するアナモックス細菌がこの反応を担っていることが発見された．アナモックス反応を単純な化学式で記述すると以下の式になる．

$$NH_4^+ + NO_2^- \quad \rightarrow \quad N_2 + 2H_2O \tag{8-1}$$

アナモックス細菌を活用したアナモックス法は，活性汚泥法に比べて高い窒素負荷の排水の処理が可能であり処理施設を小さくできること，アンモニアの一部を亜硝酸に変換する部分的な硝化反応でよく，曝気の投入エネルギーを低減できること，独立栄養性細菌であるアナモックス細菌が有機物を必要とせず，不完全脱窒による N_2O（CO_2 の 300 倍の温室効果）の発生を防げることなど，従来の活性汚泥法にはない特徴を有している．

一方で，アナモックス細菌は，酸素などの環境条件による阻害を受けやすく，倍加時間が約3〜10日と長く，一度阻害を受けると不安定になり回復に時間を要することなどの課題がある．このような理由から，広く普及するには至っていないが，高濃度の窒素化合物を含む産業排水の処理などにおいて，従来の活性汚泥法に代わって使われつつある．都市下水などの比較的低い濃度の排水の部分硝化にアナモックス法を組み合わせる研究や，アナモックス法を用いた窒素除去とリンの除去を同時に行う研究も進められており，今後の普及が期待される排水処理法である．

4）メタン発酵

メタン発酵は嫌気性消化とも呼ばれる排水・廃棄物処理技術である．処理技術として1世紀以上の歴史を有しており，家畜糞尿処理や活性汚泥法で排出される余剰汚泥（residual sludge）の減容・安定化処理などに用いられてきた．活性汚泥法に比べて，曝気のエネルギーが不要である，好気性の病原微生物や寄生虫卵を死滅させる，汚泥の発生量が少ない，燃料利用が可能なメタンを含むバイオガスが得られるなどの利点がある．一方，発酵後の処理液（消化液）は富栄養化因子となるアンモニアやリンを高濃度に含む．近郊農業地帯では液肥として農地還元を行うことで元素循環を図るシステムが導入されているが，都市部の場合，消化液に対してさらなる高度排水処理が必要になることがメタン発酵技術の普及の大きな妨げとなっている．

通常のメタン発酵プロセスでは，収集した有機性廃棄物を調整槽で混合，pHを調整し，不足する栄養成分を補充してメタン発酵槽に投入する（図8-3）．バランスよくメタン発酵が進行した場合，1モルのグルコースから3モルのメタンが二酸化炭素とともに得られる．

$$C_6H_{12}O_6 \rightarrow 3CO_2 + 3CH_4 \qquad (8\text{-}2)$$

メタン分子はグルコースが保有していたエネルギーを，燃焼熱基準で95％保存している．微生物により消費されるエネルギー量は5〜10％程度であることから，グルコース中のエネルギーの大部分はバイオガス燃料としてエネルギー回収できることになる．処理で得られ

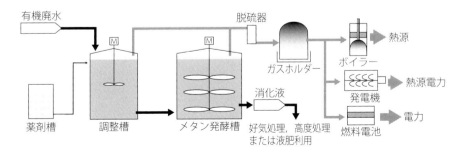

図8-3　メタン発酵プロセスの概要

るバイオガスの組成は一般的に $CH_4 : CO_2 = 6 : 4$ 程度である．再生可能水素を用いてバイオガス中の CO_2 をメタン化するバイオメタネーション（bio-methanation）技術が注目されている．微生物により資化可能な有機物は原則的にメタン発酵が可能であるが，し尿などの窒素含量の高い廃棄物の嫌気消化では，高濃度のアンモニウムイオンが蓄積して阻害効果を示す．また，硫酸イオン存在下では，硫酸還元菌により硫化水素イオンが生成，pH 5 以下になると腐食性があり毒性が強い硫化水素ガスが発生することから，脱硫塔で硫化水素を除去したのちボイラー燃料などに使われる．

　有機廃棄物のメタン発酵を微生物代謝の側面から考えると，①加水分解および酸生成，②酢酸生成有機酸酸化，③メタン生成の 3 段階に区別できる．それぞれの段階は異なった微生物が反応を担い，複合微生物群として協働で有機物をメタン化する．その多くは分離困難であるが，次世代シーケンサによる 16S rRNA 遺伝子のアンプリコン解析技術や，蛍光 in situ ハイブリダイゼーション（fluorescent in situ hybridization，FISH）を用いた特異的微生物の観察技術の深化により，複合微生物系群集構造の動的な姿が明らかにされつつある．

　廃棄物を構成する有機物ポリマーは対応する加水分解酵素によって低分子化され，直ちに微生物によって資化される．すなわち，タンパク質はアミノ酸に，炭水化物は糖類に，脂質はグリセロールと脂肪酸に分解され，微生物によって代謝されることで，ギ酸，酢酸，乳酸，プロピオン酸，酪酸などの低分子有機酸，エタノール，ブタノールなどの低分子アルコール，そして二酸化炭素，水素などが生成する（①加水分解および酸生成）．プロピオン酸や酪酸などの低分子有機酸は強い静菌作用を示すが，有機酸酸化細菌の働きにより酢酸と水素に酸化（分解）される（②酢酸生成有機酸酸化）．また，低分子アルコールも同様に酸化され，順調に稼働しているメタン発酵槽では通常検出されない．熱力学的理由により，酢酸および水素濃度が低い場合にのみ，微生物は対象の有機酸を酸化できる．酢酸および水素は次のメタン生成段階で低濃度化される．

　廃棄物処理のメタン生成では，主に酢酸資化性メタン生成菌（(8-3)式）および水素資化性メタン生成菌（(8-4)式）がメタンを生成する（③メタン生成）．

$$2CH_3COOH \quad \rightarrow \quad 2CH_4 + 2CO_2 \qquad (8\text{-}3)$$

$$4H_2 + CO_2 \quad \rightarrow \quad CH_4 + 2H_2O \qquad (8\text{-}4)$$

　いずれのメタン菌が優勢となるかは排水の種類や運転方法によってかわる．酢酸資化性メタン菌の増殖速度は非常に遅く，従来のメタン発酵法が長期の処理時間を必要とする大きな原因である．メタン生成菌により水素および酢酸が低濃度化されることで前段のプロピオン酸や酪酸酸化が進行する．メタン生成活性が低下し酢酸および水素濃度が上昇すると前段階の有機酸酸化が進行しなくなり，プロピオン酸や酪酸などが蓄積することで pH が低下し，最終的にはメタン発酵が停止する．酢酸生成有機酸酸化とメタン生成は相利共生系であり，切り離すことができない．

　メタン発酵プロセスを加水分解・酸発酵槽と，酢酸生成有機酸酸化・メタン発酵槽として

分離する二段発酵法も提案されている．利点としては，2つの発酵段階で最適条件での運用が可能なことや，前段の加水分解・酸発酵槽では水素生成が期待できることから，水素 - メタン二段発酵法によるバイオ水素の生産が期待できる．

前述の通り，メタン発酵では，異なった代謝機能を有する微生物群が複合微生物系として協働して有機物をメタン化する．このため，複合微生物系のバランスを適正に制御するため，液滞在時間は 20 〜 40 日と長く，大型の処理設備を必要とした．また，アンモニアやアミン，硫化物由来の悪臭が発生する場合があることなどから大規模な導入は進まなかったが，1990 年代以降，発酵プラントの設計や制御技術が大きく進展し，上向流嫌気性汚泥床法（upflow anaerobic sludge blanket，UASB 法）などの高速メタン発酵法が開発された．UASB 法は，メタン発酵微生物群が凝集菌塊（グラニュール）を形成する性質を活用する．発酵槽に凝集菌塊を大量に充填して下部から排水を注入し，メタン発酵後の消化液を上部から排出する．生み出された上向流が凝集菌塊の内部循環流やガスリフト効果を起こし，曝気や機械的撹拌なしに基質との接触の効率化と均一化が図られる．グラニュールは沈降性が高く，上向流条件下でも大部分が発酵槽内に維持される．さらに，バイオガスが付着して浮力を持ったグラニュールの槽外漏出（wash out）を防ぐために，発酵槽上部に気固液分離装置を設置する．このようにして，UASB 法では発酵槽内微生物密度が従来法と比較して飛躍的に向上することで，高有機物負荷での運転を実現している．液滞在時間は 1.5 日程度と短く，BOD 除去率は 90％を超える．現在は，UASB 法の他に，担体を用いたメタン発酵微生物群の固定化法による高速発酵法も開発されている．

このようなメタン発酵技術の急速な進歩と再生可能エネルギーへの関心の高まりから，近年では，従来からの家畜糞尿や余剰汚泥処理に加え，ビール製造廃液，アルコール蒸留廃液，パーム油搾油廃液，パルプ製造廃液，繊維産業廃液などの産業排水処理に広く利用されている．

5）脱　リ　ン

リンは生活排水や一部の工業排水に含まれている．排水中のリンが湖沼や内湾など閉鎖性水域へ流出すると，富栄養化による水質低下を引き起こす．そのため，リンは第 5 次水質総量規制（2001 年策定）から総量削減の対象項目に指定されている．一方でリンは，窒素およびカリウムと並ぶ植物の三大栄養素でもあり，農作物肥料として人類の食料生産を支える非常に重要な資源である．現在利用されているリンはリン鉱石から精製されるが，世界的に良質なリン鉱石が枯渇し始めており，いくつかの国では輸出を制限している．リン資源枯渇は食料問題に直結するので，人類の持続可能性に関わる大きな問題である．生活排水からリンを回収すれば，わが国が輸入するリン鉱石の 40 〜 50％が補える可能性があり，リン資源の回収に大きく貢献できる．このような背景を考えると，排水の脱リン技術は，単に排水からリンを取り除くということだけでなく，リン資源を回収するという重要な技術となる．

排水中に含まれるリンは，硫酸アルミニウムなどの化学凝集剤の添加によっても除去でき

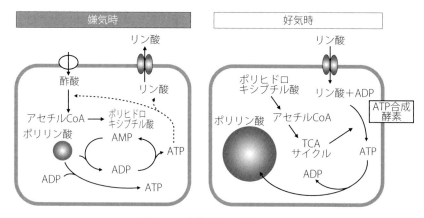

図 8-4　生物脱リン法の原理
嫌気時（左）と好気時（右）の代謝の変化と脱リンの原理．生物脱リン法の運転の基本は，嫌気と好気の繰返しである．そのポイントはポリリン酸のエネルギーを嫌気条件でうまく使い，有機物を素早く菌体内に取り込むことである．したがって，嫌気条件でポリリン酸の分解の結果生じるリン酸の放出が，うまく運転できているかどうかの1つの目安となる．脱リンではあるが，目安となるところが嫌気条件でのリンの放出であることは意外に思われるかもしれない．それが，好気条件における「放出した以上のリン酸の吸収」につながる．（味埜俊・松尾友矩：水質汚濁研究, vol. 7, p.605～609を参考に作図）

るが，濃度が薄い場合には難しく，また処理すべき水量が多くなるとコストがかかる．一方，活性汚泥微生物を用いて排水からリンを除去する生物脱リン法は，比較的コストが安く，低濃度のリンも効率よく回収できる．生物脱リン法における主役は，汚泥の中の微生物（主にバクテリア）である．したがって，バクテリアのリン除去能力をいかに増大させるかが，効率的なリン除去を行ううえできわめて重要である．現在実用化されている生物脱リン法では，ポリリン酸蓄積細菌というバクテリアが主要な役割を果たしており，取り込んだリン酸をポリリン酸という無機リン酸ポリマーとして細胞内に蓄積する．従来の活性汚泥法では，活性汚泥が取り込んだリンの量は乾燥重量当たり1～2％程度であるが，生物脱リン法の汚泥では，嫌気条件と好気条件を繰り返すことで過剰にリン（ポリリン酸）を蓄積するようになる（リン含有率は最大で10％程度）．生物脱リン法で優占種になるポリリン酸蓄積細菌は，嫌気槽で最初に酢酸やプロピオン酸などの有機酸と接触する．細胞内に蓄えていたポリリン酸をATPに変換し，そのエネルギーを使って有機酸を取り込む．ポリリン酸のエネルギーを使った結果で生じるリン酸は菌体外に放出される．このときに，取り込んだ有機酸はポリヒドロキシブチル酸やポリヒドロキシアルカン酸として蓄積する（図8-4左）．続いて好気槽に移動すると，蓄積したポリヒドロキシブチル酸を酸化してエネルギーを獲得し，放出した以上のリン酸を取り込んでリンを蓄積（ポリリン酸合成）する（図8-4右）．ポリリン酸を蓄積した菌は，再び嫌気槽に戻された際，ポリリン酸のエネルギーを使って他の菌に先駆けて有機酸を取り込む．その結果，他のバクテリアの増殖は抑えられ，ポリリン酸蓄積細菌が

優占する．したがって，嫌気槽に硝酸イオンなどが存在しないことが，脱窒菌に炭素源を奪われるのを防ぐために重要であることが知られている．このサイクルを繰り返して運転すると，ベンチスケールの生物脱リン法ではポリリン酸蓄積細菌がバイオマス全体の85%を占めるまでになることが確認されている．

培養に依存した手法で，生物脱リン法からポリリン酸蓄積細菌の単離が試みられていた当初は，*Acinetobacter* sp. や *Lampropedia* sp. などが主要なポリリン酸蓄積細菌の候補として誤って同定されたこともあった．しかし，前述のようにベンチスケールの実験によってポリリン酸蓄積細菌を高度に優占化することが可能になったため，これを対象として in situ hybridization などの培養に依存しない解析が行われた．その結果，当初の予想に反し，*Accumulibacter phosphatis* が最も主要なポリリン酸蓄積細菌であることが明らかにされた．生物脱リン法の汚泥から直接 DNA を抽出して *A. phosphatis* の全ゲノム配列決定が行われた結果，複数のポリリン酸合成酵素遺伝子が存在することがわかっている．また近年，*Dechloromonas* 属細菌といった新しいタイプのリン蓄積菌が見つかってきている．*Dechloromonas* 属細菌は，硝酸イオンも電子受容体として利用できることから窒素とリンの両方の除去にも貢献する可能性が示されている．

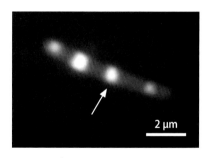

図 8-5　ポリリン酸を蓄積するように改変した大腸菌
矢印は，菌体内に蓄積したポリリン酸顆粒を示す．

一方，ポリリン酸蓄積能力の高いバクテリアを創製できれば，脱リン工程がさらに効率化できる可能性がある．実験室レベルの研究ではあるが，ポリリン酸蓄積菌を作製した例を以下に紹介する（図 8-5）．リン酸の取込みとポリリン酸合成酵素遺伝子を高発現させた大腸菌は大量のポリリン酸を蓄積し，菌体のリン含量は最大で乾燥菌体重量の 16% にも達した（リン酸として換算すると 48%）．良質のリン鉱石のリン含量はおよそ 13% であるため，これはリン鉱石を凌ぐリン含量である．また，組換えではなく変異剤を使ってポリリン酸蓄積変異株の取得も可能である．リン酸レギュロンの抑制因子に変異を持つ場合，野生型の 1,000 倍近いポリリン酸を蓄積する．また，同時にアルカリホスファターゼ活性が向上するため，培地中にアルカリホスファターゼの発色基質を混合しておけば，コロニーの色でポリリン酸蓄積変異株が選抜できる．この方法を用いれば，大腸菌以外の多くのバクテリアや排水処理酵母でもポリリン酸蓄積変異株を得ることが可能となっている．

2．バイオレメディエーション

バイオレメディエーションとは，微生物などの働きを利用して環境中の汚染物質を分解し，環境の浄化を図る技術のことをいう．本節においては，化学物質による環境汚染の実態を述

べたあと，微生物による環境汚染物質の分解とバイオレメディエーションへの微生物の利用について解説する．

1) 化学物質による環境汚染

(1) 環境を汚染する有機化学物質（化成品）

高機能性化合物・素材を新しく生み出し，それを活用して便利な製品を生み出すことで，われわれは現在の豊かな消費社会を生み出してきた．この結果として，原油のように限局して存在していた物質が他の環境に流出したり，環境中に全く存在しなかった物質が大量に放出されたりする事例が多く報告されている．化学物質が環境中に放出されても，非生物的な変換や生物による代謝および分解が容易に進む場合や希釈拡散効率が高い場合は，環境中への放出が問題になることは少ない．一方で，環境への放出量が環境の許容量を超える場合や，難分解性および環境残留性が高く毒性が強い場合などは，化学物質の放出が大きな健康被害や社会問題を引き起こす．

環境汚染物質も放出される過程や経緯によって，いくつかのタイプに分けられる．第一には，原油や原油由来の合成原料などのように，使用量が膨大で漏出が問題となる物質である．第二には，大量に使用されてきた物質に，その後の研究で毒性が発見され，使用が制限されるとともに社会問題化する場合である．第三として，ゴミ焼却の過程で不十分な温度で焼却が行われた場合のダイオキシン発生のように，非意図的に汚染物質が生成し環境中に放出す

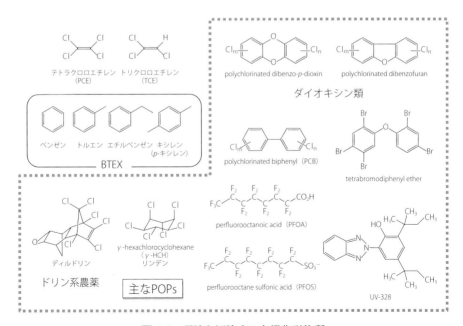

図 8-6　環境を汚染する有機化学物質

る場合もある.

（2）有機溶剤による汚染

環境汚染物質のうち，発生件数や規模，毒性，暴露の可能性などを考えると，日本では有機塩素系の溶剤や芳香族系の溶剤は，重金属と並んで主要な汚染原因物質である．テトラクロロエチレン（PCE）やトリクロロエチレン（TCE）（図8-6）などの揮発性有機塩素系溶剤は難燃性で脱脂力に優れているため，半導体産業での基盤洗浄やドライクリーニング用溶剤として広く使用された．これらの化合物は比重が大きいため地下深く浸透し，環境中では地下水の底部やシルトおよび粘土質や有機物に沈着して存在する．発がん性が強く疑われるため，それらの嫌気条件下での微生物代謝物であるジクロロエチレン（DCE）や塩化ビニル（VC）とともに，各地で重大な環境問題を引き起こしている．ベンゼン，トルエン，エチルベンゼン，キシレンといった揮発性芳香族化合物は，BTEXと総称される（図8-6）．ガソリンなどの揮発油の主要な成分であるとともに，溶媒や原料としての石油化学産業での使用量も多く，ガソリンスタンド跡地や工場敷地での漏出が大きな問題となっている.

（3）残留性有機汚染物質（POPs）

環境中での残留性（難分解性），生物蓄積性，長距離移動性，有害性の高さから，製造および使用の廃絶と制限，排出の削減，これらの物質を含む廃棄物などの適正処理が特に求められる有機化合物がある．これらを残留性有機汚染物質（POPs）と呼び，取扱いが「残留性有機汚染物質に関するストックホルム条約」（通称をPOPs条約）で規定されている．ディルドリンなどのドリン系農薬，リンデン（γ-hexachlorocyclohexane，HCH）などの超難分解性の有機塩素系化合物や，ダイオキシン類，PCBなど12種の有機化合物が当初POPsとされ規制対象となったが，その後，多くの化合物が規制対象に加えられ2024年3月現在で30種を超える化合物がPOPsとして登録されている（図8-6）．詳しくは，ストックホルム条約のHP（https://www.pops.int/Home/tabid/2121/Default.aspx）や環境省のPOPsパンフレットなどを参照されたい．対象化合物は増加する傾向にあり，最近追加されたものとしては，難燃剤として利用されてきた臭素化ジフェニルエーテル類，撥水撥油材や泡消火剤として利用されてきたペルフルオロオクタン酸関連化合物などの有機フッ素化合物，紫外線吸収剤などとして広く使用されてきたUV-328（2-(2H-ベンゾトリアゾール-2-イル)-4,6-ジ-tert-ペンチルフェノール）などがある．悩ましいのは，近年POPsに追加された物質の多くが有用な性質を持つゆえに非常に広範に使用されていることや，代替物質の開発が困難なことである．条約の締約国会合（COP）ではPOPsへの追加候補化合物について議論がなされており，今後もPOPsへ追加される物質は増加するものと思われる.

（4）マイクロプラスチック

廃棄プラスチック類の不適切な管理により，土壌や海洋など多様な環境が汚染されている.

環境に放出されたプラスチック類は物理的・化学的風化を受けにくく，摩耗が進んだり細かく破砕されたりすることによって小さな破片へと変換されていく．定義としては5 mm以下のプラスチックをマイクロプラスチックと呼ぶ．廃棄プラスチックは河川に入ることで海洋へと運ばれることから，海洋には（マイクロ）プラスチックが蓄積することになる．プラスチック類には前述のPOPsなどの各種化学物質が吸着することも知られており，特にマイクロプラスチックのように小さなものは直接生物の体内へと入るために，野生生物や人間への悪影響が懸念されている．

2）環境汚染物質の微生物代謝

(1) 芳香族化合物の微生物分解

一般的に，芳香族化合物は，好気的条件下で酸素由来のO原子の添加によって，水酸化・芳香環開裂を経て脂肪族化合物へと変換され，最終的にTCAサイクルで完全分解される．環開裂反応の基質となるのは，ほぼカテコール型の化合物である（図8-7）．カテコール化

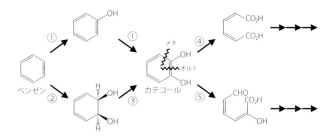

図8-7　好気条件下における芳香環の主な分解反応
①一原子酸素添加反応，②二原子酸素添加反応，③脱水素再芳香環化，④オルト開裂，⑤メタ開裂．

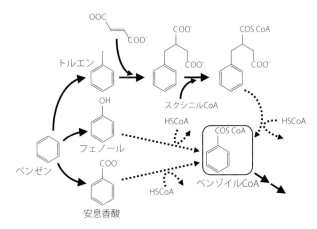

図8-8　嫌気条件下でのベンゼン，トルエンの分解反応

合物は隣接した2つの水酸基を有しており，2つの水酸基の間で開裂するのがオルト開裂，水酸基の外側で開裂するのがメタ開裂である．芳香環開裂酵素は，いずれも鉄を活性中心とする二原子酸素添加酵素（ジオキシゲナーゼ）である．芳香族化合物がカテコール化合物に変換されるためには，環開裂酵素とは異なるジオキシゲナーゼによる二水酸化，あるいは一原子酸素添加酵素（モノオキシゲナーゼ）による一水酸化反応が行われる（図8-7）．このような反応を含む代謝系により芳香環化合物は完全分解され，細菌に炭素源エネルギー源として利用される．

　一方，嫌気的環境では，芳香属化合物は酸素を使わずに分解代謝される．この場合，硝酸などの電子受容体が必要である．ベンゼンはメチル化，水酸化，カルボキシル化のいずれかの初発反応を受けたあとに，芳香属化合物の嫌気代謝における重要な代謝中間体であるベンゾイルCoAへと変換され，分解されていく（図8-8）．ベンゼンのメチル化でも生じるトルエンの嫌気分解はよく研究されており，フマル酸の付加とスクシニルCoAからCoAの転移反応が起きたあとに，数段階の反応を経て，ベンゾイルCoAへと変換される．

（2）農薬の微生物分解

　有機塩素系殺虫剤であるγ-HCHには，9種の立体異性体が存在する．γ体のみが強い殺虫活性を有するが，環境中ではβ体は残留性や毒性がγ体よりも強く，この汚染も問題視されている．γ体は脱塩素反応を受けたあとに芳香環化し，その後環開裂して完全分解される（図8-9）．2,4-dichlorophenoxyacetic acid（2,4-D）は，植物ホルモンであるオーキシン様の活性を有する除草剤である．2,4,5-trichlorophenoxyacetic acid（2,4,5-T）とともに，ベトナム戦争で使用された枯葉剤の成分としても有名である．この化合物は，脱離したフェノキシ基がフェノール誘導体に変換されたあとに，カテコール化合物となりオルト開裂して完全分解される（図8-9）．

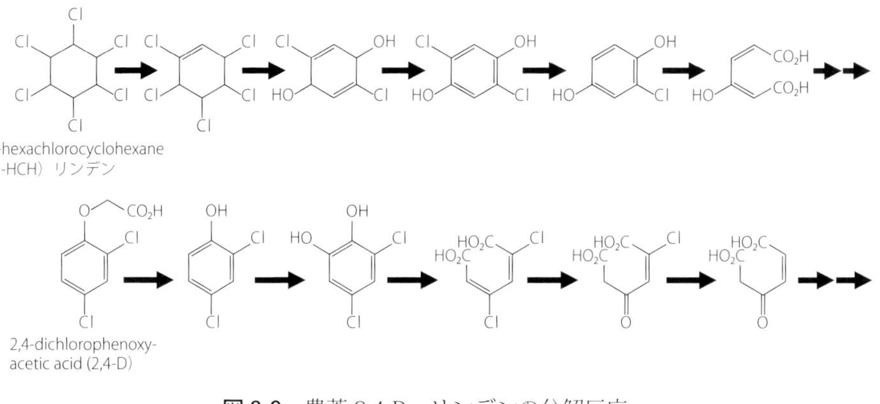

図8-9　農薬2,4-D，リンデンの分解反応

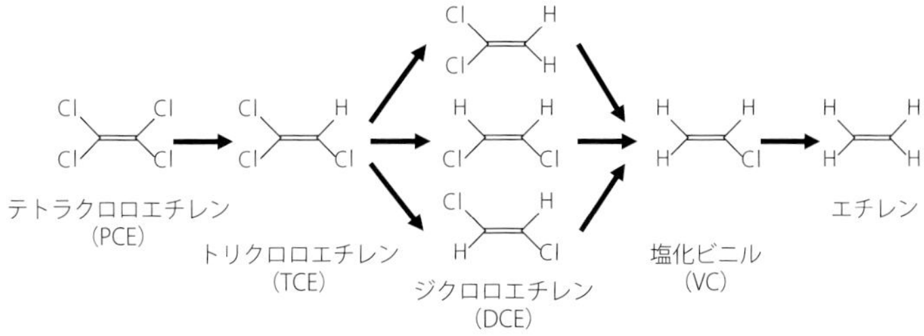

テトラクロロエチレン
(PCE)

トリクロロエチレン
(TCE)

ジクロロエチレン
(DCE)

塩化ビニル
(VC)

エチレン

図 8-10 有機塩素系溶剤（塩素化エチレン類）の分解反応

（3）有機塩素系溶剤の微生物分解

　有機塩素系溶剤は地下水を汚染することがほとんどで，嫌気環境が汚染するため，嫌気条件下での代謝が重要である．*Dehalococcoides* 属細菌に代表される一部の偏性嫌気性細菌は，図 8-10 に示すように PCE から逐次脱塩素化反応を行うことで知られている．これらの反応は，塩素化エチレン類を最終電子受容体として使ういわゆる脱ハロゲン呼吸（halorespiration）であり，エネルギー生成系と共役している．PCE や TCE の脱塩素化のみを行う細菌も存在するため，代謝中間体である DCE や VC が環境中に蓄積する場合がある．DCE や VC の毒性は PCE や TCE の毒性より高いため，エチレンまでの完全分解がスムーズに流れることが重要である．

（4）難分解性物質分解能の進化

　前述したような難分解性物質や環境汚染物質の分解代謝系は，細菌の適応と進化の結果，最近確立されたものである．この過程では，分解に関わる遺伝子の外界からの取込み（遺伝子の水平伝播）と，既存代謝系酵素遺伝子への変異蓄積による基質特異性の変化が起こる．遺伝子の水平伝播にはさまざまなメカニズムが知られているが，伝播頻度と一度に運ぶ遺伝子の量の多さから，プラスミドが最も重要だと考えられる．実際，ナフタレンやトルエンなどの分解酵素遺伝子群が接合伝達性プラスミド上で発見されており，これらの接合伝達が各化合物分解系の構築に重要であったことが実証されている．

３）環境修復への微生物機能の利用

　生物の機能を利用して汚染された環境を修復することをバイオレメディエーション（bioremediation）と呼ぶ．物理的・化学的修復法は除去効率が高く迅速な処理が可能というメリットがある一方で，処理にかかるコストは通常高額となる．これに対し，バイオレメディエーションは除去効率が悪く処理に時間がかかることも多いが，比較的低コストで処理を行うことができるメリットがある．したがって，処理に時間をかけてもよい場合や，処理対象となる土壌の面積が広大な場合には，バイオレメディエーションの優位性が高まる．

有機化合物汚染の分解を目指したバイオレメディエーション手法は，どのような微生物の分解力を期待するかによって，バイオスティミュレーションとバイオオーグメンテーションに大別できる．前者は汚染現場にいる土着の微生物の分解力を期待するもので，土着微生物活性化のための栄養や酸素，水などを現場に加える．後者は，汚染現場の土着微生物の分解力が期待できない場合や，分解力を増進して処理を早く終わらせたいときに，分解菌を汚染現場に投入して環境修復を行うものである．地下水の有機塩素系溶剤汚染などで，バイオスティミュレーションが多く試みられているが，汚染現場によっては十分に強い分解力が発揮できない事例が報告されている．そのため，バイオオーグメンテーションへの期待が高まっているが，新規に微生物を投入することへの地権者などの懸念は大きく，あまり普及していないのが現状である．なお，バイオオーグメンテーションの普及を目指して，経済産業省と環境省によって「微生物によるバイオレメディエーション利用指針」が作られている．

　一方，バイオレメディエーションには植物が用いられることもあり，汚染土壌に植物を播種し生育した植物の根圏を微生物のゆりかごとして，生育した微生物に環境浄化を行わせる手法が検討されている．これをファイトスティミュレーションやリゾレメディエーションと呼ぶ．また，植物には重金属を高濃度で蓄積するものもいるので，それらに土壌中から有害な重金属を抽出および蓄積させて，植物体ごと取り去ることで重金属汚染を修復する取組みも農耕地のカドミウム汚染やヒ素汚染などを対象に検討されている．これをファイトエクストラクションと呼ぶ．

　バイオレメディエーションの成否は現場のさまざまな状況により左右されることが多く，効果が不確実という欠点がある．そのため，実際の処理では汚染の状況と現場土壌の性状や地下水の流れなどを詳細に調べたあとに，処理の可能性（バイオトリータビリティー）が試験され，処理法の検討，パイロット試験を経て，現場の浄化が行われる．この不確実性の原因の1つは，さまざまな実環境中での微生物の振る舞いが予測できないことである．この解決は，今後の環境微生物学のトピックの1つとなると考えられる．

3．金属と微生物

　環境中に拡散する金属は，ときに有害物質として処理対象となり，ときに有用資源として回収対象となる．本節では，微生物による環境からの有用金属回収技術を中心に解説する．

1）生体内での金属の役割

　金属は生物にとって重要な物質の1つであり，私たちの日常生活にもさまざまな点で密接に関わりあっている．生体内での働きという観点から金属を捉えると，人間をはじめとする生物にとって必須な微量金属元素と非必須な有害金属に大きく分けることができる．必須微量金属元素に関しては食物などから積極的に摂取する必要があり，摂取量が不足すると欠乏症を引き起こし生命活動に支障をきたす．一方，産業活動により有害金属が環境中に放出

され，食物連鎖によって生体内に濃縮された結果，重大な健康障害をもたらす．ただし，必須金属元素であっても過剰に存在することで毒性を示し，有害金属であってもわずかな量であれば毒性を示さないといった点に留意しなければならない．例えば，銅や亜鉛はさまざまな生体内反応を触媒する酵素の補因子として機能するため，必須金属元素である一方，生体内に高濃度で蓄積すると酵素との無差別な結合により機能障害を引き起こす．そのため，生物は環境中に存在する金属イオンの濃度にかかわらず，生体内の金属イオン濃度をある一定の範囲に留めておくための機構を備えている（金属イオン濃度の恒常性維持）．過剰な金属イオンを認識して，取込みの抑制や排出を行ったり，金属イオンに結合して無毒な形に封じ込めたりする．逆に，金属イオンが不足している場合は積極的に取り込むとともに，細胞内に貯蔵されているものを利用しようとする．

また，近年ではハイテク製品に欠かせない金属としてレアメタルの重要性がますます増大してきており，国際価格の上昇や供給構造の脆弱性が問題となっている．したがって，金属はこれまで環境汚染の一因としてのイメージが先行してきたが，捨てれば汚染物質となるものも，集めれば逆に有用資源となる．

2）レアメタル

レアメタル（rare metal）は産業のビタミンとも呼ばれ，ハイテク産業にとっては必要不可欠な金属である．図8-11に周期表中のレアメタルを示した．その特徴としては他の金属と比較して，①埋蔵量が少ない，②代替性が著しく低い，③偏在性が高く産出国に対する依存度が非常に高い，といった点があげられる．具体的には自動車，デジタル家電，携帯電話

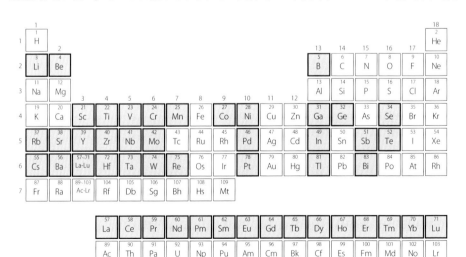

図8-11　元素周期表中のレアメタル
灰色の元素がレアメタルを示す．

をはじめとした電子機器など，さまざまなハイテク製品に使用されており，製品の小型化，軽量化，高性能化，省エネルギー化といった点で大きく貢献している．しかし，偏在性の高さとそれに伴った産出国の輸出制限により，国際価格の高騰，脆弱な供給構造といった問題があるため，日本では安定供給が不可能になった場合に備え，1983年にレアメタル国家備蓄制度が創設された．ニッケル，クロム，マンガン，コバルト，タングステン，モリブデン，バナジウムといった7種類のレアメタルが備蓄の対象となっており，民間備蓄分と合わせて国内基準消費量の60日分相当の備蓄を行っている．その一方で，これまでに地上に廃棄および蓄積されたハイテク製品中のレアメタルを都市に眠る鉱山資源と見なす概念も生まれており，都市鉱山と呼ばれている．都市鉱山は，埋蔵量がわかっているため探索の手間がかからず，同時に金属による環境汚染を防ぐことができるため，有望な回収先と考えられる．

3）微生物による金属吸着・回収

（1）バイオソープション

工場排水などの液相中に存在する金属イオンを回収するためには，基本的にまず金属イオンを何らかの吸着体に吸着させたのち，吸着した金属イオンを脱着させるという過程を経る必要がある．金属イオン吸着・回収についてはイオン交換法や膜分離法などの物理化学的手法が存在するが，産業排水中に含まれる金属イオン濃度が低い場合，コストに見合う回収は困難であるのが現状である．他の吸着・回収法として，バイオソープション（biosorption）がある．これは，微生物を吸着体とし，さまざまな金属代謝機能を利用して金属イオンの吸着および回収を行う方法である．微生物と金属イオンの相互作用については，細胞表層における吸着と，細胞内への取込みによる蓄積があげられる．細胞内への蓄積を，特にバイオアキュムレーション（bioaccumulation）と呼ぶこともある．金属イオン取込み能の高いさまざまな微生物が自然界から分離されている．また，遺伝子工学技術によって細胞表層を人工的に改変し，細胞表層にレアメタルイオン吸着能を持たせた新たな細胞も作られてきている．吸着後の回収までを視野に入れると，回収時に細胞を破砕する必要のない細胞表層での吸着に一日の長がある．

（2）バイオミネラリゼーション

液相中の金属イオンを回収するための微生物プロセスとして，金属イオンを鉱物化して固化および回収する方法がある．バイオミネラリゼーション（biomineralization）とは，生物の生命活動に伴って金属イオンから鉱物を作る反応である．バイオミネラリゼーションによって作られた鉱物はバイオミネラルと呼ばれる．サンゴ礁などはその代表的な例であり，海水中のカルシウムイオンと重炭酸イオンを取り込み，炭酸カルシウムを生成することで骨格が形成される．バイオミネラリゼーションは，高等生物から細菌に至る幅広い生物種で見られる．微生物では *Desulfovibrio* 属の硫酸還元菌，*Shewanella* 属の金属イオン還元菌，*Bacillus* 属，*Citrobacter* 属，*Pseudomonas* 属中のセレン還元菌がバイオミネラリゼーション

280 第8章 物質循環

を行う.

(3) バイオリーチング

金属の回収先としては，液相だけでなく鉱石などの固相中のものも対象となる．バイオリーチング（bioleaching）は低品位の鉱石から微生物の酸化作用を利用して金属を溶解し，液相中に回収する方法であり，バイオマイニング（biomining）とも呼ばれる．地殻にはさまざまな金属が硫化鉱石（FeS_2，$CuFeS_2$，Cu_2S，ZnS，PbS など）として存在しているが，酸化的環境で酸素と水があれば酸化反応により金属を酸化および溶出する．*Thiobacillus* 属，*Acidithiobacillus* 属などの鉄酸化細菌や硫黄酸化細菌は Fe^{2+} を酸化して Fe^{3+} を，硫黄から硫酸を生じる（(8-5)式，(8-7)式）（☞ 5-5-2）．Fe^{3+} は有効な酸化剤であり，硫酸とともに鉱石中の金属を硫酸塩として溶出させる（(8-6)式，(8-8)式）．例えば，黄銅鉱（$CuFeS_2$）中の銅は鉄酸化細菌が産生する Fe^{3+} の酸化作用により，可溶な硫酸銅を生成する．その際に2価となった鉄は鉄酸化細菌によって Fe^{3+} に再生され，銅の酸化および溶出を触媒する．

$$4Fe^{2+} + O_2 + 4H^+ \quad \rightarrow \quad 4Fe^{3+} + 2H_2O \tag{8-5}$$

$$MeS + 2Fe^{3+} \quad \rightarrow \quad Me^{2+} + 2Fe^{2+} + S^0 \tag{8-6}$$

$$2S^0 + 2H_2O + 3O_2 \quad \rightarrow \quad 2H_2SO_4 \tag{8-7}$$

$$2MeS + 2H_2SO_4 + O_2 \quad \rightarrow \quad 2Me^{2+} + 2SO_4^{2-} + 2S^0 + 2H_2O \tag{8-8}$$

4．生態系の維持

微生物機能により物質循環における律速段階を補助することで生態系を健全化する作用について，窒素循環（☞ 4-1-2-2）における窒素固定菌の活用を例に解説する．窒素は植物の生育にとって重要な三大栄養素の1つである．窒素などの栄養分が少ない土壌において，肥沃化に役立つ微生物が存在する．マメ科植物をはじめとした根粒植物は根に粒状の根粒を形成し，その中に *Rhizobium* 属の根粒菌が共生（symbiosis）している（図8-12）．マメ科植物は光合成により生産された炭素源を根粒菌に与えるが，その一方で根粒菌はその炭素源をエネルギーとし，空気中の窒素を植物が利用できるアンモニアに変換する能力を持ち，自らの栄養分として利用するとともに植物にも供給する（窒素固定，☞ 5-7-3）．このように，お互いに利益をもたらしながら一緒に生活する関係を相利共生という．そのため，根粒菌による生物的窒素固定は，地球上の窒素循環，ならびに土壌環境，森林生態系の保全や修復など，広範に貢献している．実際，土壌中に根粒菌を接種することによって，ダイズの収量を増大させることも可能である．根粒菌は，土壌中で鞭毛を持った小型の菌として単独でも生育できるが，このときには窒素固定を行わない（図8-12）．一方，マメ科植物に共生した際

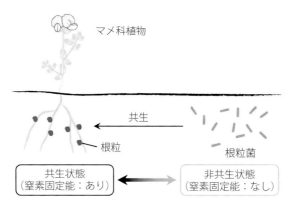

図 8-12 マメ科植物 - 根粒菌の共生と窒素固定

には，根粒内で形を変化させる．すなわち，細胞が大きくなるとともに，桿状から不規則な形をしたバクテロイドと呼ばれる状態になり，二重膜に囲まれた構造をとる．さらに，根粒内ではレグヘモグロビンという赤色の色素が蓄積するとともに，窒素固定酵素ニトロゲナーゼを生産するようになる．これらの要素が共生時の窒素固定に重要な役割を果たすと考えられている．

第9章
生態学的応用

　第7章では,微生物の物質生産への応用,第8章では,微生物の物質循環への応用を述べた.第9章では,微生物の生態学的応用として,ヒトの健康に関わる諸問題への微生物の利用および微生物農薬を含めた作物生産への微生物の利用を解説する.これらは,第7章,第8章で述べた既存の微生物応用技術と比較して新しい技術であるといえる.一部は社会実装されてはいるものの,その多くは今後の利用拡大やさらなる技術開発が期待されるものであり,第10章で述べる「未来社会への取組み」としても位置づけられるものである.

1. プロバイオティクス,プレバイオティクス

1) 腸内細菌叢と宿主の健康

　ヒト大腸には数百種～千種類,数十兆個の腸内細菌が棲息し,腸内細菌叢(gut microbiota)を形成している.主たる分類群として Bacteroidota, Bacillota, Actinomycetota, Pseudomonadota の4つの門(それぞれ旧門名は Bacteroidetes, Firmicutes, Actinobacteria, Proteobacteria)の細菌が棲息している.2010年代に入り,次世代シークエンス解析技術の発展に伴って,腸内細菌叢の構造を簡便かつ詳細に明らかにできるようになり,腸内細菌叢がヒトの健康および疾患発症に大きな影響を与えることが明らかになっている(図9-1).

　腸管は人体で最大の免疫器官であり,病原菌や毒素などの生体外異物を排除し,生体の健全性を保っている.ペプチドグリカンや細胞表層多糖,鞭毛の成分やグラム陰性菌のリポ多糖などの腸内細菌の外殻成分は,宿主の免疫系の活性化を促す.特に自然免疫の活性化により,ナチュラルキラー細胞の細胞傷害活性(NK活性)の増強が起こり,抗ウイルス活性や

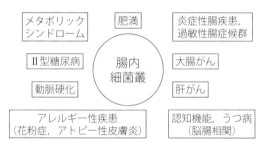

図 9-1　腸内細菌叢が関与する疾患

抗がん活性が発揮される．食事は腸内細菌叢の維持に重要な要素であるが，食生活の乱れや投薬，ストレスなどにより腸内細菌叢の撹乱（ディスバイオシス，dysbiosis）が起こる．この状態では，腸管からの異物の体内への侵入を防ぐ腸管バリア機能が低下し，食事成分由来の抗原や腸内細菌が体内に入り込み，炎症を増強させ，食物アレルギーの発症，肥満やメタボリックシンドロームへとつながっていく．また，腸管と脳は神経系や免疫系，内分泌系を介して連関し，互いの機能を制御しており，脳腸相関と呼ばれている．近年，この脳腸相関に腸内細菌叢が関与していることが明らかになってきており，腸内細菌叢がストレスの緩和や神経系の発達および成長に関与すること，中枢神経系の機能にも影響を与えることなどが報告されている．

　腸内細菌叢はヒトが行うことができないさまざまな代謝反応を行うことができる，体の外にある「臓器」の1つとして捉えられている．細菌叢全体の代謝は，個々の菌種が代謝反応の一部を担い，相互作用・連携しながら進められている．大腸は嫌気環境であるため，腸内細菌はヒトが消化吸収できなかった食物由来の炭水化物やタンパク質，アミノ酸などの成分を発酵により代謝し，エネルギーを得て生きている．腸内細菌が作る代謝産物は，ヒトの健康に有用な効果を示す場合と，疾患の発症など有害な効果を示す場合がある．

　有用な代謝産物としては，ヒトが利用できない食物繊維やオリゴ糖など難消化性の炭水化物の発酵によって生産される短鎖脂肪酸（short-chain fatty acids）である酢酸，プロピオン酸，酪酸がある．短鎖脂肪酸はヒトの1日のエネルギー要求量の5〜10％に相当する．酪酸は腸管上皮細胞のエネルギー源になるとともに，脂肪酸 β 酸化と酸素消費を活性化することにより腸管での嫌気環境の形成に貢献し，偏性嫌気性菌の増殖と通性嫌気性菌の増殖抑制に働いている．また，酪酸は制御性T細胞の分化を誘導し，腸管をはじめとしたさまざまな組織での炎症を抑制する役割，またプロピオン酸とともに食欲抑制ホルモンであるPPYやGLP-1の放出を促進することにより，食欲抑制と抗肥満活性を発揮するなど，多面的な生理作用を示す．腸内にはBacillota門の *Faecalibacterium prausnitzii* や *Agathobacter rectalis* などの菌種が主要な酪酸生成菌として棲息している．酢酸はビフィズス菌の主要な発酵産物であり，腸管から吸収されて肝臓および脂肪組織での脂質合成の基質として利用される．また，一部の酪酸生成菌により，酪酸生成の基質として利用される．一方，有害な代謝産物としては，脂質であるホスファチジルコリンやL-カルニチンが腸内細菌によって変換されて生成するトリメチルアミン（TMA）がある．TMAは肝臓で酸化され，トリメチルアミン-N-オキシド（TMAO）となり，動脈硬化のリスク因子として働く．また，脂質の消化吸収に働く両親媒性のステロイド化合物である胆汁酸（bile acid）は，腸内細菌によってステロイド骨格に付加されたヒドロキシ基の変換反応を受け，二次胆汁酸へと変換される．疎水性の高い二次胆汁酸であるデオキシコール酸は，高脂肪食の摂取などによって過剰に生成すると，肝がんや大腸がんの原因となる．

2）プロバイオティクス

　前述のように腸内細菌叢の撹乱が起こると，体調不良やさまざまな疾患へとつながることが明らかになっている．プロバイオティクスやプレバイオティクスは，腸内細菌叢の構造や機能を直接的または間接的に改善することで，ヒトの健康に有用な効果を示す．

　1907 年に Metchnikoff, É. が唱えたヨーグルト摂取による不老長寿説を端緒として，発酵乳の持つ健康への有用性は広く知られるところとなった．その後，1989 年に Fuller, R. が「プロバイオティクス」という概念を初めて提唱し，「腸内フローラのバランスを改善することによって宿主の健康に好影響を与える生きた微生物」と定義している．さらに 2014 年に，国際的な専門家委員会（ISAPP）により，プロバイオティクスは「適切な量を投与すると，宿主に健康上の利益をもたらす生きた微生物」と再定義されている．

　乳酸桿菌（Lactobacilli）とビフィズス菌（*Bifidobacterium* 属）は代表的なプロバイオティクスとして広く知られており，これらを含む発酵乳や健康食品，製剤が市販されている．また，*Clostridium* 属などの酪酸生成菌，プロピオン酸菌（*Propionibacterium* 属）や，納豆菌に代表される枯草菌もプロバイオティクスとして知られている（表 9-1）．

　プロバイオティクスの効果には大別して，①さまざまな菌種に広く見られる効果，②菌種特異的な効果，③菌株特異的な効果がある．①は整腸作用が代表的なものであり，乳酸桿菌やビフィズス菌が糖質を発酵して生産する乳酸および酢酸が腸管内の pH を低下させ，病原菌や腐敗菌などの有害菌の生育を抑制することが作用機序の 1 つとなっている．②としてはビタミン B 群をはじめとするビタミンの合成，腸管バリア機能の強化，胆汁酸の脱抱合化や，乳糖不耐症の改善に寄与する乳糖分解酵素 β- ガラクトシダーゼの産生などがあげられる．③としてはアレルギーの抑制，ウイルス感染予防などの免疫機能の賦活化，神経系や内分泌系への作用などがあげられる．表 9-1 には代表的なプロバイオティクス菌株とその効果および機能を示した．免疫賦活や感染予防を主な効果とし，わが国では特定保健用食品や機能性表示食品（☞ 7-4-1）として上市されているものが多い．近年では脳腸相関の視点からの開発が進み，ストレスの緩和や記憶力の維持に有効なプロバイオティクスが同定され，上市されている．

3）プレバイオティクス

　プレバイオティクスは 1995 年に Gibson, G. と Roberfroid, M. により提案され，前述の ISAPP により「宿主微生物に選択的に利用され，健康上の利益をもたらす化合物」として 2017 年に定義されている．プレバイオティクスは単に腸管に棲息する有用な微生物の増殖を促すだけでなく，それを介して全身の代謝生理に影響を及ぼす．代表的なプレバイオティクスは複数の糖類が結合した低分子のオリゴ糖や高分子の食物繊維である（表 9-2）．これらはヒトの消化酵素では消化されない難消化成分であり，大腸に到達し，特定の腸内細菌により選択的に利用される．オリゴ糖を選択的に利用する腸内細菌としては，プロバイオティ

286　第9章　生態学的応用

表9-1　プロバイオティクスの例

菌　種	菌株（メーカー）	主な効能および機能
Lacticaseibacillus paracasei	Shirota（ヤクルト）	アレルギー抑制，免疫賦活，がん予防，睡眠の質向上，ストレス緩和
Lacticaseibacillus rhamnosus	GG（Valio）	アレルギー抑制，免疫賦活
Lactiplantibacillus pentosus	S-PT84（サントリー）	アレルギー抑制，免疫賦活（Th1，NK細胞活性増強）
Lactobacillus acidophilus	L-92（アサヒ）	免疫賦活，ウイルス感染予防（プラズマサイトイド樹状細胞の活性化）
Lactobacillus delbrueckii subsp. *bulgaricus*	OLL1073R-1（明治）	免疫賦活，インフルエンザ感染予防（NK細胞活性増強）
Lactobacillus gasseri	SBT2055（雪印メグミルク）	コレステロール低減，内臓脂肪蓄積抑制
Lactobacillus gasseri	PA-3（明治）	尿酸値上昇抑制
Lactobacillus gasseri	OLL2716（明治）	抗ピロリ菌，胃部不快感改善
Lactobacillus gasseri	CP2305（アサヒ）	ストレス緩和，慢性疲労回復
Lactobacillus helveticus	CP790（アサヒ）	血圧降下作用（ペプチドによるACE阻害）
Lactobacillus helveticus	SBT2171（雪印メグミルク）	アレルギー抑制（目や鼻の不快感）
Lactobacillus johnsonii	La1（Nestle）	アレルギー抑制，免疫賦活，抗ピロリ菌
Lactobacillus paracasei	KW3110（キリン，小岩井乳業）	アレルギー抑制，抗炎症作用
Lactococcus lactis	JCM 5805（キリン）	免疫賦活，ウイルス感染予防（プラズマサイトイド樹状細胞の活性化）
Levilactobacillus brevis	KB290（カゴメ）	免疫賦活，インフルエンザ感染予防（NK細胞活性増強），皮膚保湿機能向上
Bifidobacterium animalis subsp. *lactis*	LKM512（協同乳業）	血管柔軟性の維持（ポリアミン生産誘導）
Bifidobacterium animalis subsp. *lactis*	GCL2505（江崎グリコ）	内臓脂肪，体脂肪低減
Bifidobacterium breve	A1/MCC1274（森永乳業）	認知機能改善
Bifidobacterium breve	YIT 4064（ヤクルト）	免疫賦活，ロタウイルス感染予防（IgA生産誘導）
Bifidobacterium breve	M-16V（森永乳業）	新生児整腸作用，新生児腸管感染予防
Bifidobacterium longum	BB536（森永乳業）	アレルギー抑制，潰瘍性大腸炎緩和
Clostridium butyricum	MIYAIRI 588（ミヤリサン製薬）	抗生物質起因下痢予防，腸管感染症予防

一般的な整腸作用については標記を割愛している.　　　　　　　　　（中山二郎，2016 を引用改変）

クスとしても用いられる乳酸桿菌とビフィズス菌が代表的なものである．そのためプレバイオティクスのもたらす効果は，これらの有用細菌がもたらす効果と共通しており，整腸作用，

第9章　生態学的応用　　**287**

表9-2　代表的なプレバイオティクス

物質名	糖鎖骨格	糖鎖結合様式	生成法
オリゴ糖			
ラクチュロース	Gal-Fru	Gal(β1-4)Fru	ラクトースのアルカリ異性化
ラフィノース	Gal-Glc-Fru	Gal(α1-6)Glc, Glc(α1-2β)Fru	甜菜からの抽出
ラクトスクロース	Gal-Glc-Fru	Gal(β1-4)Glc, Glc(α1-2β)Fru	糖転移酵素によるラクトースからスクロースへの糖転移
フラクトオリゴ糖（FOS）	(Fru)$_{2-4}$-Glc	Fru(β2-1)Fru, Fru(β2-1α)Glc	糖転移酵素によるフルクトースのスクロースへの糖転移
ガラクトオリゴ糖（GOS）	(Gal)$_{2-5}$-Glc	Gal(β1-4)Gal, Gal(β1-4)Glc	糖転移酵素によるガラクトースのラクトースへの糖転移
大豆オリゴ糖	(Gal)$_{1-2}$-Glc-Fru	Gal(α1-6)Gal, Gal(α1-6)Glc, Glc(α1-2β)Fru	大豆からの抽出
キシロオリゴ糖	(Xyl)$_{2-10}$	Xyl(β1-4)Xyl	キシラナーゼによるキシランの分解
イソマルトオリゴ糖	(Glc)$_{2-4}$	Glc(α1-6)Glc	デンプンの酵素処理
エピラクトース	Gal-Man	Gal(β1-4)Man	酵素によるラクトースの異性化
食物繊維			
イヌリン	(Fru)$_n$-Glc	Fru(β2-1)Fru, Fru(β2-1α)Glc	キク科植物の球根から抽出
ポリデキストロース	(Glc)$_n$	Glc(1-6)Glc, Glc(1-6), Glc(1-2)	グルコース, ソルビトール, クエン酸を減圧高温化で反応
難消化性デキストリン	(Glc)$_n$	Glc(β1-4)Glc, Glc(1-6)Glc, Glc(α1-3)Glc, Glc(α1-2)	デンプンを焙焼後, アミラーゼ処理

Glc：グルコース，Fru：フルクトース，Gal：ガラクトース，Xyl：キシロース．（中山二郎，2016を引用改変）

免疫賦活活性，腸管バリア機能の強化が報告されている．また，プレバイオティクスによる有用菌の増殖により生成する短鎖脂肪酸が，Ca^{2+}などのミネラルの腸管吸収を促進する，PYYやGLP-1といった食欲抑制ホルモンの放出を促して食欲を抑制するといった効果も知られている．食物繊維は *Prevotella* 属，*Ruminococcus* 属などの細菌や，酪酸生成菌によって，より低分子の糖質へと分解される．これらは自身の栄養源として利用されるだけでなく，他の腸内細菌が利用できる炭素源を供給するクロスフィーディングの役割も担っており，腸内細菌叢の菌種の多様性の増加に貢献している．

4）腸内細菌およびプロバイオティクスの機能解明

　腸内細菌叢構造の解明に加えて，ハイスループットな腸内細菌の単離および同定と大規模なゲノム配列決定が進められ，腸内に棲息する菌種とそのゲノムについてはこの10年で大きく解明が進んだ．その土台に基づき，現在は腸内細菌やプロバイオティクスの機能とその

作用機序の解明,宿主の健康および疾病との因果関係の解明に研究の焦点が当てられている.

　安全面および倫理面,遺伝子組換え体を使用できないなどの制限から,腸内細菌叢および個々の菌種が宿主内でどのような働きをしているのかについて,ヒト試験のみで明らかにすることは困難である.そのため,通常飼育動物に加えて,無菌動物にそれらを投与および定着させて作製したノトバイオート動物が,腸内細菌の機能解析の重要なツールとなっている.また,メタゲノム解析の結果から,ヒト腸内細菌叢の持つ主要な代謝経路を網羅できる代表的な菌種を 10 ～ 20 種程度選抜し,モデルヒト腸内細菌叢を持つノトバイオートマウスが開発され,腸内細菌叢の機能解析に使用されている.さらに,腸管上皮細胞と嫌気性腸内細菌を共存させた状態で培養が可能なデバイスの開発や,腸管組織を培養細胞で再現する腸管オルガノイドなど,in vivo での腸内細菌の働きを in vitro で再現して解析する技術開発が進められている.

　一方,これらの技術を利用して個々の菌種の機能が明らかになったとしても,その機能の作用機序を知るためには,腸内細菌においても他の細菌と同様に,遺伝子欠損株を構築して,細菌の表現型と宿主に与える影響の変化を評価する解析が不可欠である.高密度の環境で棲息する腸内細菌は,制限修飾系や CRISPR/Cas システムなどの外来 DNA の侵入を防ぐ防御システムが発達しており,一般に形質転換が困難という問題点がある.そのため,腸内細菌での遺伝子変異導入系の開発は好気性の細菌に比べて著しく遅れていたが,プロバイオティクスとして用いられる Lactobacillus 属や Lactococcus/Streptococcus 属,Bacteroides 属で,まず遺伝子変異導入系が確立された.その後,2010 年代に Bifidobacterium 属での遺伝子操作系の開発が報告され,現在では複数菌種での遺伝子変異導入が可能になっている.また,2010 年代後半からさまざまな真核生物種で利用されるようになった CRISPR/Cas システムを用いた変異導入系が細菌にも応用され始め,腸内細菌の最も主要な門でありながら遺伝子操作が困難であった Clostridium 属などの Bacillota 門の腸内細菌についても,遺伝子変異導入が可能になっている.これらの技術革新の応用がさらに進むことにより,腸内細菌の主要な 4 門に属するさまざまな菌種が示す機能について,作用機序の解明が今後進展していくものと考えられる[注].

2. 組換え乳酸菌,ビフィズス菌による
ワクチンおよびドラッグデリバリー

　乳酸菌の多くは動植物の常在細菌であるとともに,発酵食品のスターターとしても広く利用されている.ビフィズス菌は主に動物腸管に常在しており,宿主に有益な共生細菌と考えられている.これまでの長い食経験や共生関係から,一般的にこれらの細菌は安全性が高い

　注)主に代謝物解析と代謝物機能の理解に立脚した「ポストバイオティクス」も登場してきている(☞ 10-4).

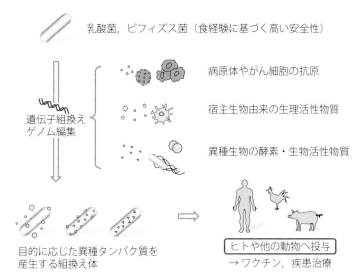

図 9-2 乳酸菌およびビフィズス菌の遺伝子組換えによるワクチンや疾患治療への応用

と認識されている．また，プロバイオティクスとして利用されている菌株のほとんどが乳酸菌あるいはビフィズス菌であり，整腸作用や免疫刺激・調節作用などの機能性を持つ．近年，遺伝子組換え技術の発展に伴い，これらの微生物に異種遺伝子を発現させることができるようになった．これにより，目的に応じた機能を付加した組換え体を作出し，経口投与することで腸管内に送達する技術が考案された．これまでに多種多様な異種遺伝子発現乳酸菌あるいはビフィズス菌が作出され，ヒトやその他の動物における感染症の予防や疾患の治療に適用するための研究が進められている（図 9-2）．

1）経口ワクチン

　ワクチンは感染症予防における有効な手段であり，これまでに多くの感染症を克服，または感染拡大を抑制することができるようになった．ワクチンは，弱毒化あるいは不活性化した病原体，病原体抗原の一部，抗原遺伝子などを生体内に接種することで，あらかじめ病原体に特異的な免疫を誘導するものである．ワクチンは注射によって直接体内に投与されるのが一般的だが，経鼻・経口投与のように粘膜を介して免疫を誘導する方法もある．特に，粘膜から侵入する病原体に対しては，粘膜局所の免疫を誘導することが望ましい．

　乳酸菌やビフィズス菌は経口摂取における安全性が高いこと，菌体成分にある程度の免疫刺激作用があること，遺伝子組換えなどにより病原体抗原を産生できることから，経口ワクチンの運搬体として応用が期待されている．これまでにウイルスのスパイクやカプシドタンパク質，病原細菌の病原因子や無害化した毒素をコードする遺伝子を乳酸菌やビフィズス菌

へ導入することで，経口ワクチンとして機能する組換え体の構築が行われてきた．それらの組換え体を経口（または胃内）投与することで，粘膜や血液中に抗原特異的な抗体やT細胞を誘導し，感染防御免疫を付与できることが動物実験で証明されている．

2）炎症性腸疾患治療

クローン病や潰瘍性大腸炎は腸管組織の慢性的な炎症を伴う疾患であり，治療が困難であることから臨床における重要な課題となっている．原因は不明確だが，近年の研究によって，腸管粘膜のバリア機能の低下を伴う腸内細菌叢の異常であるディスバイオシス（dysbiosis）が関わっているとの見方が出てきている．炎症性腸疾患の根治は困難であるため，継続的に炎症を抑えることで緩解状態を維持することが生活の質の向上において重要となる．遺伝子変異株を含む一部の乳酸菌やビフィズス菌自体がある程度の抗炎症作用を示すこともあるが，より積極的な抗炎症機能を付加した組換え体の構築も行われている．例えば，TNF-αやIL-6などの炎症性サイトカインと結合して不活性化するタンパク質を産生するもの，炎症による腸管のダメージを軽減するためにプロテアーゼ阻害物質や活性酸素を消去する酵素を産生するもの，IL-10などの抗炎症作用を持つサイトカインを産生するもの，トレフォイル因子など粘膜の修復を担う分子を供給するものなど，さまざまな組換え体が作製されている．これらの一部は動物実験やヒト臨床試験において有効性が評価されている．

3）が ん 治 療

がんは発生部位や病態が多種多様な疾患であり，治療方法も手術，放射線治療，薬物療法など多岐にわたる．早期発見・治療により回復することも少なくないが，今もなお成人の主要な死亡原因となっており，継続して効果的な治療方法が模索されている．がんに対しても，乳酸菌やビフィズス菌の組換え体を利用した治療法の開発が試みられている．

ワクチンと同様に標的抗原特異的な免疫を誘導することでがんへの治療効果が期待できる．がん細胞で過剰発現あるいは特異的に発現している抗原の遺伝子を組換え乳酸菌やビフィズス菌へ導入し，それらの経口投与によりがん特異的な免疫応答を誘導する試みがある．例えば，Wilms tumor 1（WT1）を産生するビフィズス菌を作製し，経口投与によって腫瘍の増殖阻害や寿命の延長を達成した動物実験がある．また，ヒトパピローマウイルス（HPV）感染により引き起こされる子宮頸がん（前がん病変）に対し，HPVのE7抗原を産生する組換え乳酸菌を経口投与することでヒトでの治療効果が得られている．

経口投与以外のアプローチでもがん治療への応用が試みられている．固形がん組織においては細胞増殖に酸素の供給が追い付かず，正常組織に比べて嫌気度が高くなる．そこで，嫌気的環境を好むビフィズス菌や乳酸菌を血中あるいはがん組織に注入すると，これらの細菌はがん組織に集積する．この際，ビフィズス菌や乳酸菌に直接あるいは間接的に抗がん作用を示すタンパク質を発現させることで治療に役立てることができる．例えば，抗がん剤である5-フルオロウラシル（5-FU）は正常細胞にも毒性が高いため，高濃度の投与は重篤な副

作用を引き起こすが，シトシンデアミナーゼ（CDA）を産生する組換え体をがん組織に集積させたのち，5-FU の前駆体で比較的低毒性の 5- フルオロシトシン（5-FC）を投与すると，がん組織においてのみ CDA の働きで 5-FC が 5-FU に変換される．これによりがん組織を集中的に攻撃することができる．

3．微生物農薬

　化学農薬は病害虫による被害を激減させ，食糧生産の安定化に大きく寄与した．一方で病害虫以外の昆虫や微生物に思わぬ影響を与えることがあるなど，環境に与える悪影響が懸念されるようになった．また，化学農薬を多用すると耐性虫や耐性菌が出現し，化学農薬が全く効かない病虫害が広がるという認識も深まった．このため近年では，総合防除（integrated pest management, IPM）という考え方が広がり，化学農薬以外の多様な方法で病害虫を極力抑え，化学農薬の使用を最小限にする手法が主流となりつつある．本項では，IPM の重要な柱の 1 つである微生物農薬を解説する．

　微生物農薬は化学農薬と比べると，①特定の病害虫しか殺せない，②効果が出るのに時間がかかる，③予防的な散布が必要なことが多い（被害が出始めてからでは効果が薄い），などの点で見劣りする．しかし，ミツバチやマルハナバチなどの益虫に害が小さく，自然環境への悪影響がほとんどなく，耐性虫や耐性菌が出現しにくいなどの利点があり，現在ではさまざまな微生物農薬が開発されている．

1）病原菌に対する微生物農薬

　トマトを冬に温室で栽培しようとすると湿度が高くなりやすく，灰色カビ病（*Botrytis cinerea* Persoon による病害）の被害が発生しやすい．過去に化学農薬で防除し続けた結果，耐性菌が出現し，化学農薬が効かなくなってしまった．*Bacillus subtilis* による微生物農薬は，温室暖房の風に乗せて繰り返し散布することで灰色カビ病を抑えることができる．これまでのところ，この微生物農薬に対する耐性菌の出現は確認されていない．

　ハクサイやキャベツといった葉物野菜の場合，おしりの部分がヌルッと腐敗溶解していることがある．これは軟腐病菌 *Erwinia carotovora* subsp. *carotovora* というバクテリアが傷口から侵入し，植物組織を酵素で溶解することによって起きるものである．これに対する微生物農薬として，非病原性 *E. carotovora* を活用した資材がある．バクテリオシンという抗菌性タンパク質を分泌して軟腐病菌を抑えることを利用する．病原性がないこと以外は同じ微生物なので，宿主植物に定着しやすく，効果を示しやすい．

　イネが徒長し，収量を大きく減らしてしまう馬鹿苗病は，植物ホルモンの一種であるジベレリンの発見につながった病害として有名である（☞ 7-1-6）．カビの一種である *Gibberella fujikuroi*（Sawada）S. Ito がジベレリンを分泌し，植物の生育異常を引き起こす．これに対する微生物農薬として，「カビを食べるカビ」*Trichoderma atroviride* を活用したものがある．

この微生物は，病原菌の菌糸に巻き付いて細胞の中身を吸い取ることで病原菌を殺す．

2）害虫に対する微生物農薬

　害虫対策でも微生物農薬が開発されている．タバココナジラミという害虫はトマト黄化葉巻病（TYLCV）というウイルス病を媒介するとして，世界的に問題になっている．しかし，化学農薬では死なない耐性虫が広がり，防除が困難となっている．ボーベリア・バシアーナ（*Beauveria bassiana*）という糸状菌は，コナジラミの他，アザミウマやコナガなどの難防除害虫にも効果があり，害虫の表皮を突き破って繁殖し，害虫を死に至らしめる．ミツバチやマルハナバチといった受粉作業に必要な益虫には無害なので，化学農薬よりも安心して使いやすい．近年，この微生物農薬はうどん粉病を引き起こす病原菌（キュウリうどん粉病菌 *Sphaerotheca fuliginea* や *Oidiopsis sicula* など）にも防除効果があることがわかり，害虫だけでなく病原菌も同時に防除できることからデュアルコントロール剤（微生物殺虫殺菌剤）と呼ばれている．

　微生物農薬として最も有名なのは *Bacillus thuringiensis* である．この微生物は殺虫タンパク質を産生することで知られる．この殺虫タンパク質を害虫が口にすると，消化器官で部分消化を受けて活性化し，腸壁細胞を破壊して害虫を死に至らしめる．この微生物農薬は通称BT剤と呼ばれ，特にチョウやガなど鱗翅目に効果が高い．BT剤はその後，遺伝子組換えにより殺虫タンパク質をつくるように改変された組換えトウモロコシやワタなどがアメリカで爆発的に普及したことでさらに有名になった．家畜の餌となる飼料作物や油をとる油糧作物であるトウモロコシやワタ，ダイズに導入されている．コムギなどヒトの口に直接入る植物種の組換え体は，今のところ実用化されていない．

3）雑草に対する微生物農薬

　雑草対策にも微生物農薬が開発されている．スズメノカタビラという雑草を枯らす微生物除草剤として，ザンソモナス・キャンペストリス（*Xanthomonas campestris* pv. *poae*）剤がある．スズメノカタビラの病原菌であるこの微生物除草剤を散布すると，導管に侵入してキサンサンガムを分泌し，導管を物理的に閉塞してスズメノカタビラを枯らしてしまう．

4）土壌病害対策

　ここまでは植物体の地上部に散布する形で効果を示す微生物農薬について述べた．地上部は資材の散布も容易であり，効果を示しやすい．しかし，土壌病害の場合は土壌中に土着微生物がひしめき合い，単独の微生物種で構成された微生物農薬では効果を示すことが非常に難しい．仮に候補微生物を土壌中に加えても，土着微生物に駆逐され，病原菌を抑えるに至らないことがほとんどである．土壌病害の場合は，土着微生物による駆逐からどう逃れるか，ということがポイントとなる．

　土着微生物による駆逐から逃れる一手法として，内生菌（エンドファイト）を利用する

方法がある（☞ 4-1-3-2）．植物体内に内生する能力のある放線菌 Streptomyces galbus Frommer をツツジやシャクナゲに接種すると，ペスタロチア病菌（Pestalotiopsis sydowiana）による病害を予防することができる．この微生物農薬の場合，他の微生物がほとんどいない植物体内に内生するので環境微生物からの干渉を受けずに済む．土着微生物からの攻撃を回避しながら病原菌を待ち構えることができるため，今後も有望な方法である．

5）ワクチン様微生物農薬

「ワクチン」のような微生物農薬もある．ズッキーニ黄斑モザイクウイルス（ZYMV）の弱毒ウイルスをあらかじめ接種したキュウリは，強毒ウイルスによる病害を抑えることができる．トウガラシマイルドモットルウイルス（PMMoV）の弱毒ウイルスも同様の効果を示す．弱毒ウイルスは宿主植物への感染力は維持しているが，植物を病気にする能力は大幅に低下している．弱毒ウイルスに感染した植物は，同種の強毒ウイルスの感染を免れる．これにより，収穫減を抑えることができる．

6）耕種的防除

微生物農薬とは異なるが，耕種的防除といって，栽培する条件を工夫することにより，土着微生物そのもので病害を抑える技術もある．有機質肥料活用型養液栽培は，これまで不可能とされてきた養液栽培（水耕栽培）での有機質肥料の利用を可能にした新栽培技術である．不可能とされていた原因は，水の中に有機質肥料を分解する微生物生態系が存在しなかったためである．この栽培技術での培養液中には，有機質肥料を分解する微生物生態系が構築されており，青枯病菌 Ralstonia solanacearum が培養液に混入しても病害が発生せず，10日前後で病原菌も検出されなくなる．根腐萎凋病菌 Fusarium oxysporum f. sp. radics-

図 9-3 病原性 Fusarium oxysporum を培養液に灌注接種したトマト
根腐萎凋病菌 F. oxysporum を 10^4 CFU/mL の終菌密度で灌注接種した．左：有機質肥料活用型養液栽培．病害抑制により良好に生育．右：化成肥料による養液栽培．病害により全株が生育不良あるいは枯死．

lycopersici を培養液に接種すると，培養液中で病原菌は生息し続けるが，厚膜胞子と呼ばれる耐久体となり発芽が抑制されることで，本菌による病害を抑えることができる（図9-3）. 興味深いことに，野菜苗を栽培装置に定植して4日後以降はこれら根部病害を抑止する効果が認められるが，3日以内に病原菌を大量接種する場合は抑止効果が見られない．これは，根に付着する微生物生態系が安定化する3日間の時間的猶予がないと，病原菌を排除するシステムとして機能しないことを示唆するが，詳しいメカニズムは今後の解析を待つ必要がある.

4．作 物 生 産

作物生産においては，微生物農薬以外にも，さまざまな微生物機能が活用されている．本節では，生物間相互作用ならびに物質循環の観点から，いくつかの例を解説する.

1）微生物の共生を利用した作物生産

マメ科植物が根粒を形成し，空気中の窒素をアンモニアに変換することで養分窒素を手に入れていることは有名な話である．マメが土壌中に根を伸ばすと，根粒菌が根に感染して根粒を形成し，空気中の窒素をアンモニアに変換して植物に養分として供給する．そのかわりに，マメ科植物は根粒菌に栄養分を供給する，という相利共生の関係にある（☞ 4-1-3-2, 8-4）.

マメ科植物の種類によって適した根粒菌の種類が異なる．例えば，ダイズに関しては，ヨーロッパの土壌にはダイズに適した根粒菌が生息しないために，ヨーロッパではうまく育たなかったといわれる．マメ科植物は土着の微生物と密接な関係を保ちながら進化したのかもしれない.

窒素固定（☞ 5-7-3）の現象はサツマイモやサトウキビなどでも見つかっている．サツマイモの茎には窒素固定細菌 *Klebsiella oxytoca* が内生菌（エンドファイト）として生息する．野生のイネ科植物では，偏性窒素固定細菌である *Clostridium* が非窒素固定細菌と協働して窒素固定コンソーシアム ANFICO（Anaerobic nitrogen-fixing consortium）を形成して窒素固定を行う．単独の微生物ではなく，複数の微生物の協働によって窒素固定が行われる事例として，興味深い.

リンは窒素と並んで肥料三元素の1つだが，土壌中のアルミニウムやカルシウムと強固に結合し，不溶性になるため吸収が非常に難しくなることが多い（☞ 4-1-2-3）．そんな不溶性のリン酸を可溶性にかえて植物に与えてくれる微生物がいる．アーバスキュラー菌根菌はグロムス門（Glomeromycota）に属する特殊な菌類である（☞ 4-1-3-2）．ほとんどの陸上植物に感染し共生することができる菌で，菌根を形成し土壌中に菌糸を張り巡らせ，リン酸を吸収して植物に与える．そのかわりに菌根菌は植物から栄養をもらう．アーバスキュラー菌根菌を施用するとリン酸が乏しい土壌でも植物が育つようになる．ただし，アーバスキュ

ラー菌根菌は人工的に培養できないため、解析が難しい微生物である.

アーバスキュラー菌根菌が共生できない例外的な植物が、アブラナ科とアカザ科植物である. アブラナ科植物を栽培すると土壌中の菌根菌の菌密度が下がり、次に菌根菌と共生可能な植物を植えても、成長が悪くなることがある. なぜアブラナ科植物は菌根菌と共生しない生存戦略をとるに至ったのか、興味深い.

「病原菌」を利用する面白い作物生産もある. イネ科の多年草であるマコモに黒穂菌の一種 *Ustilago esculenta* が寄生すると新芽が肥大し、マコモタケと呼ばれる食材となる. 貴腐ワインは、ブドウの実に灰色カビ病菌 *Botrytis cinerea* を繁殖させ、糖度と芳香を高めた実で作る非常に甘みの強いワインである. 植物にとっては病気だが、それを利用して付加価値の高い新たな食品を提供するという視点も、軽視するわけにいかない.

2）堆　　肥

前述の事例は微生物の種類や機能が比較的明確になっているものである. しかし、作物生産の現場は無数の種々雑多な微生物で満ち溢れており、特定の微生物が活躍できる場ではない. 堆肥の製造も「自然任せ」の部分が大きく、数多くの微生物の力なしには進まない.

堆肥は、樹木の剪定くずや家畜糞、生ごみ（食品残渣）といった有機物を「腐熟」させたものである. 有機物をそのまま大量に畑土壌に加えると土壌中で腐敗し、作物の根を傷めることがある. このため、あらかじめ有機物を発酵させ、堆肥にする必要がある. 堆肥を作るには少量の土壌を混ぜ、定期的に切返しをして撹拌し、内部まで空気を送って発酵を促す. 発酵の過程で内部が60℃以上に上昇することがある. 多種多様な微生物が発酵に関与するが、堆肥化の後半はカビや放線菌が優占する. 特定の微生物を加えてもそれらの微生物に駆逐され、効果が望めないことが多い.

3）土壌化（soilization）

作物生産で最も重要な微生物は、むろん土壌微生物である. しかし、土壌微生物の99％は培養不能とされ、解析が非常に困難である. 土壌微生物は動植物の遺体などの有機物を分解し、無機養分に変換し植物を育てる、作物生産で最も重要なステップを担う. このような機能は月の土にはない. 土壌微生物が生息しないので、有機物の分解が進まないためである. 有機物を分解し植物を育成できる土壌は、今のところ地球にしか見つかっていない.

地球でも「有機物を分解し植物に無機養分を供給する」無機養分生成能を備えるものは土壌以外にない. 水や人工樹脂に有機物を加えてもアンモニア化成で分解が止まり、腐敗した状態となる. 土壌中ではさらに硝酸化成まで進み、硝酸などの無機養分を植物に供給できる. 土壌以外の媒体でアンモニア化成と硝酸化成の2段階の反応を再現しようとしても、これまではうまくいかなかった. このため、土壌を人工的に創出することはこれまで不可能だった.

近年、土壌を人為的に創製する技術が開発された. そのきっかけとなったのが有機質肥料

図 9-4 ウレタンを土壌化し有機肥料で育てたトマト
（篠原　信：野菜茶業研究所ニュース 54，2015）

活用型養液栽培である．養液栽培（水耕栽培）は土壌を用いないため，有機質肥料の利用は不可能とされてきたが，この技術では水中に微生物生態系を構築し，土壌と同じように有機物を分解し硝酸などの無機養分を植物に供給することが可能となる（☞ 5-5-1）．アンモニア化成と硝酸化成を水中で同時並行に進めるこの方法を，並行複式無機化法という．

　並行複式無機化法を応用すると，人工樹脂などの多孔質媒体を擬似土壌にかえることができる．並行複式無機化法で培養した微生物を人工樹脂などの支持体に固定化すると，土壌と同様に有機物を加えながら作物生産することが可能となる．ウレタンなどの軽量媒体を用いれば，非常に軽量な擬似土壌を作出することができる（図 9-4）．人工的に土壌様媒体を創出するこの技術を土壌化（soilization）という．土壌化技術により，1 種類の鉱物種ごとに土壌化して解析することができるため，これまで土壌学の研究では雑多な鉱物の集まりである土壌を研究する他なかった状況に大きな変化をもたらす可能性がある．

　土壌化の技術を応用すると，有機物を原料にして無機肥料を製造することもできる．土壌化した多孔質媒体に有機物を加えて分解を進め，翌日水で洗うと，無機養分の水溶液を回収できる．これまで無機肥料は事実上，化成肥料のことを意味したが「有機物を原料とした無機肥料」という新しい分類の無機肥料を提供することができる．

　2），3）において紹介した事例は，雑多な微生物を雑多なまま作物生産に活かす技術である．単独の微生物からなる資材を作物生産に活かそうとしても，多種多様な微生物群に駆逐され，何の効果も示せないことが多いのが農業の現場である．このため，種々雑多に見える微生物群から特定の機能をうまく引き出すことが作物生産では有効な方法となる．それゆえに，多様な微生物を多様なまま活用し，望み通りの機能を引き出す技術の開発が，今後重要となるのかもしれない．

第 10 章

循環型未来社会への取組み

オゾンホールの研究の業績でノーベル化学賞を受賞した Paul J. Crutzen は，地質学の新しい時代区分として，「人新世」（あるいは，ひとしんせい）を 2000 年に提唱した．人類がその活動によって地球環境や生態系を大きく変えてしまった時代という意味であり，最近では，人類はすでに，地球環境変化において後戻りができない境界線（プラネタリー・バウンダリー）を超えてしまってたのではないかという懸念の声も聞かれるようになってきている．このような状況下，限りある資源を持続可能な形で循環させながら効率的に利用していく社会（循環型社会）の構築が人類の喫緊の課題となっている．循環型社会の構築において，生物機能の利用は不可欠であり，中でも微生物が果たす役割はきわめて大きく，また，多岐にわたる．第 7 章 物質生産，第 8 章 物質循環，第 9 章 生態学的応用で述べた微生物機能の利用の中にも循環型社会の構築に大きく貢献するものがたくさんあるが，本章では，未来社会での社会実装が期待される微生物利用技術を中心に述べる．まず，第 1 節において，地球温暖化の元凶ともいえる二酸化炭素の循環利用について概説したのち，第 2 節において，CO_2 の直接利用を含めて，ガス発酵について解説する．また，第 3 節においては，C_1 化合物の循環利用に関する微生物機能について詳しく述べる．第 4 節においては，微生物電気化学システムについて概説するが，ここでは微生物ものづくりにおける電子の利用だけでなく，微生物発電についても紹介する．一方，第 5 節においては，光エネルギーの利用の重要性と課題について，比較的広い視点から解説する．このあと，第 6 節から第 8 節においては，バイオ燃料，バイオサーファクタント，バイオプラスチックとすでに実用化されている微生物ものづくり技術について，将来展望を含めて，その内容を比較的詳しく述べる．これに続いて第 9 節から第 11 節では，今後の発展が大いに期待される技術開発として，代替食料生産，ヒト常在菌関連技術，マリンバイオテクノロジーについて，その現状と将来展望を述べる．最後に，難培養微生物（第 11 節）と培養できない微生物を含めた微生物のゲノム情報利用（第 12 節）について述べることで，微生物に秘められた可能性の大きさを強調したい．

1．CO_2 資源化

現代社会は，燃料やプラスチックなどの工業製品の原料を，石油などの化石資源に大きく依存している．こうした化石資源の枯渇やその消費に伴う CO_2 濃度上昇は世界的な問題であり，循環型社会の実現にはこれらの解決が急務である．CO_2 の資源化，すなわち CO_2 か

ら燃料や有用化合物の生産ができるようになれば，脱化石資源，CO_2削減の両面で進展が見込まれる．このようなCO_2の資源化に有用なCO_2の固定反応を行う多様な生物種が自然界には存在し，その機能をCO_2資源化に活用することが期待されている．

　生物資源から生産される燃料はバイオ燃料と呼ばれ，その生産量は特に今世紀に入ってから急速に拡大している．本節では，これまでのバイオ燃料生産の進展や，光合成生物によるCO_2直接利用研究について紹介する．さらに，CO_2資源化に有用な代謝機能の例として，CO_2の直接利用に寄与しうる非光合成生物についても簡単に述べる．なお，バイオ燃料に関しては，本章第6節において，詳述する．

1）バイオマス変換によるバイオ燃料生産

　バイオ燃料に関してはさまざまな生産技術が開発され，第一世代から第四世代までに分類される（図10-1）．第一世代ではトウモロコシやサトウキビなどの可食部バイオマスを原料とし，これをエタノールなどの燃料に変換する．可食部バイオマスは変換が容易であり高効率な生産が達成される反面，穀物や飼料と原料が競合するため，これらの価格上昇を引き起こしてしまう．これを避けるため第二世代として，リグノセルロースを多く含む稲わらや木材，あるいは廃棄物など，非可食バイオマスを原料とした燃料生産技術が開発された．この場合，穀物価格には影響しないが，難分解性化合物を原料とするため，燃料への変換の効率化において，今なお多くの課題が残っている．

2）光合成生物によるCO_2の直接利用

　第一世代・第二世代バイオ燃料生産は，「植物がCO_2を取り込んでバイオマスを作る」，「植物バイオマスを燃料に変換する」という2段階の過程からなる．一方，「藻類などにCO_2を直接取り込ませてバイオ燃料を生産する」のが第三世代である．

　本手法では，微細藻類やラン藻（シアノバクテリア）といった光合成微生物を培養し，光依存的なCO_2固定により増殖した細胞を回収し，脂質や糖類などを抽出する．植物の栽培に比べて藻類の培養は，バイオマス生成速度が大きいこと，耕作のように肥沃な土壌や大量

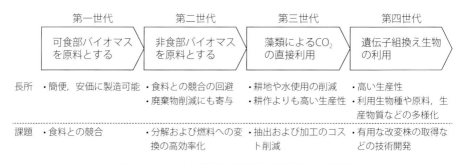

図10-1　バイオ燃料生産技術の世代分けと特徴

の水を必要としないこと，寒暖などの天候に影響されにくいことといった利点を持つ．また，排ガスなど高濃度 CO_2 を含むガスを通気することで，CO_2 固定効率を高めることも可能である．

こうした利点の一方で，今後の課題も多い．藻類の培養，菌密度の低い培養液からの集菌，菌体からの目的物質の抽出などを効率化・低コスト化するためにさらなる技術革新が求められている．また，生育に光を要するため，スケールアップに際して培養槽の深部まで光を行き渡らせる必要があることや，特に天然光を用いる場合は広大な面積を必要とすることなど，大規模化の障壁をクリアする必要がある．なお，光エネルギー利用の重要性と課題については，本章第5節において，解説する（☞ 10-5）.

3）CO_2 固定を行うために必要な代謝機能

CO_2 を固定する生物といえば，植物や藻類などの光合成生物が真っ先にイメージされるであろう．しかし，自然界を広く見渡すと，光合成生物以外でも CO_2 固定を行う微生物は多い．それでは，どのような代謝機能を備える生物なら CO_2 を固定できるのだろうか．

第一に必要なのはもちろん，CO_2 固定代謝である．植物ではカルビン回路が CO_2 固定経路として機能していることが広く知られている．微生物においては他にも多様な経路が見つかっており，現在までに少なくとも7種類の CO_2 固定経路が知られている（☞ 5-6-2）.

第二に必要なのは，有機物に依存しないエネルギー獲得系である．CO_2 は炭素原子が最も酸化された安定な形態であり，これを有機物に変換するためにはエネルギーの投入が必要である．ヒトをはじめとする従属栄養生物（organotroph）は有機物を分解することでエネルギーを獲得するが，有機物のない環境で CO_2 を固定して生育する生物は，他の方法でエネルギーを獲得しなければならない．植物や藻類などの光合成生物（phototroph）は，光を利用して生命活動に必要なエネルギーを得る．それに対して光合成を行わない生物は，環境中の化学物質を別の物質に変換することでエネルギーを獲得し（☞ 5-5），化学合成生物（chemotroph），特に無機化合物をエネルギー源にするという意味で，化学合成無機栄養生物（chemolithotroph）と呼ばれる．化学合成無機栄養生物にはさまざまな種類があり，そ

表 10-1　化学合成無機栄養生物のエネルギー獲得反応	
生物種	反　応
水素酸化菌	$H_2 + O_2 \rightarrow H_2O$ *
鉄酸化菌	$Fe^{2+} + H^+ + 1/4O_2 \rightarrow Fe^{3+} + 1/2H_2O$
亜硝酸菌（アンモニア酸化菌）	$2NH_4^+ + 3O_2 \rightarrow 2NO_2^- + 4H^+ + 2H_2O$
硝酸菌（亜硝酸酸化菌）	$2NO_2^- + O_2 \rightarrow 2NO_3^-$
アナモックス菌	$NH_4^+ + NO_2^- \rightarrow N_2 + 2H_2O$
メタン生成菌（水素資化性）	$CO_2 + 4H_2 \rightarrow CH_4 + 2H_2O$
酢酸生成菌	$2CO_2 + 4H_2 \rightarrow CH_3COOH + 2H_2O$

*好気環境で酸素を電子受容体とした反応を例として示すが，嫌気環境下での硝酸呼吸（☞ 5-4）など，他の電子受容体を用いることもある．

の一例を表 10-1 に示す.

4）化学合成無機栄養生物による CO_2 固定

3）であげた CO_2 固定代謝とエネルギー獲得系を合わせ持つ微生物であれば，藻類と同様に CO_2 の固定に利用できる．こうした微生物は藻類と異なり光を必要としないため，大規模化の障壁も小さく，CO_2 固定への活用が近年盛んに検討されている．こうした微生物の中でも，水素酸化細菌（水素細菌），酢酸生成菌，メタン生成菌は特に注目されている．次節「ガス発酵」において，これらの利用について詳述する（☞ 10-2）.

5）今後の展望

CO_2 を直接の原料とする物質生産においては，第三世代として紹介した光合成生物，また光合成を行わない化学合成無機栄養生物，いずれも今後の生産性向上により社会実装が期待される．また，遺伝子組換えによるさまざまな改変菌株の利用拡大も見込まれ，これらは第四世代の生産技術と総称されている（図 10-1）．遺伝子改変により，既存の CO_2 固定生物の生産性を大幅に向上させることや，さまざまな化合物が生産ターゲットとなること，さらに元来 CO_2 固定能を持たない生物を CO_2 固定生物に作りかえて活用することなどが可能になる．第四世代の生産技術は脱化石燃料と CO_2 削減の原動力として，これまで以上の速度で発展することが期待されている.

2．ガ ス 発 酵

ガス発酵は，水素，一酸化炭素，二酸化炭素などの常温常圧で気体の物質を原料として，さまざまな有用物質を微生物により発酵生産する技術の総称である．再生可能水素を使い，二酸化炭素を固定できることから，微生物によるカーボンリサイクル技術として注目されている．研究が進んでいるガス発酵微生物は，バイオプラスチックを生産する好気性の水素酸化細菌，主に酢酸を生産する嫌気性の酢酸生成菌，そしてバイオメタネーションに使われる水素資化性メタン生成菌に大別される.

1）水素酸化細菌によるガス発酵

水素酸化細菌は，水素を電子供与体，酸素を電子受容体として利用し，二酸化炭素を固定して有機物を合成する微生物群の総称であり，*Hydrogenibacillus schlegelii* や *Rodococcus opacus* などのグラム陽性菌や，*Hydrogenophaga palleronii*，*Variovorax paradoxus*，*Cupriavidus necator*（旧名 *Alcaligenes eutrophus* あるいは *Ralstonia eutropha*）などのグラム陰性菌が含まれる．水素酸化細菌の多くは，有機物をエネルギー源として従属栄養的にも増殖できるが，*Hydrogenobacter thermophilus* のように水素のみをエネルギー源とする絶対独立栄養細菌も存在する．土壌，河川，湖沼などの中温環境の他，深海熱水噴出孔，砂漠，温泉，火

山などの高熱環境からも単離されている.

　水素酸化細菌が水素を唯一のエネルギー源とする独立栄養条件下で増殖する場合，膜結合型ヒドロゲナーゼ複合体（MBH），または細胞質に局在する可溶性ヒドロゲナーゼ複合体（SH）によって，水素を酸化してエネルギーと還元力を獲得する．MBHは細胞膜に局在し，水素を酸化する．ここで得られた電子は，チトクロム酸化還元酵素を介して呼吸鎖に伝達され，最終的に酸素分子を還元する．この過程で，膜内外で生じるプロトン勾配を利用してATPが生成される．SHは，さまざまな生体反応で電子供与体として必要とされるNAD(P)Hを水素から生成する酸化還元反応を担う．

　水素酸化細菌の多くは，独立栄養条件においてカルビン回路と呼ばれる経路で炭酸固定を行い，増殖に必要な有機物を合成する．カルビン回路は，シアノバクテリアや植物の炭酸固定において普遍的に使われており，鍵酵素 ribulose 1,5-bisphosphate carboxylase/oxygenase（RubisCO）が二酸化炭素の還元を担う（☞ 5-6-2-1）．水素酸化細菌とシアノバクテリアのカルビン回路に大きな違いはないが，carboxysome 形成や二酸化炭素濃縮機構の有無，代謝産物の利用経路などに違いが見られる．一部，カルビン回路を持たない水素酸化細菌も存在する．例えば，*H. thermophilus* は還元的TCA回路と呼ばれる経路で炭酸固定を行う．還元的TCA回路は，TCA回路を逆の向きに利用する経路であり，二酸化炭素を取り込んで有機物を合成する（☞ 5-6-2-3）．

　水素酸化細菌を用いた有用物質生産技術の開発が世界中で進められている．生産ホストとして期待されている水素酸化細菌として，初期からモデル微生物として研究されており基礎知見が多く，天然のバイオポリマーであるポリヒドロキシアルカン酸（PHA）を体内に蓄積する能力の高い *C. necator* がある．

　多くの水素酸化細菌は PHA を体内に蓄積する．PHA は熱可塑性高分子であり，かつ環境中では炭酸ガスと水に分解されることから，環境調和型プラスチックとして種々の応用が期待されてきた（☞ 10-8-2）．実際，水素酸化細菌による PHA 生産が盛んに検討され，1990年代には *C. necator* が作る（*R*）-3-ヒドロキシ酪酸（3HB）と（*R*）-3-ヒドロキシ吉草酸（3HV）の共重合ポリエステルである P(3HB-*co*-3HV)（図 10-2A）が，バイオプラスチック Biopol として世界で初めて製品化された．しかし，高価格なうえ，硬質という物性から適用用途が限られ，事業的な成功には至らなかった．ところが，（株）カネカは，P(3HB-*co*-3HHx)（図 10-2B）高生産株の育種に成功し，炭素源に合わせた培養条件の確立，精製法および樹脂加

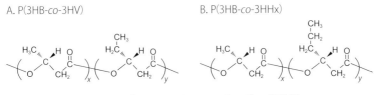

図 10-2　ポリヒドロキシアルカン酸の構造例

工技術の開発を経て，2011 年に生産実証設備を稼働させ AONILEX として，2019 年からは Green Planet として製品化している．ただし，現状では，安価かつ高いポリマー生産量が実現できるパーム油などの植物油が原料として用いられている．

遺伝子組換え技術を活用して人工経路を追加すれば，生産できる代謝産物はさらに拡大する．例えば，*C. necator* をホストとして，2-プロパノールや（*R*）-1,3-ブタンジオールなどの分岐鎖アルコール，脂肪酸誘導体（メチルケトン，飽和炭化水素），テルペンなどの生産が報告されている．

2）嫌気性酢酸生成菌によるガス発酵

嫌気性酢酸生成菌は，独立栄養条件下で二酸化炭素，水素，一酸化炭素などのガス基質を代謝し，最終産物として主に酢酸を生産し増殖する．環境中に広く存在し，酢酸以外にエタノールなどを生成する微生物もいる．一方，ほぼ酢酸のみ生成するものもおり，これらは特にホモ酢酸菌（homo acetogen）と呼ばれる．

酢酸生成菌は，独立栄養的に増殖するが，糖をはじめとするさまざまな有機物を利用して増殖することも可能である．また，酢酸生成菌は絶対嫌気性微生物であり，酸素にさらされると死滅してしまう．このため，ガス発酵は嫌気状態で行う必要がある．水素酸化細菌と同様，水素を用いるが，酢酸生成菌の場合，培養中に水素と酸素が同居することがないので安全である．単純なガス体を基質とすることや，酸素を嫌う特徴，また後述する代謝系の酵素が補因子としてさまざまな金属を用いることから原始地球に似た環境で生存が可能であり，地球生命の誕生時の生物に近い生き物の 1 つであると推察されている．

酢酸生成菌は共通して Wood-Ljungdahl 経路（WLP）と呼ばれるガス代謝経路を有する（図10-3）．基本的に，4 分子の水素のエネルギー・還元力を用いて 2 分子の二酸化炭素から 1 分子の酢酸を生成するというものである．還元的反応経路でありアセチル CoA を主要中間体とするため，還元的アセチル CoA 経路とも呼ばれる．化学量論式では，

$$2CO_2 + 4H_2 \rightarrow CH_3COOH + 2H_2O$$

であり，生理的条件下での自由エネルギー変化 $\Delta G' = -40 \text{ kJ}$ となる．したがって，酢酸 1 分子形成当たりで取り出せるエネルギー，つまり，ATP 供給が乏しい代謝を駆使して増殖を担っている．水素酸化細菌と酢酸生成菌の大きな違いの 1 つに，一酸化炭素の利用性がある．酢酸生成菌は水素のかわりに一酸化炭素をエネルギー源として資化できる．一酸化炭素は水素よりも高いエネルギーを有しており，実際，一酸化炭素を基質とした場合，ATP 供給が改善され，水素よりも菌体収率や代謝産物の生産効率が高い．現状，酢酸以外の生産物をつくる場合，酢酸キナーゼによる ATP 合成があまり期待できないので，ATP 供給力の高い一酸化炭素と水素との混合ガスである合成ガスを原料とする「合成ガス発酵」が酢酸生成菌による酢酸以外の物質生産において主流となっている．

WLP を持つ酢酸生成菌がガス発酵で生産できる化学品は，炭素数が 2 から 4 の化合物が

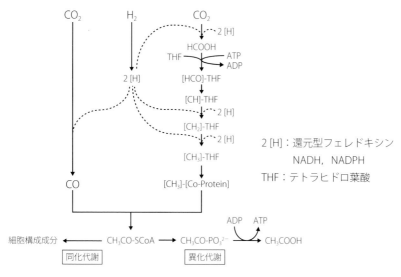

図 10-3 Wood-Ljungdahl 経路

主であり,有機酸もしくはアルコールとして生産されるものがほとんどである.前述の通り,酢酸は WLP を持つ酢酸生成菌の基本的な最終代謝産物である.CO_2 と H_2(CO_2/H_2)をガス基質とする場合,*Acetobacterium woodii* を用いてバイオリアクターにより培養を最適化することで,酢酸を数 g/L/h で生産できる.酢酸と同じ C_2 化合物であるエタノールは,ガス発酵による物質生産の標的として最も研究例が多い.微生物は *Clostridium autoethanogenum* がよく研究されており,合成ガスからエタノールを高収率で生産する.商業スケールでの大型実証もすでに実施されている.Lanzatech 社(アメリカ)は製鋼所排ガス由来の合成ガスを原料とした生産を行い,中国などにプラントを建設,稼働させている.その他にも *Moorella thermoacetica* や *C. ljungdahlii* が,合成ガスや CO_2/H_2 を基質としてエタノールを生産することが報告されている.C_2 化合物以外にも,C_4 化合物生産が知られており,いずれも合成ガスからの発酵生産となっているが,2,3- ブタンジオールを生産する *Clostridium* 属細菌もいる.

水素酸化細菌と同様,遺伝子組換え技術を用いることで,前述以外の生来生産しない化成品原料も生産できる.生産例としては,まず,アセトンや 2- プロパノールがあげられる.いずれの場合も,自然界から単離した酢酸生成菌が生産する報告はなく,遺伝子組換え技術によって酵素系を新たに導入することで生産が可能になる.アセトンは,アセトン生産遺伝子群の導入により生産が可能となる.*C. autoethanogenum*(合成ガス),*A. woodii*(CO_2/H_2 ガス),*M. thermoacetica*(合成ガス,CO_2/H_2 ガス)でのアセトン生産が報告されている.菌株によっては細胞内にアセトンを還元する酵素を持つものがある.そのため,還元酵素を遺伝子工学的に欠損させるか,その酵素が機能しない培養条件で発酵生産を行う必要が

ある．2-プロパノールは，アセトンのカルボニル基を還元することで得られる．ここで，*C. autoethanogenum* や *C. ljungdahlii* など，酢酸生産菌がアセトンを還元する酵素（2 級アルコールデヒドロゲナーゼ）を細胞内に保有していれば，その酵素を利用することを前提とした設計で生合成遺伝子群を導入し，2-プロパノール生産が可能である．*C. autoethanogenum* や *C. ljungdahlii* を用いた報告では，実際の製鋼所からの排ガスを用いた合成ガス発酵により 2-プロパノールを生産でき，パイロットプラントを用いた製造プロセス評価の結果，カーボンネガティブが可能であることが報告されている．

3）メタン生成菌によるガス発酵

水素酸化細菌や酢酸生成菌の他にもガスを原料とした発酵生産がある．メタン発酵で活躍する水素資化性メタン生成古細菌は，水素と二酸化炭素からメタンを生成する．この生物反応を利用したガス発酵技術であるバイオメタネーションが，天然ガス代替技術として欧州においてほぼ実用化されている．

水素資化性メタン生成古細菌は土壌，河川，湖沼などの中温環境の他，南極などの低温環境や熱水や火山などの高熱環境からも単離され，地球上のさまざまな嫌気性環境に存在する．一般に水素資化性メタン生成古細菌の増殖速度は，酢酸やメチル化合物を基質とするメタン生成古細菌よりも速く，メタン発酵時に水素は速やかにメタンに変換される．*Methanobacterium* 属は最も古くから知られている代表的な水素資化性メタン生成菌であるが，他にも *Methanobrevibacter*，*Methanosprillum*，*Methanococcus*，*Methanogenium*，*Methanoculleus* など多くの属が知られており，メタン生成古細菌の中で最も普遍的なものといえる．

バイオメタネーションの実装方法としては，既存のメタン発酵槽に水素を注入する *in situ* 法と，バイオメタネーション専用の発酵槽に水素資化性メタン生成古細菌のみを投入し，二酸化炭素と水素からメタン製造する *ex situ* 法に大別される（図 10-4）．メタン発酵は有機

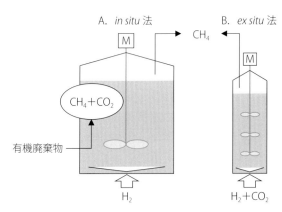

図 10-4　バイオメタネーション装置の概要
M：撹拌モーター．

廃棄物を嫌気的にメタン，二酸化炭素，水に分解する生物的排水処理プロセスである．ここで，例えばブドウ糖をメタン発酵した場合の理論的なメタンと二酸化炭素のモル比率はそれぞれ50％である．*in situ* 法では，ここに水素を注入し，発酵槽に豊富に存在するメタン生成古細菌の働きにより，発生した二酸化炭素をメタンに変換する．これにより，有機物の保有する炭素をすべてメタンに変換し，再利用することができる．一方，*ex situ* 法は，化学的メタネーション技術と同様，二酸化炭素と水素からのメタン生成に特化した技術である．専用プロセスを必要とするので導入，運営のハードルは *in situ* 法よりも高いが，さまざまな排出源からの二酸化炭素を使用してメタンを生成できるという利点がある．

4）ガスを原料として生育させた微生物菌体の利用

　ガスを原料とした発酵生産は，化合物生産に限らない．高タンパク質含量や良好な必須アミノ酸バランスなど，微生物菌体本来の高い価値に着目し，水素酸化細菌を純国産養魚飼料や人工肉のタンパク質原料として活用する動きがある（☞ 10-9）．すでに CALYSTA 社（アメリカ）や Unibio 社（デンマーク）は，メタンを原料として好気性メタン酸化菌を培養し，得られた菌体を家畜飼料として販売している．

3．C_1 化合物の利用と C_1 微生物

　メタン（CH_4），メタノール（CH_3OH），ホルムアルデヒド（$HCHO$），ギ酸（$HCOOH$），メチルアミン（CH_3NH_2）など，炭素数が 1 つの化合物，もしくは分子内に炭素間結合（C-C）を持たない化合物は C_1 化合物と呼ばれる．近年，わが国でも 2050 年脱炭素社会の実現に向けたさまざまなプロジェクトが進行しているが，大気中や工場などから排出される CO_2 を効率よく回収して有効利用する技術（carbon dioxide capture and utilization，CCU）の開発もその 1 つにあげられる．回収した CO_2，また CO や自然界に豊富に存在する CH_4 を出発原料としてメタノールなどの C_1 化合物を合成・相互変換し，さらにはそれら C_1 化合物から有機化学製品を合成することが，化石燃料の消費を低減できるのみならず，CO_2 削減とともにその C_1 炭素を最大限に活用する脱炭素社会の構築に結びつくと考えられている．これら C_1 化合物を介した化学製品を合成する有機化学プロセスは C_1 ケミカル（C_1 化学）と呼ばれ，CCU 技術において大きな役割を担っている．

　同様に，微生物の能力を活用した発酵生産系においても C_1 化合物からの有用物質生産が期待されている．現在，発酵生産系では，主に穀物由来の糖が発酵炭素源として利用されており，もし，これを CO_2 や CO 由来 C_1 化合物に変更できれば，食糧問題の解決とカーボンニュートラル社会の実現を一気に達成できる CCU 技術を支える低環境負荷型ツールとなりうる．

　C_1 化合物を出発原料とした発酵生産系には，C_1 化合物を生育に利用でき，その C_1 炭素から有機化合物を生産する能力（C_1 炭素固定）を持つ微生物の活用が必要不可欠である．つ

まり，C_1化合物を唯一の炭素源およびエネルギー源として利用することができる微生物群・メチロトローフ（C_1微生物）の特徴的な細胞機能は，C_1化合物の生物利用の鍵といえる．

本節では，C_1微生物の生態系C_1炭素循環における位置づけから紹介し，それらのC_1代謝メカニズム，さらにはC_1微生物の細胞機能を活用した発酵生産系の可能性を解説する．

1）自然界におけるC_1微生物の位置づけ

C_1化合物は，生態系における炭素循環の主要化合物の1つである．例えば，植物は光合成に伴う炭素固定を中心としたCO_2炭素循環系の主役であるが，一方でメタノールなどの大量のC_1化合物を葉表層から揮発性有機化合物（volatile organic compounds, VOC）として放出している．また，生態系では植物を中心としたCO_2炭素循環系以外にも，C_1微生物などによるCO_2-CH_4間の大規模なC_1炭素循環が行われている（図10-5）．

生態系におけるCO_2-CH_4間C_1炭素循環では，酸化型C_1化合物であるCO_2はメタン生成菌によってメタンに還元され，メタンはメタン酸化細菌・メタン利用型C_1微生物（メタノトローフ）などによってメタノールへと酸化され，そのメタノールはC_1微生物が利用し，CO_2へと酸化する．このように，CO_2-CH_4間C_1炭素循環では，メタン生成菌とさまざまなC_1微生物が大きな役割を担っている．

一方，メタンやメタノール以外のC_1化合物も自然界に普遍的に存在することから，さまざまなC_1化合物を利用できるC_1微生物はありとあらゆる場所に生息し，メチロトローフ細菌（C_1細菌）からメチロトローフ酵母（C_1酵母）まで広い多様性がある．原核生物に位置するC_1細菌は，メタノトローフやメタノールを利用するC_1細菌（メタノール細菌）など多様な細菌属種に分布し，C_1化合物のみを資化する偏性C_1細菌とそれ以外の炭素源も利用す

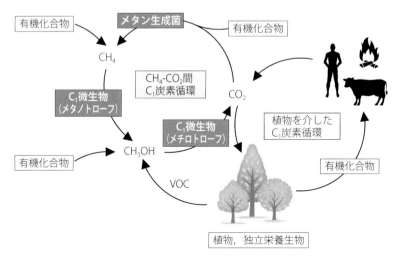

図10-5　生態系におけるC_1炭素循環の概念図

る通性C_1細菌が存在する．また，メタノール細菌は植物と共生関係を持つものが多数報告されており，植物の生育促進作用を発揮する株も知られている．一方，C_1化合物を利用できる真核生物はメタノールを利用できるC_1酵母（メタノール酵母）のみが報告されており，メタノール酵母は腐敗した果物や土壌などから単離されることが多い．

2）C_1微生物のC_1代謝経路

生物がC_1化合物を生育に利用する場合，まずC_1化合物からC-C結合を持つ有機化合物を合成（C_1固定）する必要があり，またその代謝を進めるためのエネルギーを獲得する必要がある．CO_2は最も酸化的なC_1化合物であることから，そこからエネルギーを取り出すことができない．つまり，CO_2を炭素源として利用するオートトローフ（独立栄養微生物）がCO_2を生育に利用する場合，光エネルギーなど，必ず何らかの形で他にエネルギー源を求める必要がある．

一方，メタノールやメタンなど還元型C_1化合物は利用の際，それらを酸化する過程でエネルギーを取り出すことができるため，C_1微生物は還元型C_1化合物を唯一の炭素源およびエネルギー源として生育に利用することができる．このように，C_1微生物は，CO_2を炭素源として利用するオートトローフ（独立栄養微生物）とは異なるグループに区別することができる．

C_1微生物のC_1代謝系は，基本的に3つの段階から構成されている．最初の代謝段階はC_1

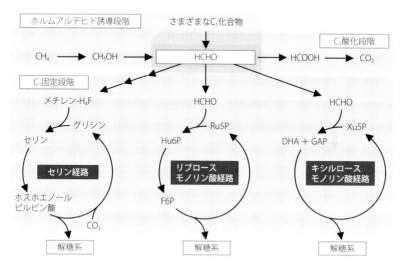

図10-6 C_1微生物のC_1代謝経路の概念図
C_1代謝経路経路は大きくホルムアルデヒド誘導段階，C_1酸化段階，C_1固定段階の3段階からなる．C_1固定段階は，C_1細菌のセリン経路とリブロースモノリン酸（RuMP）経路，C_1酵母のキシロースモノリン酸経路（XuMP）経路からなる．

化合物からホルムアルデヒドを導く「ホルムアルデヒド誘導段階」，2つ目はホルムアルデヒドからエネルギーを取り出す「C_1 酸化段階」，最後はホルムアルデヒドから有機化合物を導く「C_1 固定段階」である（図 10-6）．

(1) C_1 微生物のホルムアルデヒド誘導段階

ホルムアルデヒドは還元性が強く，酸化することでエネルギーを獲得することができ，また反応性が非常に高いことから C-C 結合を導くための最良の C_1 代謝中間体である．よって，ほとんどの C_1 微生物は C_1 化合物をまずホルムアルデヒドに変換し，C_1 代謝を開始する．この C_1 化合物からホルムアルデヒドを導くホルムアルデヒド誘導段階は C_1 化合物の種類や生物種によって異なる代謝系が報告されている．

メタノトローフによるメタン酸化はメタンモノオキシゲナーゼ（MMO）によって触媒されるが，MMO には膜結合型 pMMO と細胞質型 sMMO の 2 タイプが知られている．MMO 反応により生じたメタノールはメタノールデヒドロゲナーゼ（MDH）によりホルムアルデヒドに酸化される．

また，メタノール細菌は，メタノトローフ同様，MDH を用いてメタノールをホルムアルデヒドに酸化する．一方，ほとんどのグラム陰性メタノール細菌は，基本的にペリプラズムに局在し，ピロロキノリンキノン（PQQ）を補欠分子族とする 2 タイプの MDH を持つ．1 つは Ca を補因子として要求する Ca-MDH（MxaFI）で，もう 1 つはランタノイドを補因子として要求する Ln-MDH（XoxF）である．XoxF は，近年，ランタノイドを補因子とする最初の酵素として見出された MDH であり，MxaFI とともにメタノールの酸化を触媒するが，メタノール細菌はランタノイドが存在すると XoxF を優先的に誘導し，ランタノイドが存在しないときのみ MxaFI を誘導する．また，XoxF は *mxa* 遺伝子クラスターの発現も制御しており，*xoxF* 遺伝子が欠損するとランタノイド依存的メタノール生育のみならず Ca 依存的メタノール生育も著しく低下する．さらに，MxaFI はグラム陰性 C_1 微生物にのみ分布するのに対し，XoxF は非 C_1 微生物である根粒菌などにも広く分布するなどの特徴がある．これら MDH によるメタノールの酸化反応では，引き抜かれた電子はシトクロム c_L に伝達され，エネルギー源として利用される．

メタノール酵母では，メタノールの酸化はアルコールオキシダーゼ（AOD）によって触媒される．AOD は，ホルムアルデヒドを固定する酵素ジヒドロキシアセトンシンターゼ（DAS）などとともにペルオキシソームに局在する酵素であり，DAS とともに細胞内タンパク質の数十％を占めるほど強力に誘導されるメタノール誘導型酵素である．

その他の還元型 C_1 化合物に関しても，C_1 微生物は多様な代謝酵素を利用してホルムアルデヒドを導き，C_1 細菌の場合，これら酸化反応を利用してエネルギーを取り出している．

(2) C_1 微生物の C_1 酸化段階

ホルムアルデヒドは強い細胞毒性を示すことから，ほとんどすべての生物は細胞内で生

じるホルムアルデヒドの毒性を回避する目的でホルムアルデヒド酸化経路を持つ．一方，C_1 微生物はホルムアルデヒドの毒性回避の目的以外に，C_1 代謝における細胞機能を駆動するためのエネルギーを C_1 酸化経路にて獲得している．

C_1 酸化経路は，基本的にホルムアルデヒドデヒドロゲナーゼ（FLD）とギ酸デヒドロゲナーゼ（FDH）により，ホルムアルデヒドを CO_2 にまで酸化する．メタノール酵母やメタノール細菌などでは，グルタチオン（GSH）依存型 FLD によりホルムアルデヒドを酸化する経路を持つ．GSH 依存型 FLD は，非酵素的にホルムアルデヒドが結合した S- ヒドロキシメチル GSH を基質に S- ホルミル GSH を生成し，その際，NADH の形でエネルギーを獲得する．生成した S- ホルミル GSH は，S- ホルミル GSH ヒドロラーゼにより GSH が切り離されることでギ酸が生成し，最後にギ酸デヒドロゲナーゼ（FDH）がギ酸を CO_2 に酸化する過程でNADH の形でエネルギーを獲得する．FDH の生成物は CO_2 として反応系から脱離するため，FDH はさまざまな NADH 依存型酸化還元酵素反応による有用物質生産において「NADH 再生用酵素」としてギ酸とともに酵素反応系に添加され，利用されている．

（3）C_1 微生物の C_1 固定段階

C_1 化合物から細胞構成成分を導くための C_1 炭素固定は，C_1 微生物の C_1 代謝の鍵反応であり，C_1 微生物特有の代謝系である．基本的に C_1 微生物はホルムアルデヒドをアミノ酸や五単糖など細胞内の有機化合物に固定する反応を触媒しており，主に 3 つの C_1 炭素固定経路が報告されている．C_1 細菌の C_1 炭素固定経路としてセリン経路とリブロースモノリン酸経路，さらには C_1 酵母のキシルロースモノリン酸経路がそれに当たる．

a．セリン経路

一般的なグラム陰性 C_1 細菌は，C_1 炭素固定経路としてセリン経路を利用している．セリン経路の場合，ホルムアルデヒド活性化酵素（Fae）によりホルムアルデヒドを活性化し，最終的に 5,10- メチレンテトラヒドロ葉酸（メチレン -H_4F）を経てセリンヒドロキシメチルトランスフェラーゼによりアミノ酸であるグリシンに C_1 炭素固定する（図 10-6）．セリンはホスホエノールピルビン酸に変換され，解糖系経由でアセチル CoA を生成し，細胞構成成分へと導かれる．

b．リブロースモノリン酸経路

C_1 細菌のもう 1 つの主要な C_1 炭素固定経路としては，リブロースモノリン酸経路が知られている．リブロースモノリン酸経路では，ホルムアルデヒドを 3- ヘキスロース -6- リン酸シンターゼ（HPS）によるアルドール縮合によって直接リブロース 5- リン酸（Ru5P）に C_1 炭素固定し，生成されたヘキスロース 6- リン酸（Hu6P）を 6- ホスホ -3- ヘキスロイソメラーゼ（PHI）によってフルクトース 6- リン酸（F6P）へと異性化する（図 10-6）．F6Pは解糖系を経由し，細胞構成成分へと導かれる．

c．キシルロースモノリン酸経路

真核生物で唯一の C_1 微生物であるメタノール酵母は，ホルムアルデヒドの C_1 炭素固定の

アクセプターとしてキシルロース 5- リン酸（Xu5P）を用いる．Xu5P へのホルムアルデヒドの C_1 炭素固定は DAS のトランスケトラーゼ反応によって進行し，ジヒドロキシアセトン（DHA）とグリセルアルデヒド 3- リン酸（G3P）が生成される．DHA はペルオキシソームから細胞質に輸送され，解糖系を経由して細胞構成成分へと導かれる（図 10-6）．

DAS は，AOD とともにペルオキシソームに局在し，細胞構成タンパク質の数十％を占めるほど強力に誘導される強力なメタノール誘導型酵素である．また近年，Xu5P 合成系もすべてペルオキシソーム内に局在することが明らかになり，メタノール酵母のメタノール代謝の C_1 酸化から C_1 炭素固定までのすべての代謝系がペルオキシソーム内で進行することが証明された．このようにメタノール酵母は，メタノール代謝系をすべてペルオキシソームにパッケージングすることで，AOD 反応で生じる毒性代謝中間体であるホルムアルデヒドと過酸化水素の細胞毒性を最小限に抑えている．

3）C_1 微生物による C_1 化合物からの物質生産

これら C_1 微生物の持つ C_1 炭素固定能力と細胞機能を最大限に活用し，生物工学的手法を用いて代謝経路を制御することにより，C_1 化合物を出発原料として多様な有用物質の生産を目指す研究が盛んに行われている．

また，C_1 化合物のうちメタノールは，プラスチックや接着剤，薬品，塗料など，多様な製品の原材料であり，また燃焼により CO_2 と H_2O まで完全酸化されるクリーンなエネルギー源であることから，次世代のエネルギー源および炭素源の 1 つとして考えられている．特に，CCU 技術により直接合成されるメタノールは「環境循環型メタノール」や「グリーンメタノール」と呼ばれ，化石燃料中心の社会構造を脱却し，メタノールを社会のエネルギー媒体の中心として使用する概念「メタノールエコノミー」を実現するための最重要 C_1 化合物の 1 つである．

ここでは，メタノールを出発原料とした発酵生産系による有用物質生産に焦点を絞り，さまざまな C_1 微生物の細胞機能の活用を解説する．

（1）メタノール細菌によるメタノールを出発原料とした有用物質生産

メタノール細菌では早くから遺伝子工学的ツールが開発され，メタノールを出発原料としたさまざまな有用物質生産系が開発されてきた．例えば，リブロースモノリン酸経路を持つ偏性 C_1 細菌では，アミノ酸要求性株やアナログ耐性株，さらには代謝酵素をコードする遺伝子の増幅によりグルタミン酸，リシン，トレオニンなどのアミノ酸大量生産が達成されている．また，*Methylorubrum* 属を含む *Methylobacterium* 属細菌ではセリン経路を活用した L- セリン生産が報告されるなど，メタノールからのアミノ酸生産の可能性が古くから示されている．また，メバロン酸やテルペノイド，さまざまなカルボン酸や 1- ブタノール，抗酸化作用を持つピロロキノリンキノン（PQQ）やエルゴチオネインの生産，生分解性プラスチックであるポリ 3- ヒドロキシ酪酸（PHB）やポリヒドロキシアルカン酸（PHA）の生産など，

Methylobacterium 属細菌による遺伝子工学的手法を用いた有用物質生産に関する研究は現在も盛んに行われている．

また，*phs* や *phi* などの C_1 炭素固定に関与する遺伝子群を活用することで，大腸菌などの非メチロトローフに対して遺伝子工学的にメタノール資化能力を付与する試みも多数報告されており，発酵生産によるメタノールからの有用物質生産の可能性は大きく広がっている．

(2) メタノール酵母によるメタノールを出発原料とした有用物質生産

メタノール酵母は高密度培養が可能で，P_{AOD} や P_{DAS} などメタノールで強力に誘導される遺伝子プロモーターを持つことから，*Komagataella phaffii*（= *Pichia pastoris*），*Candida boidinii*，*Ogataea angusta*（=*Hansenula polymorpha*），*Ogataea minuta*（=*Pichia mimuta*），*Ogataea methanolica*（= *Pichia methanolica*）などのメタノール酵母が有用タンパク質の大量生産系の宿主として利用されてきた．メタノール酵母は，原核細胞および真核生物由来のタンパク質の生産などに広く利用され，特に真核生物由来タンパク質の大量生産に利用されている．例えば，哺乳類細胞と同じ糖鎖構造を付与するよう糖鎖修飾系を再構築したメタノール酵母宿主が開発されるなど，さまざまな有用タンパク質の生産に適応するよう宿主も分子育種されてきた．

また，近年，代謝工学的アプローチによる「環境循環型メタノール」からの有用物質生産を目指したメタノール酵母の研究も盛んに行われている．現在まで，リンゴ酸などの有機酸，脂肪酸，ロバスタチンなどのポリケタイド類など，多様な有用物質生産系としてメタノール酵母が利用されている．

4. 微生物電気化学技術

1) 電気活性微生物と微生物電気化学技術

微生物の中には電極に対して電子を伝達する，あるいは電極から電子を受容する能力を持つものがいる．これらの微生物は電気活性微生物（electroactive microorganism, 以下

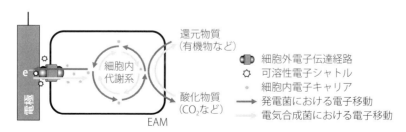

図 10-7　電気活性微生物（EAM）と電極間の電子授受

EAM）と呼ばれ，細胞膜を貫く導電経路（細胞外電子伝達経路）を介して電極と電子をやり取りする（図 10-7）．EAM は発電菌（化学物質を酸化分解して電極に電子を伝達する微生物）と電気合成菌（電極から電子を受容して還元物質を合成する微生物）の 2 種類に大別されるが，系統学的にはさまざまなグループに分類される．細胞外電子伝達経路の構成因子は微生物によって異なり，発電菌においては導電性のタンパク質（シトクロム c）や可溶性の酸化還元分子（フラビン）によって電子伝達が介在される例が知られている（図 10-8）．電気合成菌の電子受容経路には不明な点が多いが，いくつかの電気合成菌では発電菌のシトクロム c と相同性を示すタンパク質の関与が示唆されている．

　微生物電気化学技術（microbial electrochemical technology）は微生物と電極との電気的な相互作用を利用したテクノロジーの総称であり，次世代のエネルギー変換技術として研究開発が進められている．本技術には微生物燃料電池（発電菌を用いた電力生産），微生物電解セル（発電菌を利用した水素生産），微生物電気合成（電気合成菌を用いた CO_2 からの物質生産），電気制御発酵（電極を利用した発酵促進）などが含まれる（図 10-9）．また，廃水中の有機物や有害物質（重金属イオンなど）を電流の変化により検出するバイオセンサーを開発した事例も報告されている．多くの場合，これらの技術では EAM を含む微生物群集，もしくは純粋分離された EAM（野生株もしくは遺伝子改変株）が利用され，EAM の電気活性が高いほどより高い性能が期待できる．一方，生来の電気活性を持たない微生物（大腸菌など）でも，人為的に電子シャトル（細胞内外の電子伝達を媒介する可溶性物質）を添加すれば電極との電子授受が可能になり，これらの技術に利用できる場合がある．

2）発電菌の利用技術（微生物燃料電池と微生物電解セル）

　発電菌は従属栄養的に有機物（電子源）を代謝し，その際に放出された電子を細胞外の固体電子受容体に伝達する．このプロセスは固体を電子受容体とした嫌気呼吸であり，これにより発電菌は増殖に必要なエネルギー（ATP）を得る（図 10-8）．発電菌の生理機能や生態は *Geobacter sulfurreducens* や *Shewanella oneidensis* などのモデル細菌においてよく研究されている．これらの発電菌は自然環境では金属化合物（酸化鉄や二酸化マンガンなど）を電子受容体として利用すると考えられるが，人工の導電性固体（電極）に対しても電子伝達が可能である．前述の性質から，発電菌は有機物を酸化分解して電極に電子を流す自己増殖触媒として機能する．

　微生物燃料電池は発電菌を用いて燃料物質の化学エネルギーを電気エネルギーに変換するシステムであり（図 10-9A），廃水や泥に含まれる有機物を分解して発電する装置などへの利用が期待されている．発電菌は負極（アノード）で生じる反応（アノード反応）を触媒し，これにより有機物に含まれる電子がアノードへと取り出され，同時にプロトンが放出される．電子は外部抵抗を経て正極（カソード）に移動し，アノード側から拡散してきたプロトンとともに酸化剤の還元（カソード反応）に使用されることで回路が成立する．この際，アノードとカソードの電位差（電圧）と回路に流れる電流の積に相当する電力が得られる．多くの

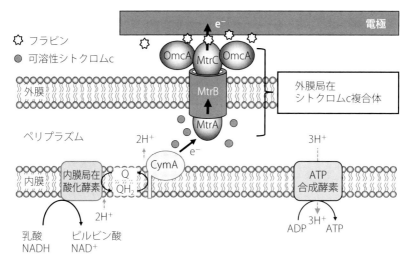

図 10-8 *Shewanella oneidensis* における細胞外電子伝達経路
電子源（乳酸や NADH など）の酸化によって放出された電子が CymA，ペリプラズムに局在する可溶性シトクロム c，外膜局在シトクロム c 複合体を介して細胞外まで移動する．フラビンは電子伝達を促進する物質として自ら合成，分泌する．Q：酸化型キノン，QH_2：還元型キノン．

場合，カソードには膜状の空気拡散正極（エアカソード）が用いられ，大気中の酸素が酸化剤として利用される．研究目的では酸素還元触媒として白金が使用されることが多いが，実用化に向けて低コストの代替触媒の開発が望まれている．

　微生物電解セルとは，発電菌が放出した電子を利用してプロトンを還元し，水素を発生させる装置である（図 10-9B）．微生物燃料電池と同様，アノードでは発電菌が触媒となって有機物から電子が回収されるが，この際，外部電源によってアノードとカソード間に電圧が印加される．これによりカソード側では電子の電位がプロトン還元を生じるレベルにまで引き下げられ，水素が発生する．本システムでは電力投入が必要になるものの，加える電圧は 0.5 V 程度であり，水の電気分解に必要な電圧（1.5 V 以上）の 1/3 以下である．つまり，微生物電解セルは，有機物を電子源に用いることで水の電気分解よりも格段に少ないエネルギー投入で水素を生産できるシステムだといえる．電子源としてバイオマス廃棄物を利用すれば，処理と同時に安価に水素を製造できる可能性があるため，本システムは循環型水素社会の実現に寄与する技術として期待される．

3）電気合成菌の利用技術（微生物電気合成）

　電気合成菌は電気エネルギーを利用して増殖可能な化学合成独立栄養生物であり，電極由来の電子によって CO_2 を還元し，有機物を合成する．電気合成菌を利用した物質合成プロセス（微生物電気合成，図 10-9C）は，再生可能エネルギーと大気中の CO_2 を元に化学

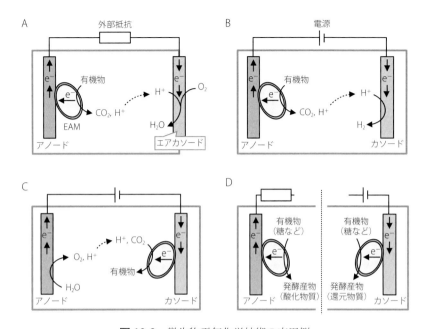

図 10-9　微生物電気化学技術の応用例
A：微生物燃料電池，B：微生物電解セル，C：微生物電気合成，D：電気制御発酵．

工業原料などの有用物質を生産できる可能性があるため，新たな低炭素化技術として期待されている．電気合成菌には一部の酢酸生成菌（acetogen）やメタン生成菌（methanogen）が含まれ，これらの微生物を利用すれば電気エネルギーと CO_2 から酢酸などの低分子有機酸やメタンを合成できる．また，鉄酸化細菌 *Acidithiobacillus ferrooxidans* も，鉄イオン（Fe^{2+}/Fe^{3+}）を電子シャトルに用いることで微生物電気合成のホスト菌株に利用できる．本細菌を遺伝子改変し，イソ酪酸やヘプタデカンを生産させた例が報告されている．

4）電極を利用した発酵促進技術（電気制御発酵）

　微生物による発酵はさまざまな食品や化学物質の生産に利用されている．しかし，発酵では微生物が外部との電子のやり取りを行うことなく原料基質（主にグルコースなどの糖類）を代謝するため，基質と酸化還元バランス（電子の数）が釣り合わない生成物を得ることが難しい．一方，EAM を利用すれば，電極との電子授受によって酸化還元バランスを調節することで，基質よりも高度に酸化もしくは還元された物質であっても効率よく生産できるようになると期待される．この手法（電気制御発酵法，図 10-9D）を用いた物質生産の研究はまだ少ないが，乳酸を基質として *S. oneidensis* を電極から電子を回収しながら培養し，アセトイン（香料などに利用される化学物質）を生産させた例が報告されている．また，大腸菌を遺伝子改変して *S. oneidensis* 由来の細胞外電子伝達経路を発現させ，グルコースを基質

として電極から電子を供給しながら培養することで，コハク酸の生産収率を向上させた研究も行われている．

5）今後の展望

　持続可能なエネルギー生産や物質生産を可能にするテクノロジーとして，微生物電気化学技術には大きな期待が寄せられている．一方，これらの技術の多くは未だ基礎研究の段階にあり，実用化のためには装置のスケールアップや低コスト化，エネルギー変換効率の向上，高活性 EAM の取得など，さまざまな課題を解決する必要がある．今後，微生物学と化学工学（電気化学，材料工学，プロセス工学など）の研究者が有機的に連携し，実用化研究が進展することが望まれる．

5．光エネルギー利用

　エネルギーを持続的に利用可能とすることは，人類社会にとって必要不可欠な目標である．しかし，人口爆発や発展途上国の経済発展により，エネルギー需要は増大を続けている．人類が利用するエネルギーは，枯渇性資源と再生可能資源に大別される．枯渇性資源は，非再生資源とも呼ばれ，人類の消費速度を超えて消費されていく資源である．枯渇性資源には，石油，石炭，天然ガスなどの化石資源やウランなどの核燃料資源が含まれる．一方，再生可能資源は，地球の循環プロセスによって人類の消費速度以上に補充することが可能である資源を指す．再生可能資源には，太陽光，風力，水力，地熱，バイオマスなどが含まれる．再生可能資源を用いて生み出されたエネルギーは，再生可能エネルギーと呼ばれ，自然エネルギー，新エネルギーとも呼ばれる．自然エネルギーのうち，太陽光は直接光エネルギーを利用する．また，バイオマスも植物などの光合成を直接的または間接的に利用しているという意味では，太陽光を利用しているといえる．微生物による光エネルギーの利用としては，藻類やラン藻（シアノバクテリア），光合成細菌などによる光合成があげられる．循環型社会の構築において，光合成微生物を用いた CO_2 資源化などが研究されているが（☞ 10-5），社会実装には至っていない．本節においては，光エネルギー利用の重要性と課題について，比較的広い視点から述べる．

1）光エネルギー利用と光子束密度問題

　地球に降り注ぐ太陽光エネルギーは，人類の消費エネルギーの 10,000 倍以上と試算されている．このように，太陽光のエネルギーが膨大かつほぼ無限であるため，すべてのエネルギーを，太陽光を源にすればよいと思うかもしれない．しかし，地表に到達する太陽光は，エネルギー密度が低いことが問題である．光は波であるとともに，固有のエネルギーを持つ粒子（光子）である．太陽光のエネルギー密度が低いとは，すなわち光子の密度が低いことであり，これを「光子束密度問題」という．太陽光のエネルギーをさまざまなエネルギーに

316　　第 10 章　循環型未来社会への取組み

するためには，電子を次々に受け渡していく必要がある．言い換えれば，光を受け取った物質が一時的に還元され，その後，次の物質に電子を渡し，自身は酸化される必要がある．この電子の受け渡しが進行しなければ，どんなに太陽光エネルギーを与えても，他のエネルギーを生み出すことができない．例えば，水を分解して酸素を発生することで知られる光合成では，次式の反応を見てもらえればわかる通り，水の酸化には 4 つの電子を引き抜く必要がある．

$$2H_2O \quad \rightarrow \quad 4e^- + 4H^+ + O_2$$

　エネルギーが与えられて電子が引き抜かれたからといって，時間・空間的に適切に分子が配置されていなければ，別の分子によって還元されて元に戻ってしまう．通常，光照射により 1 電子が引き抜かれるには，1 つの光子が必要であるため，4 電子の引抜きには 4 光子が必要となるが，光子を受け取る時間間隔が長いと，反応が完結しない．化学触媒を用いた人工光合成では，この時間間隔がネックとなっており，可視光をよく吸収するスズテトラフェニルポルフィリンでも，4 つの光子を吸収するために，0.68 秒かかるとされている．すなわち，次の反応を行うためには 0.68 秒待たなければいけないことになるが，これは分子の時間スケールからするときわめて長い．このように，光エネルギーの利用問題は，単に光エネルギーを大量に得られるかという単純なものではなく，受け手側の分子の適切な配置と，電子の受け渡しにおける理論的な限界を知ることが重要となる．生物の光合成電子伝達では，水分子からマンガンクラスター（$CaMn_4O_5$）と呼ばれる分子が電子を引き抜くが，このマンガンクラスターは 4 つの電子を受け取ることで，5 つの異なる中間状態（S_{0-4}）をとる．この電子の受け渡しの速度は，最も遅いものでもおよそ 1 ミリ秒（0.001 秒）となっており，生物がいかに優れたシステムを有しているかがわかる．

　人工的な分子を設計するにしても，生物を利用するとしても，人類のエネルギー問題において，太陽光エネルギーをいかに効率的に他のエネルギーに変換できるかが，最も重要な課題である．

2）変 換 効 率

　変換によって生じる物質と，変換に投入される原料との比（百分率，%）は，変換効率（conversion efficiency）と呼ばれている．物質の乾燥重量比を取り，百分率（%）で表示した場合には，収率（yield）と呼ばれる．生成する物質がエネルギーとなる化合物の場合は，エネルギー量（J）の比を取り，エネルギー変換効率，またはエネルギー効率と呼ばれる．

収率（%）＝（変換によって生じる物質の乾燥重量 / 変換に投入される原料の乾燥重量）×100
　エネルギー変換効率（%）＝（変換・蓄積したエネルギー / 投入エネルギー）×100

　太陽光発電におけるエネルギー変換効率は，太陽光の持つエネルギーを電気エネルギーに変換できる割合（百分率，%）のことを指し，発電効率とも呼ばれる．現在流通している

太陽光発電の変換効率は，およそ20％である．火力発電のエネルギー変換効率はおよそ40〜60％，水力発電ではおよそ80％といわれている．これらのことから，太陽光発電はエネルギー変換効率が低いように感じてしまうが，太陽光というほぼ無限のエネルギー源を利用できる点が重要である．

植物などの材料を使うバイオマス発電も，広い意味では光エネルギーの利用といえる．間伐材や建築廃材などの木質バイオマスや，生ごみや糞尿などの廃棄物バイオマスを用いたバイオマス発電のエネルギー変換効率は20〜25％といわれている．こちらも火力発電や水力発電よりはエネルギー変換効率は低いが，不要なものを資源として利用するという点では，非常に有効である．また，バイオマスによっては，エネルギー変換効率がさらに低く，1％という試算もある．バイオマスは多様であるため，どの物質を原料として使うかによってバイオマス発電のエネルギー変換効率が大きく異なる点も留意する必要がある．

3）光合成による光エネルギーの変換効率

再生可能エネルギーのうち，バイオマスの特徴は，光エネルギーを化学エネルギーに変換できる点である．化学エネルギーに変換することで，エネルギーを輸送したり，貯蔵したりすることが容易になり，また，エネルギー需要と合わせることができるため，結果としてエネルギーの利用効率を上げることも可能となる．

生物が有する光合成において，その効率を決定するのは吸収波長と量子収率である．太陽光の成分のうち，およそ400〜800 nmの波長の光が可視光線または可視光と呼ばれる．図10-10は，陸上太陽電池研究で一般的に使用される太陽光のスペクトルであり，放射強度分布と呼ばれる．地球の地表面上に届く太陽光は，可視光をエネルギーのピークとする光であることがわかる（図10-10）．光合成において中心的な役割を果たす色素であるクロロフィルは，波長の長い赤色光（およそ600〜800 nm）と波長の短い青色光（400

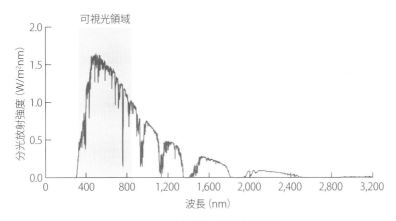

図10-10 太陽光の放射強度分布

〜 450 nm）の光を吸収する．このため，吸収されない中間の波長である緑色光（500 〜 600 nm）が反射や透過するため，葉の色は緑色に見える．ただし，生物はクロロフィル以外にもさまざまな色素を持っており，多くの光合成生物が有する β-カロテン（およそ 400 〜 500 nm）や，シアノバクテリアや紅藻が有するフィコビリタンパク質（およそ 550 〜 650 nm）など，クロロフィルでは吸収できない波長の光を利用する生物もいる．いずれにしても，生物は太陽から降り注ぐすべての波長の光を利用することはできないため，この時点でエネルギーの変換効率が低下することになる．

　次に量子収率であるが，前述の通り，光は光子として色素に吸収されることで，電子の受け渡し，すなわち光合成の電子伝達が始まる．しかし，電子の受け渡しが適切でないと，光エネルギーは熱などの別のエネルギーとして放出されてしまい，反応には利用されない．量子収率とはすなわち，吸収した光子のうち，反応に使われた光子の割合をいう．

$$量子収率 ＝ 反応に使われた光子の数 / 吸収された光子の数$$

光合成の量子収率では，F_v/F_m というパラメータが使われ，光合成の最大量子収率である．F_v/F_m が 1 になれば，吸収した光がすべて光合成電子伝達に使われたことを意味するが，健康な植物でも 0.80 〜 0.83 程度であるとされている．また，ここでの意味は，光エネルギーが光合成電子伝達の反応にどのくらいの効率で使われたかを意味しており，炭酸固定やデンプンを作る際の効率は，途中のエネルギーロスのためにさらに下がっていくことに留意されたい．

6．バイオ燃料

　経済協力開発機構（OECD）によると，バイオ燃料とはバイオマスを原料として生成される燃料と定義されている．バイオマスとは，生物に由来する資源のうち，化石燃料を除いた再生可能なものであり，バイオ燃料は再生可能エネルギーと位置づけられる．大気中の CO_2 を一方的に増加させる化石燃料の燃焼とは異なり，バイオ燃料の燃焼によって発生する CO_2 は炭素循環の枠内でその総量を増加させるものではないため，統計上は排出しないものとして取り扱うことができる．バイオ燃料の形態は木炭や木質ペレットのような固形燃料，バイオエタノールをはじめとする液体燃料，$H_2/CO/$ メタンを主成分とする可燃性ガスとさまざまである．本節ではバイオプロセスが製造に深く関与する液体バイオ燃料であるバイオエタノールとバイオディーゼルを取り上げる．

1）バイオエタノール

　バイオエタノールとは，バイオマスを発酵，蒸留して作られる植物性エタノールのことである．一般に，糖質あるいはデンプン質を多く含むサトウキビやテンサイ，トウモロコシなどを原料として生産されるものを第一世代バイオエタノール，セルロースやヘミセルロース

を主成分とする非可食の草本系，木質系バイオマスを原料として生産されるものを第二世代バイオエタノールと呼ぶ（☞ 10-1-1）．現在，工業レベルのバイオエタノール生産に広く使用されている微生物は酵母 *Saccharomyces cerevisiae* である．

サトウキビのような糖質系作物は酵母が利用可能な糖を多く含んでいるため，搾汁液や精糖分離後の廃糖蜜（モラセス）をそのままエタノール発酵に使うことができる．トウモロコシデンプンを原料とする場合は，粉砕して，高温で可溶化したあとにデンプン分解酵素（アミラーゼ）処理に供し，デンプンをグルコースやマルトースに分解する．続いて酵母によりこれらの糖類を嫌気条件下で発酵することにより，エタノールを生産させる．発酵で得られたエタノールは蒸留・脱水工程を経て回収される（図 10-11A）．

第一世代バイオエタノールの生産はアメリカやブラジルで産業化されており，市場として確立している．一方で，原料作物に食糧および飼料としての需要もあることから，穀物価格の高騰や耕地面積の競合を招いている．

第二世代バイオエタノールの原料は，稲わら，麦わら，籾殻，バガス（サトウキビ搾汁後の残渣），コーンストーバー（トウモロコシ茎葉）のような草本系バイオマスと，廃材，木材チップなどの木質系バイオマスであり，総じてセルロース系バイオマスあるいはリグノセルロース系バイオマスと呼ばれている．これらの生産は食糧や飼料の供給と競合しないことから，今も世界中で研究と実証試験が進められている．

リグノセルロース系バイオマスは結晶性の安定した構造を有するセルロースと，それを取

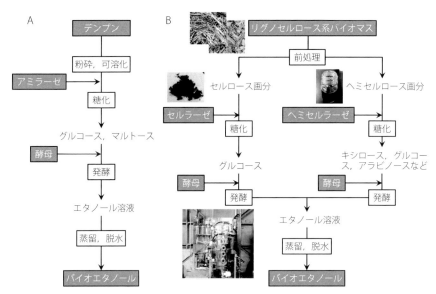

図 10-11 デンプン（A），リグノセルロース系バイオマス（B）からのエタノール生産プロセス

り囲むように存在するヘミセルロース（キシロースが β-1 → 4結合したキシラン主鎖にグルコースやアラビノース，グルクロン酸からなる側鎖が連結した高分子），さらにそれらの外層に沈着するリグニン（芳香族化合物の重合体）からなる複雑かつ強固な構造を有している．そのため，まずは物理化学的な処理により，リグニンを除去するとともにセルロースを膨潤化する前処理工程が必要となる．次に，酵素（セルラーゼやヘミセルラーゼなど）により，セルロースやヘミセルロースを加水分解して糖（グルコース，キシロースなど）を生成する糖化工程に進む（図 10-11B）．

前処理工程では，酸処理が主流の1つであり，バイオマスに対して 0.4% の硫酸を使用して 200 ～ 230℃で 1 ～ 5分程度処理を行う希硫酸法がよく用いられている．硫酸はセルロース分子同士を結合している水素結合を切断することにより，結晶構造を破壊して不定形にする．この条件では，95% のヘミセルロースと 20% のセルロースが可溶化される．また，100℃以上の熱水を用いた加水分解により脱リグニンする方法（水熱処理）も用いられる．加圧した熱水は酸と同様の作用を示し，ヘミセルロースは 150℃前後，セルロースは230℃前後で可溶化することが知られている．このような物理化学的処理はバイオマスの高次構造を破断する一方で，生成した糖が2次分解や縮合を起こして多くの2次生成物（酢酸やギ酸，レブリン酸などの弱酸類，フルフラールや 5- ヒドロキシメチルフルフラールなどのフラン誘導体，シリングアルデヒドやバニリンなどの芳香族類）を生成することが問題となっている．これらの生成はバイオマスから得られる糖の収率を下げる．また，生成する化合物は，発酵工程で用いる微生物の代謝を阻害する．つまり，前処理工程では，糖化酵素の基質への接触を可能にする結晶構造の緩和を施すとともに，2次生成物の生成を抑える最適な条件を決定することが求められる．

糖化工程では，酵素製剤を添加して，セルラーゼ / ヘミセルラーゼの性質に合わせた50℃前後での加水分解反応を行う．セルロースは，単一の酵素による分解は不可能であり，数種の異なった分解酵素の相乗効果により糖化されている．セルラーゼ生産微生物として，糸状菌 *Trichoderma reesei*，麹菌 *Aspergillus oryzae*，木材腐朽菌 *Phanerochaete chrysosporium* などさまざまな種が利用されている．中でも *T. reesei* は力価の高い酵素を大量に生産するため，酵素製剤の生産菌として最もよく用いられている．セルラーゼとは，セルロースを加水分解するための数種類の酵素群に対する総称であり，その機能および役割により次のように大別できる．①非結晶セルロースをランダムに切断するエンド型のエンドグルカナーゼ（endoglucanase, EG），②結晶セルロースの末端からセロオリゴ糖を遊離するエキソ型のセロビオハイドロラーゼ（cellobiohydrolase, CBH），③セロオリゴ糖の末端からグルコースを生成するエキソ型の β- グルコシダーゼ（β-glucosidase, BGL）である．EG，CBH，BGL についても基質特異性や生成物分布の異なる多種類の酵素があり，1種類の微生物から生産される関連酵素は数十種類になることもわかっている．バイオマスの分子構造は，原料となる植物の種類によって異なり，前処理によってその構造が変化するため，効率的に糖化を進めるためにはそれぞれの構造に応じた酵素成分の量比の最適化が重要であり，検討

が行われている．また，タンパク質工学的手法による酵素の高機能化（基質分解性や酵素構造安定性の向上など）も積極的に進められている．ヘミセルラーゼは，ヘミセルロースを加水分解するための酵素の総称であり，キシラナーゼとキシロシダーゼなどの相乗効果によりキシロース，グルコース，アラビノースなどの単糖を遊離する．

糖化で生成するヘキソースとペントースは微生物発酵によりエタノールへと変換される．*S. cerevisiae* は伝統的に食品産業に用いられており，強力な発酵力，ストレス環境への耐性，エタノールへの耐性，遺伝学的安定性を有しており，バイオエタノール生産に用いる発酵微生物として最も有望と考えられている．*S. cerevisiae* の課題はペントース資化能が低いことであるが，キシロースやアラビノースを高効率に資化できる遺伝子組換え酵母の開発が精力的に進められている．

2）遺伝子組換え酵母を用いたバイオエタノール生産プロセスの効率化

第二世代バイオエタノールは生産コストが高く，実用化には至っていない．その主な理由としては前処理から製品回収に至るまでのステップが多いことがあげられ，全体プロセスの簡略化が求められている．前述の通り，酵素生産，糖化，ヘキソース発酵，ペントース発酵という4段階の生化学的な過程があり，糖化と発酵を別々のバッチで行うSHF（separate hydrolysis and fermentation, 糖化後発酵法；図10-11B）では，生成した糖が糖化酵素の加水分解反応を阻害するため，バイオマスからの糖回収率が頭打ちになるという問題もある．そこで，糖化と発酵を単一バッチで同時に行うSSF（simultaneous saccharification and fermentation, 同時糖化発酵法）が開発され，高収率のエタノール生産を実現した．SSFで

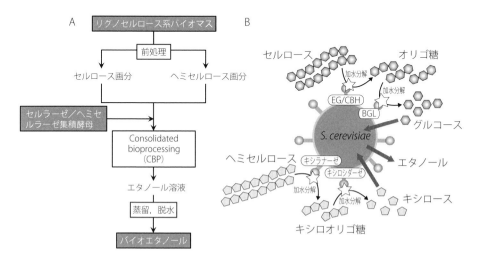

図 10-12 CBPによるエタノール生産プロセス（A）と細胞表層にセルラーゼ，ヘミセルラーゼを集積させた酵母によるエタノール生産（B）

は微生物がグルコースを即座に発酵するため糖化酵素の生成物阻害が起こらない．また，エタノールが槽内に蓄積するため雑菌汚染リスクを低減できる利点もある．

　最近では，酵素生産，糖化，発酵の生化学的変換過程をすべて統合化した CBP（consolidated bioprocessing）が，最も実用的なプロセスとして期待されている（図 10-12A）．酵素生産は最もコスト削減が必要な過程であるが，遺伝子組換えにより，十分なセルロース／ヘミセルロース分解能を有した微生物を開発できれば，酵素生産に必要なリアクターを削減することが可能となる．CBP への取組みの 1 つとして，微生物の細胞表層に機能性タンパク質を集積して，細胞に新しい機能を付与する「細胞表層工学技術」がある．S. cerevisiae の細胞表層にセルラーゼ／ヘミセルラーゼを集積させることにより，リグノセルロース系バイオマスを細胞表層で分解すると同時に，単糖を細胞内に取り込んでエタノールを生産することが可能である（図 10-12B）．例えば，200 g/L のリグノセルロース系バイオマスから理論収率の 89％という高い収率でエタノール生産が実現されている．細胞表層工学技術によって開発されたスーパー酵母は，単一槽内でバイオマスをワンステップでエタノールに変換できることから，低コストのエタノール生産を実現する切り札として期待されている．

3）バイオディーゼル

　バイオディーゼルとは，ディーゼルエンジン用燃料のうちバイオマス由来の油脂から作られるものの総称である．中性脂質（主にトリアシルグリセロール）を主成分とする菜種油，パーム油などの植物油の他，食糧との競合を避ける意味で廃食用油も原料に用いられる．中性脂質は粘性が高く，着火点が高いため，原料油脂にメタノールを加えてエステル化処理を行うことで脂肪酸メチルエステル（fatty acid methyl ester，FAME）とし（図 10-13），さらに蒸留処理をしてメタノールや水を除去することでディーゼルエンジンに使用できる燃料が得られる．

　エステル化処理には NaOH や KOH などメタノールに可溶性の触媒を用いる均相アルカリ触媒法が，反応速度や触媒価格などの利点から広く用いられている．しかしながら，アルカリ性の洗浄排水が生じることや，エステル交換反応の副生物であるグリセリンの回収および有効利用が困難であることなど，いくつかの課題がある．また，原料油脂に水や遊離脂肪酸などの不純物が含まれる場合，反応前の精製工程が必要となるため，全体の BDF 製造シス

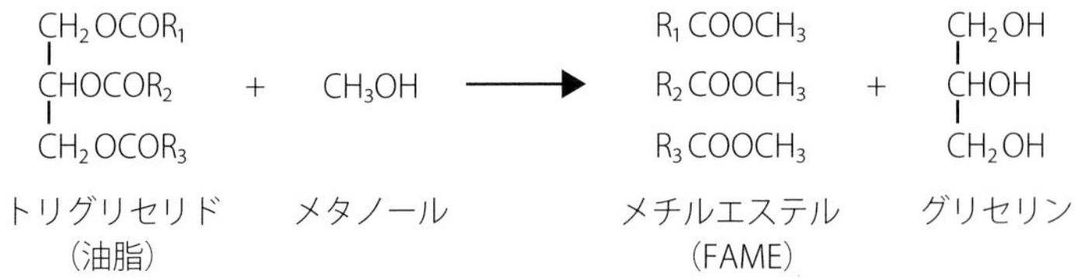

$$
\begin{array}{cccc}
\text{CH}_2\text{OCOR}_1 & & \text{R}_1\text{COOCH}_3 & \text{CH}_2\text{OH} \\
| & & | & | \\
\text{CHOCOR}_2 \;+\; \text{CH}_3\text{OH} \longrightarrow & \text{R}_2\text{COOCH}_3 \;+\; \text{CHOH} \\
| & & | & | \\
\text{CH}_2\text{OCOR}_3 & & \text{R}_3\text{COOCH}_3 & \text{CH}_2\text{OH}
\end{array}
$$

トリグリセリド　　メタノール　　　　　メチルエステル　　グリセリン
（油脂）　　　　　　　　　　　　　　　　　（FAME）

図 10-13　油脂のエステル交換反応
R$_1$，R$_2$，R$_3$：油脂の脂肪酸分子鎖.

テムとしては複雑になる場合もある．これらの課題を解決するため，トリアシルグリセロールを分解する酵素（リパーゼ）を用いる酵素法，超臨界メタノールを用いることで触媒を不要とする超臨界法などの変換技術が開発され続けている．

一般にバイオディーゼルといえば FAME を指すことが多いが，酸素原子を含むため軽油に比べて窒素酸化物が増大すること，酸化安定性に劣ることなどの物性上の問題がある．そこで，油脂と水素を高温高圧で反応させることによって油脂を飽和炭化水素（アルカン）にかえた水素化植物油（hydrotreated vegetable oil，HVO）の製造が行われている．また，植物油ではなく，ラン藻や真核藻類からアルカンを抽出および精製する方法も検討されている．HVO の物性は軽油に近く，FAME よりも低温での性能が優れ，軽油よりもセタン価（燃料の着火性を示す指標）が高いという特徴を持っており，次世代のバイオディーゼルとして期待されている．

7．バイオサーファクタント

自然界には界面活性物質を作り出す微生物が存在している．この界面活性物質はバイオサーファクタント（biosurfactant）と呼ばれ，機能性バイオ素材としての産業利用が進められている．バイオサーファクタントが自然界でどのような意味を持つのか，生理的な意義については不明な点が多いが，微生物の環境適応戦略の１つとして機能していると考えられている．例えば，油田などの疎水環境に生息する微生物にとっては炭化水素化合物を効率よく取り込んで代謝する能力が生存競争に有利と考えられ，実際にバイオサーファクタント生産菌が多く分布している．他にも，葉面で生息する微生物の中には，バイオサーファクタントだけでなく葉面のクチクラ層を分解する酵素も併せて分泌するものが知られており，葉の疎水面を改質することで足場を作り定着していると考えられている．また，バイオサーファクタントには抗菌活性を有するものがあり，微生物の生存戦略に一役買っていると思われる．さらに，バイオサーファクタントが，固体表面や界面に付着した微生物によるバイオフィルム形成に重要であることも知られている．このように，微生物によって生息する環境は異なるが，バイオサーファクタントを生産することで固液界面を巧みに処理して環境に適応し，生態系ニッチを確保していると考えられる．

界面活性剤は，あらゆる産業に必要不可欠であり化学産業のキーマテリアルと呼ばれるが，環境中に拡散する化学物質であるため高い安全性が求められてきた．生分解性の高い石油系合成界面活性剤も開発されてきたが，近年はバイオベース界面活性剤（天然系合成界面活性剤）の実用化が加速している．一方，バイオサーファクタントは，原料がバイオマスで生分解性も良好ということに加え，発酵プロセスで量産可能な発酵生産物という特徴から，環境適応型の界面活性剤として理想的なものであるといえよう．また，バイオサーファクタントは界面活性剤として優れた性能を持つだけでなく，微生物細胞内の酵素反応で糖やアミノ酸といった生体物質を使って精密に合成されているため，さまざまな物性および機能を発揮す

324 第10章 循環型未来社会への取組み

ることが知られている．そのため，次世代の界面活性剤として期待されているだけでなく，特殊な構造と特性を活用した機能性バイオ素材としての開発が進められている．

1）バイオサーファクタントの種類と構造

バイオサーファクタントは化学構造で分類されており，①糖脂質型，②リポペプチド型，③脂肪酸型に大別される．また，いずれの化学構造も複数の官能基や不斉炭素があるため複雑でかさ高く，かつ非常に複雑な構造にもかかわらず分子構造が均一という特徴がある．

(1) 糖脂質型バイオサーファクタント
a．ラムノリピッド

ラムノリピッド生産菌として最も有名なのは緑膿菌 *Pseudomonas aeruginosa* であり，1949年に Javis, F. G. と Johnson, M. によって結核菌に対する抗菌物質として初めて報告された．生産性向上に向けた研究が進められ，海外で商用生産が進められている．一方，*P. aeruginosa* は日和見感染菌であるため，遺伝子組換え技術による非病原性ラムノリピッド生産菌の開発も進められている．

ラムノリピッドは，ラムノースに炭素鎖長 8-16 の β-ヒドロキシ脂肪酸（HFA）が結合した糖脂質である．主要なものとして，ラムノース1分子にヒドロキシ脂肪酸が1あるいは2分子結合したモノラムノリピッド（Rha-HFA または Rha-HFA-HFA），ラムノース2分子にヒドロキシ脂肪酸が1あるいは2分子結合したジラムノリピッド（Rha-Rha-HFA または Rha-Rha-HFA-HFA）の4種類が知られている（図 10-14）．

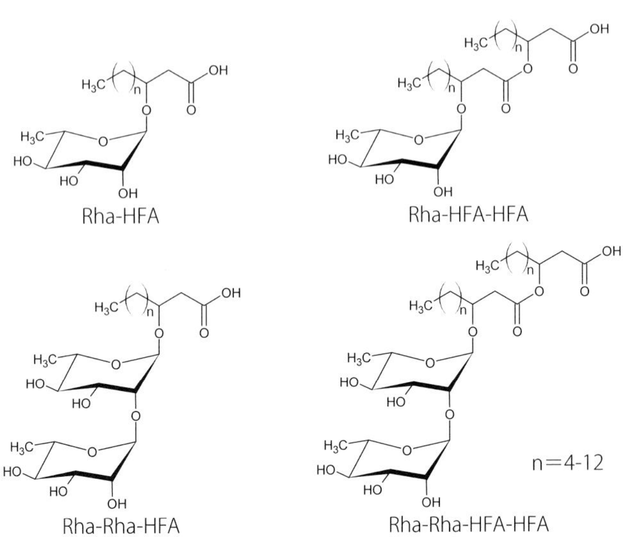

図 10-14 ラムノリピッド（RL）の構造

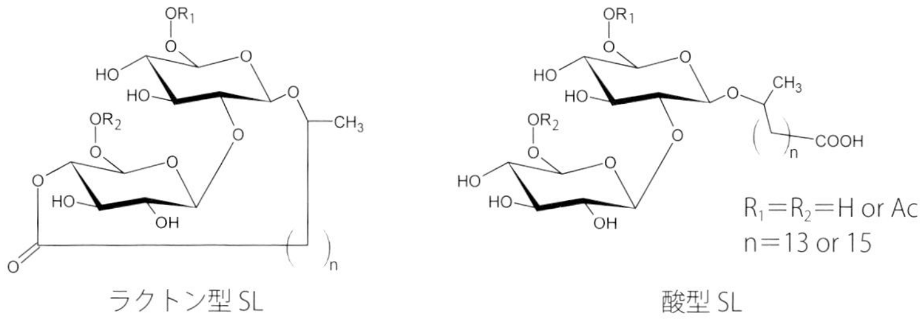

図 10-15　ソホロースリピッド（SL）の構造

b．ソホロリピッド

代表的なソホロリピッド生産菌は，酵母 *Starmerella bombicola*（旧名 *Candida bombicola*）であり，糖質と油脂を原料として 300〜400 g/L ものソホロリピッドを培地中に蓄積させることができるとされている．その他にも，*Starmerella floricola*（旧名 *Candida floricola*），*Pseudohyphozyma bogoriensis*（旧名 *Rhodotorula bogoriensis*）などがソホロリピッド生産菌として知られている．

ソホロリピッドは，ソホロースに炭素鎖長 16-18 の脂肪酸がエーテル結合しており，主な構造体は環状のラクトン型と酸型の 2 種類である（図 10-15）．その他にも，脂肪酸鎖の末端に 2 分子目のソホロースがエステル結合したボラ型，ヒドロキシ脂肪酸の水酸基とソホロースが結合した分岐型なども知られている．

c．マンノシルエリスリトールリピッド

マンノシルエリスリトールリピッドは，クロボ菌科に分類される担子菌類の一群が生産する糖脂質型バイオサーファクタントである．特に，酵母 *Moesziomyces antarcticus*（旧名 *Pseudozyma antarctica*），*Moesziomyces aphidis*（旧名 *Pseudozyma aphidis*），*Pseudozyma tsu-*

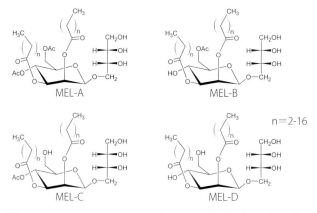

図 10-16　マンノシルエリスリトールリピッド（MEL）の構造

kubaensis などの生産性は高く，植物油脂を炭素源にすることで 100 g/L 以上のマンノシルエリスリトールリピッドを生産できることが知られている．

マンノシルエリスリトールリピッドは，マンノースとエリスリトールが結合したマンノシルエリスリトール（糖骨格）に，炭素鎖長 4 ～ 18 の脂肪酸およびアセチル基がエステル結合した糖脂質である．主な構造体は，糖骨格のマンノースの 2 位と 3 位の水酸基に脂肪酸が 2 分子結合した二本鎖型であり，アセチル基の結合数と位置の異なる複数の類縁体が知られている（図 10-16）．培地組成や培養条件を工夫することで，脂肪酸鎖がさらに 1 分子結合した 3 本鎖型や脂肪酸鎖が 1 分子のみの 1 本鎖型を作り出すことも可能である．

(2) リポペプチド型バイオサーファクタント

最もよく知られているリポペプチド型バイオサーファクタントは，1968 年に有馬啓らによって血栓溶解剤として報告されたサーファクチンである（図 10-17）．主な生産菌は，枯草菌 *Bacillus subtilis* であり，培地組成や培養条件の最適化による生産量の向上が研究されている．サーファクチンは，D 型アミノ酸 2 残基を含む 7 つのアミノ酸からなるペプチドが，脂肪酸とのアミド結合およびエステル結合を介してラクトンを形成することで環状構造となっている．また，リケニシン，フェンジシン，プリパスタチン，イチュリン，バシロマイシン，アルスロファクチンなど，構造の異なる環状リポペプチドも報告されている．

これらの環状リポペプチドは，非リボソーム型ペプチド合成酵素（non-rebosomal peptide synthetase，NRPS）によって合成される（☞ 5-9-2）．

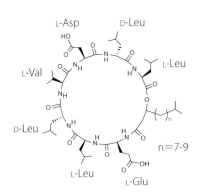

図 10-17 サーファクチン（SF）の構造

2）バイオサーファクタントの機能と応用

2010 年代以降，欧米のグローバルリーディングカンパニーが市場参入してきたことによって，バイオサーファクタントの実用化は世界的に拡大しつつある．特に，糖脂質型バイオサーファクタントの市場導入が進み，ラムノリピッド，ソホロリピッド，マンノシルエリスリトールリピッドは主要なターゲットとなっている．

ソホロリピッドの臨界ミセル濃度は非常に低く 40 ～ 140 mg/L 程度で，水の表面張力を 30 ～ 40 mN/m 程度に低下させることができる．起泡性が低く，泡立ちを抑制した洗浄用途に使用されている．

ラムノリピッドも界面活性剤としての性能が高く，臨界ミセル濃度は 10 ～ 200 mg/L 程度，表面張力低下能は 30 mN/m 以下である．ソホロリピッドとは異なり起泡性が高く，主

に洗剤への応用が進められている.

　マンノシルエリスリトールリピッドの臨界ミセル濃度はさらに低く，10 mg/L 以下で高い表面張力低下能（30 mN/m 以下）を発揮することができる．優れた皮膚保湿効果を持つことから化粧品やスキンケア製品への応用が進んでいる.

　糖脂質型バイオサーファクタント以外でも，サーファクチンは皮膚刺激性が低いという特徴があり，化粧品やスキンケア製品への応用が進められている.

8. バイオプラスチック

　プラスチックは自在に成形でき，軽くて丈夫な材料や，透明で柔軟な材料など，さまざまな物性を発揮できる．金属，セラミック，木材，ガラスなどの他の材料でプラスチックと同等の特性を持たせることは困難である．これは，プラスチックがひも状の高分子であり，分子鎖同士の絡み合いにより，変形しても壊れにくいことに加えて，強度が高い結晶相と自在に変形できる非晶相を持つことも一因である．材料としての有用さの一方で，プラスチックの大量生産，大量消費はさまざまな問題を引き起こしている．現在，ほとんどのプラスチックは石油などの化石資源から合成されており，資源枯渇による生産量の減少や価格の上昇が懸念される．使用後のプラスチックを焼却した場合は，大気中 CO_2 濃度を上昇させる．別の問題として，使用後のプラスチックによる環境汚染が深刻化している．プラスチックの多くは化学的に安定であり，これは材料の長所である反面，環境中で分解されず蓄積されてしまう．特に，海洋に流出したプラスチックは微細化してマイクロプラスチックとなり，生物体内に取り込まれていることが知られており，生態系への影響が懸念される．したがって，原料と使用後の処理の両面で，従来のプラスチックは循環型材料ではない．この状況を改善する 1 つの方法は，リサイクルを行うことである．しかし，リサイクルが可能なのは，ペットボトルのように単一ポリマーからなる製品が大量に消費される場合に限られ，すべてのプラスチックをリサイクルすることは困難である．また，リサイクル自体がエネルギーを消費することにも注意が必要である．このような背景から，環境負荷が少なく生態系と調和しやすいプラスチック材料，すなわちバイオプラスチックの開発が進められている．本節では，バイオプラスチック，特にその代表例としてポリヒドロキシアルカン酸（PHA）について述べる.

1）バイオプラスチックとは

　バイオプラスチックという名称には 2 つの意味（biobased と biodegradable）が含まれる．再生可能なバイオマスを原料として合成されるプラスチックは，バイオベースプラスチック（biobased plastics），またはバイオマスプラスチック（biomass-derived plastics）と呼ばれる．プラスチックごみによる環境汚染の軽減の観点では，使用後に環境中で微生物の作用により分解および代謝されるポリマーが注目される．このような性質を有するプラスチックは，生

分解性プラスチック（biodegradable plastics）と呼ばれる．これらは互いに独立で，区別できる特徴である．PHA はこの両方を満たすが，そうではない材料の方が多い．バイオマスを原料として化学合成により生産されるプラスチックもあり，石油から合成され生分解性を有するプラスチックもある．バイオプラスチックという言葉は便利なためよく用いられるが，その定義には幅があることに注意が必要である．

　バイオベースプラスチックに含まれる炭素は，大気中の CO_2 を植物が固定したものなので，使用後に焼却または生分解により CO_2 に変換されても，大気中の CO_2 濃度は増加しない．そのため，バイオベース材料は，石油資源の消費と CO_2 増加を軽減する効果が期待される．一方で，製造の過程で工場を稼働させるためなどに消費されるプロセスエネルギーは，CO_2 を発生する．プロセスエネルギーによる発生量は，生産プロセスの効率だけでなく，エネルギーバランス（火力，再生可能エネルギーの割合など）により変化する．

　プラスチックをバイオベース化する最も単純な方法は，石油由来プラスチックにバイオマスをブレンドすることである．一例として，ポリエチレンにデンプンを 10% ブレンドすれば，材料は「部分的に」バイオベース化される．モノマーの一部または全部をバイオマスから合成する方法もある．微生物は乳酸やコハク酸を生産できるが（☞ 7-1-2），これらを化学的手法で重合させると，プラスチックを得ることができる．また，エタノールの脱水反応により得られたエチレンを重合して得られるポリマーはバイオポリエチレンと呼ばれる．原料の一部がバイオマスであるプラスチックが使用されている商品はすでに販売されている．

2）微生物産生ポリエステル PHA

　プラスチックは人工的な化合物であるという印象があるが，ある種の微生物は細胞内にプラスチックとして利用可能な PHA（polyhydroxyalkanoate）と呼ばれるポリエステルを合成および蓄積する．PHA の生産系は，微生物細胞内で直接プラスチックを合成するものであり，完全にバイオマスを原料としたプラスチックが得られる．また，ポリマーを化学合成する場合は高純度に精製され，かつ乾燥されたモノマーが必要であるが（水が存在するとポリエステルの分解も起こり，分子量が上昇しないため），微生物発酵では，混合物のバイオマスを原料として用いることができ，水を溶媒として合成できる．PHA はオイルボディのような非晶質の顆粒として蓄積されており，細胞内にプラスチックの物性を持つ材料が生じるということではない．後述するように，細胞から抽出，単離した PHA は熱可塑性（温度を高くすると柔らかくなり，冷やすと硬くなる性質），結晶性を持つため，プラスチックとして利用することができる．PHA は，炭素源が過剰に存在し，窒素源またはリン源が欠乏した条件で蓄積されやすい．また，PHA を蓄積した条件で炭素源が欠乏すると，PHA が分解，代謝される．このことから，細胞内における PHA の主要な機能は，炭素源の貯蔵であると考えられている．PHA 合成能は珍しいものではなく，グラム陰性菌・陽性菌，古細菌に広く見られる．土壌細菌の研究例が多いが，光合成細菌，昆虫の腸内細菌など幅広い菌から PHA 合成遺伝子が見つかっている．また，PHA には貯蔵物質以外の機能もあるという説

が提案されており，議論が続いている．

3）PHA の合成機構

　PHA はヒドロキシアルカン酸の CoA 体（ヒドロキシアシル CoA）が PHA 合成酵素により重合されることによって合成される．PHA の化学構造は，供給されるモノマーの構造と PHA 合成酵素の基質特異性により決定される．最も多くの菌に見られる典型的な PHA は，3HB-CoA をモノマー基質として合成されるポリ-3-ヒドロキシブタン酸（P(3HB)）である．Pseudomonas 属の PHA 生産菌は，炭素数が 6〜12 の 3-ヒドロキシアルカン酸をモノマーユニットとする共重合ポリマー（中鎖 PHA）を合成する．天然の PHA 生産菌は，モノマー供給系に適合する PHA 合成酵素を持っている．天然型の PHA のモノマーユニットには側鎖があり，その向きにより，D 体 L 体の立体異性体が存在するが，PHA 合成酵素は厳密に D 体のみを重合する（側鎖のない構造が重合される人工的な合成系もある）．不斉炭素を含むモノマーを DL 体の区別なく重合すると結晶性の低いポリマーになるため，D 体のみが重合されたポリマーとは材料物性が全く異なる．

　P(3HB) のモノマー基質である 3HB-CoA は，アセチル CoA から 2 段階の反応で合成される．逆に，P(3HB) が代謝されるとアセチル CoA が得られる．中鎖モノマーの 3-ヒドロキシアシル CoA の供給経路は複数存在するが，よく用いられるのは脂肪酸の β 酸化系から供給される経路である．ここで，3-ヒドロキシアシル CoA には，D 体と L 体が生じうる．PHA 合成酵素は D 体の基質しか認識しないため，β 酸化経路が L 体を経由する場合はポリマーが合成されず，D 体選択的なヒドラターゼの発現により，ポリマーが生産される．

　P(3HB) の合成系は，貯蔵物質として合理的な設計になっている．まず，合成，代謝に必要な反応ステップが少ないことは，エネルギー効率の観点で重要である．次に，P(3HB) の合成経路には ATP を消費する反応はない．第 1 段階のアセチル CoA からアセトアセチル

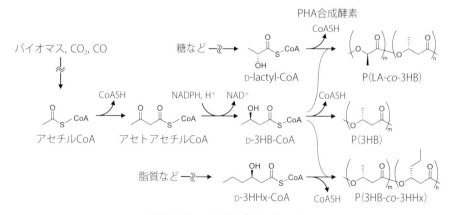

図 10-18　バイオプラスチック

CoA が生じる反応の化学平衡はアセチル CoA 側に寄っている．したがって，アセトアセチル CoA はアセチル CoA の濃度を駆動力として生じる．炭素源が過剰に存在する条件で，細胞内のアセチル CoA レベルが上昇し，余剰な炭素源が自然に PHA に変換されるようになっている．一方，分子を重合させるためにはエネルギーが必要である．PHA の場合，モノマー分子は，構成するヒドロキシアルカン酸ではなく，その CoA 体である．モノマー分子が持つチオエステル結合の自由エネルギーを駆動力として，ポリマーが合成される．高分子合成を理解するには，反応経路だけでなく，重合が進む駆動力がどこから生じているかを意識するとよい．生物の細胞内には多様な高分子の合成反応が存在するが，多くの反応ではモノマー分子が重合を駆動する自由エネルギーを持っている．エネルギーを消費して重合する必要がある 1 つの理由は，水に可溶な分子を高濃度に蓄積すると浸透圧が高くなるためである．

4）PHA の物性

　細胞から単離した PHA は，化学構造によりさまざまな物性を示す．ポリマーの物性は，結晶化度とガラス転移温度（T_g）などにより決定される．T_g は非晶質の物性が変化する温度であり，T_g より高い温度では軟質化する．例えば，高温でも変形しない耐熱性のプラスチックは T_g が高く，冷凍庫内でも柔軟性を失わないプラスチック容器は T_g が低い．P(3HB) は結晶性が高いため，硬質な材料となる．一方，中鎖 PHA（C_6-C_{12} の共重合体）は結晶性がほぼない．また，T_g が室温よりずっと低いため，粘性の液体となる．3HB に少量の中鎖モノマーを含んだランダム共重合体は，中鎖ユニットが高分子鎖の結晶化を阻害するため，結晶化度が低下する．つまり，非晶質の割合が増加する．3HB を主成分とするポリマーの T_g は室温より低いので，この共重合体は柔軟で伸張性のある性質を示す．実際，3HB と 3- ヒドロキシヘキサン酸（3HHx）をランダム共重合させた PHBH と呼ばれるポリマーは，国内外で生分解性プラスチックとして利用されている（☞ 10-2-1）．次に述べるように，乳酸ユニットが含まれる共重合体や，他の非天然型ユニットが導入されたさまざまな人工 PHA の生合成技術が開発されている．ポリマー構造の拡大に伴って，PHA の材料物性の範囲も広がることになるだろう．

5）非天然型 PHA の生合成

　プラスチック材料としての物性は，ポリマーの化学構造により決まる．一方，PHA の化学構造は PHA 合成酵素およびモノマー供給系の酵素群の基質特異性により決まっているので，PHA が材料として発揮できる物性の範囲も決まってくると考えるかもしれない．これは半分正しいが，この制限を超える方法がある．PHA の生合成系の酵素の機能を人工的に改変して，合成されるポリマーの構造を変化させることができるのである．例えば，乳酸ユニットを取込み可能な改変型 PHA 合成酵素が見出されている．乳酸自体は幅広い微生物が合成する物質として知られ，3HB と化学構造が似ているが，乳酸の重合物が天然で生合成されていることが見つかった例はない．改変型 PHA 合成酵素を用いると D 型乳酸の CoA 体

（D-lactyl-CoA）を取り込んで 3HB との共重合体（P(LA-*co*-3HB)）を合成することができる．天然の PHA の T_g が室温より低いのに対し，乳酸ユニットを含むポリマーは T_g が高くなるので（ポリ乳酸の場合，T_g は 60℃），発揮できる物性の幅が広がると期待できる．このような天然にはない機能を持つ酵素を創り出す手法として，分子進化工学が知られる．酵素をコードする遺伝子の DNA 配列を変更すると，アミノ酸配列が変化し，酵素機能も変化する．この原理により，天然型酵素よりも，より目的に合った変異型酵素を創り出すことができる．タンパク質の立体構造に基づいて，変異を導入する場所を指定することができる場合は，変異型酵素を 1 つずつ解析することで，目的が達成できる場合もある．一方，立体構造が不明である，または構造から機能を予測することが困難であるケースも多くある．それでも，遺伝子にランダムに変異導入して，好ましい性質を獲得した変異酵素を選抜することにより，優良変異を取得できる場合がある．しかし，酵素に変異を加えて機能が向上する確率は非常に低いため，優良変異体を獲得するためには，多数の変異体を一度に評価する方法が必要とされる．

6）さまざまな宿主を利用した PHA 生産

現在，PHA の工業生産のための宿主として用いられているのは，土壌細菌の一種である水素細菌（*Cupriavidus necator*）である．本菌は，ポリマーの蓄積率がきわめて高くなりやすい性質があり，乾燥菌体重量の 90％以上に達する．加えて，本菌は脂質の代謝能力が非常に高く，実際に現在販売されている PHA は植物油を炭素源に生産されている．本菌が水素細菌と呼ばれるのは，水素の酸化能力を持つためである．本菌は，水素を還元力，二酸化炭素を炭素源として生育することができる．水素は爆発しやすい性質があり，工業的に利用することは容易ではないが，爆発しない濃度範囲で効率よく PHA 生産する技術開発も進められている．他にも微生物が持つさまざまな能力を活用した PHA の生産技術が研究されている．光合成細菌の一種は，二酸化炭素だけでなく，一酸化酸素と水素の混合ガスを原料として PHA を合成できる．高い塩濃度でも増殖できる好塩細菌は，海水を利用した発酵生産系として研究されている．海洋微生物の一種は，海藻を炭素源として効率よく PHA を生産でき，ブルーカーボン利活用の観点でも注目される．

9．微生物による代替食料生産

微生物による食料生産は，CO_2 排出，土地および水の利用，窒素・リン汚染，生物多様性，アニマルウエルフェアなどの観点で現行の食料システムより持続可能となる可能性があり，栄養プロフィールとして優れている点もある（例えば，タンパク質含量は，藻類：40 ～ 60％，真菌類：30 ～ 70％，バクテリア：53 ～ 80％と高い）．本節では，企業への期待が増大しつつある持続可能な食料システムへの移行に貢献しうる微生物による代替食料生産，特に最新のバイオテクノロジーを背景に注目される「プレシジョン発酵」の現状と課題

について述べる.

1）伝統的な微生物由来の食料とシングルセルプロテイン（SCP）の試み

(1) 伝統的な菌食など

　食用キノコは担子菌の子実体を食する代表的な菌食である．日本では長谷川五作によるエノキタケの瓶栽培の技術確立（1931年）後，1950年代に菌床栽培が全国に普及し，現在では，シイタケやマイタケなど多くのキノコで大規模な工業生産法が確立している．この他の菌食の例としては発酵食品があるが，実質的な菌体摂取量としては多くはない．発酵食品以外の珍しい例としてはマコモタケ（黒穂菌）やビール醸造所で生成するビール酵母を再利用したマーマイトなどがあげられる．これらの菌食の系譜はバイオマス発酵（後述）に受け継がれている．

(2) シングルセルプロテイン

　シングルセルプロテイン（SCP）は，第一次世界大戦中のドイツで開発が開始され，「緑の革命」が成功する以前の1950年代頃には，食料・タンパク質不足への不安を背景に世界各国で検討された．例えば，旧Imperial Chemical社（イギリス）は1,500 kLのエアリフト型培養槽でメタノールを基質に *Methylophilus methylotrophus* を培養して菌体製品「Pruteen」を製造した．ルーマニア政府と大日本インキ（現 DIC）による Riniprot 社（ルーマニア）や鐘淵化学（現カネカ）と連携した Liquichimica Italiana 社（イタリア）はいずれも1,000 kLを超えるエアリフト型培養槽を8〜10基設置し，*n*-パラフィンを基質に *Candida* 酵母を培養した．菌体分離は30〜50台の遠心分離機で行われた．旧ソビエト連邦では年間7万tのSCP工場が複数建設されたが，大豆価格の下落やパラフィンを原料とした製品の安全性への懸念などから世界的にSCPの生産は減少した．

　現在のロシアではSCPの技術は受け継がれており，西側諸国でも Norferm 社（ノルウェー）が開発したUループ培養槽による *Methylococcus capsulatus* の連続培養法は Unibio 社（デンマーク）や Calysta 社（アメリカ）に継承され飼料用途で生産されている．大型培養槽での連続培養によるSCP製造の試みは，後述のプレシジョン発酵などでも参考にすべき事例であると思われる．

(3) 微細藻類

　微細藻類はSCPの1つとして分類されるが，最も古い食経験があるのはアフリカやメキシコの塩分濃度とpHの高い湖に生息するスピルリナである．クロレラは酵母と並んで第一次世界大戦中のドイツで検討され，第二次世界大戦後の各国での食料・飼料用途の試みを経て日本では健康食品として一定の市場を獲得している．この他，日本では，ユーグレナやナンノクロロプシスなどのベンチャーが存在する．最近では，代替タンパク質素材としてだけでなくアスタキサンチンなどの抗酸化物質，培養肉の血清代替，ヘム代替素材などの製造手

段としても注目され，レースウェイ方式，フォトバイオリアクター方式などで生産されている.

2）新たな持続可能な食料生産としての「発酵」の試み

　Good Food Institute やいくつかの投資機関は「発酵」を，「伝統的な発酵」，「バイオマス発酵」，「プレシジョン発酵」に分類している．ここでは，この分類に従い，その動向を概略するとともに，微生物を用いた新たな取組みについても述べる.

（1）バイオマス発酵
　バイオマス発酵は，主に「タンパク質が豊富な微生物の製造」を指し，非組換えの担子菌類の菌糸体および麹菌の利用（マイコプロテイン）に取り組む企業が多いが，一部，納豆菌などの細菌も用いられる．キノコの菌床栽培は子実体の製造であるのに対し，マイコプロテインでは菌糸体を製造する．Marlow Foods 社（イギリス）が *Fusarium venenatum* で生産する Quorn は 40 年以上の販売実績を持つが，現在では少なくとも 60 社を超えるマイコプロテインのスタートアップが存在し，例えば，Enough 社（ベルギー）はオランダに大規模な工場を建設している．マイコプロテインの製造技術は Michroma 社（アルゼンチン）のような色素製造，Ecovative Design 社（アメリカ）のようなヴィーガンレザーの製造技術とも共通する技術である．マイコプロテインの普及促進などを推進するため，菌類タンパク質協会が 2022 年に設立された.

（2）プレシジョン発酵
　「微生物を用いた特定物質の生産」を意味する「Precision Fermentation」は，破壊的イノベーションに関する提言を行うシンクタンクである RethinkX が 2019 年に提唱した言葉で，わが国では「精密発酵」と称されることもあるが，その訳語が確定していないため，本項では「プレシジョン発酵」と記載する．「プレシジョン発酵」が定義する技術はそれ以前に存在しており，医薬品では大腸菌によるヒトインスリンの認可（1982 年）以降，さまざまなタンパク質製剤が実用化されている．食品の「プレシジョン発酵」の定義においては，従来のアミノ酸，核酸，有機酸，ビタミンなどの生産技術をどのように位置づけるかの議論は定まっていないように思われる．欧米のプレシジョン発酵の歴史に関する記載では，ファイザー社が大腸菌で生産し FDA に認可（1990 年）された遺伝子組換え酵素キモシンがプレシジョン発酵による最初の食品素材とされることが多い．微生物由来キモシンは「ベジタリアンレンネット」とも呼ばれ，アメリカで生産されるプロセスチーズの 90％の製造に使用され，日本でも 1994 年に認可されている.
　現在，いわゆるプレシジョン発酵による食品素材の開発および製造を行うスタートアップの取組みは，①特定のタンパク質そのものの生産と②最適化された代謝酵素群による特定の物質の生産に大別される．①のタンパク質の生産としては，β-ラクトグロブリン，カゼイン，

ラクトフェリンなどの乳タンパク質，卵白のオボアルブミン，ヘムを活性中心に持つミオグロビンやレグヘモグロビン，コラーゲン，エラスチンなどが報告されており，このうち，乳タンパク質に取組む企業だけでも 100 社を超え，β-ラクトグロブリンやレグヘモグロビンはアメリカの他，シンガポール，香港，イスラエル，インド，カナダ，UAE，オーストラリア，ニュージランドなどの国で販売に必要な認可を得ている．

また，②の特定の物質の生産は，脂質，甘味料，ビタミン，色素，香料，ポリフェノール類などさまざまな物質の生産が試みられており，そのうち，ヒトミルクオリゴ糖，Reb M（ステビアの一種）や Brazzein（甘味タンパク質）は GRAS[注] や FEMA GRAS[注] を取得している．

わが国では 2024 年初の時点でプレシジョン発酵に取組む企業は非常に少ないが，世界的にはプレシジョン発酵を推進するための国際組織が発足している．プレシジョン発酵連盟（PFA）は現時点で欧米とイスラエルの 11 社が加盟し，食品発酵欧州連携（FFE）は欧州およびイスラエルの 7 社が加盟し，行政に対して早期審査などの普及促進策の推進を要望している．

(3) プレシジョン発酵やバイオマス発酵のスケールアップと製造委託の現状と課題

Synonym 社（アメリカ）による「世界の発酵事情」と題する報告書（2023 年）では，必要とされる発酵能力に対して既存能力は 10％弱とされている．100 kL を超える製造受託先の例としては，Evonik 社（ドイツ）のスロバキア事業所，Wacker グループ（ドイツ）のADL Biopharma 社（スペイン），AbbVie 社（アメリカ）などはいずれも 3,000 kL 以上の受託製造能力を持つ．Liberation Labs 社（アメリカ）は 150 kL 発酵槽 4 基を有する施設を建設中で，最終的に世界で計 2.4 万 kL 規模の製造能力を目指している．各国政府も共用設備への支援を推進していて，欧州では 2 か所の共用設備の他，欧州内で委託可能な施設に関するディレクトリ「Pilots4U」が利用されている．また，アメリカが Liberation Labs 社に 2,500万ドルを融資する他，イスラエル，シンガポール，タイなどの政府が国内の製造受託設備に資金提供している．

(4) CO$_2$ からの食品素材の製造

CO$_2$ を炭素源にタンパク質の製造を目指すスタートアップは 10 社以上存在する．シンガポールでの販売認可を得た Solar Foods（フィンランド）は EU の支援を受けて乳タンパク質の研究も開始した．その他，脂質，糖，テルペンやカロチノイドを製造する試みも注目される．CO$_2$ を用いた持続可能な食品素材の製造においては，製造に必要な窒素源，水素や電力なども持続可能な方法で調達されることが必要となる点に留意すべきである．

注）GRAS はアメリカ食品医薬品局（FDA）が与える安全基準合格証のことであり，Generally Recognized As Safe の頭文字．FEMA GRAS はアメリカのフレーバー・エキス製造協会（FEMA）が香料や風味成分に与える同様の安全基準合格証．

(5) 無細胞合成系

　微生物による発酵では，長い発酵時間，生産株の劣化，生成物による生産株への毒性など
の課題が懸念されるが，無細胞合成系に取り組むスタートアップは，各代謝ステップの酵素
と反応条件を最適化することで微生物の培養で生じる課題を回避できると主張している．例
えば，天然色素を開発する Debut Biotechnology 社は微生物培養の 1,000 倍の効率（g/L の
規模）で，アントシアニン色素を生産できたと報告している．

3）微生物による代替食料の普及に向けた課題

　プレシジョン発酵などの微生物を用いた食品素材の普及においては以下の課題が例示され
る．

　①コストおよび製造能力…前述した発酵規模および連続培養の他，持続可能で安価な炭素
源や窒素源の利用，精製などの後工程の効率化および低環境負荷も重要な検討要素である．

　②安全性や表示に関する規則…新規の食品であるため，技術の進展や産業化を阻害しない
政府対応や国際連携が必要である．

　③安全性の担保…規則の有無に関係なく，製造者は安全性を担保する必要がある．選択枝
の例として，食経験のある，認可された微生物やプロセスの優先利用，用途の限定（動物飼
料用など）などの事例がある．全工程での汚染・アレルギー物質の生成や精製工程（セルデ
ブリ，外来 DNA などの除去など）の効率化とその管理精度の向上も必要である．

　④食品素材としての特性…製品の香味や触感の改善，プリン体（RNA）含量の低減，強固
な細胞壁による低い消化性への工夫などは検討されるべきである．

　⑤消費者の受容…ビタミンなど遺伝子組換え技術で製造され高度に精製された一部の食品
添加物などはすでに市場で受け入れられており，（George Mombiot 氏のように）持続可能
なプレシジョン発酵の普及を望む消費者が存在する一方，遺伝子組換え食品や新規食品の受
容に慎重な消費者が一定数存在するのも事実である．このような状況の中で，コーシャやハ
ラルなどを含む宗教的・文化的・個人的価値観には十分に配慮しつつ，美味しいレシピの提
示や試食の機会を提供しつつ，フードテックが果たす社会的役割について継続的に情報発信
していくことが重要であると思われる．

10. ヒト常在菌関連技術

　ヒトの口腔，皮膚，腸内などにはさまざまな細菌が棲みついており，宿主との共生関係を
構築している．これらの細菌は群れとして機能していることから，まとめて「細菌叢」と呼
称される．組織の中でも腸管には，他の部位と比べ，種類，数ともに最も多くの細菌種が存
在しており，多様な生態系を構築している．また，食品の摂取・吸収部位である腸に存在す
る細菌は食生活と密接に関わっており，5 大栄養素である炭水化物，脂質，タンパク質，ビ

タミン，ミネラルの摂取状況により菌叢は大きく変化し，その結果，宿主の健康にも影響を与えることが知られている．逆に，食を介し腸内細菌叢をかえることで，健康効果を得ることが可能である．例えば，食物繊維が豊富な大麦を意識的に摂取することで，肥満や糖尿病抑制効果が期待されている *Blautia wexlerae* の存在割合が優位に増加することが報告されている．一方で，アルコールや食品添加物，脂質などを過剰に摂取すると，腸内細菌叢のバランスが崩れたディスバイオーシスと呼ばれる状態となる．この状態では，特定の細菌のみが異常繁殖することで，腸管組織の恒常性が維持されず，その結果，下痢や腹痛，膨満感などの症状が現れ，さらには全身性のさまざまな病気のリスクとなる危険性もある．このような背景のもと，現在，多くの研究者が健康や疾患と細菌叢との関連に着目した研究を活発に進めている．

これまでの細菌叢研究は，便や皮膚片，唾液などの生体サンプルから微生物を直接単離して培養を行う培養法を基本に進められていた．一方で，細菌叢を構成する細菌の多くは，宿主であるヒトや他の細菌と密接に相互作用することで生息していることが多いため，特定の菌のみを単離し，培養することが難しく，結果として多くの菌が単独では培養できないという問題点があった．特に酸素を嫌い，他の組織よりも複雑な相互作用が存在する腸内細菌叢においては，培養法で解析可能な細菌はごく一部に限られていた．しかしながら，近年の分析技術の発達により，培養法では困難であった細菌の解析が可能となってきている．

1）ゲノム情報をもとにしたヒト常在菌解析技術

ゲノム情報をもとにした遺伝子レベルでの菌叢解析が導入されたことで，腸内細菌叢を含むヒト常在細菌の全容が解析できるようになった．遺伝子レベルでの解析手法としては対象のサンプルや知りたい情報によってさまざまな技術および手法が利用できる．

特定の微生物の局在や存在量を分析する手法としては，目的の細菌の遺伝子と相補性のある遺伝子をプローブとして結合させ検出することで，目的の細菌の局在を蛍光顕微鏡下で可視化する fluorescence *in situ* hybridization（FISH）法や，目的の細菌の遺伝子断片（プライマー）を利用し，目的の遺伝子の増幅を確認することでサンプル中の細菌の存在量を推定する PCR 法などが有効である．

一方，細菌叢に対して微生物の群集構造を解析する手法としては，細菌に共通する特定の遺伝子領域を PCR で増幅し，特定の制限酵素で切断した際の DNA 断片から細菌集団を分別する terminal restriction fragment length polymorphism（T-RFLP）法や denaturing gradient gel electrophoresis（DGGE）法が使用されている．さらに，現在最も主流となっている手法として，サンプルからゲノム DNA を抽出し，細菌に特異的な配列である 16S rDNA 遺伝子における特定の領域を PCR で増幅し，次世代シーケンサーで遺伝子配列情報を取得し，得られた塩基配列について公共のデータベース上で相同性検索することで細菌種を特定する 16S rDNA 解析があり，細菌種の種類や構成比を明らかにするために頻用されている（図10-19A）．さらに，細菌叢から全ゲノム情報を一括して取得および解析することができる

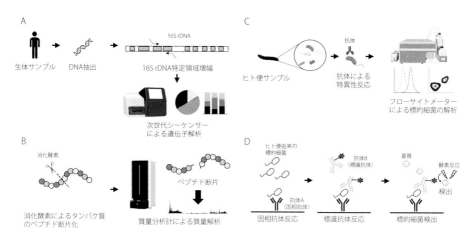

図 10-19　細菌検出関連技術の紹介
A：16S rDNA を利用した細菌叢同定解析，B：質量分析計を利用したプロテオーム解析，C：ヒト糞便サンプルに特異的抗体を利用したフローサイトメトリー解析，D：サンドイッチ ELISA によるヒト糞便サンプル中の細菌検出．

ショットガンメタゲノム解析では，細菌の構成比だけでなく，細菌叢として保有している代謝経路などの多様な機能的遺伝情報を取得することも可能である．

2）質量分析計を利用したプロテオーム解析

　ゲノム情報からタンパク質のアミノ酸配列データが利用可能になったことで，プロテオーム解析により細菌種を同定することが可能になってきている．プロテオーム解析では，細菌から得たタンパク質に対してトリプシンなどの消化酵素を用いてペプチド断片を作製し，質量分析計の1つである MALDI-TOFMS により，ペプチド断片の質量を測定する「ペプチドマスフィンガープリント法」が解析の主流となっている（図 10-19B）．細菌種や関連するタンパク質のアミノ酸配列は Uniprot コンソーシアムが運営するインターネットサイト（https://www.uniprot.org）から取得でき，得られたペプチド断片の質量や配列結果とサイトに集約されているタンパク質のアミノ酸配列を比較することで，目的のタンパク質や，そのタンパク質を発現する細菌種を同定することが可能である．また最近，大規模な理論タンパク質量データベースの構築と質量分析結果の解析アルゴリズムが開発されたことにより，既存微生物以外にも未培養や難培養微生物の迅速同定が可能となってきている．このように，プロテオーム解析による微生物同定は，ゲノム解析による微生物同定と並ぶ重要な手法となりつつある．

3）特異的抗体を利用したヒト常在菌検出技術の開発

　ヒト常在菌の健康への関与が明らかになってくるに従い，社会的にも細菌叢に対する関心

が増加しており，実際に個人レベルでも細菌叢を検査するサービスが広まりつつある．しかしながら，これらのサービスの多くは，前述のゲノム解析を用いているため，網羅性は高いものの，費用や結果が得られるまでの期間に課題がある．そのため，腸内細菌の検査をより身近なものにしていくためには，簡便，安価，迅速に自分の知りたい細菌を調べることができる方法が有用であると考えられる．

　このような背景のもと，各種の腸内細菌に対して特異性の高い抗体を活用した技術の開発が進んでいる．抗体を用いることで，フローサイトメトリーやイムノクロマトグラフィー，enzyme-linked immunosorbent assay 法（ELISA 法）など，すでに検査として多くの実績がある技術を用いることができる．一方，日本人の腸内において存在比率の大きい細菌に対する特異性抗体ライブラリが樹立されており，目的や手法によって抗体を選定できる体制が構築されつつある．これらの抗体を利用することで，ヒトの糞便から標的の細菌の割合を測定できる簡便な検出システムの開発が進められている（図 10-19C）．さらに，抗体の組合せによりサンドイッチ ELISA 法を利用し，特定の細菌を定量することも可能である（図 10-19D）．

4）今後の展望

　ゲノム解析により詳細な解明が進んでいる細菌叢の研究であるが，現在ではゲノム情報を基盤とした解析の他に，タンパク質を標的とした質量分析計や，細菌そのものを認識する抗体を利用した細菌解析技術の開発が進められている．この他にも，細菌における遺伝子発現のパターンを mRNA から解析するトランスクリプトーム解析や，細菌が生産する代謝物を網羅的に解析するメタボローム解析など，さまざまな情報を網羅的に解析するオミックス解析が進められているが，代謝物解析においては，ヒトが摂取した食品をもとにして腸内細菌が産生する代謝物に関して，ヒトにとって有益な働きをする代謝物が「ポストバイオティクス」として注目を集めている．今後，より詳細な細菌叢の機能や特徴を理解することができると思われる．これらの技術開発とともに，多くの人が気軽に細菌叢を知ることができれば，細菌叢を介した健康維持・増進を進めるための一助になると期待される．

11．マリンバイオテクノロジー

　海洋生物・生態系を含む海洋環境を対象とした総合的なバイオテクノロジーとしてのマリンバイオテクノロジーは，医薬品・化成品原料の生産や食糧生産システムへの貢献，バイオマス利用，環境浄化といったさまざまな領域にわたる．海洋環境は陸地や大気中とは異なる環境であり，特徴的で多様な生態系を有する．ここでは海洋環境・生態系の中での海洋微生物とその機能，海洋資源の持続可能な利用，環境保全における課題と現状を学ぶことで，マリンバイオテクノロジーによる循環型未来社会への取組みを総合的に捉える．

第 10 章　循環型未来社会への取組み　　*339*

1）海洋環境と海洋生態系

（1）海 洋 環 境

　海洋は地球表面の 70%を覆っており，地球表層に存在する水のうち 97%以上が海水である．海水は無機物および有機物に加え，大気中に存在する窒素，酸素，二酸化炭素などをそれぞれの溶解度に応じて溶かし込んでいるため，それぞれの溶存気体の存在割合は大気中とは異なる．海水に溶けた二酸化炭素は炭酸（H_2CO_3）や炭酸水素イオン（HCO_3^-），炭酸イオン（CO_3^{2-}）に変換され（(10-1)式），さらに一部の海洋生物によって炭酸カルシウム（$CaCO_3$）へと変換される（(10-2)式）．こうした形で海洋中に保持される炭素の量は，二酸化炭素量に換算して大気中の約 50 〜 70 倍に相当する量であると見積もられており，海洋環境は大気中の二酸化炭素量を考えるうえでも重要である．

　海洋環境における温度，圧力，塩分濃度，溶存酸素量，pH といった，微生物の生育に重要な要素は，海水の性質や地形，緯度，大気環境に依存して変化する．

a．海 水 温

　表層水の平均水温は 20℃程度であるが，高緯度の寒冷地域では海水の結氷温度である－1.8℃近くとなり，赤道に近い熱帯・亜熱帯地域では 31℃にも達する．海水温は水深が深くなるにつれて下がり，太陽光がほとんど届かない水深 200 m 以下の大部分の海域では 5℃以下となる．最深とされる 10,900 m 程度の地点では，場所により 1 〜 4℃程度となる．

b．水　　圧

　水の圧力は水深が 10 m 深くなるにつれて約 1 気圧ずつ増大し，最深部では大気圧の約 1,090 倍に達する．

c．塩 分 濃 度

　海水はさまざまなイオンを含んでおり，ナトリウム（Na），塩化物（Cl），硫酸塩（SO_4），マグネシウム（Mg），カルシウム（Ca），カリウム（K）が 99%の成分を占める．海水中の塩分濃度は平均しておよそ 35 g/L であり，降水量や河川などからの流入，蒸発率の程度によって 31 〜 38 g/L の範囲で変動する．最も塩分濃度の高い外海である紅海では，塩分濃度は 36 〜 41 g/L である．

d．溶存酸素量

　温度，塩濃度，水深，生物量によって異なるが，表層水では極近くで 9 mg/L，赤道近くで 4 mg/L となり，平均で 7 〜 8 mg/L 程度である．赤潮の発生などにより形成される，デッドゾーンと呼ばれる低酸素領域では，溶存酸素量が 2 mg/L を下回り，海洋生物の生育が困難となる．溶存酸素量がさらに 0.5 mg/L を下回ると，海洋生物の大量死が発生する．

e．pH

　海洋環境の平均的な pH は 8.1 であり，やや塩基性である．この pH において，海水中に溶解した二酸化炭素は大部分が炭酸水素イオン（HCO_3^-）として存在し，溶存無機炭素（DIC）としては約 90%を占める．残りの約 10%は炭酸イオン（CO_3^{2-}）である．海水の pH 値は，

局所的な環境に応じて 7.5 から 8.5 の幅で変動する．海洋の平均 pH は産業革命前の約 8.2 に対して現在は 8.1 に減少し，酸性度が 30％上昇したが，これは産業活動などにより排出された CO_2 が海洋に吸収されたためであると考えられている．貝類やサンゴ，有孔虫などによる炭酸カルシウム（$CaCO_3$）の生合成において，炭酸水素イオンを利用した炭酸カルシウムの生合成には二酸化炭素の発生を伴う（(10-2)式）．

海水中の溶存無機炭素（DIC）

$$CO_2 + H_2O \ \rightleftarrows \ H_2CO_3 \ \rightleftarrows \ HCO_3{}^- + H^+ \ \rightleftarrows \ CO_3{}^{2-} + 2H^+ \qquad (10\text{-}1)$$

海洋生物による炭酸水素イオンを用いた炭酸カルシウムの合成

$$2HCO_3{}^- + Ca^{2+} \ \rightarrow \ CaCO_3 + H_2O + CO_2 \uparrow \qquad (10\text{-}2)$$

海洋で見られる特徴的な環境としては，深海，深海の熱水噴出孔付近，汽水域，干潟などがあり，それぞれ圧力，温度，塩分濃度に特徴がある．一部のサンゴが形成する地形であるサンゴ礁は，海洋面積全体の 0.1％を占める一方で，海洋生物の 25％を保持しているとされており，汽水域に存在するマングローブ域とともに生物多様性ホットスポットを形成している．

(2) 海洋生物種と海洋微生物

地球上に存在する生物種と，そのうち海洋に存在する生物種の数については正確には明らかになっていない．現在の推測では，地球上には約 870 万種の生物種が存在し，そのうち約 220 万種が海洋種であるとされる．世界海洋種登録簿（WoRMS）に登録されている生物種は約 24 万種であることから，海洋生物種の約 91％が未分類である．WoRMS に登録済みの 24 万種のうち，Kingdom（界）ごとで見ると約 21 万種を Animalia（動物界）が占め，微細藻類や原生生物を含む Chromista としては約 2 万種が登録されている．Bacteria（細菌界）の登録数はおよそ 2,000 種，Fungi（菌類）では約 1,400 種，Archaea（古細菌界）と Viruses ではそれぞれ 100 種程度にとどまっており，未記載の種が多く存在すると考えられる．

海洋において微生物が存在する領域は，①水深 200 m 未満の表層，②水深 200 m 以上の深層，③物質表面，④海底（地中）の 4 つに大きく分けられる．表層は外界による影響を受けやすく，光が透過するため，光エネルギーや無機溶存物質から化学エネルギーや有機物を合成する一次生産者（微細藻類）が主に生息している．

海水中の有機物は便宜上，0.2 〜 0.7 µm のフィルターを透過する溶存態有機物と，フィルターを透過できない生物の糞や死骸，人工有機物などの不溶態有機物に分けられるが，微生物は不溶態有機物の表面や，他の海洋生物の表面や細胞内にも存在している．

2）海洋微生物の機能とその利用

海洋微生物は，海洋における炭素・窒素・リン・硫黄循環に寄与していることが知られて

おり，地球規模での物質循環に貢献している．海洋に生息する微生物は陸上とは異なる特性を持つものが多く見出されており，大きく分けてものづくり，環境修復，感染症の防除の3つの目的で利用されている．

(1) CO_2 吸収とものづくり
a．海洋性光合成微生物による CO_2 吸収
海洋は大気中の過剰な二酸化炭素を吸収しており，その吸収量は陸域生態系に匹敵する．海洋における二酸化炭素吸収を主に担っているのは表層に存在する微細藻類などを含む光合成微生物であると考えられている．こうした光合成微生物を用いて CO_2 を吸収，固定する試みが行われている．

b．可食資源生産
人口増大に対する窒素源の不足（タンパク質危機）に対応するため，タンパク質含有量が高く，ビタミン，ミネラル，抗酸化物質を含有するスピルリナやクロレラなどの食用シアノバクテリアが代替タンパク質源として注目されている．

c．バイオ燃料生産
オイル生産性に優れた微細藻類を用いて，アルコール燃料や合成ガスなどのバイオ燃料を生産する試みが進められている．一部の微細藻類では遺伝子操作が可能になったことから，天然海水を直接用いた大量培養への展開と課題抽出，解決に向けた取組みが行われている．

d．抗酸化物質生産
珪藻や褐藻に加え，一部の海洋細菌が生産するアスタキサンチン，フコキサンチン，ゼアキサンチンなどのカロテノイドは主に赤，オレンジ，黄色の色素で知られており，抗酸化物質としても機能するため，魚の色揚げ剤や化粧品原料などとして利用される．カロテノイド生合成遺伝子群を用いた異種宿主によるカロテノイド生産も積極的に進められている．

(2) 環境修復（バイオレメディエーション）
a．殺藻細菌および殺藻ウイルスによる赤潮の防除
有害な赤潮発生の原因となるラフィド藻類，渦鞭毛藻，珪藻などに対して殺藻作用を持つ微生物，ウイルスの探索と利用が進められている．

b．人工有機化合物の分解
ダイオキシンや臭素化難燃剤として知られるポリ塩化ビフェニルなど，難分解性で生物蓄積性が高い残留性汚染物質の一部について，紫外線処理などのあとに微生物処理により完全分解する試みが行われている．

c．石油の分解除去
タンカー事故や油田噴出による海洋の原油汚染では，原油に含まれる500種以上の分子がそれぞれ揮発，沈降，浮遊し，生態系に影響を及ぼす．原油の主要な成分である脂肪族炭化水素と芳香族炭化水素それぞれについて，微生物を用いて分解する試みが行われている．

d．プラスチック汚染への対応

ポリ乳酸やポリスチレンからなるプラスチックは海洋では難分解性を示す．陸地から排出されたプラスチックは紫外線などにより分解され，直径 25 μm（ナノプラスチック）あるいは 150 〜 500 μm（マイクロプラスチック）の粒子として海中に浮遊し，最終的に海底に堆積する．海洋微生物が保有する分解酵素などによって海洋で分解されるプラスチック材料の開発に加え，難分解性プラスチックを分解する微生物および酵素の探索が行われている．

(3) 感染症の防除
a．食品汚染の防除

食中毒の原因となる海洋由来微生物としては，サルモネラ菌や大腸菌，腸炎ビブリオ（*Vibrio parahaemolyticus*）や「人食いバクテリア」と呼ばれる *Vibrio vulnificus*，シガトキシンを産生する渦鞭毛藻類などがあげられる．食品汚染を防止する手段として，抗菌性ペプチド・タンパク質・化合物や，微生物の生育を抑制する静菌物質，バイオフィルム形成を防ぐためのコーティング剤などが用いられる．こうした機能性物質の一部は海洋由来である．

b．魚類のワクチン

水産養殖業においては，天然に比べて高密度で飼育する養殖魚の感染症予防は，抗生物質の使用を抑制するうえでも課題となっている．商業的に利用されているワクチンの多くは，注射によって死菌全細胞を腹腔内投与するものであるが，リコンビナントタンパク質やDNA などを用いた，より使用しやすい経口ワクチンや粘膜ワクチンの開発も進められている．

c．バイオコントロール

ワタリガニの養殖では，ビブリオ属細菌の生育を抑制する微生物を飼育水に添加し，微生物菌叢をコントロールすることで病原菌の定着と生育を抑制するバイオコントロール法が行われている．

d．プロバイオティクス

ヒトや家畜に続いて魚介類においても，特定の細菌を添加して海洋生物の腸内細菌叢をコントロールすることで，ヒラメにおいては生育促進効果が，エビにおいてはビブリオ属細菌に対する防御効果が得られることが報告されている．また，サンゴでは光・熱ストレスにより誘導される白化がプロバイオティクスによって抑制できるという報告もある．

3）海洋資源の調査，利用，保全

(1) 海洋生物からの有用物質単離

無脊椎動物である海綿は抗生物質，抗腫瘍物質，免疫抑制剤など，海洋天然物の主要な生産者である．近年は海綿の共生細菌がこれらの物質の真の生産者である例が報告されている．

（2）ものづくり原料としての大型藻類の利用

　海洋の大型藻類を原料として，バイオ燃料や医薬・化粧品原料などの化成品を生産しようという試みがある．大型藻類はアルギン酸やアガロースなどの多糖類をはじめとして，陸上植物と異なる構造および成分を有するため，各成分に対応した酵素などを利用して分解および生合成に用いる．

（3）海洋メタゲノムを用いた資源探索

　海水中の不溶態有機物に付着した微生物群や生物残渣をフィルターで濾し取り，DNAを抽出することで，海洋環境中の遺伝資源を簡易に取得することが可能である．低水温・高塩分・高圧力下でも機能する酵素を単離および選抜して利用できる．加えて，培養できない生物由来の遺伝子も選抜対象に加えることが可能である．メタゲノムからさまざまな酵素遺伝子を選抜し，迅速に機能スクリーニングと改良を行うためのプラットフォームも整備されつつある．

（4）微生物ライブラリと情報整備

　これまでに国内で単離および報告された海洋微生物のうちの一部は，日本微生物資源学会（JSCC）に加盟する独立行政法人国立環境研究所微生物系統保存施設や独立行政法人製品評価技術基盤機構バイオテクノロジーセンター（NBRC）をはじめとする寄託機関で保存されている．こうした微生物ライブラリについてもゲノムなどの情報解析と提供および利用が進められつつある．

4）国際的な動向とわが国における政策

（1）海洋生物に由来する遺伝資源の利用

　微生物を含む外来の遺伝資源へのアクセスと利益配分については，1993年，2014年にそれぞれ発効した生物多様性条約と名古屋議定書の内容に準拠する必要がある．発展途上国を含む諸外国に由来する，生物サンプルを採取，購入，持込みする際には，資源を有する国の国内法令に則って事前に適切な手続きを進める必要があるため，十分な注意が必要である．国家管轄外区域の公海に存在する海洋遺伝資源についても，保全と持続可能な利用の枠組について議論が続けられている．

（2）気候変動に関する取組み

　1994年に発効した国際連合気候変動枠組条約に基づき，2020年に発効したパリ協定では，世界の気温上昇を2℃未満に抑えることを目指し，国家による自主的な温室効果ガス削減目標（NDC）が設定された．温室効果ガスには二酸化炭素，メタン，一酸化窒素などが含まれており，これらの排出を実質的に減少させるために行われる環境対策の1つにカー

ボンオフセットがある.

(3) カーボンオフセット事業とブルーカーボン

地上植物が大気中から取り入れ，光合成により固定するグリーンカーボンに対し，海洋生物が大気中から取り入れて固定する炭素をブルーカーボンと呼ぶ．日本の排他的経済水域の面積は約 448 万 km^2 であり，国土面積の約 38 万 km^2 に対して 11 倍以上である．この海域を利用して，大型藻類などの光合成海洋生物により二酸化炭素を吸収および変換しようという試みがある.

5） 今後の展望

海洋は地球表面積の 70%，表層水の 90% 以上を保持していることから，海洋を利用した地球規模での炭素循環の調節や，海洋生物の機能を利用した持続可能なものづくりが注目を集めている．海洋独自の資源として注目される，深海や海底，生物体内から採取された海洋微生物は，その特殊な生育環境から 90% 以上が地上での培養が困難である．しかしながら，近年のゲノム解析技術などの発展により，培養できない微生物の遺伝子情報を直接利用し，有用物質が生産できるようになったことから，遺伝子資源の重要性が高まっている．海洋由来の酵素や生理活性物質は海産物を中心とした食の安全と安定供給や海洋環境の修復などの点から，持続可能な循環型未来社会への貢献が期待される．一方で，海洋における遺伝資源の実用化と利益分配に関しては国際的な枠組みでの議論が進められるところであり，十分に注意を払う必要がある.

12. 難培養微生物

1） 難培養微生物とは何か

難培養微生物の厳密な定義はないが，以下の 2 つの観点で語られることが多い．1 つは，文字通り「本質的に培養がきわめて困難な微生物もしくは培養がほぼ不可能と思われる微生物」であり，もう 1 つは，「通常の方法では培養がなされていない未培養の微生物」である．前者の代表的な例としては，昆虫の体内に共生するバクテリアがあげられる．特に，アブラムシに共生する *Buchnera* 属細菌などは，2 億年以上に及ぶ共生関係の中でゲノムが縮退し，そのサイズはわずか 0.6 Mbp 程度であるとともに，必須アミノ酸やリン脂質などの合成系を欠くなど，極度に宿主に依存した生存戦略を有しており，もはや単独では生育できない微生物である．後者の例は多くあるが，代表的なものとしては，①生育がきわめて遅い微生物，②きわめて低密度でしか増殖できない微生物，③寒天培地でコロニーを形成しない微生物，④他の微生物との共生（あるいは他の微生物が生産する生育因子）や寄生を必要とする微生物，⑤他の生物（植物，動物など）との共生（寄生）関係が生育に必要である微生物，⑥対

象環境において存在率がきわめて低い微生物，などがあげられる．以下，未培養の微生物を包含し，難培養微生物として記す．

２）難培養微生物の系統学的な多様性

　地球環境には膨大かつ多様な微生物（バクテリア，アーキアの原核生物）が存在している．その数は実に 10^{29} ～ 10^{30} 細胞個と推定されている．また，その種の数も膨大で，220 ～ 430 万種は存在し，1,000 万種を優に超えるという予測もある．一方で，人類が分離および培養し，正式な学名をつけてきた種の数は，わずか２万種程度にとどまっている．また，微生物は多様性が高いことから，ドメインにおいて最上位の分類階級である「門」のレベルで整理されることが多い．これまでの大規模メタゲノム情報解析（☞ 10-13）により，現在，少なくとも 160 近くの門が存在し，そのうち純粋分離された基準株の存在する門はわずか 40 門程度に過ぎない．このうち，6つ程度の門の新学名が日本人研究者により提案され，国際原核生物命名委員会に認定されている点は特筆すべきものである．さらに，これまで人類が培養に成功し学名をつけてきたすべての微生物を門レベルで整理すると，わずか 6 つの門（*Actinomycetota* 門，*Bacteroidota* 門，*Bacillota* 門，*Pseudomonadota* 門，*Halobacteriota* 門，*Methanobacteriota* 門）で 94％を占めてしまう．つまり，門レベルで見ると，人類は非常に偏った微生物を分離してきたという歴史がある．このことは，約 100 以上の門が未培養微生物からなる門であり，分離培養された基準株を含む門であっても 30 以上の門が，培養頻度が非常に低い難培養微生物からなる門（実際に 1 ～ 3 種しか存在しない門も多い）であることを示しており，難培養微生物の系統学的な多様性がいかに高いかがわかる．

３）難培養微生物の分離・培養技術

　このように，膨大かつ多様に存在する未培養・難培養微生物を分離および培養する技術の開発は，近年，主に以下の 6 つの視点から進められている．

（1）古典的培養法の再考および改良

　平板培養法や液体培養法などの従来法の再考および改良は今なお有効である．平板培養法では，寒天とは異なるゲル化剤を用いる培養手法や寒天培地を作製する際のレシピをかえる（具体的には，寒天と培地成分を別々にオートクレーブする）だけで，培養可能な微生物の数ならびに新規性の高い微生物の可培養化効率が大きく向上することが見出された．液体培養法では，過酸化水素を除去するカタラーゼを添加するだけで，これまで淡水環境で優占していながら，極低濃度の過酸化水素で生育阻害されていたために数十年以上培養ができず難培養とされていた微生物を高効率に可培養化できることも実証されている．

（2）微生物 - 微生物間相互作用に着目したアプローチ

　他の微生物が生産する何がしかの物質を生育に必要とする難培養微生物，他の微生物との

物理的な接触を介した共生および寄生が必要な難培養微生物などを培養するためのアプローチが近年提案されている．生育因子としては多種多様なものがありうるが，近年，きわめて低濃度（nM レベル）で未培養微生物の生育を促進する新規因子としてコプロポルフィリン類が見出された．また，これまで難培養と考えられてきた門レベルの未培養極小アーキアや極小バクテリアは，他の微生物に物理的に接触し，寄生および共生して生育していることが明らかになり，一部は純粋分離に至るなど，異種微生物間相互作用に着目した培養は難培養微生物の獲得に向けて有効な手法である．

（3）環境を模擬した培養のアプローチ

培養デバイスを小型化し，標的の環境にデバイスを設置して原位置で培養することで，難培養微生物を可培養化できることが実証されている．特に iChip と呼ばれ，マルチウェルを持つ小型培養デバイスを湿地の底質内やヒトの口腔内に設置することで，従来法で培養できない新規微生物が得られている．また，現場の環境を模擬および再現して難培養微生物を活性化して維持し，単離するためのリアクター培養システムの開発も近年進んでいる．

（4）培養技術のハイスループット化

分離培養のハイスループット化は近年最も精力的に取り組まれている．特に，微小のゲルマイクロドロップレットを用いた培養法や，オイル中に微小の水滴を形成させて培養する water-in-oil ドロップレットを用いた培養法が開発されている．また，マルチウェルプレートを活用したハイスループット化，半自動化も加速化しており，それらの技術を用いて，多種多様な条件を並列で設定して培養し，網羅的に未培養微生物を単離するアプローチ（culturomics）も主にヒト腸内細菌を標的に盛んに行われている．

（5）ゲノム情報に基づいた培養のアプローチ

大規模メタゲノム解析により得られた未培養・難培養微生物のゲノム情報に基づいた培養手法の開発も進められている．特に，ゲノム情報から標的微生物の培地組成や培養条件をデザインして培養する手法が主流であるが，近年，ゲノム情報から有効なエピトープ（抗体結合部位）を探し出し，抗体を設計，構築，利用することで，標的の微生物を特異的に抗体で集積して培養する技術も開発されている．

4）培養により明らかになった難培養微生物の多彩な新生物機能

前述の新たな分離培養技術開発により，これまで難培養とされてきた微生物が徐々に純粋分離されてきており，それらの多彩で深遠な未知機能が明らかにされている．例えば，難分解性で知られる「石炭」から単独でメタンを生成する，地下アーキアが発見（単離）された．本アーキアは，これまでに全く知られていない新たな代謝経路で，石炭に多様に含まれる 35 種類以上のメトキシ芳香族化合物からメタンを生成することが明らかにされている．ま

た近年，原油をメタンに転換する驚きの未知アーキアが純粋分離された．本アーキアの代謝
経路は非常にユニークであり，脂肪酸代謝経路とメタン生成経路をカップリングさせること
で，原油の主成分である長鎖アルカンをメタンに転換できる．この2つの発見は，天然ガ
スかつ温室効果ガスでもあるメタンの生成プロセスに関するこれまでの理解を一変させるも
のであり，エネルギー資源ならびに環境科学の観点からも重要な知見である．特に，新たに
見つかった2つのメタン生成経路は，既存の3つの経路（水素資化性経路, 酢酸資化性経路,
メチル化合物資化性経路）のいずれとも異なり，第4（メトキシ化合物資化性経路），第5（ア
ルカン資化性経路）の新経路の発見としても注目されている．さらに，世界中の地下圏環境
に広範に棲息していながら永らく未培養であった門レベルの未培養細菌（*Atribacterota* 門細
菌）が純粋分離され，驚くべきことに，本新門細菌が，本来真核生物の特徴とされる「ゲノ
ムを包む膜」を持つことが明らかにされ，高い関心を集めている．

　近年，これまでで最も難培養とされる門レベルの未培養アーキアが純粋分離された．本微
生物は，特に世界中の海底堆積物に優占している門レベルの未培養アーキアであると同時に，
真核生物誕生の鍵を握る微生物として注目されている「アスガルドアーキア」である．純粋
分離されたこのアーキアは，倍加時間が14〜25日ときわめて長く，最大生育に至るまで
の日数が120日程度，そして最大に生育したとしても，その到達細胞濃度は 10^5 cells/mL
ときわめて低い．このような難培養アーキアが純粋分離されたことで，海底環境下での生存
戦略の一端が明らかになるとともに，その正確な完全長ゲノムが得られたことで，本アー
キアが原核生物の中で最も真核生物に近縁な生き物であり，またすべての生物が3つのド
メイン（バクテリア，アーキア，真核生物）に分けられるとされた3ドメイン理論が崩れ，
すべての生物はバクテリアとアーキアに分かれ，真核生物はアーキアから進化した，とする
生命の系統樹に書き換えられうることが判明した．得られたユニークな形態情報，生理機能
情報，ゲノム情報に基づいて，真核生物の祖先アーキアの姿とともに，真核生物の細胞がど
のように生まれたのかを説明する新たな進化モデルが提唱されるなど，大きな学術的発見に
至っている．

5）バイオものづくりへの難培養微生物の利活用に向けて

　応用を志向した難培養微生物研究では，前述の iChip を用いた原位置培養法により，新属
新種の未培養細菌が得られ，本細菌が，耐性がきわめて出現しにくい新しい抗生物質（テイ
クソバクチン）を生産することが報告されている．また，腸内細菌研究の分野では，がん免
疫療法が奏功した患者の糞便から純粋分離した腸内細菌を，カクテル化して投与することで，
がん免疫療法の奏功率を向上させうることが明らかになり，活きた腸内細菌を用いたマイク
ロバイオーム創薬に向けた取組みが大きく加速している．さらに，分離培養した植物共生微
生物を活用して，植物の高効率栽培や植物の機能性物質生産を向上させる技術開発の取組み
もなされてきている．今後，こうした未培養・難培養微生物の活用はバイオものづくり時代
を迎えますます活発化すると考えられる．サーキュラーバイオエコノミー社会の実現に向

けてバイオものづくりは大きな切り札となっているが，その中核技術は Design-Build-Test-Lean（DBTL）サイクルによるスマートセル創出技術である．本技術は，大規模ゲノム情報に基づいて「欲しい」機能を持った高機能な微生物をデザイン（設計）して高効率に育種する技術として捉えられるが，大きな課題の1つは，デザインの核となるデータ空間がきわめて限られていることである．現在のデータ空間は，培養可能な1%の微生物の，さらに機能の明らかになった遺伝子情報にのみ基づいている．ゲノム情報をいかに大規模に解読しようとも，機能解析をこの既存のデータベースに依存している以上，本来難培養微生物が持つ深遠な未知機能にゲノム解析のみで迫ることは原理的に難しい．難培養微生物資源の開拓と新規代謝および機能の解明とデジタルデータ化により，このボトルネックを解消することこそがバイオものづくりにおける DBTL の質的飛躍に大きく貢献しうるものと期待される．

13. ゲノム情報利用

核酸の抽出・精製技術および DNA シーケンス技術の発展によって，膨大な塩基配列情報が容易に得られるようになっている．分離培養された微生物のゲノム情報だけでなく，未分離・未培養微生物を含む微生物群集のメタゲノム情報も利用できる．メタゲノムとは，ある特定の生物の遺伝子全体（ゲノム）を超越（メタ）することを意味し，多種類の微生物が混在および共存する微生物群集の遺伝子全体を指す．ゲノム解析では，微生物試料から抽出した DNA を断片化し，各断片の塩基配列を解読する．DNA 断片の選別には，大腸菌などの宿主ベクター系を用いてクローン化ライブラリーを作成する方法もあるが，次世代シーケンサーの利用が有効である．

本節では，ゲノムデータベースやメタゲノムライブラリーから得られる情報の活用方策として，1）環境からの新規機能遺伝子の発掘，2）既知微生物からの未同定生理機能の発見，3）未培養微生物のゲノム情報解読，4）微生物群集の特徴づけ，5）細胞外 DNA の検出，6）人工ゲノム微生物の作製，について概説する（図 10-20）．

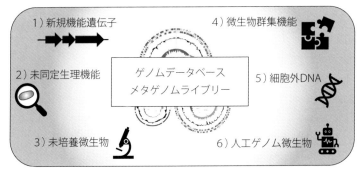

図 10-20　ゲノム情報の活用方策

１）環境からの新規機能遺伝子の発掘

　環境から収集したメタゲノムライブラリーから新規機能遺伝子を探索するには，主に以下に示す３つの戦略がある．

（1）配列情報に基づく探索

　目的の機能を有するタンパク質をコードする新規遺伝子を，遺伝子塩基配列データベースに収録されている既知遺伝子との相同性検索から選び出す．目的とする遺伝子に保存性の高い配列をクエリーとして用いることで，効率的な探索も可能である．ただし，既知遺伝子の情報に依存するため，全く新規の遺伝子を見出すことは困難である．

（2）機能や活性に基づく探索

　大腸菌などの宿主で発現させ，目的とする機能や活性を選抜する．機能の検出方法を工夫することで，効率的に目的遺伝子を選抜できる．新しい活性を有するタンパク質だけでなく，高活性や広い基質特異性，耐熱性など，有用な性質を持つ機能タンパク質の取得が期待できる．しかし，利用できる宿主に制限があり，また，その宿主で機能的に発現できない場合もある．

（3）発現制御系の活用

　原核生物では，多くの酵素タンパク質の発現がその基質や産物によって制御されていることが知られている．そこで，目的物質の合成や分解に関わる遺伝子を同定するため，メタゲノムライブラリーを対象に，特定の物質に反応して転写が活性化される遺伝子（群）を選抜する．蛍光タンパク質などの指標タンパク質をコードする遺伝子と共転写する宿主ベクター系を利用することで，目的のクローンの選抜が容易になる．

　これらの戦略により，次に示すようなタンパク質をコードする新規機能遺伝子が発掘されてきている．
　①産業有用酵素…例：プロテアーゼ，エステラーゼ，リパーゼ，グリコシダーゼ，アミラーゼ，セルラーゼ，キチナーゼ．
　②環境浄化…例：環境汚染物質の分解酵素，重金属の除去および無害化，耐塩性付与．
　③生命科学研究…例：DNAポリメラーゼ．
　④医薬学…例：生理活性物質（ビタミン，抗腫瘍物質，免疫抑制物質など）の合成，抗生物質合成・耐性関連．
　温泉やアルカリ性の湖など，探索する環境に応じて，耐熱性や好アルカリ性などの性質を持ったタンパク質の取得も期待される．自然環境を対象にしたメタゲノム解析では，全く新たなアンモニア酸化酵素や多様な光受容タンパク質が見出されるなど，これまでの微生物学

の知識を大きく塗りかえる発見も多くある.

2）既知微生物からの未同定生理機能の発見

　古くに分離，命名，記載されていた微生物のゲノム情報の解読も進められている．それにより，見落とされていた生理機能が発見される例も多い．窒素固定関連遺伝子や光合成関連遺伝子，独立栄養的炭酸固定経路に関わる遺伝子などが，これまで予想されていなかった系統群からも見つかり，さらなる探索やそれらの利用に期待が高まる．通常のアノテーションツールでは判別困難で機能未知であった遺伝子も，ドメイン構造やオペロン構造などを指標にしたさまざまな検索ツールが開発されてきたことで，効率的な探索が進んでいる．また，完全長ゲノムの解読により，第二染色体やプラスミドの発見も相次いでいる．さらに，真核微生物から縮退した細菌様ゲノム配列が見つかることもあり，ゲノム情報の解析は新たな細胞内共生オルガネラの探索にも有効と思われる．

3）未培養微生物のゲノム情報解読

　次世代シーケンサーの飛躍的な性能向上により，ギガ塩基を優に超える塩基配列データが，簡便，迅速，安価に，そして高い精度を持って得られるようになっている．環境試料を対象にしたメタゲノム解析でも，その環境に分布する主要な微生物についてそれぞれのゲノム配列をほぼ完全な形で構築できる．このようにして構築されたゲノムは，メタゲノムアッセンブリゲノム（metagenome-assembled genome，MAG）と呼ばれる．MAG 構築では，混在する断片的な配列情報をつなぎ合わせているため，別の微生物の塩基配列を誤って１つのゲノムに組み入れてしまう可能性もある．このようなキメラゲノムの構築を避けるため，環境試料から微生物細胞を分取し，単一細胞からゲノム増幅して塩基配列情報を取得する方法もある（シングルセル増幅ゲノム；single cell amplified genome，SAG）．ただし，SAG 構築ではごく微量の DNA から増幅しているため，作業環境で生じる DNA のコンタミネーションの影響を受けやすい．

　MAG や SAG 構築は，環境試料からのゲノム解読の強力な方法で，多くの未培養微生物のゲノム情報が収集されてきており，新規微生物や新規微生物機能が発見されている．宿主や他種微生物と強固な共生関係にある微生物など，分離培養が困難な微生物についてもゲノム情報を収集できるため，その代謝生理や生育条件を推定できるようになる．

4）微生物群集の特徴づけ

　自然環境（土壌，海洋など）や動植物の体内など，さまざまな環境において，微生物は重要な役割を担っている．それら環境中では多種類の微生物が集まり群集を形成しており，群集機能の理解や特徴づけにもメタゲノム情報は非常に有用である．

(1) 環 境 評 価

次世代シーケンサーを活用して網羅的に取得したメタゲノム情報は，微生物群集のフィンガープリントとなることから，環境を評価する生物的指標として利用される．環境浄化・保全，医学，公衆衛生，農林水産・畜産業，食品醸造だけでなく，微生物が関わるすべての分野および環境における微生物群集の評価に，環境の物理化学的性状の情報とともに，メタゲノム情報が活用される．メタゲノム解析による環境評価・比較には，次のような例があげられる．
　①環境浄化・保全…例：バイオレメディエーションやバイオオーグメンテーションなどの
　　環境修復技術，汚染環境と健全な環境の比較，水質管理．
　②環境変動…例：原油流出による影響，地球温暖化による影響．
　③栄養学および医学…例：腸内細菌叢による健康診断，病原体（含ウイルス）の網羅的検
　　出による感染症診断，衛生管理．
　④農林畜産業…例：土壌診断，植物に共生する微生物群集，益虫および害虫に共生する微
　　生物群集，家畜の腸内細菌叢診断．
　⑤食品…例：醸造過程の管理．
特定の微生物種や微生物機能に注目するだけではなく，検出される遺伝子の頻度マップなど，多様な遺伝子の組合せとして総合的に評価することが効果的である．そのため，得られる膨大な量の情報を評価および比較する方法として，さまざまなバイオインフォマティクス技術が開発されている．メタゲノム情報には全く新規で機能未知の配列情報も多く含まれることから，既知情報に基づくアノテーションから推定される機能に帰属することなく，配列情報をそのまま比較することも有効である．

(2) 群集機能の制御

堆肥化，廃水処理，食品醸造をはじめとして，さまざまな微生物群集利用技術が古くから開発されているが，微生物群集機能の制御は容易ではなく，解明されていない微生物機能や挙動も多い．メタゲノム解析は，群集構造（構成種の系統的多様性と分布）だけでなく，群集の有する機能の多様性について，重要な知見を提供する．これらの情報を統合することで，微生物群集の多機能を併せ持つ多細胞生物のような1つの生命体として捉え，群集全体の代謝マップを推定することもできる．それにより，微生物群集の代謝改変による機能向上も可能になる．また，群集内での類似遺伝子の使い分けや希少遺伝子の機能が明らかになることで，条件変動に対して機能的に高い安定性を持つ微生物群集をデザインしたり，微生物群集の持つ潜在的な活性を引き出したりすることもできる．微生物群集機能の制御は，自然環境における温室効果ガスの削減など地球規模での気候変動，物質循環，環境保全，腸内細菌叢改変などの医療分野でも大いに期待される．

5）細胞外 DNA の検出

　環境中には生物の細胞から飛び出した DNA や RNA も見つかる．それらは，膜小胞，ウイルス（ファージ）といった脂質やタンパク質に包まれた状態だけでなく，プラスミドなどの裸の状態でも存在しており，細胞間での遺伝子伝播に寄与しうる．自然環境での細胞外 DNAの総量は，微生物細胞内の DNA 量よりも多いという見積りもあり，貴重な遺伝子資源でもある．環境試料を対象にしたメタゲノム解析では，細胞外 DNA の塩基配列情報も得ることができる．それらの知見は，新規遺伝子機能の探索だけでなく，微生物への人工的な遺伝子導入による機能改変に活用できるだろう．また，原核生物のファージによる感染や溶菌化は，微生物群集機能にも重要な影響を与えていると考えられ，メタゲノム情報によって環境ファージ叢の理解が進むことが期待される．

6）人工ゲノム微生物の作製

　塩基配列解読技術だけでなく，長鎖 DNA の人工合成技術も進展しており，数 Mbp からなる原核生物や酵母の全ゲノム設計・合成も達成されている．ゲノムを除去した細胞に人工合成ゲノムを導入することで，任意の塩基配列および遺伝子を持った生物の作製が可能になる．人工ゲノム微生物の作製は，不要遺伝子の除去による物質生産の効率化や未同定遺伝子の機能解析にも有効である．また，「生命を創って理解する」という合成生物学的アプローチの1 つとして，最小必須遺伝子の同定も進んでいる．ゲノム情報の理解が進むことで，任意の機能を持った微生物の創製も期待されるが，人工的に生命体を生み出すことに対して生命倫理上の議論も必要である．

7）今後の展望

　（メタ）ゲノム情報を効果的に活用するためには，データベースの充実および整備が必要である．また，トランスクリプトーム，プロテオーム，メタボロームなどの他のオミックス解析を組み合わせることも有効であり，大規模データを処理および解釈するためには，バイオインフォマティクス技術だけでなく数理科学や情報科学などがますます重要になっている．分離された微生物については完全なゲノム情報を取得できるが，数百種を超える微生物が混在する微生物群集を対象にしたメタゲノム解析では総ゲノム情報を完全に収集することはまだまだ困難である．さまざまな要素技術の発展に加えて，複雑なシステムを理解するためには社会学や複雑系科学などの異分野融合も求められる．これまでのゲノム解析の最大の発見は，われわれが同定できていない機能未知の遺伝子がまだまだ多く残されていることである．ゲノム解析は，微生物の生理生化学や分子生物学の飛躍的な進展を促し，地球の限られた資源の中で，微生物とともに生きる人類に新しい未来を照らし出す技術の 1 つである．

参 考 図 書

和　　書

新井博之ら（編）：独立栄養微生物による CO_2 資源化技術，シーエムシー出版，2023.

石沢修一：微生物と植物生育，博友社，1977.

石田祐三郎・杉田治男（編）：海の環境微生物学，恒星社厚生閣，2011.

石谷　治ら（編）：人工光合成 - 光エネルギーによる物質変換の化学，三共出版，2015.

一般社団法人環境 DNA 学会（企画）・土居秀幸・近藤倫生（編）：環境 DNA - 生態系の真の姿を読み解く，共立出版，2021.

伊藤政博ら（編）：極限環境微生物の先端科学と社会実装最前線，エヌ・ティー・エス出版，2023.

井上晴夫（監修）・光化学協会（編）：夢の新エネルギー「人工光合成」とは何か - 世界をリードする日本の科学技術，講談社，2016.

猪飼　篤：基礎の生化学第 3 版，東京化学同人，2021.

大楠清文：いま知りたい 臨床微生物検査実践ガイド - 珍しい細菌の同定・遺伝子検査・質量分析，医歯薬出版株式会社，2013.

蒲生俊敬（編）：海洋地球化学，講談社，2014.

木谷　収：バイオマス - 生物資源と環境 -，コロナ社，2004.

木村眞人：根圏微生物を生かす，農村漁村文化協会，1988.

坂元茂樹・前川美湖：海の生物と環境をどう守るか - 海洋生物多様性をめぐる国連での攻防，西日本出版社，2022.

田宮信雄ら（訳）：ヴォート・基礎生化学第 5 版，東京化学同人，2017.

東京大学光合成教育研究会（編）：光合成の科学，東京大学出版会，2007.

土壌微生物研究会（編）：新・土の微生物 (2) 植物の生育と微生物，博友社，1997.

戸村道夫（編）：ラボ必携 フローサイトメトリー Q&A - 正しいデータを出すための 100 箇条，羊土社，2017.

豊田剛己：実践土壌学シリーズ 1 土壌微生物学，朝倉書店，2018.

日本生態学会（編）：海洋生態学，共立出版，2016.

濵﨑恒二・木暮一啓：水圏微生物学の基礎，恒星社厚生閣，2015.

坊農秀雅（編）：メタゲノムデータ解析 -16S も！ショットガンも！ロングリードも！菌叢解析が得意になる凄技レシピ，羊土社，2021.

堀　正和・桑江朝比呂（編）：ブルーカーボン - 浅海における CO_2 隔離・貯留とその活用，

地人書館，2017.
牧野光琢：日本の海洋保全政策 - 開発・利用との調和をめざして，東京大学出版会，2020.
南澤　究ら：エッセンシャル土壌微生物学，講談社，2021.
横田　篤ら（編）：応用微生物学第 3 版，文永堂出版，2016.

洋　　書

Buchholz, K. et al.：Biocatalysts and Enzyme Technology, Wiley-Blackwell, 2012.
Faber, K.（eds.）：Biotransformations in Organic Chemistry 7th Ed., Springer, 2018.
Lutz, H. et al.（eds.）：Applied Biocatalysis, Wiley-VCH, 2016.

索　引

あ

アーキア　28, 39, 346
アーバスキュラー菌根菌　64, 294
RNA ポリメラーゼ　144
IMP　202
アイソザイム　140
IPM　291
アクチベーター　138, 145
アクネ菌　67
アクリルアミド　16, 232
亜硝酸細菌　110
亜硝酸酸化細菌　63, 110
アシルホモセリンラクトン　67, 219
アスガルドアーキア　347
L-アスコルビン酸　225
アスタキサンチン　215, 332
アスパラギン酸ファミリー　124
L-アスパラギン酸脱炭酸酵素　16
アスパラギン酸-β-セミアルデヒド　195
アスパラギン酸β-デカルボキシラーゼ　229
アスパルターゼ　16, 229
アスパルテーム　229, 230
アセチル CoA カルボキシラーゼ　193
アセチル CoA 経路　118
アセトン・ブタノール・エタノール発酵（ABE 発酵）　9, 179
アデニル酸　202
アデノシン発酵　209
アデノシン 5'-ホスホ硫酸　108, 122

アナモックス　64, 75, 110, 266

アナモルフ　40
アナログ　11
アナログ耐性変異（株）　196, 201, 208
アフィニティ精製　171
アブシジン酸　226
アベルメクチン　12
Average Nucleotide Identity　30
アミノアシラーゼ　227
アミノカプロラクタムラセマーゼ　228
アミノグリコシド系抗生物質　221
アミノ酸発酵　11, 188
6-アミノペニシラン酸　220
アミラーゼ　14, 239, 251, 253
アモキシシリン　228
アラキドン酸　214
アラニンラセマーゼ　229
アルカリプロテアーゼ　238
アルコール　268
アルコールオキシダーゼ　308
アルコール脱水素酵素　17, 258
アルコール発酵　175
アルデヒド脱水素酵素　258
アルテミシニン　12
α-アミノ-β-ヒドロキシ吉草酸　197
α-アミラーゼ　178, 249
α-グルコシダーゼ　249
アロステリックエフェクター　140
アンサマイシン系抗生物質　222
アンスラサイクリン系抗生物質

223

暗反応　113
アンホテリシン B　222
アンモニア化成　296
アンモニア酸化細菌　63, 110

い

硫黄酸化細菌　64, 75, 111, 280
異　化　85
異化型硝酸呼吸　107
育　種　161, 163
イスラトラビル　18
イソアミラーゼ　250
イソマルトオリゴ糖　249
イタコン酸　188
一原子酸素添加酵素　275
位置選択性　14, 232
遺伝子組換え法　166
イノシン酸　11, 202
5'-イノシン酸　230, 261
イノシン発酵　207
イベルメクチン　12, 217, 224
イムノクロマトグラフィー　338
インスリン　12
インターフェロン　12
イントロン　48

う

ウイスキー　255
ヴィノグラドスキー　4
ウイルス　289, 352
ウォッカ　255
渦鞭毛植物門　46
Wood-Ljungdahl 経路　302
うどん粉病　292
ウリジン発酵　210

え

エイコサペンタエン酸　214
HMG-CoA 還元酵素　224
栄養機能食品　247
栄養要求変異株　201
AHV　197
AMP　202
AMP デアミナーゼ　203
ATP　86
ATP 合成酵素　103
ATP 再生（系）　209, 212
A-ファクター　219
液体培養（法）　80, 345
液　胞　53
SHF　321
SSF　321
S₄I 経路　112
エタノール発酵　10, 176, 177
5'-XMP　202
NADH　86
NADPH　86
NAD(P)H 再生系　213
エピトープタグ　172
FAD　86
L-エフェドリン　14
F プラスミド　150
エポキシ脂肪酸　214
MEP 経路　131
MAP キナーゼ　147
MGF　19
エラープローン PCR　173
エリスロマイシン　216, 221
エルゴステロール　215
LCA　24
エレクトロポレーション法　153
円石藻類　58
エンドグルカナーゼ　320
エンドサイトーシス　53
エントナー・ドウドロフ（ED）
　経路　88, 93, 177
エンドファイト　68, 292, 294

お

大型藻類　343

ODHc　193
オートインデューサー　67
オキシダーゼ　242
2-オキソグルタル酸脱水素酵素
　複合体　193
オペレーター　145
オペロン　144
オミクス解析（研究）　19, 20,
　167
オリゴ糖　240, 247, 285
オルガネラ　22, 48
オルガノイド　288
オルニチン発酵　200

か

カーボンニュートラル　20
解糖系　73, 88, 177
回分培養　76, 81
界面活性剤　193
潰瘍性大腸炎　290
海洋微生物　340
カウンティングチャンバー　78
化学合成　62
化学合成生物　73, 299
化学合成独立栄養（菌，細菌）　4,
　35, 110
化学合成無機栄養生物　299,
　300
化学的酸素要求量　263
化学分類　33
核酸発酵　11
核酸分解法　203
画線分離法　59
過酸化水素　243, 245
加水分解酵素　15
カスガマイシン　222
カスケード反応　17
ガス発酵　300
カタボライトリプレッション
　146
鰹　節　261
褐色腐朽菌　43
活性汚泥（法）　263, 264,
　265, 270
カナマイシン　216, 221

下面発酵　253
ガラクトオリゴ糖　248
カルシトリオール　17
カルビン回路　115, 301
環境評価　351
還元的アセチル CoA 経路　109
還元的グリシン経路　119
還元的 TCA 回路　118
還元的ペントースリン酸回路
　115
完全アンモニア酸化細菌　111
完全世代　40
乾燥菌体重量　79
乾燥保存法　48
がん治療　290
官能基選択性　232
γ-リノレン酸　214

き

5'-キサンチル酸　202
ギ酸デヒドロゲナーゼ　309
基質特異性　14
希釈平板培養法　78
基準株　30
希少糖　240
キシラナーゼ　249, 321
キシルロースモノリン酸経路
　309
キシロオリゴ糖　249
キシロシダーゼ　321
機能性表示食品　247, 285
キノコ　40
キノロン系抗生物質　222
ギブソン・アセンブリシステム
　158
貴腐ワイン　295
キモシン　9, 238, 240, 250,
　333
逆遺伝学　147
休止菌体　231
休眠胞子　41
共生窒素固定　69
協奏的フィードバック阻害
　141, 195, 196, 198
莢膜多糖　50

索　引　**357**

極限環境微生物　39
魚醤油　261
菌根菌　64, 69

く

グアニル酸　11
5'-グアニル酸　202, 230
グアノシン発酵　207
クエン酸回路　99
クエン酸発酵　10, 185
クオラムセンシング　67, 219
組換えタンパク質生産　170
グラニュール　269
グラム陰性菌　218
グラム染色　33
グラム陽性菌　217
グリーンカーボン　344
グリーンケミストリー　18
グリコペプチド系抗生物質　220
CRISPR　149
CRISPR/Cas システム　288
グリセロール 3-リン酸シャトル
　104
グリセロ脂質　131
クリプト植物門　45
Cre/loxP システム　152
グルコースオキシダーゼ　242
グルコース脱水素酵素　17
グルコース抑制　146
グルコン酸　185
グルコン酸発酵　185
グルタミン合成酵素　119
グルタミン酸合成酵素　120
グルタミン酸発酵　10, 188,
　190
グルタミン酸ファミリー　123
クローン病　290
黒カビ　10
クロスフィーディング　66
グロムス門　42, 64
クロラムフェニコール　216,
　222
クロララクニオン植物門　46
クロレラ　332, 341
クロロフィル　317

け

経口ワクチン　289
形質転換　152
形質導入　151
系　統　31
ケーンジュース　177
ケカビ門　42
2-ケトグルコン酸　186
5-ケトグルコン酸　186
ケネディ経路　131
ゲノム育種　19, 197
ゲノム情報　336
ゲノムデータベース　348
ゲノム編集　149
原核生物　27
嫌気呼吸　85, 106
嫌気性菌　80
嫌気性酢酸生成菌　302
ゲンタマイシン　221

こ

好圧菌　59
好アルカリ性菌　80
好塩基性菌　59
好塩菌　59
工学生物学　19
光学分割　16
好気呼吸　85, 98
好気性菌　80
抗菌スペクトル　217
光合成　62, 85, 317
光合成細菌　65, 331
光合成生物　73, 299
光合成独立栄養　35
光合成微生物　298, 341
交差画線試験法　217
抗酸化物質　341
好酸性菌　59
光　子　315
麹（菌）　8, 81, 251, 257
光子束密度問題　315
耕種的防除　293
紅色硫黄細菌　111
紅色細菌　113

紅色植物門　45
合成ガス発酵　302
合成生物学　12, 19, 168, 352
構成的生物学　168
合成培地　73
抗生物質　12, 66, 133, 216
酵　素　13, 14
酵素合成（法）　14, 227
酵素法　227
酵素補充療法　241
高度不飽和脂肪酸　214
好熱菌　80
交　配　164
酵　母　8, 40, 43
合理的設計　172
光リン酸化　73, 85
好冷菌　58
コーンスターチ　178
コーンスティープリカー　73
呼　吸　73, 85
国　菌　8
枯草菌　260, 285
固体培養　80
コッホ　2
コッホの四原則　2
固定化　16, 227
固定化酵素　15
コドン　144
コハク酸　187
コリネ型細菌　24
ゴルジ体　52
コルチゾン　236
コロニー　59
コロニー形成ユニット　79
根　圏　68
混成酒　251
コンピテントセル　153
根粒菌　62, 69, 75, 121,
　280, 294

さ

サーファクチン　326
細　菌　28
細菌寄生細菌　67
細菌叢　335

サイクロスポリン 224
最少培地 73
細胞性粘菌 46
細胞ディスプレイ法 169
細胞内小器官 48
細胞表層工学技術 322
細胞融合法 165
坂口謹一郎 3
酢 酸 188, 284
酢酸菌 258
酢酸生成菌 314
酢酸発酵 10
サステナビリティ 13
殺虫タンパク質 292
サリノマイシン 223
サルベージ（合成）経路 105,
　205
酸化的リン酸化 73, 85, 103
産業用酵素 238
酸性ホスファターゼ 208, 231
酸素発生型光合成 113
酸素非発生型光合成 113
三段仕込み 253
残留性有機汚染物質 273

し

ジアスターゼ 238
シアノバクテリア 341
GRAS 334
C_1 化合物 305
CHO 細胞 171
GST タグ 172
5'-GMP 202
COD 263
G＋C 含量 33
CBP 322
C_4 回路 117
塩 辛 261
ジオキシゲナーゼ 234, 275
ジカルボキシル酸 /4- ヒドロキシ
　ル酸回路 119
σ 因子 144
指向進化 173
指向性進化法 17, 18
糸状菌 40

システイン発酵 199
次世代シークエンス解析 283
次世代シーケンサー 19, 350
自然免疫 283
シチジン発酵 211
シトクロム P450 17
子嚢菌門 40
子嚢胞子 41
ジヒドロキシアセトンシンターゼ
　308
L-3,4- ジヒドロキシフェニルアラ
　ニン 229
ジベカシン 221
ジベレリン 226, 291
脂肪酸 213
死滅期 77
ジャーファーメンター 82
集積培養 60
従属栄養 35
従属栄養細菌 264
従属栄養生物 74, 299
16S rDNA 336
宿主ベクター系 160
種形容語 28
出芽酵母 43
酒 母 252
純粋培養法 2
硝 化 63, 265
硝化細菌 75, 110
硝酸化成 296
硝酸還元菌 75
硝酸呼吸 107
硝酸細菌 110
醸造酒 8, 251
醸造酢 10
焼 酎 254
小胞体 52
上面発酵 253
醤 油 8, 256
蒸留酒 251
食 酢 257
食品汚染 342
食物繊維 285
食用キノコ 332
ジョサマイシン 221

ジン 255
真核生物 27
進化工学 17, 18
進化分子工学的手法 173
真 菌 40
シングルセルプロテイン 332
人工遺伝子回路 169
人工ゲノム微生物 352
人新世 297
真正粘菌 46

す

水耕栽培 293, 296
水酸化脂肪酸 214
水 素 268
水素化植物油 323
水素細菌 112, 331
水素酸化細菌 300, 301
スクリーニング 18, 22, 161,
　163
スケールアップ 22
スターター 259
スタートアップ 21
スタチン 224
Stickland 反応 96
ステロイド 14, 236
ストレプトマイシン 216, 221
スピリッツ 255
スピルリナ 341
スプライシング 144
スマートセル 20

せ

生育曲線 76
製 麹 251, 254, 256
制限酵素 155
生合成 85
静止期 77
清 酒 252
生体触媒 13, 24, 231
生体触媒カスケード 234
生態的地位 57
生物化学的酸素要求量 263
生物の自然発生説論争 2
生分解性プラスチック 327

世代時間　76
接合菌門　40
接合伝達　150
接合胞子　41
セファロスポリンC　216
セリン経路　309
セルラーゼ　178, 238, 320
セレノシステイン　126
セロビオハイドロラーゼ　320
センサーヒスチジンキナーゼ　146
全細胞触媒　13, 231
選択培地　162

そ

soilization　295, 296
総合防除　291
相利共生　280
藻　類　45, 178
速醸もと　253
Sox システム　112
ソホロリピッド　325
ソルベント生成期　180

た

耐塩性酵母　257
耐塩性乳酸菌　257
ダイオキシン　272, 273
代　謝　85
代謝制御　189
代謝制御発酵　164
代謝フラックス　167
対数増殖期　76
大豆オリゴ糖　247
多遺伝子座配列解析　32
堆　肥　295
耐冷菌　80
タカジアスターゼ　14, 238
高峰譲吉　14, 238
濁度測定法　79
多コピー抑圧遺伝子　153
脱塩素反応　275
脱　窒　63, 107, 265
脱窒細菌　75
脱ハロゲン呼吸　276

脱リン　269
種　麹　8
単行複発酵　252
短鎖脂肪酸　284
担子菌門　40
担子菌類　333
担子胞子　41
単発酵　251

ち

チーズ　250, 259
逐次フィードバック阻害　141
窒素固定　62, 75, 121, 294
窒素固定菌　4, 280
窒素同化　119
中温菌　80
中性菌　80
超好熱菌　58, 80
腸内細菌　283, 336, 347
腸内細菌叢　283, 284
直顕法　78
直接発酵法　188
チラコイド　113

つ

漬　物　9, 260
ツニカマイシン　223
ツボカビ門　40

て

DNA シャッフリング　173
DNA-DNA ハイブリダイゼーション法　30
DNA バーコード　32
DNA ポリメラーゼ　144, 156, 241
DNA リガーゼ　156
DO　263
TCA 回路　73, 99, 191, 234
DBTL サイクル　169
テイコ酸　50
定常期　77
ディスク試験法　217
ディスバイオシス　72, 284, 290

デオキシリボ核酸　127
デオキシリボヌクレオチド　130
テキーラ　255
鉄 - 硫黄クラスター　76
鉄（酸化）細菌　76, 112, 280, 314
テトラサイクリン　216
テトラサイクリン系抗生物質　221
de novo 合成経路　205
デュアルコントロール剤　292
テルペノイド　131, 214
テルペン　214
テレオモルフ　40
転移因子　148
電気活性微生物　311
電気合成菌　312, 313
電気制御発酵　314
電子伝達系　73
転　写　144
転写因子　138
転写活性化因子　138
転写減衰　139
転写抑制因子　138
天然培地　73
デンプン　178

と

糖　化　251
同　化　85
同化型亜硝酸還元酵素　120
同化型硝酸還元酵素　120
糖化後発酵法　321
凍結保存法　48
糖質加水分解酵素　248
同時糖化発酵法　321
糖新生　99
同　定　29
糖　蜜　177
特異的抗体　337
特定保健用食品　246, 285
独立栄養生物　74
ドコサヘキサエン酸　214
土壌化　295, 296
土壌微生物　295

土着微生物　292
突然変異　163
DOPA　229
ドメイン　28
トランスグルタミナーゼ　240,
　250
トランスポゾン　148
トレハロース　240, 249

な

ナイシン　67
ナイスタチン　222
内生菌　292, 294
納　豆　9, 260
納豆菌　260
ナノプラスチック　342
なれずし　262
難培養微生物　32, 344, 347
軟腐病菌　291

に

二原子酸素添加酵素　275
ニコチン酸アミド　232
二次代謝　133, 219
二次代謝産物　12
二次胆汁酸　284
二成分制御系　146
ニッチ　57
ニトリラーゼ　233
ニトリルヒドラターゼ　16, 232
ニトロゲナーゼ　62, 121, 281
日本酒　8
乳果オリゴ糖　248
乳酸桿菌　285
乳酸菌　258, 259, 260, 289,
　290
乳酸菌飲料　259
乳酸発酵　10, 182

ぬ

糠漬け　261
ヌクレアーゼ P1　203
ヌクレオシド系抗生物質　222
ヌクレオシド発酵　205
ヌクレオシドホスホリラーゼ
　211
ヌクレオチド　144
ヌクレオチド発酵　205, 208
ヌクレオモルフ　46

の

脳腸相関　284
ノトバイオート　288
ノンコーディング RNA　139

は

灰色カビ病　291
灰色植物門　45
バイオアキュムレーション　279
バイオエコノミー　18, 20
バイオエコノミー戦略　22
バイオエタノール　10, 176,
　318, 319, 321
バイオオーグメンテーション
　277
バイオガス　267
バイオクラスト　58
バイオコントロール　342
バイオコンバージョン　13
バイオサーファクタント　323,
　324
バイオ水素　269
バイオスティミュレーション
　277
バイオセンサー　241
バイオ戦略　18
バイオソープション　279
バイオディーゼル　322
バイオ燃料　298, 318, 341
バイオフィルム　67, 264,
　266, 323
バイオプラスチック　187, 327
バイオベースプラスチック　327
バイオマイニング　280
バイオマス発酵　333
バイオマスプラスチック　327
バイオミネラリゼーション　279
バイオミネラル　279
バイオメタネーション　268,
　304

バイオものづくり　20, 23
バイオリアクター　17
バイオリーチング　280
バイオリソースセンター　47
バイオレメディエーション
　271, 276, 341
白　酒　255
廃糖蜜　73, 177
馬鹿苗病　291
バキュロウイルス　171
白色腐朽菌　43
白鳥の首型フラスコ　2
バクテリオシン　66, 291
バクテリオファージ　46, 54,
　151
バクテロイド　69, 121, 281
パスツーリゼーション　3
パスツール　2, 8
パスツール効果　3, 74
BAC ベクター　151
発　酵　7, 73, 85, 88
発酵産業　7
発酵食品　7, 8
発電菌　312
ハプト植物門　45
パ　ン　260
半回分培養　81
半合成ペニシリン　15
パントテン酸　230

ひ

ビアラホス　227
BOD　263
PQQ　186
PCR　159
BT 剤　292
B- ファクター　219
P450　17
ビール　9, 253
火落ち菌　253
ビオチン　10, 193
光遺伝学　169
光呼吸　116
微細藻類　298, 332
His·Asp リン酸リレー情報伝達機

構　146
比消費速度　81
ヒスチジンタグ　172
比生産速度　81
微生物間相互作用　65
微生物群集　351
微生物産生ポリエステル　328
微生物叢　70
微生物電解セル　313
微生物電気化学技術　312
微生物電気合成　313
微生物燃料電池　312
微生物農薬　291
微生物変換（法）　13, 14
比増殖速度　76
非脱窒型硝酸呼吸　63, 108
ビタミン　225
ビタミン K　226
ビタミン C　225
ビタミン B_2　225
ビタミン B_{12}　225
ヒダントイナーゼ　16, 228
人新世　297
ヒト成長因子　12
ヒドロキシアルカン酸　329
3-ヒドロキシプロピオン酸回路
　119
3-ヒドロキシプロピオン酸/4-ヒ
　ドロキシ酪酸回路　119
ヒドロゲナーゼ　113
ビフィズス菌　246, 259, 284,
　285, 289, 290
非メバロン酸経路　131
病原細菌　289
非リボソームペプチド合成酵素
　137
ピリミジンヌクレオチド　127
ピルビン酸ファミリー　125
ピルビン酸-フェレドキシンオキ
　シドレダクターゼ　179
ピロロキノリンキノン　186

ふ

ファージ　151, 352
ファージセラピー　72

ファージディスプレイ　173
ファイトエクストラクション
　277
ファイトスティミュレーション
　277
フィードバック制御　200
フィードバック阻害　140,
　189, 190, 206, 210
フィードバック抑制　11, 138,
　189, 190, 206, 211
フィコビリソーム　114
フィターゼ　239
VBNC　61
2'-フコシルラクトース　247
フードテック　335
封入体　170
不完全菌類　40
不完全世代　40
不斉還元　17
不等毛植物門　45
腐敗　7, 96
フマギリン　224
フマラーゼ　187, 230
フマル酸　186
フラクタン　260
フラクトオリゴ糖　247
プラスミド　150, 157, 276
プラネタリー・バウンダリー
　297
プラバスタチン　11, 224
ブランデー　255
プリンヌクレオチド　128, 205
ブルーカーボン　344
プルラナーゼ　239
ブレオマイシン　223
プレシジョン発酵　333
プレバイオティクス　72, 185,
　247, 285
フローサイトメトリー　338
フロック　264
プロテアーゼ　240
プロテオーム解析　337
プロトプラスト　165
プロバイオティクス　72, 247,
　285, 342

プロピオン酸　284
プロピオン酸菌　285
プロファージ　56
プロモーター　144
プロリン水酸化酵素　233, 234
分子系統　31
分泌性ファージ　56
糞便移植　72
分裂酵母　43

へ

ベイエリンク　4
並行複式無機化法　296
並行複発酵　252
平板塗抹法　59
平板培養法　345
β-アミラーゼ　249
β-ガラクトシダーゼ　248
β-カロテン　215, 226
β-グルコシダーゼ　320
β酸化系　105
β-チロシナーゼ　229
β-フラクトフラノシダーゼ
　247, 248
β-ラクタマーゼ　220
β-ラクタム系抗生物質　220
ベクター　150, 160
PETase　239
PEPC　117
ヘテロカリオン　165
ヘテロシスト　121
ヘテロ乳酸発酵　96, 182
ペニシリン　66, 216
ペニシリンアシラーゼ　15, 220
ペニシリン G　12, 193
ペプチドグリカン　50, 220
ペプチドマスフィンガープリント
　法　337
ヘミセルラーゼ　321
ヘミセルロース　320
ヘリオバクテリア　113
ペルオキシソーム　53
ペントースリン酸経路　88, 94,
　205

ほ

芳香族アミノ酸ファミリー 125
放線菌 37, 66, 217
補酵素 17, 213
補酵素再生（系）235, 236
補充経路 99
ポストバイオティクス 338
ホスホエノールピルビン酸依存性
　リン酸基転移酵素系 90
ホスホケトラーゼ 184
ホスホケトラーゼ経路 95
5'-ホスホジエステラーゼ 203
POPs 273
ホモ酢酸菌 302
ホモセリン要求性変異株 196
ホモ乳酸発酵 96, 182
ポリ-3-ヒドロキシブタン酸
　329
ポリエーテル系抗生物質 223
ポリエンマクロライド系抗生物質
　222
ポリオキシン 222
ポリグルタミン酸 260
ポリケチド 133
ポリケチド合成酵素 134
ポリ乳酸 10, 182
ポリヒドロキシアルカン酸 301
ポリリン酸 270
ポリリン酸蓄積細菌 271
ホルムアルデヒドデヒドロゲナー
　ゼ 309
ホワイトバイオ 24
黄酒 256
翻訳 144

ま

マイクロプラスチック 273,
　342
マイコプロテイン 333
マイトマイシンC 216, 223
撒麹 251
膜小胞 352
マコモタケ 295
マリックエンザイム 117

マリンバイオテクノロジー 338
マルチクローニングサイト 157
MALDI-TOFMS 35
マルトオリゴシルトレハロースシ
　ンターゼ 249
マロラクティック発酵 254
マンデル酸 233
マンノシルエリスリトールリピッ
　ド 325

み

みそ（味噌）8, 257
ミトコンドリア 54
ミニマムゲノムファクトリー
　19, 167
未培養細菌 347
未培養微生物 346, 350
ミューテーター株 173
みりん 256

む

無限希釈法 9
無細胞合成系 335
無細胞タンパク質合成系 171
無性世代 40

め

明反応 113
メカノセンシティブチャネル
　193
メタゲノム 343, 348
メタゲノム解析 61, 346, 350
メタノール 310
メタノール細菌 310
メタノール（資化性）酵母
　212, 311
メタノールデヒドロゲナーゼ
　308
メタボロン 142
メタン酸化細菌 306
メタン生成 62, 108
メタン生成菌 314
メタン生成古細菌 304
メタン発酵 66, 267, 304
メタンモノオキシゲナーゼ 308

メチロトローフ 306
メディエーター 244
メナキノン 34
メバロチン 11, 224
メバロン酸経路 131

も

もと（酛）252
モネンシン 223
モノオキシゲナーゼ 275
モラセス 177

や

山廃もと 253

ゆ

有機酸 268
有機質肥料活用型養液栽培
　293, 295
ユーグレナ 332
ユーグレナ植物門 45
有性世代 40
誘導型プロモーター 157
誘導期 76
ユビキノン 34, 215, 226

よ

養液栽培 293, 296
溶菌性ファージ 55
葉圏 68
溶原性ファージ 55
溶存酸素 263
溶媒発酵 175
ヨーグルト 258

ら

ライフサイクルアセスメント
　24
酪酸 284
酪酸生成菌 284
ラクトナーゼ 230
ラセマーゼ 227
ラム 255
ラムノリピッド 324
ラン藻 298

り

リグニン　320
リグノセルロース　178，319
リシン発酵　194
リゾレメディエーション　277
立体選択性　14，232
リパーゼ　238，240，323
リファマイシン　222
リファンピシン　222
リプレッサー　138，145，189，206
リブロースモノリン酸経路　309
リボ核酸　127
リボスイッチ　139，189，206
リボソームディスプレイ　173

リポ多糖　50
リポペプチド型バイオサーファクタント　326
流加培養　81
硫酸還元菌　65，75，268
硫酸呼吸　108
緑色硫黄細菌　111，113
緑色糸状性細菌　113
緑色植物門　45
緑藻植物門　45
リンゴ酸　187
臨床診断　241
リン溶解菌　64

る

累加的フィードバック阻害　141

RubisCO　115

れ

レアメタル　278
レーウェンフック　1
レグヘモグロビン　281
レスポンスレギュレーター　146
レトロトランスポゾン　148
連続培養　81
レンネット　9，250，259，333

わ

ワイン　254
ワクチン　289，293，342

菌 名 索 引

A

Accumulibacter phosphatis　271
Acetobacter　186，188
Acetobacter aceti　258
Acetobacterium　62
Acetobacterium woodii　303
Acetobacter pasteurianus　258
Achromobacter obae　228
Acidithiobacillus　280
Acidithiobacillus denitrificans　111
Acidithiobacillus ferrooxidans　112，314
Acinetobacter　271
Actinobacillus succinogenes　187
Actinomycetota　345
Agathobacter rectalis　284
Agrobacterium　131，229
Alcaligenes　112
Alcaligenes eutrophus　300
Anabaena　62，121
Arthrobacter　237，248
Arthrobacter ramosus　249
Arthrobacter simplex　237
Aspergillus　64，81，185，

187，188，236，242
Aspergillus awamori　250
Aspergillus fumigatus　224
Aspergillus glaucus　261
Aspergillus kawachii　254
Aspergillus luchuensis　254
Aspergillus nidulans　154
Aspergillus niger　10，186，188，218
Aspergillus oryzae　147，238，248，251，254，256，320
Aspergillus sojae　256
Aspergillus terreus　188
Aurantiochytrium　215
Azorhizobium　69
Azotobacter　62，121

B

Bacillus　59，64，124，162，184，214，248，279
Bacillus circulans　248
Bacillus coagulans　184
Bacillus sphaericus　125
Bacillus subtilis　179，206，207，209，210，211，217，260，291，326

Bacillus thermoproteolyticus　230
Bacillus thuringiensis　292
Bacteroides　288
Bdellovibrio　67
Beauveria bassiana　292
Beggiatoa　64
Bifidobacterium　259，285
Blakeslea　215
Blautia wexlerae　336
Botrytis cinerea　227，295
Botrytis cinerea Persoon　291
Bradyrhizobium　69
Brevibacillus　171
Brevibacterium ammoniagenes　187，230
Brevibacterium flavum　187，191，230
Buchnera　344

C

Candida　154，215，226，257，332
Candida albicans　218
Candida boidinii　311
Candida bombicola　325
Candida brumptii　187

Candida floricola 325
Candida hydrocarbofumarica 187
Candida lipolytica 185
Candida utilis 203
Chlamydia trachomatis 125
Choanephorea 215
Citrobacter 279
Clostridium 9, 62, 91, 96, 179, 181, 188, 285, 288, 294, 303
Clostridium autoethanogenum 303
Clostridium sporogenes 96
Clostridium sticklandii 96
Corynebacterium 171
Corynebacterium efficiens 191
Corynebacterium glutamicum 10, 11, 125, 141, 162, 164, 184, 187, 188, 191, 194, 200, 201
Corynebacterium stationis 207, 209, 212
Cryptococcus laurentii 227
Cupriavidus 112
Cupriavidus necator 112, 300, 331
Cutibacterium acnes 67

D

Daptobacter 67
Dechloromonas 271
Dectylosporangium 233
Dehalococcoides 276
Deinococcus radiodurans 59
Desulfobacter 65
Desulfovibrio 65, 108, 279
Desulfovibrio desulfuricans 119, 125
Desulfuromonas 65
Dictyostelium discoideum 46
Dunaliella 215

E

Ensifer 69

Enterobacteria phage T4 47
Erwinia carotovora subsp. *carotovora* 291
Erwinia herbicola 229
Escherichia coli 11, 28, 177, 179, 184, 187, 188, 194, 209, 212, 218, 229
Exiguobacterium 58

F

Faecalibacterium 72
Faecalibacterium prausnitzii 284
Flavobacterium 226
Frankia 69, 121
Fructilactobacillus fructivorans 253
Fusarium oxysporum 230
Fusarium oxysporum f. sp. *radics-lycopersici* 293
Fusarium venenatum 333

G

Geobacter sulfurreducens 312
Gibberella fujikuroi 226
Gibberella fujikuroi（Sawada）S. Ito 291
Gluconobacter 186, 188, 225
Gluconobacter oxydans 186
Gluconobacter suboxydans 188

H

Haematococcus 215
Halobacterium 59
Hansenula 154
Hansenula polymorpha 311
Helicobacter pylori 59
Heyndrickxia coagulans 184
Hydrogenibacillus schlegelii 300
Hydrogenobacter thermophilus 112, 300
Hydrogenomonas 112
Hydrogenophaga palleronii 300
Hydrogenophilus 112
Hydrogenophilus thermoluteolus 112
Hydrogenovibrio marinus 112

K

Klebsiella 186
Klebsiella oxytoca 294
Kluyveromyces lactis 250
Komagataella 154
Komagataella phaffii 311

L

Lacticaseibacillus casei 259
Lacticaseibacillus casei/paracasei 253
Lactiplantibacillus pentosus 184
Lactiplantibacillus plantarum 260, 262
Lactobacillus 95, 182, 259, 288
Lactobacillus acidophilus 259
Lactobacillus brevis 179, 184, 187
Lactobacillus delbrueckii 184
Lactobacillus delbrueckii subsp. *bulgaricus* 259
Lactobacillus gasseri 259
Lactobacillus helveticus 259
Lactobacillus lactis subsp. *lactis* 67
Lactobacillus pentosus 184
Lactobacillus sakei 252
Lactococcus 182, 288
Lactococcus lactis 184, 259
Lampropedia 271
Latilactobacillus sakei 262
Lentilactobacillus hilgardii 253
Leuconostoc 95, 182, 262
Leuconostoc citreum 252
Leuconostoc lactis 184
Leuconostoc mesenteroides 252, 260
Levilactobacillus brevis 184, 260, 262
Lipomyces 154

M

Mesorhizobium 69
Methanobacterium 108, 304
Methanobrevibacter 304
Methanocaldococcus jannaschii 125
Methanococcus 62, 108, 304
Methanoculleus 304
Methanogenium 304
Methanopyrus 80
Methanopyrus kandleri 58
Methanosarcina 62, 108
Methanosprillum 304
Methylobacterium 310, 311
Methylococcus 62
Methylococcus capsulatus 332
Methylophilus methylotrophus 332
Methylorubrum 310
Micrococcus 261
Micrococcus glutamicus 191, 194, 196, 200
Moesziomyces antarcticus 325
Moesziomyces aphidis 325
Moorella thermoacetica 303
Moritella yayanosii 59
Mortierella 214
Mucor 42, 214, 251, 255
Mucor rouxii 187
Mycobacterium 131, 237
Mycobacterium phlei 218

N

Neocalimastix 42
Neurospora crassa 120, 154, 160
Nitorosococcus 63
Nitrobacter 63, 111, 265
Nitrosomonas 63, 110, 265
Nitrospira 63
Nitrospira inopinata 111
Nocardia 131, 222

O

Oenococcus oeni 254
Ogataea angusta 311
Ogataea methanolica 311
Ogataea minuta 311
Oidiopsis sicula 292

P

Pantoea ananatis 194, 199
Paracoccus 63
Paracoccus denitrificans 107
Paracoccus pantotrophus 112
Pediococcus 182, 262
Penicillium 15, 41, 185, 186, 216, 224
Penicillium camemberti 259
Penicillium chrysogenum 12
Penicillium citrinum 11, 203
Penicillium notatum 66
Penicillium roqueforti 259
Pestalotiopsis sydowiana 293
Phanerochaete chrysosporium 320
Physarum polycephalum 46
Pichia 154
Pichia methanolica 311
Pichia mimuta 311
Pichia pastoris 160, 171, 311
Pichia stipitis 177
Picrophilus oshimae 59
Planctomycetes 110
Prevotella 71, 287
Propionibacterium 188, 225, 285
Propionibacterium freudenreichii 259
Proteus vulgaris 218
Pseudohyphozyma bogoriensis 325
Pseudomonas 63, 64, 186, 252, 279, 329
Pseudomonas aeruginosa 67, 107, 324
Pseudomonas dacunhae 229

Pseudomonas fluorescens 188
Pseudomonas lindneri 94
Pseudomonas ovalis 186
Pseudomonas putida 160
Pseudozyma 43
Pseudozyma antarctica 325
Pseudozyma aphidis 325
Pseudozyma tsukubaensis 325

R

Ralstonia eutropha 112, 300
Ralstonia solanacearum 293
Rhizobium 62, 69, 121, 160, 280
Rhizobium radiobacter 154
Rhizomucor 259
Rhizomucor miehei 250
Rhizomucor pusillus 250
Rhizophagus 64
Rhizopus 42, 187, 236, 251, 255
Rhizopus oryzae 184
Rhodococcus 131, 237
Rhodococcus rhodochrous 16, 162, 232
Rhodotorula bogoriensis 325
Rodococcus opacus 300
Ruminococcus 287

S

Saccharomyces 215
Saccharomyces cerevisiae 43, 147, 153, 160, 170, 177, 184, 213, 218, 252, 253, 254, 255, 260, 319
Saccharomyces pastorianus 254
Schizochytrium 214
Schizosaccharomyces pombe 43, 153, 160
Serratia 186
Shewanella 279
Shewanella oneidensis 312
Sinorhizobium 69
Sphaerotheca fuliginea 292
Staphylococcus 261

Staphylococcus aureus 67, 218, 220
Starmerella bombicola 325
Starmerella floricola 325
Streptococcus 288
Streptococcus pyogenes 150
Streptococcus thermophilus 259
Streptomyces 58, 131, 160, 217, 219, 224
Streptomyces aureus 203
Streptomyces avermitilis 12, 224
Streptomyces carbophilus 12
Streptomyces galbus Frommer 293
Streptomyces griseus 216, 219
Streptomyces hygroscopicus 227
Streptomyces kasugaensis 222
Streptomyces mobaraensis 250
Streptomyces tsukubaensis 225

T

Tetragenococcus 261
Tetragenococcus halophilus 257
Thermotoga 80
Thermus 160
Thiobacillus 64, 280
Thiobacillus ferrooxidans 112
Thiomicrospira 111
Torulopsis glabrata 188
Trichoderma 236
Trichoderma atroviride 291
Trichoderma polysporum 224
Trichoderma reesei 320

U

Ustilago esculenta 295

V

Vamparococcus 67
Variovorax paradoxus 300

Vibrio 76
Vibrio cholerae 67
Vibrio parahaemolyticus 342
Vibrio vulnificus 342

W

Weizmannia coagulans 184

X

Xanthomonas campestris pv. *poae* 292
Xanthophyllomyces 215

Y

Yarrowia 154, 214
Yarrowia lipolytica 185

Z

Zygosaccharomyces rouxii 257
Zymomonas lindneri 94
Zymomonas mobilis 177

応用微生物学 第4版　　　　　　　　定価（本体 5,700 円＋税）

1996 年　第 1 版発行	＜検印省略＞
2006 年 3 月 20 日　第 2 版発行	
2016 年 7 月 31 日　第 3 版発行	
2025 年 3 月　1 日　第 4 版第 1 刷発行	

編集者　　大　　西　　康　　夫
　　　　　小　　川　　順

発行者　　福　　　　　　毅

印　刷
製　本　　株式会社エデュプレス

発　行　　**文 永 堂 出 版 株 式 会 社**
　　　　　〒 113-0033　東京都文京区本郷 2-27-18
　　　　　TEL　03-3814-3321　FAX　03-3814-9407
　　　　　振替　00100-8-114601 番

© 2025　大西康夫

ISBN 978-4-8300-4146-4

文永堂出版の農学書

植物生産技術学 秋田・塩谷 編　¥4,000＋税　〒275	畜産学入門 唐澤・大谷・菅原 編　¥4,800＋税　〒594	農産食品プロセス工学 豊田・内野・北村 編　¥4,400＋税　〒594
作物学 今井・平沢 編　¥4,800＋税　〒594	動物生産学概論 大久保・豊田・会田 編　¥4,000＋税　〒594	農地環境工学 第2版 塩沢・山路・吉田 編　¥4,400＋税　〒594
緑地環境学 小林・福山 編　¥4,000＋税　〒594	畜産物利用学 齋藤・根岸・八田 編　¥4,800＋税　〒594	農業水利学 飯田・加藤 編　¥4,400＋税　〒594
植物育種学 第5版 北柴・西尾 編　¥4,600＋税　〒594	動物資源利用学 伊藤・渡邊・伊藤 編　¥4,000＋税　〒594	農業気象学入門 鮫島良次 編　¥4,400＋税　〒594
植物病理学 第2版 眞山・土佐 編　¥5,700＋税　〒594	動物生産生命工学 村松達夫 編　　¥4,000＋税　〒275	植物栄養学 第3版 馬・信濃・高野 編　¥5,500＋税　〒275
植物感染生理学 西村・大内 編　¥4,660＋税　〒594	家畜の生体機構 石橋武彦 編　　¥7,000＋税　〒440	土壌サイエンス入門 第2版 木村・南條 編　¥4,800＋税　〒594
園芸学 第2版 金山喜則 編　¥5,500＋税　〒275	動物の栄養 第2版 唐澤・菅原 編　¥4,400＋税　〒594	応用微生物学 第4版 大西・小川 編　¥5,700＋税　〒594
園芸利用学 山内・今堀 編　¥4,400＋税　〒594	動物の飼料 第2版 唐澤・菅原・神 編　¥4,400＋税　〒594	
園芸生理学 分子生物学とバイオテクノロジー 山木昭平 編　¥4,000＋税　〒594	動物の衛生 第2版 末吉・髙井 編　¥4,400＋税　〒594	
果樹園芸学 金浜耕基 編　¥4,800＋税　〒594	動物の飼育管理 鎌田・佐藤・祐森・安江 編　¥4,400＋税　〒594	
野菜園芸学 第2版 金山喜則 編　¥4,600＋税　〒594	"家畜"のサイエンス 森田・酒井・唐澤・近藤 共著　¥3,400＋税　〒275	
観賞園芸学 金浜耕基 編　¥4,800＋税　〒275		

食品の科学シリーズ

食品栄養学 木村・吉田 編　¥4,000＋税　〒594	食品微生物学 児玉・熊谷 編　¥4,000＋税　〒594	食品保蔵学 加藤・倉田 編　¥4,000＋税　〒275

森林科学

森林科学 佐々木・木平・鈴木 編　¥4,800＋税　〒594	森林風致計画学 伊藤精晤 編　¥3,980＋税　〒275	林産経済学 森田 学編　¥4,000＋税　〒594
森林遺伝育種学 井出・白石 編　¥4,800＋税　〒594	林業機械学 大河原昭二 編　¥4,000＋税　〒275	森林生態学 岩坪五郎 編　¥4,000＋税　〒594
林政学 半田良一 編　¥4,300＋税　〒594	砂防工学 武居有恒 編　¥4,200＋税　〒594	樹木環境生理学 永田・佐々木 編　¥4,000＋税　〒275

木材の科学・木材の利用・木質生命科学

木質の物理 日本木材学会 編　¥4,000＋税　〒594	木材の工学 日本木材学会 編　¥3,980＋税　〒275	木材切削加工用語辞典 社団法人 日本木材加工技術協会　製材・機械加工部会 編　¥3,200＋税　〒275
木材の加工 日本木材学会 編　¥3,980＋税　〒275	木質分子生物学 樋口隆昌 編　¥4,000＋税　〒275	

文永堂出版

〒113-0033　東京都文京区本郷 2-27-18
URL https://buneido-shuppan.com

TEL 03-3814-3321
FAX 03-3814-9407